Saangkyun Yi

Une discipline entre nation et empires

Saangkyun Yi

Une discipline entre nation et empires

Histoire de la géographie scolaire en Corée, 1876-2012

Presses Académiques Francophones

Impressum / Mentions légales
Bibliografische Information der Deutschen Nationalbibliothek: Die Deutsche Nationalbibliothek verzeichnet diese Publikation in der Deutschen Nationalbibliografie; detaillierte bibliografische Daten sind im Internet über http://dnb.d-nb.de abrufbar.

Information bibliographique publiée par la Deutsche Nationalbibliothek: La Deutsche Nationalbibliothek inscrit cette publication à la Deutsche Nationalbibliografie; des données bibliographiques détaillées sont disponibles sur internet à l'adresse http://dnb.d-nb.de.

Coverbild / Photo de couverture: www.ingimage.com

Verlag / Editeur:
Presses Académiques Francophones
ist ein Imprint der / est une marque déposée de
AV Akademikerverlag GmbH & Co. KG
Heinrich-Böcking-Str. 6-8, 66121 Saarbrücken, Deutschland / Allemagne
Email: info@presses-academiques.com

Herstellung: siehe letzte Seite /
Impression: voir la dernière page
ISBN: 978-3-8416-2083-5

UNE DISCIPLINE ENTRE NATION ET EMPIRES

Histoire de la géographie scolaire en Corée, 1876-2012

Saangkyun Yi

TABLE DES MATIÈRES

PRÉFACE

Qu'est-ce que la géographie à l'école ? Quel acquis veut-on que nos élèves puissent assimiler par l'étude de la géographie à l'école ? Quelle est l'évolution du rôle de la géographie scolaire depuis l'époque de modernisation jusqu'à présent ? Voici un exemple de questions qui sont très souvent posées dans cet ouvrage.

Vers la fin du 19ème siècle, la majorité des pays avait introduit la géographie scolaire dans leur programme national afin d'enraciner le patriotisme dans le coeur des élèves. Mais au fil du temps, la caractéristique et la finalité de la géographie scolaire ont été modifiées par le développement de la géographie scientifique ainsi que par les exigences de la société et celle de la philosophie pédagogique etc.

Cet ouvrage traite du rôle et de l'évolution de la géographie scolaire en Corée (le pays du matin calme) depuis l'époque de son ouverture au monde à nos jours. Cet ouvrage tente d'expliquer particulièrement l'élaboration et la fonction de la géographie scolaire dans le contexte de la mondialisation. Ou les connaissances géographiques s'échangent entre des pays et des continents.

Tout d'abord la Corée est présentée d'un point de vue géopolitique (domaine scientifique pour l'analyse de la politique internationale). Puis on tente d'expliquer la manière dont les facteurs géopolitiques autour de la Péninsule coréenne influencent la politique éducative nationale. Par conséquent les programmes scolaires ainsi que les contenus de la géographie scolaire en Corée.

Enfin, cet ouvrage permet de découvrir l'histoire et la culture de la Corée, ainsi que sa situation politique en Asie de l'Est pendant plus d'un siècle. On peut également s'apercevoir que certaines grandes puissances (Etats-Unis, Japon, France, Russie, Angleterre etc.) ont marqués la géographie scolaire en Corée du Sud.

Cet ouvrage va permettre de contribuer à la mondialisation des connaissances géographiques puisque il traite de l'origine et du processus de la diffusion des conceptions géographiques avec pour exemple le cas de la Corée. Il pourra être très utile et stimulant pour les experts de la Corée et de l'Asie de l'Est ainsi qu'aux didacticiens de la géographie.

A cette occasion, je dois remercier le Professeur Jean-François Thémines qui m'a encouragé et fait confiance lors de mes travaux de recherches en France. Grâce à lui, j'ai pu prendre connaissance des tendances scientifiques dans le domaine de la géographie française. Enfin je remercie ma femme Hey-Sun pour son soutient spirituel lors de l'écriture de ce livre.

Saangkyun Yi

INTRODUCTION

Dans une première thèse soutenue à la Korea National University of Education (Corée du Sud) en 2010 et publiée en 2012[1], nous avons conduit une recherche sur l'enseignement de la géographie en France. Il s'était agi d'étudier l'évolution historique de l'enseignement de la géographie, de son établissement institutionnel comme discipline scolaire obligatoire, jusqu'à la période contemporaine. Une autre dimension du travail était épistémologique : les manuels scolaires et les programmes ont été examinés pour mieux connaître les principes d'organisation de la formation ainsi que la consistance des contenus à l'école primaire, au collège et au lycée ; les conceptions de l'apprentissage sous-jacentes à l'écriture des programmes et des manuels ; les savoirs enseignés du fait même des divers types de supports présents dans les manuels (photographies, cartes, textes, articles de journaux, données statistiques, graphes, etc.). L'objectif était de mieux comprendre d'une part, lecontexte et les modalités d'institutionnalisation et de maintien de la géographie scolaire dans le programme national pendant plus d'un siècle et d'autre part, la façon dont les finalités de son enseignement sont actuellement prises en charge de façon concrète dans les pratiques à partir des manuels propo-

1 Yi, Saangkyun, 2012, *Compréhension de l'enseignement de la géographie en France* (프랑스 지리교육의 이해) ». Séoul : Editions de l'Information Académique sud-coréenne (한국학술정보) 421 p.

sés aux enseignants.

Cet objectif prend sens dans un contexte coréen où ni la présence de la géographie dans le programme national, ni ses finalités de formation ne va de soi. Jusqu'à présent, en Corée du Sud, l'étude comparative internationale sur l'enseignement de la géographie s'est principalement réalisée par rapport aux Etats-Unis, à l'Angleterre et au Japon. L'étude de l'enseignement de la géographie en France est rare, alors même que la géographie scolaire française peut incarner depuis la Corée du Sud, une tradition de modernité géographique, au sens d'un ancrage à une géographie scientifique qui se renouvelle, et ce depuis Paul Vidal de la Blache (Lefort, 1992). Aussi, par rapport à quelques études antérieures conduites sur des périodes ou des sujets restreints, avions-nous souhaité appréhender le mouvement historique liant géographie scolaire et géographie scientifique depuis la fin du XIXeme siècle, dans la lignée des travaux d'Isabelle Lefort.

C'est maintenant le contexte coréen, vu depuis la Corée du Sud, que nous explorons avec cette deuxième thèse conduite en France. L'esprit en est le même : examiner les évolutions de la géographie scolaire pendant plus d'un siècle, de la période dite d'ouverture au monde en Corée du Sud (fin XIXeme siècle) à nos jours, en cherchant à dégager les logiques successives qui déterminent son organisation, son statut, ses relations avec d'autres matières ou disciplines ainsi que ses contenus.

A l'origine de ce travail, le paradoxe de la géographie scolaire sud-coréenne

Ce travail d'enquête et de synthèse s'inscrit dans la réflexion qui anime aujourd'hui des géographes, des didacticiens et des enseignants de géographie sud-coréens, quant aux évolutions qui leur paraissent nécessaires pour le statut et les contenus de la géographie scolaire au primaire et dans le secondaire. Il s'agit de réexaminer la valeur de la géographie scolaire et son rôle dans l'éducation nationale, de renforcer sa place dans le programme national. L'état actuel peut en effet paraître paradoxal : alors que la situation géopolitique est particulièrement tendue dans la péninsule coréenne, ce qui pourrait justifier que la géographie scolaire bénéficie d'un statut privilégié au service de finalités de formation civique (ce qui ne préjuge pas de la nature de ces finalités, ni des contenus d'enseignement qui en découleraient), celle-ci a bien au contraire un statut secondaire et plutôt en recul.

Pour comprendre cet état paradoxal, nous adoptons un point de vue à dominante historique, en particulier en liant les évolutions curriculaires avec les évolutions géopolitiques de la Corée et de l'Asie du Nord-Est. Une des raisons pour lesquelles la situation de l'enseignement de la géographie est préoccupante, est, selon nous, la structuration du domaine dont ces contenus relèvent, en étude sociale (social studies). Le domaine de l'étude sociale s'est imposé en Corée sous l'influence des Etats-Unis, après la Seconde Guerre mondiale. Mais il n'est pas la seule trace d'influences extérieures qu'a connues et que connaît la géographie scolaire de la Corée du Sud. C'est ainsi que nous essayons, tout en développant la discussion sur le cas de la Corée du Sud, de replacer sa géographie scolaire dans une « circulation » mondiale des savoirs géographiques ainsi que des modèles curriculaires dans le domaine des sciences humaines et sociales à l'école. La borne chronologique amont de notre travail est le début de la période dite d' « ouverture au monde » de la Corée. Au dernier tiers du XIXème siècle, la Corée entre dans une séquence de mondialisation dont la géographie scolaire est partie prenante. Elle est alors, dans de nombreux pays, un lieu de familiarisation des élèves et des maîtres avec l'échelle mondiale qui s'impose aux Etats et aux nations. Les impérialismes européens, asiatiques et américains s'affrontent pour la domination et le contrôle de l'intégralité des territoires de l'humanité. On pourrait dire, à ce titre, que l'émergence de la géographie scolaire coréenne comme discipline au moment de « l'ouverture au monde » et celle de la géographie scolaire française (comme quantité d'autres) sont contemporaines. En effet, non seulement elles ont lieu au même moment, si l'on en reporte la date sur un seul et même calendrier, mais elles sont deux manifestations du même mouvement de construction d'un espace mondial. Ce n'est pas seulement en Europe que « l'école primaire [à travers la géographie] exalte ces différentes manifestations de « grandeur » nationale » (Grataloup, 2009, p.162), mais aussi à l'autre extrémité de l'Eurasie, dans une Corée exposée aux impérialismes états-unien et japonais, principalement.

Nous parcourrons donc dans ce texte, le cycle de mondialisation qui s'ouvre dans les années 1860-1870, cycle dont la traversée pour la France et la Corée est différente, en ce que la seconde a connu une série de ruptures géopolitiques dont la géographie scolaire enregistre les répercussions. On peut ainsi opérer un découpage chronologique en quatre périodes qui correspondent à une gamme de situations politiques allant de l'indépendance à l'occupation.

Figure n°1 La géographie scolaire coréenne (Corée du Sud à partir de 1945) : périodisation

Période	Programmes	Objectifs
Depuis 1970 Démocratisation	Turbulences : tendance à la dissociation et à la simplification des matières de l'étudesociale	Adaptation du contenu de l'étude sociale aux questions politiques et géopolitiques jugées prioritaires
1945-1970 Domination et influence états-unienne	Programmes d'étude sociale assemblant plusieurs matières dont la géographie. Institutionnalisation universitaire de la géographie (1946)	Adaptation du modèle éducatif américain au contexte coréen de front de guerre froide
1910-1945 Occupation japonaise	Programmes d'histoire-géographie. Application en Corée de la réforme du système éducatif japonais (1920)	Application à la Corée d'une géographie scolaire japonaise disposant d'un nouvel ancrage scientifique
Vers 1876-1910 Ouverture au monde	Premier curriculum (1895) et premiers manuels	Faire connaître la géographie de la Corée et enseigner les relations internationales dans un contexte de lutte de puissances en Corée

Ce point de vue historique est complété, sur un mode mineur, par un point de vue plus sociologique qui se concentre sur l'organisation de la formation des enseignants, sur les pratiques d'évaluation dans le système scolaire et sur le modèle de réussite sociale promu en Corée du Sud. Notre hypothèse est en effet que si la géographie scolaire est actuellement en position instable et dévalorisée dans les programmes scolaires, ce n'est pas seulement en raison de l'héritage d'une Guerre froide qui perdure dans la péninsule coréenne, mais c'est aussi en raison d'une force d'inertie propre aux organisations sociales que sont les universités. Alors que les conflits territoriaux avec les Etats voisins se multiplient, les structures universitaires sont animées par des logiques de préservation ou de valorisation d'acquis de spécialités qui se traduisent par des statuts inégaux. Le statut actuel de la géographie doit être compris, nous semble-t-il, comme la conséquence d'une situation qui lui est très fortement défavorable à partir du moment où la Corée entre dans la sphère d'influence états-unienne, en 1945. Elle est alors « la plus mal partie » des sciences humaines à l'école ; nous verrons pourquoi il en a été ainsi et pourquoi elle n'a pas pu pour l'instant, modifier l'ordre disciplinaire qui s'est installé.

Adresser, depuis la géographie scolaire coréenne, des questions communes aux géographies scolaires

Si le texte a pour objectif de faire connaître en France l'évolution de la géographie colaire dans le cas de la Corée du Sud, cette connaissance peut aussi selon nous, en sens inverse, inviter à réfléchir à deux thèmes d'inégale popularité dans la didactique de la géographie française.

Il y a tout d'abord la question de l'articulation entre les matières enseignées à l'école, plus précisément, la façon de définir, de délimiter et d'articuler ces matières. En Corée du Sud comme en France et dans beaucoup de pays européens, les géographies sont confrontées à la difficulté de passer de la transmission de clés de compréhension du monde, à la transmission de clés pour une action réfléchie et responsable sur le monde. Le monde n'est plus un horizon d'action possible pour une (petite) partie des élèves comme cela a été le cas pendant la plus grande partie du XXème siècle. Il est devenu une des trames de la vie quotidienne pour la quasi-totalité d'entre eux. Le monde n'est plus de l'autre côté du seuil (de la vie de tous les jours) et pour plus tard : il est ici tout de suite. L'école répond à cela en modifiant les programmes de géographie tentés longtemps par l'inventaire des pays et le cloisonnement des régions du monde. Des concepts et des démarches géographiques scientifiques recomposés pour l'école tendent à organiser les programmes. L'école répond aussi au changement en proposant de nouveaux modes de découpage de la matière (thèmes d'études, « Educations à ») et des occasions pour les professeurs de faire dialoguer des disciplines. On parle ainsi volontiers de « recomposition disciplinaire » (Vergnolle-Mainar, 2011). Il est intéressant de voir comment se manifeste en Corée du Sud, l'instabilité des disciplines d'une part et celle de la matière prise en charge par ces disciplines ou ces enseignements.

Une autre question moins travaillée en didactique de la géographie, en France, est la question de l'enseignement du territoire national. La finalité de développement d'une conscience nationale marque les débuts de chacune des deux géographies scolaires française et coréenne. En ce qui concerne la France, on sait que « La défaite [contre la Prusse en 1870], et la valeur reconnue au modèle allemand en la matière, jouèrent un rôle fondamental dans la décision politique de rendre obligatoire cet enseignement » (Lefort, 1998, p.147). Aujourd'hui, le Socle commun de connaissances et de compétences (décret du 11 juillet 2006) demande aux enseignants français de « développer [chez les élèves] le sentiment d'appartenance à son pays, à l'Union européenne, dans le respect dû à la diversité des choix de chacun et de ses options personnelles » (Pilier 6 : Compétences civiques et sociales). Si l'histoiregéographie n'a pas le monopole de l'enseignement de l'Europe (il est aussi le fait notamment des langues vivantes), les débats relatifs à la façon de construire à l'école une conscience européenne, entre sentiment d'appartenance et mise en question, s'y concentrent. En revanche, pour l'enseignement de la France en géographie, aucun débat ne se fait jour ; un accord superficiel et non assuré par des recherches prévaut concernant son inefficacité. A cette inefficacité, l'institution a répondu par l'installation de la géographie de la France en classe de troisième, en fin de cursus commun à l'ensemble des élèves. Pour autant, ce programme, comme le précédent, évacue la question de la définition géographique de la France (Knafou, 2008). Que signifie cet évitement ? Est-ce parce que l'interdisciplinarité « naturelle » entre géographie, éducation à la citoyenneté et histoire, amènera inévitablement dans les classes le traitement de cette importante question ? D'une façon générale, que signifie l'absence de lien entre espace et nation dans les textes officiels d'une discipline qui est née de la finalité de travailler ce lien ? En Corée du Sud, la géographie scolaire prend en charge depuis peu ce lien : c'est le concept de territoire national qui a permis de l'établir. Mais la géographie n'a pas en Corée le statut disciplinaire ou sub-disciplinaire qu'elle a en France. Le rapprochement de ces deux géographies scolaires suggère bien des questions d'histoire des disciplines. Retenons cellesci : est-ce que l'effacement de l'espace national en tant qu'objet d'enseignement (c'est-àdire : qu'est-ce que la France d'un point de vue géographique ?) est caractéristique de l'entrée de l'école française dans un temps « post-disciplinaire » ou bien est-il le prolongement, par inertie, d'un choix collectif (institutions, professeurs) qui a consisté à faire de la discipline géographique, une boîte à outils (Audigier, 1993) plutôt qu'un lieu de construction d'identités collectives ? Comment s'articulent dans les curricula, les différents niveaux d'identité ou d'unité sociale que les systèmes éducatifs, à travers le monde, sont censés construire ? Est-ce que ces articulations sont corrélées au statut qu'obtiennent les contenus de géographie : discipline, « enseignement », simple « rubrique » ?

La géographie : une « discipline » entre nation et empires

Les deux thèmes de réflexion qui précèdent, sont des perspectives qui ne sont pas traitées en tant que telles dans ce texte. Elles constituent la toile de fond d'une réflexion didactique qui se développerait à partir de notre question de départ : pourquoi l'enseignement de la géographie n'est pas, pour une majorité de décideurs en Corée du Sud, une réponse adaptée à la compréhension des enjeux géopolitiques régionaux et mondiaux par les citoyens sud-coréens ? A cette question, nous apportons comme nous l'avons dit, une réponse à caractère principalement historique. C'est ainsi que nous privilégions le rapport, dans le temps, de la géographie scolaire à la géopolitique qui en contraint l'environnement scolaire et éducatif ainsi que l'environnement scientifique. Entre, d'une part, la nation coréenne dont elle est une des voies d'expression de l'identité collective, dans sa dimension spatiale, et d'autre part, les empires qui mettent leur marque sur cet espace national, et simultanément, sur la géographie scolaire, cette dernière se trouve en tension, dans ses contenus comme dans leur organisation. Parler de discipline à ce sujet est un abus de langage ; c'est la raison pour laquelle nous mettons ce vocable entre guillemets. La notion de discipline à l'école suppose un caractère systémique (des finalités, des contenus, des exercices, des méthodes d'évaluation) lequel inclut l'identité professionnelle des professeurs qui l'enseignent (Prost, 1998). Elle implique aussi une certaine verticalité, par son existence aux différents degrés : primaire, secondaire et supérieur, entre lesquels on peut observer des liaisons par les objets, par les méthodes, par les exercices proposés. Or, les conditions géopolitiques contraignent ces deux dimensions. Et il s'agit de voir, dans le cas de la Corée, comment ces conditions agissent directement (programme national, hiérarchie des matières) et indirectement (héritages, influences, inerties des organisations) sur le statut et les contenus de la géographie à l'école.

L'autonomie gagnée par la Corée dans la deuxième moitié du XIXème siècle s'est manifestée par une modernisation du système éducatif et par l'apparition de la géographie scolaire en tant qu'enseignement distinct. L'occupation japonaise à partir de 1910 entraîne la disparition de la géographie scolaire coréenne et son remplacement par une géographie scolaire japonaise qui peut se prévaloir du statut de discipline. La géographie sert alors en Corée à légitimer le colonialisme et l'expansionnisme japonais. A la Libération, elle est supprimée pour laisser place dans le programme national à l'étude sociale. Assimilée à une discipline qui vise à répandre l'esprit de colonisation, la géographie devient une composante contributrice de l'étude sociale importée par les États-Unis, celle-ci étant parée de la vertu de former à une citoyenneté démocratique. Sans être aussi fortement présents que pendant la Guerre de Corée, les États-Unis continuent aujourd'hui d'exercer une influence sur le pays. Comment cette influence s'exerce-t-elle sur l'enseignement des sciences humaines et sociales ? Est-ce que le cadre élaboré pendant l'occupation américaine rend possible une émergence disciplinaire pour des matières subalternes ? Comment justifier une transformation qui permettrait à la géographie scolaire de retrouver un statut disciplinaire ? Quels arguments favorables et quels arguments défavorables s'opposeraient dans une telle perspective ? Telles sont les questions qui ont guidé notre enquête.

Le cadre de référence : la géographie scolaire dans le champ des savoirs géographiques et dans son environnement

Notre enquête s'inscrit dans un paradigme descriptif-interprétatif qui présente la géographie scolaire comme un des pôles, interdépendants et autonomes, du champ des savoirs géographiques (Chevalier,

1997, 2003). Nous utilisons comme guide méthodologique pour explorer les géographies scolaires successives de la Corée (Corée du Sud après 1945) et leurs contextes de détermination, le modèle proposé par Jean-Pierre Chevalier en 2003 (figure 2).

Figure n°2 Modèle de la géographie scolaire dans le champ des savoirs géographiques et dans son environnement : représentation graphique.

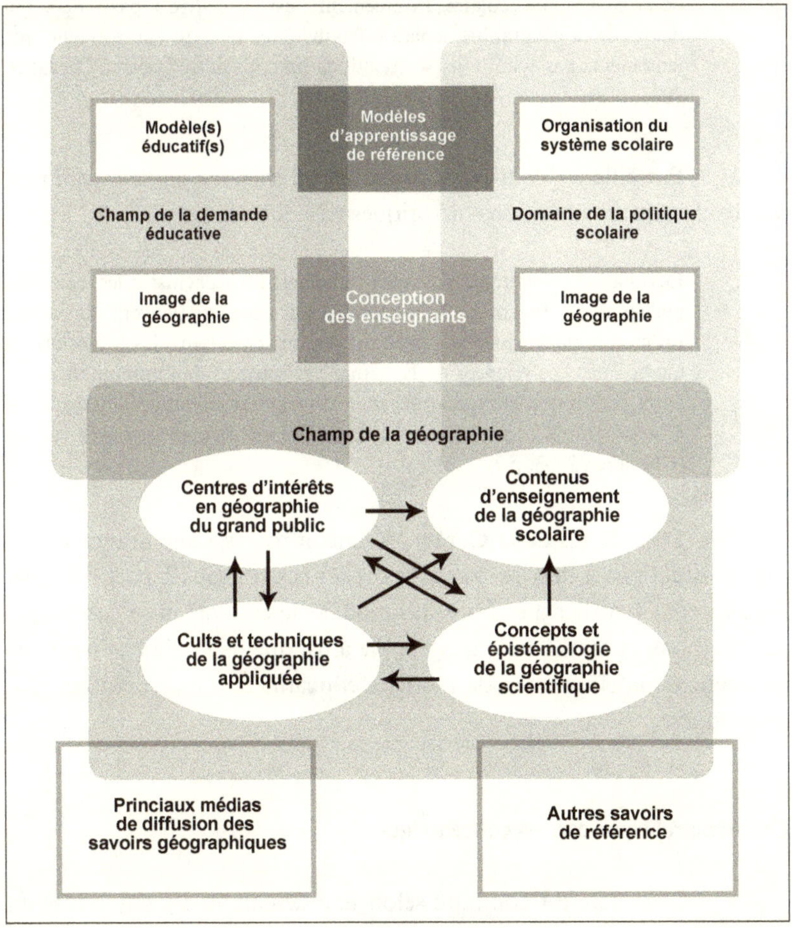

Ce modèle nous est apparu a priori adapté à notre objectif de recherche, en ce qu'il détaille l'environnement susceptible d' « informer » les contenus de la géographie scolaire. Dans ce graphe, les pôles du champ des savoirs de la géographie sont des instances de production de discours qui peuvent être repris d'un pôle à un autre et recomposés selon une logique qui lui est propre.

> La géographie grand public apparaît plutôt comme un catalyseur de centres d'intérêt de la société et la géographie appliquée comme un émetteur de techniques qui contribuent, de concert avec les transformations de la géographie scientifique, à faire évoluer les contenus d'enseignement de la géographie scolaire. Inversement c'est la relative « passivité » qui distingue la géographie scolaire. Passivité au sens où elle n'évolue que lentement, passivité dans ses relations avec les autres pôles (Chevalier, 2003, p.29)

Par ailleurs, ce modèle propose« un système ouvert » qui permet de décrire des situations historiques très différentes.

> Les finalités de référence peuvent être bellicistes ou pacifistes, les méthodes pédagogiques frontales ou coopératives, les écoliers peuvent vivre dans un monde où les médias pénètrent peu ou proposent des informations abondantes, les sciences de la nature, les sciences de l'homme évoluent aussi, tout ceci constitue les éléments d'un système relativement extérieur à la géographie scolaire mais quiinterfère en permanence avec celle-ci (Chevalier, 2003, p.29).

Dans le cas de la Corée, on rencontre aussi une grande diversité de situations à décrire. Par rapport au cas français à partir duquel Jean-Pierre Chevalier a élaboré son modèle, le cas coréen se complique de variations de statut de la géographie ainsi que de la dimension internationale de la circulation de modèles éducatifs et d'informations géographiques.

Une démarche par cercles concentriques

L'enquête est conduite selon une démarche d'analyse dite en cercles concentriques qui est caractéristique du travail de l'historien. Nous sommes, pour chaque période, parti des textes officiels (programme national, décrets, règlements d'école, directives concernant les manuels) et des manuels scolaires pour appréhender les finalités éducatives, les contenus et les méthodes de l'étude géographique.

A partir de ces textes (premier cercle), nous avons poursuivi l'analyse en direction de documents externes à la géographie scolaire coréenne, tout en étant produits dans des contextes coréens[2] (deuxième cercle) : cartes anciennes témoignant de visions du monde depuis la Corée, inventaire des thèses de géographie réalisées par des géographes sud-coréens, magazines de géographie grand public, plans de modernisation du pays (politique d'aménagement du territoire) etc.

Enfin, nous avons fait « remonter » nos analyses jusqu'à des textes produits en contexte non coréen, mais contribuant à l'environnement de la géographie scolaire sud-coréenne (troisième cercle) : programmes et manuels de géographie nord-coréens et japonais, créations d'écoles supérieures au Japon, plans d'étude et méthodes d'apprentissage publiés aux Etats-Unis, etc.

L'enquête ne s'est pas prolongée dans les classes de géographie. Même s'il est intéressant et important de repérer les écarts entre curriculum formel et curriculum réel, cette démarche aurait nécessité un temps qui ne nous était pas disponible. Nous faisons l'hypothèse que les manuels scolaires nous donnent accès pour partie à ce curriculum réel. De la même manière, nous n'avons pas conduit d'entretiens systématiques avec des acteurs clés de cette histoire de la géographie scolaire sud-coréenne. Notre problématique n'est pas celle, féconde, d'une sociologie et d'une histoire des acteurs du curriculum, mais qui aurait nécessité que nous nous concentrions sur une période précise. Or, notre intention est, précisément, de présenter les tableaux successifs d'une géographie plusieurs fois modifiée au long d'un grand cycle historique. Nous avons cherché cependant à pallier ce manque en proposant le portrait de quelques géo-

---

2 Pour la transcription du coréen, nous avons adopté le système officiel sud-coréen, la dernière réforme de ce système datant de 2000. Il aboutit à des écarts avec l'usage académique occidental lequel permet une prononciation plus proche de la langue coréenne. Ainsi, la transcription académique du nom du royaume coréen qui précède l'Occupation japonaise : Choson (avec un accent sur le deuxième o indiquant un o ouvert médian), devient avec le système officiel : Joseon. Néanmoins, quel que soit le système de transcription, il reste le problème de la coupure des mots, très incertaine dans les titres des manuels et des cartes que nous avons consultés.

graphes marquants par le rôle qu'ils ont eu de passeurs entre géographies française, japonaise, états-unienne et coréenne.

Organisation du texte

Le texte de cette thèse est organisé de façon chronologique. Le premier chapitre présente les conditions d'émergence d'une géographie scolaire moderne en Corée, c'est-à-dire d'une géographie qui serait adaptée au monde tel qu'il est en train de s'imposer de l'extérieur du continent (Japon, Etats-Unis) dans une péninsule coréenne traditionnellement sous influence chinoise. Le second chapitre montre la rupture qu'a représenté l'occupation japonaise, importatrice d'une géographie qui interdit tout développement disciplinaire autochtone tout en diffusant un discours de légitimation de l'occupation.

Avec le troisième chapitre, c'est l'importation en 1945 d'un autre cadre que nous étudions : le cadre de l'étude sociale, lequel met fin à l'existence de la géographie scolaire comme discipline, tandis qu'une géographie universitaire commence à se développer à l'Université coréenne. Le chapitre suivant s'attache pour les années de l'après-Guerre de Corée, à détailler le contenu et le sens des réformes qui aménagent ce domaine de l'étude sociale, le plus souvent sous le coup des fluctuations politiques (dictature militaire en Corée du Sud, tensions avec la Corée du Nord).

Avec les années 1973-2000, le chapitre 5 montre comment l'étude sociale et en son sein la géographie, se modifient sous l'effet du processus de démocratisation et de croissance économique rapide que connaît alors la Corée du Sud. Puis, nous appréhendons avec les chapitres suivants la situation contemporaine. Le chapitre 6 se centre sur les conflits territoriaux entre la Corée du Sud et ses voisins et rend compte de l'affaiblissement statutaire paradoxal de la géographie tandis que l'enseignement de l'histoire s'émancipe du cadre de l'étude sociale. Le septième chapitre nous conduit en Corée du Nord, de l'autre côté de la frontière où la géographie, comme nous le verrons, est une discipline à part entière, forgée sur le modèle russe et marquée du sceau de la dictature. Si les images croisées des deux pays dans leurs manuels de géographie respectifs correspondent à l'opposition idéologique attendue, nous mettons en évidence l'existence d'une interface entre les deux Corées sur le plan de la géographie scolaire : la réunification et la défense d'un territoire coréen face aux revendications japonaises en sont les motifs partagés.

Il sera temps alors avec le chapitre 8, de rassembler les fils qui permettent d'analyser la situation de crise de la géographie scolaire sud-coréenne. Nous montrerons que cette situation de crise se construit dès le moment de l'Occupation japonaise qui avait mis fin à une brève existence disciplinaire scolaire et nationale de la géographie. Il s'agira aussi de montrer que la crise n'est pas le déclin, mais un temps d'opportunités nouvelles. Sous l'effet d'évolutions scientifiques, la géographie scolaire a gagné en cohérence conceptuelle. La libéralisation de la fabrication des manuels scolaires est susceptible de rehausser le niveau des apprentissages géographiques, dans un contexte où la formation didactique des enseignants est très réduite. C'est dans cette perspective de saisir l'opportunité d'une adéquation entre la matrice intellectuelle de la discipline et le contexte régional de l'Asie du Nord-Est, qui exige des citoyens informés et responsabilisés face aux questions territoriales, que nous esquissons dans un dernier chapitre conclusif, un programme pour une sortie de crise.

Chapitre 1

LA CORÉE DE L'OUVERTURE AU MONDE (1876-1910) : l'installation de la géographie scolaire comme une discipline émancipatrice du sinocentrisme traditionnel

L'enseignement de la géographie moderne en Corée est apparu à la fin du XIXe siècle. À cette époque, les grandes puissances pratiquent une politique d'influence en Asie orientale, dans le voisinage de la péninsule coréenne ; la situation de la Corée est alors brutalement modifiée. Le Royaume de Joseon, qui avait alors une histoire très ancienne de près de 500 ans, a dû ouvrir ses ports aux puissances étrangères, et dès lors entre en relation diplomatique avec ces grandes puissances.

La société coréenne connaît un brusque changement qui la fait passer à une conception nouvelle de sa place dans le monde. Ce changement est impulsé notamment à partir de l'enseignement : la famille royale de Joseon établit des écoles dites modernes et réforme l'enseignement avec l'intervention de missionnaires américains. La géographie scolaire s'installe en tant que discipline dans les programmes scolaires. L'idée qui préside à cette innovation est que si les jeunes Coréens comprennent bien la situation politique mondiale, alors il est possible pour la nation coréenne de dépasser la vision du monde sinocentrique héritée et de repousser hors du territoire national les puissances étrangères. Les réformateurs coréens pensent donc bien que la géographie est une discipline importante pour éduquer et éclairer la nation.

A la fin du 19e siècle, en même temps qu'une géographie moderne s'installe dans l'école réformée, la diffusion de la connaissance géographique est assurée par les médias grands publics, notamment par les journaux. Nous disposons de nombreuses traces de cet enseignement moderne et de cette diffusion sociale d'une géographie nouvelle dans le contexte coréen : les textes de programme scolaire, les manuels scolaires de géographie, les journaux etc. Dans une ère d'ouverture au monde, à la charnière du 19e siècle et du 20e siècle, on aurait probablement pu voir se développer une géographie coréenne moderne, basée sur les résultats de recherches de la géographie traditionnelle du Royaume de Joseon. Mais les interventions extérieures et, tout particulièrement l'occupation japonaise ont conduit la Corée à prendre beaucoup de retard sur le monde occidental en ce qui concerne la modernisation scientifique en géographie ainsi que les contenus de géographie scolaire.

1.1 La géographie du Royaume de Joseon et la reconnaissance du monde

1.1.1 La géographie du Royaume de Joseon

Dans la Corée du royaume de Joseon, l'habitude est de penser que le ciel, la terre et l'homme constituent le cosmos et surtout que la terre est la base de l'univers. Aussi, depuis longtemps, les Coréens s'intéressent à la terre et la considèrent comme un lieu de vie qu'ils représentent avec des cartes régionales à partir desquelles ils composent des livres de géographie régionale.[3]

Les livres géographiques du Royaume de Joseon se partagent en deux catégories : une première partie correspondant au début de la dynastie jusqu'à l'invasion japonaise de 1592, et une deuxième partie correspondant au reste de la période. Nous pensons que les ouvrages géographiques de la première partie de Joseon ont été réalisés principalement pour que soient établis les fondements du gouvernement de l'Etat cen-

3 Centre de la recherche de la géographie nationale, les généralités de la géographie de la Corée, 1980, p. 77.

tral. Ceux de la deuxième partie de Joseon auraient quant à eux été réalisés par chaque région, ce qui expliquerait que les traditions culturelles aient été comprises dans ces monographies régionales. Dans la même période, il faut remarquer que les ouvrages géographiques scientifiques ont été rédigés par « des chercheurs en Sciences Pratiques ». Après la réforme de 1413, les institutions gouvernementales régionales du Royaume de Joseon ne changent plus[4] et les ouvrages géographiques du Royaume de Joseon sont organisés selon une hiérarchie de niveaux de circonscription administrative, depuis la capitale et des provinces structurées par des centres urbains jusqu'à des circonscriptions rurales et secondaires : le Bu (府), le Mok (牧), le Gun (郡) et le Hyeon (縣). La rédaction de nouveaux ouvrages géographiques s'est ainsi accompagnée d'une accumulation d'informations géographiques sur les régions de la Corée.

Figure n°1.1 Un ouvrage géographique du Royaume de Joseon

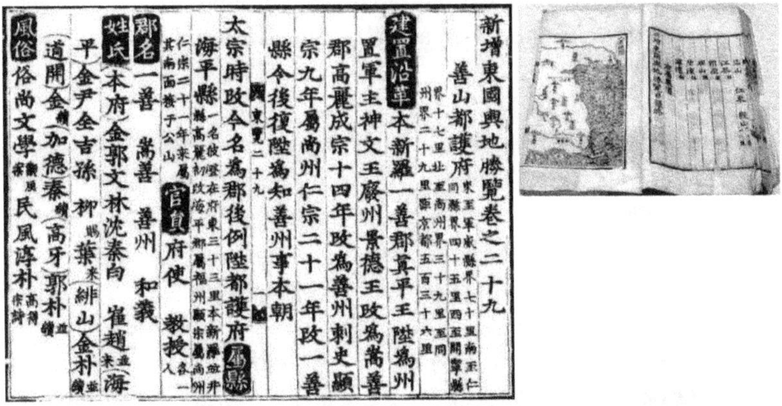

Source : Haeng YI et Eon-Pil HONG, *Sinjeong-dongkuk-yeoji-seunglam*,1530, Royaume de Joseon. L'ouvrage associe cartes et textes (lecture de haut en bas et de droite à gauche). Le texte fournit une histoire de la ville principale, les noms des villages, les noms de famille des habitants ainsi que des éléments de culture locale.

La publication d'ouvrages géographiques dans le Royaume de Joseon correspond soit à des périodes de prospérité nationale, soit à des périodes de mobilisation pour vaincre des crises nationales. À titre d'exemple, on a rédigé des ouvrages géographiques, le « Sin-chanpal- do-

4 Choe, Chang-Jo, 1984, Idées de Pung-Su (Feng Shui) en Corée, Editions Min-eum-sa, Séoul, p. 250.

ji-li-ji (신찬팔도지리지) » et le « Gyeong-sang-do-ji-li-ji (경상도지리지) », quand le roi Séjong créa « le hangeul (l'alphabet coréen, 한글) »[5], en 1446, et qu'il eut un peu plus étendu le territoire national vers le Nord, dans la première partie du Royaume de Joseon. Vient ensuite le « Dong-guk-yeo-ji-seung-lam (동국여지승람) », considéré comme le meilleur ouvrage géographique, qui ait été rédigé durant le règne du roi Seong-jong et finalement le « Sin-jeung-dong-guk-yeo-ji-seung-lam (신증동국여지승람) », une nouvelle version de celui du roi Seong-jong, qui fut révélée à l'époque du Roi Jung-jong en 1531. On met l'accent sur des éléments tels que l'économie, les affaires militaires et l'administration dans les ouvrages géographiques à l'époque du Roi Séjong car, à ce moment-là, l'Etat renforce sa structure politique centralisatrice et souhaite développer une politique de développement économique et militaire du pays. En revanche, pendant les règnes des rois Seong-jong et Jung-jong, on a tenté de faire en sorte de retrouver la stabilité de la morale confucianiste et de faire prendre conscience d'une identité coréenne, notamment par la langue. La publication d'ouvrages géographiques ayant une forte caractéristique de description culturelle s'est trouvée favorisée.[6]

Les idées géographiques comprises dans les livres publiés durant la première partie du Royaume de Joseon traitent de la relation entre la nature et l'homme. Plus précisément, la dépendance et l'adaptation à la nature des activités de l'homme ont été influencées par les idées du Pung-Su (풍수, Feng shui). Par exemple, Chang-jo Choe, alors chercheur dans ce domaine du Pung-su, publie son ouvrage « Idées de Pung-su » dans lequel il argumente sur la notion de « Jin-san (鎭山)[7] », compris dans la rubrique de « San-cheon (山川)[8] ». Cette même rubrique figure dans un livre géographique de Joseon sous le nom de « Sin-jeungdong- guk-yeo-

5 Même si l'alphabet coréen a été créé en 1446, il n'a pas été utilisé correctement jusqu'à la fin du 19e siècle. En effet, la classe dominante du Royaume de Joseon considère comme seules légitimes, la pensée confucianiste et la langue chinoise classique. L'alphabet coréen est réservé à des usages populaires.

6 Yang, Bo-Kyeong, 1987, L'étude sur la caractéristique de la chronique d'une ville et les connaissances géographiques du Royaume de Joseon, Revue de géographie générale (Jilihak-nonchong, numéro spécial horssérie n°3), p. 7.

7 Jin-san signifie littéralement montagne principale dans une ville ou un village. Les Coréens croyaient que la montagne protégeait le peuple de l'ennemi extérieur. C'est pourquoi les habitants offraient traditionnellement un sacrifice à la montagne pour la sécurité du village.

8 Cela signifie littéralement les montagnes et les rivières.

ji-seung-lam », et ici, « Jin-San (진산) » est un des éléments du Pung-Su. Cela équivaut à dire que les idées de Pung-su sont fondées sur un principe avec lequel on sélectionne l'emplacement d'une ville. Les idées géographiques traditionnelles traitaient donc principalement de la relation entre la nature et l'homme.[9]

Figure n°1.2 Une illustration de l'idée de Pung-Su (Feng Shui)

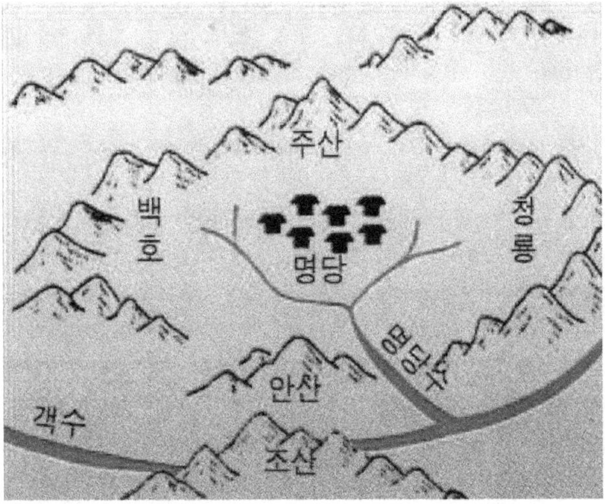

Source : Chang-Jo Choe et al., 1995, *La géographie de la Corée*, p. 9.

Dans la première période du Royaume de Joseon, après avoir subi deux catastrophes nationales, soient « Im-jin-oué-lane (임진왜란) » (l'invasion japonaise de 1592) et « Byeong-ja-ho-lane (병자호란) » (l'invasion des Mandchous en Corée en 1636), des chroniques des villes (les ouvrages géographiques sur les régions) sont rédigées avec l'intention de fixer des repères pour une population en proie au désordre[10]. D'après la recherche de Bo-Kyeong Yang, qui a étudié la chronique d'une ville dans la 1ère moitié du Royaume de Joseon, les chroniques (archives) des villes ont été rédigées dans les perspectives suivantes : asseoir le pouvoir des potentats régionaux, développer le respect de la tradition, inculquer la culture du pays natal, trouver une solution aux problèmes militaires quitte à préparer l'invasion de pays voisins, promouvoir la fidélité au

9 Choe, Chang-Jo, op. cit., 1984, p. 273-285.

10 Yang, Bo-Kyeong, op. cit., 1987, p. 88.

roi, développer la piété filiale, connaître l'état financier des régions, etc[11]. D'autres types d'ouvrages correspondent à cette catégorie des livres géographiques régionaux : les géographies culturelles des régions qui mettent en avant les caractéristiques culturelles propres au pays natal, et les géographies régionales spécifiques, sorte de monographies insistant sur les problèmes militaires et financiers.

Dans les livres de géographie culturelle, les auteurs décrivent l'environnement naturel, les changements dans l'histoire du pays natal, l'économie, les affaires militaires, l'héritage culturel, les oeuvres artistiques, etc. Les thèmes de la beauté de l'environnement, de la pureté des moeurs ainsi que les personnages très remarquables, permettent de développer chez les lecteurs habitants, un sentiment de fierté pour leur propre région. Néanmoins, la manière d'écrire n'était pas analytique et la forme est semblable à celle d'un inventaire d'ouvrage encyclopédique. Aussi, on raisonne comme si chaque région était un microcosme, et non pas comme une partie du territoire national. Par conséquent, on ne peut pas trouver dans ces ouvrages de corrélation entre le petit pays présenté et les autres régions de la Corée. Nous pouvons affirmer que cette perspective-là est la limite majeure de la géographie traditionnelle constituée dans le Royaume de Joseon.

En outre, après les avoir subies, les deux grandes crises nationales donnent naissance à un patriotisme et à un mouvement conduisant à la redécouverte de la tradition et de la valeur des cultures locales, et, dans le même temps elles provoquent le développement d'une recherche objective dans le domaine géographique. Les « Chercheurs en Sciences Pratiques », successeurs influencés par ce développement, font l'étude du territoire national, et rédigent des ouvrages géographiques scientifiques afin de produire une carte plus rigoureuse scientifiquement et non pas créée d'un point de vue subjectif comme pour la carte médiévale.

Il reste aujourd'hui en Corée plusieurs ouvrages géographiques traditionnels datant de cette période : « Dong-guk-ji-li-ji (동국지리지)» réalisé par Baek-Gyeom Han, « Yeo-jiji (여지도) » par Hyeong-Won Yu, « Taek-li-ji (택리지) » par Jung-Hwan Yi, « Gang-gyeogo (강계고) » et «

11 Yang, Bo-Kyeong, op. cit., 1987, p. 88-96.

San-su-go (산수고) » par Kyeong-Jun Sin, « Baek-du-san-go (백두산고) » et « Hae-lo-go (해로고) » par Yang-Ho Hong, « Kang-yeok-go (강역고) » et « Ji-lichaek (지리책) » par Yak-Yong Jeong, « Dae-dong-ji-ji (대동지지) » par Jeong-Ho Kim, etc. Un des ouvrages géographiques traditionnels, « Taek-li-ji », paru en 1751 sous le titre de Taekri-ji, signifie "géographie en tant qu'outil de détermination de l'emplacement d'un village". Cet ouvrage, représentatif de son époque, a été rédigé par un Coréen membre de l'École des Sciences Pratiques, Jung-Hwan Yi (이중환)[12] (1690–1756). Nous allons analyser ce livre selon les axes suivants : le but de sa rédaction et la façon d'organiser les contenus.

De nos jours, on estime que cet ouvrage géographique est de nature scientifique[13] et qu'en tant que produit d'une science géographique, il a bien une cohérence théorique.[14] Le but de la rédaction de Taek-li-ji, comme le titre du livre le suggère, est de chercher l'endroit où l'homme peut habiter sur le territoire national. Autrement dit, l'auteur de ce livre assigne au savoir géographique les finalités suivantes : découvrir les endroits les mieux plus appropriés pour implanter des villes et des villages, poursuivre l'idéal d'un espace de vie le plus convenable possible.[15]

Le livre est divisé en deux parties, intitulées respectivement "Paldo-chonglone (팔도총론)" et "Bokgeo-chonglone (복거총론)". La première partie traite de la géographie régionale : y est décrite la péninsule coréenne, avec ses huit départements ou provinces (Pyeongan-do, Hamgyeong-do, Gangwon-do, Gyeongsang-do, Jeonla-do, Chungcheong-do et Gyeongky-do). Y sont également recensées les diverses

12 *Taekri-ji* est le résultat du sillonnage de toute la péninsule coréenne par Jung-Hwan YI en tant que chercheur en Sciences Pratiques. Jung-Hwan YI était le fils d'un Vice-ministre et le petit-fils d'un cousin de Seong-Ho Yi- Ik, éminent chercheur en Sciences Pratiques. Entraîné dans le tourbillon d'une dispute politique, il n'a pu tirer bénéfice de sa réussite au concours d'accès à la haute fonction publique en 1713, perdant son poste et devant subir un exil sur une île isolée en 1726 : ce n'est qu'une fois libéré de cet exil qu'il a pu entamer le voyage à travers toute la péninsule coréenne, périple nécessaire à la rédaction de son ouvrage. L'ouvrage illustre le courant néo-confucianiste : nous y découvrons la pensée d'alors en géographie humaine et l'esprit même des Sciences Pratiques, c'est-à-dire l'aménagement du territoire en vue du bien-être social et individuel.

13 Seo, Su-In, 1963, L'introduction de l'étude sur *Taek-li-ji*, Revue de géographie (Ji-li-hak), No. 1, p. 83-90.

14 Hong, I-Seob, 1949, *Jo-seon-gua-hak-sa*, Editions Jeong-eum-sa, p. 250-251.

15 Bak, Young-Han, 1977, La recherche de l'idée géographique de Jung-Hwan YI, Revue de Nak-san-ji-li, n°4, p. 25-40.

personnalités locales, par région d'origine. La seconde partie fait quant à elle l'inventaire de tous les sites de la péninsule favorables à l'implantation d'habitations, avec justification de la pertinence de ce choix par l'exposé des quatre critères de sélection utilisés : respectivement la géographie, les moeurs, l'opinion publique et le paysage.

Nous y trouvons, dans une arborescence secondaire, un classement plus fin des sites par fonction (l'habitation proprement dite, le refuge, l'endroit pour l'ermitage, le site de visite, etc.). Cette seconde partie du livre relève donc de la géographie humaine, à travers les domaines de la culture nationale et régionale, des transports, etc. Il est également à noter que nous retrouvons un peu partout dans le livre l'idée traditionnelle de Pung-Su (Feng Shui).

Nous ajouterons pour terminer que, premièrement, l'objet du livre est l'application de la pensée traditionnelle à la vie quotidienne, et que deuxièmement, l'influence de ce livre est toujours décelable dans la géographie actuelle et la science sociale moderne en Corée, puisque, même si ce livre a été rédigé il y a plusieurs siècles, les géographes coréens l'utilisent encore très souvent pour l'étude du territoire coréen. Leur travail de recherche en géographie de la Corée, s'accompagne d'ailleurs le plus souvent d'une étude des cartes anciennes. Il est d'autre part encore fréquemment fait mention des contenus de ce livre dans les manuels scolaires ou même dans les examens d'entrée à l'université.

Les cartes anciennes constituent une autre source du savoir géographique traditionnel dans le Royaume de Joseon. Mis à part certains ouvrages géographiques, il reste plusieurs cartes dont la plupart ont été dessinées dans la 2ème partie du Royaume de Joseon. Les cartes anciennes sont des archives visuelles qui présentent les paysages des régions du passé, en plus d'apporter un témoignage des connaissances géographiques de l'époque, des techniques scientifiques et de la sensibilité artistique du moment. Avant le 19e siècle, les cartes étaient dessinées pour la famille royale de Joseon. Les cartes étaient découpées en catégories de région. Si, à ce moment-là, les cartes à l'échelle régionale étaient rigoureusement réalisées, les cartes à l'échelle nationale étaient de mauvaise qualité.

Figure n°1.3 Un exemplaire de cartes : celles de Jeong-Ho Kim

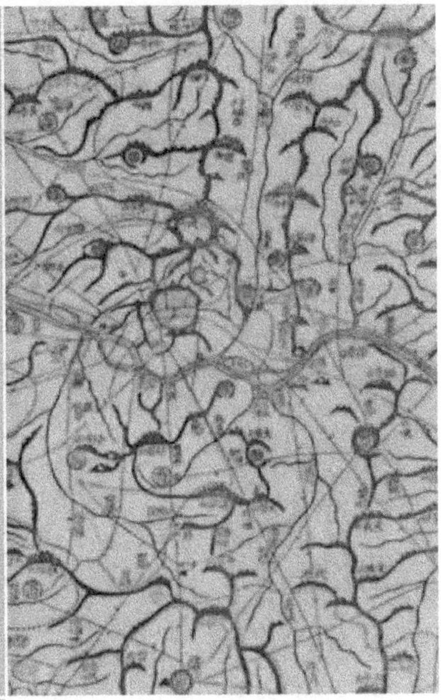

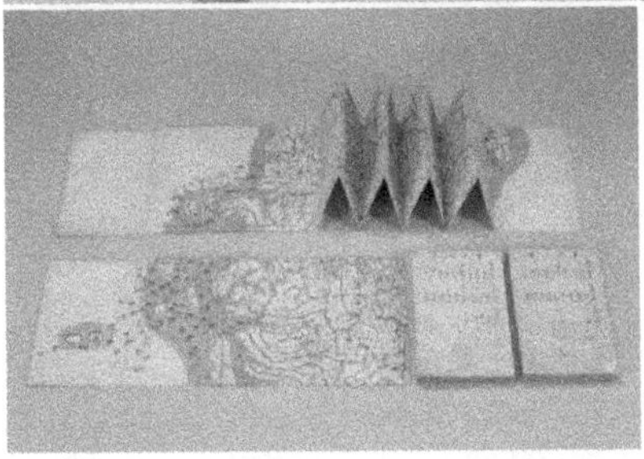

Source : Jeong-Ho KIM, Daedongyeojido, 1861, Institut pour la recherche coréenne, Université de Séoul, http://e-kyujanggak.snu.ac.kr/sub_index.jsp?ID=GZD.
L'extrait de carte à droite représente Séoul et sa région. Les lignes sombres représentent les massifs montagneux. Les routes sont représentées par des lignes droites, marquées de traits dont l'espacement correspond à une longueur réelle de quatre kilomètres.

Puis au début du 19e siècle, une innovation est introduite dans la cartographie au Royaume de Joseon. Le cartographe Jeong-Ho Kim[16] fait la synthèse des cartes et des ouvrages géographiques préexistants,

16 Jeong-Ho Kim (? - 1866) fait systématiser de façon scientifique l'information géographique sur le territoire national du Royaume de Joseon au 19e siècle. Ses oeuvres cartographiques ont une grande signification : « Cheong-gu-do (1834) », « Dong-yeo-do (?) » et « Dae-dong-yeo-ji-do (1861) ». Il a aussi rédigé quelques ouvrages géographiques très importants : « Dong-yeo-do-ji (1834-1844) », « Yeo-do-bi-ji (1853-1856) » et « Dae-dong-ji-ji (1861-1864) ». Notamment, « Dong-yeo-do-ji » et « Dae-dong-ji-ji » ont été organisés par deux grandes perspectives : celle de la géographie régionale et celle de la géographie générale.

puis commence à créer des cartes à l'échelle nationale qui ressemblent à celles d'aujourd'hui. Cette ressemblance n'est pas totale dans la mesure où le travail de représentation du cartographe est imprégné des idéaux de la société traditionnelle. L'analyse des cartes du monde réalisées durant le Royaume de Joseon, sera menée dans la prochaine section quand nous examinerons la vision du monde sous la période du Royaume de Joseon. Cette rapide revue de la production géographique ancienne en Corée montre que, même si la place actuelle de la géographie dans les programmes scolaire n'est pas stable, la société sud-coréenne possède une source géographique traditionnelle riche. La faiblesse de la position de la géographie scolaire ne résulte pas d'une faiblesse historique du champ des savoirs géographiques en Corée.

1. 1.2 La vision du monde dans le Royaume de Joseon

À l'époque du Royaume de Joseon, on pense que le centre du monde était la Chine : la croyance en la supériorité de la civilisation chinoise inspire cette vision du monde. La vision d'un tel monde est une perspective qui a disparu vers la fin du 19e siècle dans l'ancienne Corée. Nous allons donc analyser cette vision chez les anciens Coréens, à l'aide des cartes qui sont des matériaux propres à l'étude géographique dans le Royaume de Joseon.

Plusieurs cartes ont été réalisées en Corée du Sud, dont des cartes du monde parmi lesquelles la plus vieille est « Hone-il-gang-li-yeok-dae-guk-do-ji-do[17] », dessinée en 1402. Cette carte est contemporaine du projet national du royaume de Joseon. La famille royale de Joseon s'est procuré des cartes récentes de la Chine et du Japon, et à partir de celles-ci, fait éditer une nouvelle carte du monde.

---

17 La carte originale est à l'université de Ryukoku au Japon ; une reproduction existe à l'université de Séoul en Corée du Sud. Cette carte a été déjà présentée dans une exposition aux États-Unis en 1992.

Figure n°1.4 Hone-il-gang-li-yeok-dae-guk-do-ji-do (혼일강리역대국도지도)

Source : Sa-Hyeong Kim, 1402, en dépôt à l'Université de Ryukoku au Japon.

La raison pour laquelle cette carte a attiré l'attention, est qu'elle représente non seulement l'Asie orientale, mais aussi le Moyen-Orient et même l'Europe. A l'époque d'apparition de cette carte apparut, le périple des navigateurs espagnols et portugais vers les autres continents n'a pas encore eu lieu. Cette carte apparait comme l'une des plus précieuses cartes au monde parce que la plupart des autres combinent au même moment, le modèle des cartes médiévales européen, orienté par une représentation religieuse du monde connu, avec le modèle de la carte marine moderne.

Dans son commentaire, Geun Kwon qui était un des responsables auprès de la famille royale, de la réalisation de cette carte du monde, dit que « Hone-il-gang-li-yeok-daeguk- do-ji-do » a été fabriquée grâce à l'assemblage de trois cartes : la carte de Joseon, celle de la Chine et celle du Japon. Il ajoute que l'on a importé deux types de cartes de la Chine : « Seong-gyo-gwang-pi-do » et « Hone-il-gang-li-do ». La première était relative aux régions situées à l'ouest de la Chine, et l'autre est relative aux villes et aux capitales successives de la Chine. Nous pouvons imaginer que les anciens Coréens récupéraient les informations géographiques sur le monde à partir de cartes réalisées en Chine. Malheureusement, la carte originale (Seong-gyo-gwang-pi-do) n'existe plus. Nous supposons que la dernière a été dessinée sous l'influence de « la géographie arabe » dans la période de l'Empire mongol (1271-1368). Il est plausible que les produits de la cartographie arabe se soient diffusés en Chine, et que les anciens Coréens aient pu ainsi découvrir une représentation géographique de l'Europe via la Chine. Sur la carte « Hone-il-gang-li-yeok-dae-guk-do-ji-do », nous pouvons découvrir une centaine de noms de lieux en Europe, 35 noms de lieux en Afrique, malgré une représentation cartographique qui place la Chine au milieu du monde et témoignerait ainsi de la croyance en la supériorité de la civilisation chinoise.[18]

En revanche, vers le 16e siècle, alors que le néo-confucianisme de Zhu-Xi[19] est implanté comme un principe spirituel et social dans le Royaume de Joseon, un autre type de carte mondiale y apparaît : « Hone-il-yeok-dae-guk-do-gang-li-ji-do ». L'espace représenté par cette carte est réduit à l'Asie orientale, toujours centrée sur la Chine, alors que l'Europe, l'Afrique et la péninsule arabique, ne sont plus représentées comme sur les cartes du début du 15e siècle. Pourquoi les continents de l'Europe, l'Afrique et la péninsule arabique ont-ils disparu de la carte ? Cette situation ne peut pas être expliquée simplement par une perspective d'évolution des techniques et des connaissances cartographiques. Il faut pour comprendre cette disparition des représentations d'une partie du monde, prendre en compte l'idéologie sociale de l'époque.

Après la disparition en Chine de la dynastie Yuan, le territoire sur lequel s'exerce le pouvoir s'est rétracté, avec une perte importante à l'échelle de l'Eurasie, jusqu'à occuper et contrôler uniquement le centre de la grande plaine en 1368. Par conséquent, les échanges avec l'Occident se sont trouvés limités du fait du recul de la frontière. Finalement, les continents européen et africain disparaissent des représentations cartographiques jusqu'à ce que des missionnaires occidentaux n'arrivent en

---

18 Oh, Sang-Hak, 2009, La carte du monde en Royaume de Joseon et la vision du monde, Revue de la recherche sur la carte ancienne en Corée du Sud, Vol. 1, No. 1, pp. 7-8.

19 Ou Zhu-zi (1130-1200) : penseur néo-confucianiste de la Chine des Song.

Chine, amenant avec eux des cartes occidentales de l'Europe. Comme nous l'avons déjà mentionné, vers le 16e siècle, le néoconfucianisme de Zhu-Xi s'est fermement installé au Royaume de Joseon. La société du Royaume de Joseon reconnaît ainsi la Chine (la dynastie Ming) comme la région la plus importante du monde.

Figure n°1.5 Cheon-ha-go-geum-dae-chong-pyeon-lame-do (천하고금대총편람도)

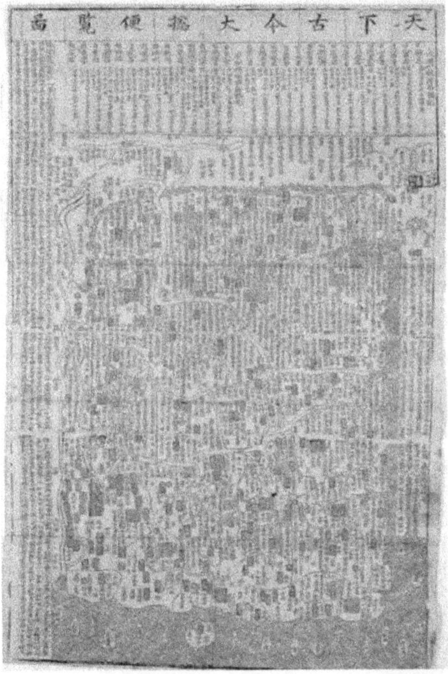

Source : Su-Hong KIM, 1666, Musée historique de Séoul. Cette carte représente la Chine. Elle comporte de nombreux commentaires des régions.

Après le 17e siècle, le Royaume de Joseon tente de renforcer la défense nationale suite aux deux grandes invasions japonaise et mandchoue. Dans cette situation-là, on reconnaît que la fabrication de cartes du monde est très importante. Par contre, à cette période, les cartes du monde sont réalisées aussi bien dans le cadre du secteur privé que dans celui de l'Etat central. L'une de celles du secteur privé est représentative des cartes de cette époque, la « Cheon-ha-go-geum-dae-chong-pyeon-lame-do » réalisée par Su-Hong Kim (1601-1681).

Le contour de la carte «Cheon-ha-go-geum-dae-chong-pyeon-lame-do » prend une forme rectangulaire, comme si la notion de représentation analogique du monde vu d'en haut s'était perdue. La Chine est placée au milieu du monde représenté, toujours aussi importante. Le support cartographique comprend non seulement les noms de lieux, mais aussi des textes de commentaire. Dit simplement, la carte comprend les deux composants suivants : le composant de la carte proprement dite et celui des livres de géographie. La carte reprend les noms de lieux compris dans un livre légendaire chinois « Shanhaijing (山海經) », comme par exemple « le pays des grandes personnes », « le pays des petites personnes », « le pays des femmes », etc. Ces noms de pays imaginaires sont attribués à des espaces situés en Asie centrale et en Sibérie. Cependant, grâce à la connaissance géographique occidentale arrivée en Chine avec les missionnaires chrétiens, puis diffusée dans le Royaume de Joseon, les anciens Coréens purent réaliser des cartes du monde connu grâce aux voyages et aux échanges économiques d'échelle mondiale organisés à partir de l'Occident. C'est le cas de la « Cheon-ha-do-ji-do (figure 1.6) ». À l'origine de cette carte, se trouve une autre carte présentée par les missionnaires occidentaux en Chine. La Chine est peinte au centre de la carte parce que c'est une période où les courants de pensée dominants en Asie orientale proviennent de Chine. Parce que le peintre est Coréen, la Corée y est représentée à une échelle cartographique plus petite (sa représentation est par conséquent plus importante que sur les cartes ayant un rapport d'échelle constant). Techniquement moderne, cette carte présente l'état des connaissances géographiques occidentales (les étendues océaniques ne sont pas complètement parcourues) tout en conservant que quelques noms en légende hérités de la Chine ancienne.

À la fin du 18e siècle et au début du 19e siècle, l'Etat traditionnellement influencé par la pensée confucianiste, est acquis à l'idée d'un monde dominé par la civilisation chinoise. Pourtant « l'École des Sciences Pratiques » prend en compte et intègre, de façon continue, les connaissances géographiques occidentales arrivant jusqu'en Corée via la Chine. Cette connaissance géographique occidentale concerne un nombre restreint de personnes de la haute classe intellectuelle, mais elle ne se diffuse pas dans le grand public. Pour la plupart des habitants du Royaume de Joseon, la vision du monde est centrée sur la Chine et organisée par l'idée de supériorité de sa civilisation. Un changement de vision s'opère au moment de l'ouverture sur le monde, lorsque des éléments de civilisation occidentale s'introduisit principalement dans et par le système éducatif d'inspiration occidentale implanté au Royaume de Joseon. C'est avec ce changement de structure et de contenus scolaires, dans le cadre imposé par l'ouverture forcée aux grandes puissances, que les habitants de la Corée s'habituent à une représentation du monde tel que l'Occident le « voit », le nomme et le découpe : avec cinq océans et six continents.

Figure n°1.6 Cheon-ha-do-ji-do (천하도지도)

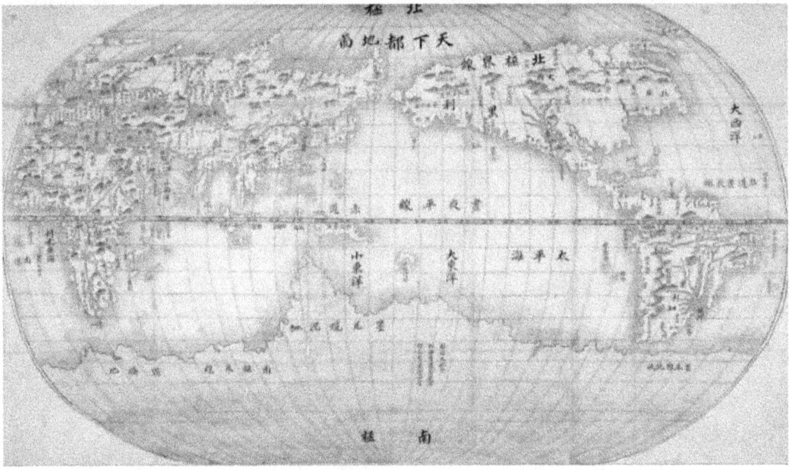

Source : Famille royale de Joseon, vers la fin du 18e siècle. Institut pour la recherche coréenne, l'université de Séoul, http://e-kyujanggak.snu.ac.kr/sub_index.jsp?ID=GZD.

1.2 Les influences des puissances impérialistes en Asie orientale et le conflit des « forces du continent et de l'océan » dans la péninsule coréenne

Les puissances impérialistes européennes donnent une nouvelle impulsion à leur politique coloniale dans la perspective d'un développement continu et d'une expansion de leurs économies. Dans les années 1840, Royaume Uni a par exemple établi des bases économiques en Chine à l'occasion de la « Guerre de l'opium ». Par la suite, les autres grandes puissances occidentales (États-Unis, France, Allemagne et Russie) ont aussi demandé à la Chine et au Japon de leur ouvrir leurs villes et leurs ports, de telle façon que leur dessein de domination économique et politique s'est étendu progressivement à l'ensemble du continent asiatique.

Avant l'établissement des grandes puissances occidentales, la relation politique internationale en Asie orientale était organisée en fonction de l'influence de l'empire chinois. Alors que l'empire chinois se décompose et que les puissances occidentales prennent pied sur son territoire, la Corée est entraînée dans cette crise car son régime était très proche de celui de la Dynastie Qing (Chine). D'autre part, le voisin japonais est déjà entré sous la pression extérieure dans une époque de modernisation politique, économique et sociale (ère Meiji). Inéluctablement, le Royaume de Joseon doit, lui aussi, ouvrir ses ports aux puissances extérieures, et il est tout aussi inévitable que l'antagonisme entre la Chine et le Japon dans la péninsule coréenne dégénère en conflit armé, les deux puissances cherchant à prendre l'initiative dans la presqu'île coréenne. Jusqu'à la guerre sino-japonaise, l'influence de la Chine a été traditionnellement plus forte que celle du Japon ; mais après la guerre, la situation s'inverse toujours davantage.[20]

Le Japon est désormais la grande puissance extérieure présente sur le territoire coréen. Nous pouvons analyser la politique japonaise vis à vis de la Corée avec le discours de Hukujawa, idéologue de la Restauration Meiji (明治維新) au Japon. Au moment de la guerre sino-japonaise, celui-ci évoque le 1er janvier 1887 en ces termes, la relation entre la Corée et le Japon : « La Corée (Royaume de Joseon) est une haie pour le Japon ».[21] Son discours, à savoir que la Corée est une ligne de défense,[22] implique que le Japon veut conserver ses positions dans la péninsule coréenne, laquelle devient une des priorités géopolitiques du Japon.[23] Or, la Chine veut reprendre et renforcer son autorité sur la Corée. Les deux grands voisins de la Corée ne peuvent éviter l'entrée en guerre.

La « Révolution Dong-hak (동학혁명)[24] », qui a eu lieu à Go-bu,

20 Depuis le traité de l'île de Ganghwa (1876), le Japon fait une démonstration de force en Corée (Royaume de Joseon). Le Royaume de Joseon reste fidèle à sa politique isolationniste jusqu'en 1876, contre toutes les puissances à l'exception de la dynastie Qing (Chine). Après un traité inégal, elle a dû ouvrir ses trois ports et a été influencée par les autres puissances extérieures. En conséquence, la société du Royaume de Joseon, depuis le traité de Ganghwa avec le Japon, a subi beaucoup de changements. Il faut donc se pencher, à partir de 1876 et jusqu'à aujourd'hui, sur la situation politique internationale à l'intérieur et aux voisinages de la péninsule coréenne, pour comprendre les évolutions de la géographie scolaire.

21 Choe, Mun-Hyeong, 1983, La cause et les circonstances de l'ouverture des hostilités sino-japonaises, Revue de l'histoire, p. 234.

22 Kim, Yong-Ku, 1989, Histoire diplomatique du monde (1), p. 364.

23 Choe, Deok-Su, 1986, Le point de vue des Japonais sur la Corée après la guerre sino-japonaise, Revue de l'histoire générale, No. 30, p. 202-203.

24 « La jacquerie Dong-Hak » qui est une révolution paysanne, s'est déclenchée dans la province de Jeon-la en 1894. Sa cause est le despotisme d'un fonctionnaire corrompu, plus précisément, l'extorsion des paysans et la corruption de Byeong-Gab Jo, sous-préfet de Gobu, province de Jeon-la. Les paysans armés ont remporté de grandes victoires contre l'armée royale, mais ont finalement été réprimés par l'armée royale vers le début du mois de juin. La révolution Dong-hak était autant une op-

province de Jeon-la du nord en 1894, est la cause directe de la guerre sino-japonaise. Comme le château de Jeon-ju avait été pris par l'armée des paysans en révolte, la Cour royale de Joseon demande des renforts à la Chine (royaume de Qing). Le Royaume de Qing annonce au Japon son intervention sur le Royaume de Joseon, selon les termes du « traité de Tianjin[25] », signé en 1885 avec le Royaume de Qing. Il envoie par la suite un contingent militaire dans la péninsule coréenne : 900 militaires le 8 juin, 1500 militaires le 12 juin. Ensuite, le Japon déploie aussi ses militaires dans la Joseon le 16 juin, environ 7000 à 8000 militaires, sous prétexte de protéger son peuple en Joseon, et de contrôler les manoeuvres militaires chinoises. Cependant, la troupe rebelle paysanne est réprimée

---

position du peuple contre la classe dirigeante, le gouvernement de Joseon, qu'une lutte antiféodale. Elle était aussi un mouvement de résistance anti-impérialiste contre les puissances étrangères. Les paysans ont demandé les réformes suivantes : la purge des fonctionnaires corrompus, la punition des riches despotes et des « Yang-ban » (lettrés nobles, classe supérieure et dominante au temps du Royaume de Joseon), l'abolition des titres de propriété sur des esclaves, l'amélioration du traitement des petites gens, l'autorisation du remariage des veuves, la suppression des taxes diverses, l'emploi des hommes de valeur, la disparition du népotisme, la punition sévère des hommes qui ont des relations secrètes avec le Japon et la réforme agraire (l'agrarianisme). Même si ce mouvement paysan-là a été un véritable échec à cause de l'intervention des militaires chinois et japonais, il a alimenté une conscience populaire qui s'est exprimée avec le « Samil-undong », mouvement du 1e mars pour l'indépendance de la Corée, en 1919. En réalité, c'est « la pensée de Dong-hak », une idéologie qui a beaucoup influencée la révolution de Dong-hak. Dong-hak, semblable à une religion nationale, a été crée par Jé-Woo Choe en 1860. La société de Joseon dans la deuxième partie du 19e siècle est en crise. La structure de la société se modifie très rapidement avec l'introduction d'une économie monétaire. Le régime politique autoritaire du clan familial de l'épouse du roi, et la brutalité couplée à l'extorsion de fonctionnaires régionaux et du grand propriétaire terrien sont très marquées. En plus, des catastrophes naturelles et des épidémies sont venues rendre plus difficiles encore les conditions de vie des paysans. Les révoltes populaires sont nombreuses ; l'instabilité sociale s'étend et la peur de la force étrangère ainsi que la répugnance par rapport à la science occidentale s'aggravent avec l'envahissement de la Chine par les puissances occidentales. Dans cette situation-là, Jé-Woo Choe jugeait que les idées existantes, par exemple, la pensée confucianiste, le bouddhisme et le taoïsme, ne pouvaient pas surmonter une telle situation de crise ? Il a associé les trois pensées et a ensuite fondé une nouvelle pensée, comme une religion nationale : Dong-hak. Cette doctrine soutient l'égalité humaine et la réforme sociale. Cette nouvelle pensée a naturellement reçu l'accord du peuple qui attendait avec impatience du changement. Elle affirme par exemple : « l'homme est justement le ciel et le ciel peut devenir l'homme », ce qui signifie que parce que tous les hommes sont précieux comme le ciel, il faudrait se comporter envers chaque homme comme nous servons le ciel. Cette pensée a donné au peuple un grand espoir et elle a joué un rôle d'idéologie de la résistance du peuple. Elle devient une idée dominante nationale et joue dans le même temps contre les principes du gouvernement de l'État. Cette pensée présente la particularité d'accorder de l'importance au monde présent au lieu de la vie future. Cette nouvelle pensée se diffuse très rapidement un peu partout dans le Royaume de Joseon dans la seconde moitié du 19eme siècle.

25 Traité de Tianjin en 1885 entre Japon et Chine Qing. Ses contenus principaux sont les suivants : « Si un jour, il y a lieu des troubles au sein du Royaume de Joseon et que le besoin d'envoi de troupes se fait ressentir, il faut informer le partenaire diplomatique de manière à organiser son intervention sur Joseon, et une fois calmées les tensions, il faut organiser le retrait de ses troupes de Joseon, laissant uniquement en place les forces armées coréennes ». Kim, Young-Chang, 1982, L'histoire diplomatique en Asie de l'Est, éditions Jipmundang, Séoul, p. 337.

par l'armée royale le 11 juin. Les militaires chinois et japonais ne se retirent pas de Joseon. Il apparaît clairement que les deux puissances ont saisi une occasion pour s'installer durablement en Joseon.

Les grandes puissances occidentales observent attentivement la révolution Dong-hak, et essaient même de s'interposer entre les deux armées (Japon et Chine). Go-jong, le 26ème Roi du Royaume de Joseon, le 24 juin 1894, demande aux deux pays de retirer leurs forces militaires ainsi que de l'aide à la légation américaine de Séoul.[26] Les quatre légations, Royaume-Uni, France, Russie et États-Unis, qui restent en Corée, demandent aux deux pays de se retirer, mais la Chine répond qu'elle ne bougera pas tant que le Japon ne se sera pas retiré. Parallèlement le Japon s'y oppose crûment et augmente plutôt ses effectifs militaires stationnés jusqu'à atteindre 10.000 personnes.[27]

Le Palais royal et la capitale du Royaume de Joseon sont pris par les militaires japonais le 21 juin. Par la suite, Joseon, forcée à cela par le Japon, annonce l'annulation du traité de commerce et d'amitié entre la Corée et la Chine, et le Japon commence à attaquer les militaires chinois. L'armée chinoise subit une défaite humiliante face au Japon au 25 juillet 1894 et la guerre sino-japonaise éclate ainsi.[28]

C'est en particulier le Royaume-Uni et la Russie sur lesquels nous allons à présent porter notre attention parmi les grandes puissances : quelles sont les relations entre le Royaume-Uni et la Russie en Extrême-Orient ? Nous pouvons considérer que jusqu'à la fin du 19e siècle, la politique internationale en Asie orientale liée à la péninsule coréenne

26 Yi, Min-Sik, 1992, L'apparition de la politique pro-japonaise par les États-Unis en Corée, Revue d'histoire générale (Sachong), N°. 40-41, p. 87.

27 Yi, Chang-Hun, 1993, Après le guerre sino-japonaise, la relation internationnale autour de la péninsule coréenne, Revue de l'histoire politique et diplomatique en Corée, No. 9, pp. 259-286.

28 Le Japon a remporté la victoire dans plusieurs batailles, et finalement il a menacé la Chine jusque devant Pékin. Dans ces circonstances, le Royaume-Uni et la Russie ont arbitré la guerre sino-japonaise, mais le Japon a refusé leur décision et enfin, le traité de Shimonoseki a été signé le 17 avril 1895 entre l'Empire du Japon et la Dynastie Qing, mettant fin à la Guerre sino-japonaise. Pour règlement de ce conflit, le Japon a reçu des indemnités de la part de la Chine et a aussi reçu la péninsule Liaodong, Taïwan ainsi que les îles de Pescadores. Cependant, ce traité sera révisé par la triple intervention de la France, de la Russie et de l'Allemagne car la Russie est inquiète quant à la possibilité que le Japon puisse prendre la Mandchourie et elle ne désire nullement l'expansion du Japon vers le Nord en Asie orientale.

a principalement fonctionné autour de trois pays : la Chine, la Corée et le Japon. Désormais, des influences européennes interviennent dans les relations internationales. Quels en sont les agents ? Et pourquoi ?

Le Royaume-Uni s'estime menacé par la Russie qui s'est avancée vers la péninsule des Balkans, au Moyen-Orient et en Extrême-Orient. Pour la Russie, le Japon est le pays qui représente la plus grande menace, puisqu'il est sorti vainqueur de la guerre sino-japonaise. Si le Japon contrôle la presqu'île de Liaotung en Chine, la Russie se trouve bloquée dans son avancée vers le Sud pour trouver un port maritime où la mer ne gèle pas. La Russie veut aussi construire un chemin de fer de la Sibérie jusqu'à un futur port situé près de la péninsule coréenne ou la côte de la Mandchourie.[29] Aussi, le Japon a-t-il dû abandonner la presqu'île de Liaotung gagné dans la guerre sino-japonaise, du fait d'une triple intervention de la Russie, de la France et de l'Allemagne. La Russie pouvait ainsi renforcer sa position dans la péninsule coréenne.

Comme la Russie a déployé sa puissance en Asie orientale, une faction pro-russe s'est très rapidement développée dans le Royaume de Joseon. Go-jong (roi) et la Reine Min excluent les nippophiles du ministère, et essayait de se rapprocher de la Russie. Dans cette situation, à Séoul, le ministre plénipotentiaire japonais du nom de Mioura, pense qu'à cause de cette faction pro-russe, la position japonaise s'affaiblit dans le Royaume de Joseon. Les Japonais font assassiner la Reine Min le 8 octobre 1895.[30] Ils excluent ensuite la faction prorusse, pour nommer des personnalités pro-japonaises dans le gouvernement. Le nouveau ministère donne le signal et l'impulsion d'une « réforme radicale[31] ». Parmi ces

29 Renouvin, P., 1988, L'histoire de la diplomatie en Asie de l'Est, Editions Seomundang, p. 143.

30 Kim, Kyeong-Chang, Le renforcement de la souveraineté sur la Corée par la Dynastie de Qing, et l'accord secret entre la Corée et la Russie, Revue de l'association du politique coréen, Vol. 9, p. 143-163.

31 La réforme de Gabo a été établie de 1894 à 1895. Par cette réforme, le régime féodal traditionnel est supprimé, et on a introduit un nouveau système. Les réformes traitent des nominations des hommes de talent aux postes les plus élevés, de l'abolition du traitement partial entre la noblesse civile et la noblesse militaire, de l'abolition de la mesure judiciaire condamnant les membres de toute une famille, de la suppression du mariage précoce, de l'autorisation du remariage des veuves, de la libération des esclaves, de la simplification du vêtement et du rite sacrificiel, de l'usage du calendrier solaire, de l'obligation d'avoir les cheveux courts et de l'introduction du système éducatif moderne.

réformes, l'usage du calendrier solaire et le décret obligeant les personnes à avoir les cheveux courts causent les plus vives réactions. Aussitôt après cette réforme et l'assassinat de la Reine Min, des milices populaires se développent un peu partout. Le Roi s'évade du palais dans lequel il est tenu prisonnier. Tandis que l'armée de Séoul part réprimer les milices, il se réfugie dans la légation russe (le 11 février 1896).

Parce que la force militaire russe est estimée plus importante que celle du Japon, le Japon ne veut pas de conflit militaire avec la Russie, mais plutôt un compromis. Par le résultat de la triple intervention de la France, de la Russie et de l'Allemagne, le port de Lashun et le port de Dalian, qui se situent dans la péninsule Liaodong en Chine, sont pris à bail par la Russie. De plus, la Russie essaie de de renforcer sa position dans la péninsule coréenne. Le Japon propose un accommodement à la Russie : la division de la péninsule coréenne en deux, au niveau du 38° parallèle.[32] Mais la Russie refuse la proposition : elle s'intéresse à la péninsule coréenne dans son intégralité et ne souhaite aucunement céder la Région du Sud au Japon. La question de l'accès à des mers sans gel est primordiale pour sa stratégie.[33]

Cependant, la situation économique russe n'est pas suffisante pour soutenir cet expansionnisme vers l'Extrême-Orient. Même si, depuis 1890, elle a pu enclencher un fort développement industriel, la fragilité de la situation financière provoque de nombreuses faillites d'entreprises et jusqu'au réexamen de l'investissement envisagé en faveur du chemin de fer en Sibérie. Pour l'Extrême-Orient, ces difficultés financières amènent à reconsidérer le projet de construction d'un chemin de fer pour la connexion de l'industrie d'extraction nationale au marché étranger (Chine).[34]

Dans cette situation, il est remarquable que le Royaume-Uni ait abandonné sa politique propre pour s'allier avec le Japon. À la fin du 19e siècle, le Royaume-Uni a accumulé des conflits avec les autres grandes puissances. Ayant concentré sa politique d'expansion vers le Sud en

32 Kang, Chang-Seok, 1997, La recherche sur la neutralité dans la période de la fin de la dynastie Joseon, Revue de l'histoire et de la frontière, Vol. 33, p. 55-89.

33 Woo, Cheol-Gu, 1999, *Vers le 19e siècle, les grandes puissances et la péninsule coréenne*, Editions Beopmun-sa, Séoul, p. 135.

34 Bak, Tae-Seong, 1991, L'histoire de la Russie, Yeokminsa, p. 172-173.

Afrique, il n'a pas à disposition les ressources nécessaires pour tenir tête à la Russie en Chine. Il lui faut donc trouver un pays allié en Asie orientale pour contenir l'expansionnisme russe. Des troupes russes continuant de stationner en Mandchourie, le Japon essaie de négocier avec la Russie. La proposition du Japon se conforme à la « théorie de l'échange entre la Corée et la Mandchourie[35] », c'est-à-dire que la Russie peut dominer la Mandchourie et, en échange, elle reconnaît l'occupation japonaise de la Corée. Finalement, les deux pays établissent un « protocole d'accord » le 25 avril 1896. Ce protocole permet au Japon d'user de son influence sur la Corée plus fortement qu'avant. Conformément à l'accord, la Russie abandonne toute politique de domination en direction de la péninsule coréenne et concentre ses forces sur l'objectif d'occupation de la Mandchourie.[36]

Avec la triple intervention de la Russie, de la France et de l'Allemagne, le Japon s'est trouvé mis à l'écart du théâtre de la compétition entre grandes puissances en Chine. Mais « le mouvement de Yihetuan[37] » lui donne l'occasion de participer à une intervention commune pour réprimer ce soulèvement contre l'occupant étranger. Pour la Russie, c'est une bonne occasion d'intervenir en Chine, plus particulièrement dans la Mandchourie.

Avec le mouvement de « Yihetuan », la Russie a non seulement monopolisé la Mandchourie, mais elle a conduit une politique d'expansion vers le Sud, puisque ses troupes arrivent au fleuve Amnok qui marque la frontière entre la Corée et la Chine. Enfin, elle établit un « gouvernement général de l'Extrême-Orient » à Lushun en août 1902. Par ailleurs, l'alliance anglo-japonaise prenant fin en janvier 1902, l'opposition entre le Japon et la Russie ne cesse de s'affirmer.

---

35 Kim, Yong-Ku, 1989, L'histoire diplomatique du monde (1), p. 343.

36 Kim, Kyeong-Chang, op. cit., p. 409.

37 Le mouvement de Yihetuan, a lieu à Sandong, à Henan et à Sanshi, de 1898 à 1900. Il s'agit d'un type de mouvement de résistance contre les puissances étrangères. Les armées du Royaume-Uni, des États-Unis, de la France, de la Russie, de l'Italie et du Japon envoient des troupes pour l'étouffer (Oh, Ki-Pyeong, 1985, L'histoire diplomatique du monde, p. 242)

Figure n°1.7 La carte de la situation politique internationale (歐亞外交地圖)

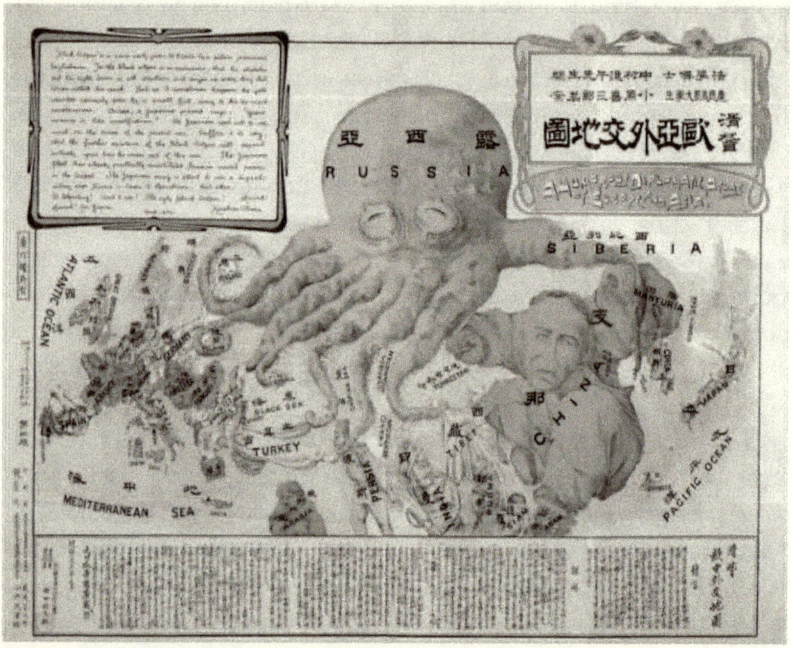

Source : Kisaburo Ohara, 1904, L'Université de Keio du Japon.

Le Japon prend la décision de rompre ses relations diplomatiques avec la Russie le 4 février 1904. L'armée japonaise avance sur Séoul via le port d'Incheon, tout en attaquant la flotte russe restée basée à Lushun en Chine. C'est le début de la guerre russo-japonaise. L'armée japonaise écrase l'armée russe au bord du fleuve Amnok vers le début de mai, puis occupe l'une après l'autre Nanshan et Dalian sur la péninsule Liaodong. Elle isole finalement le « gouvernement général de l'Extrême-Orient » à Lushun. En juin, le Japon établit son « quartier général » à Shinjing. L'armée japonaise remporte plusieurs victoires dans les batailles de Liaoyang en août 1904, Sahehu en octobre 1904 et Heigerwuta en janvier 1905.

D'une part, la flotte russe ancrée au port de Lushun, avait essayé de s'en échapper mais elle est attaquée par l'armée navale japonaise et reste bloquée dans le port. L'armée de terre russe, qui a reçu des renforts européens, essuie une lourde défaite à Shenyang. Pour terminer, la Russie se décide à faire manoeuvrer la flotte baltique en direction du

Détroit de Corée, de manière à obtenir une revanche après sa défaite à Shenyang, mais elle est écrasée et complètement annihilée par la marine japonaise.

Le Président américain, Theodore Roosevelt, se saisit de cette situation politique et tente de s'interposer. Il est un président très pro-japonais[38] et assez distant avec la Russie. La guerre russo-japonaise se conclut sur « le traité de Portsmouth[39] » en 1905, signé par les deux ex-belligérants aux États-Unis, et provoque « le traité d'Eulsa[40] », qui signifie que la Corée perd sa souveraineté au profit du Japon. Considérant la gravité de la situation entre la Russie et le Japon, le gouvernement coréen s'était déclaré neutre le 23 janvier 1904. Mais le Japon ne respecte pas cette déclaration de neutralité et envoie son armée à Séoul pour imposer un « protocole » entre la Corée et le Japon. Grâce à ce fameux protocole, le Japon peut occuper des terrains vagues pour en faire des camps militaires, s'emparer des moyens de communication et obtenir la concession de travaux ferroviaires, le droit de pêche et le droit de défrichage dans la totalité du territoire coréen. Victorieux au terme d'une guerre illégitime, le Japon reçoit l'approbation de son droit de domination sur la Corée, de la part des Etats-Unis (juillet) et du Royaume-Uni (août) en 1905.

---

38 Les Etats-Unis et Japon ont passé un accord secret, l'accord Katsura-Taft, en juillet 1905. D'après cet accord, le Japon approuve l'occupation américaine des Philippines et les États-Unis consentent à l'occupation japonaise sur la Corée. A cette époque-là, les États-Unis, le Royaume-Uni et le Japon sont de fait des pays alliés.

39 D'après ce traité, le Japon a obtenu les concessions suivantes : la reconnaissance de la supériorité japonaise en Corée, le droit du bail sur la péninsule Liaodong en Chine, la concession de travaux ferroviaires en Mandchourie (entre Changchun et Lushun), la cession de Sakhaline, île russe, au Japon et la cession du droit de pêche côtière de Primorsky, territoire russe, au Japon.

40 Le traité d'Eulsa est un traité de protectorat imposé à la Corée par le Japon en 1905 (l'année Eulsa), et d'après ce traité, la Corée est démunie de tout droit diplomatique. Le Japon pourra établir son gouvernement général en Corée. Par ce traité, la Corée est virtuellement devenue une colonie japonaise.

1.3 Philosophie étrangère, mouvement de modernisation et diffusion de la connaissance géographique occidentale

Il apparaît que de manière générale c'est l'aspiration à la modernité qui induit l'acceptation de la civilisation occidentale en Corée. Mais cette aspiration se manifeste de manière différente selon les périodes :

- des années 1870 au milieu des années 1890 par le biais d'un mouvement d'ouverture au monde[41] impulsé par des penseurs coréens du politique ;
- du milieu des années 1890 au début des années 1900 sous la forme de mouvements de modernisation tels que la réforme de Gabo (갑오개혁) (1894) ou celle de Kwang-mu (광무개혁) (1896-1904) ;
- du milieu des années 1900 à 1910 via un mouvement de réaction patriotique de défense (avec la récupération de la souveraineté nationale en ligne de mire) ;
- après les années 1910, par un mouvement indépendantiste anti-japonais.[42]

Nous allons examiner dans cette section comment la diffusion des connaissances géographiques et l'acceptation de la vision occidentale (avec la modernisation de la Corée comme objectif à terme) sont liées, en analysant les positions de quelques grands penseurs de l'époque de l'ouverture au monde et des ouvrages géographiques représentatifs.

La période comprise entre 1870 et 1890 correspond au début du mouvement de l'ouverture au monde. Quelques penseurs, par exemple

---

41 en coréen : 개화운동

42 Kim, Yeo-Chil, 1985, *Les manuels historiques et la reconnaissance historique dans l'époque d'ouverture de la Corée au monde*, Thèse de l'Université de Dan-kuk, pp. 12-14.

Kyu-Su Bak[43] et Kyeong-Seok Oh[44], s'engagent dans le mouvement d'ouverture au monde, le mouvement étant ensuite radicalement transformé par « Gaehwa-dang (개화당) », parti politique progressiste à l'origine du coup d'état manqué de 1884, et dont les principaux acteurs, Ok-kyun Kim et Young-Hyo Bak, voulaient une réforme politique.

À ce moment-là, le mouvement de l'ouverture correspond à la volonté de transformer la société traditionnelle en une société moderne, sachant que la réforme politique a pour but de gommer les contradictions de la société traditionnelle tout en acceptant les produits de la civilisation occidentale.

Le mouvement de l'ouverture qui débute au milieu des années 1880, met l'accent quant à lui sur une libération des vieilles croyances, ce que l'on pourrait par analogie appeler un « mouvement des Lumières », qui dans le contexte coréen vise une modification de la perception du monde extérieur (traditionnellement sino-centrique) et non une réforme politique. Le point de départ de ce changement de vue est l'échec du mouvement de modernisation : on pense alors qu'il n'y a pas de base populaire suffisante pour la modernisation, la réforme politique ayant échoué. Cette volonté d'éclairer le peuple est tangible dans le premier journal moderne : « Hanseong-Sunbo (한성순보) », fondé en octobre 1883.

L'orientation du mouvement de modernisation est encore modifié en 1905 (traité d'Eulsa) et en 1910 (annexion de la Corée par le Japon) : on met alors en Corée l'accent sur le développement de forces propres et sur celui d'une conscience nationale. Suite à l'invasion japonaise, fulgurante, la perte immédiate de souveraineté a eu pour effet que le mouvement pour la modernisation s'est transformé en mouvement de

---

43 Kyu-Su Bak, 1807-1877, était un haut fonctionnaire civil dans la seconde moitié de la Dynastie de Joseon et un penseur de l'ouverture au monde. Il est le petit fils de Ji-Won BAK, qui était un membre très important de « l'Ecole des Sciences Pratiques » et il joue un rôle principal pour l'organisation de « Gaehwa-dang », parti politique progressiste. Enfin, il participe au maintien des relations diplomatiques entre Corée et Japon.

44 Kyeong-Seok Oh est un interprète de la seconde moitié du Royaume de Joseon, et en même temps, un peintre calligraphe. Il s'intéresse à l'épigraphie et a principalement collecté des objets chinois qui venus du monde occidental.

résistance contre le Japon.

Pour l'essentiel, on met l'accent sur l'importance d'un effort permanent d'éducation en tant que moyen d'introduction d'une vision du monde occidentale tournée vers la modernité. Il apparaît donc que l'époque de l'ouverture au monde est aussi une période de réforme éducative, et ce malgré la division politique qui règne depuis la fin du 19e siècle (antagonisme entre la faction politique ayant ouvert la Corée aux influences étrangères, et le parti conservateur) : les deux groupes reconnaissent l'éducation comme unique moyen de faire de la Corée un État et une société à la fois riches et puissants.[45]

Nous allons donc examiner d'une part, l'apport de quelques membres de « l'Ecole des Sciences Pratiques (실학파) » et d'autre part, les contenus des ouvrages géographiques rédigés en Joseon et qui amènent une vision du monde occidentale en Corée. Nous allons, par ailleurs, essayer de mettre en évidence l'influence des connaissances géographiques sur les penseurs de l'époque de l'ouverture au monde. La pensée des « Sciences Pratiques » aurait induit un développement de la pensée de l'ouverture au monde ainsi que le mouvement de la modernisation : autrement dit les Coréens ont pu dépasser la vision sino-centrique du monde au moyen d'outils tels que la carte du monde ou la théorie de la rotation de la terre, venus du monde occidental via la Chine.[46]

Dae-Yong Hong (1731-1783), membre de « l'École des Sciences Pratiques[47] », commentait de la façon suivante les différentes visions du monde : les Chinois considèrent la Chine comme le centre du monde et les peuples occidentaux considèrent leurs pays comme le centre du monde. Hong met donc en évidence l'existence d'éléments contredisant la vision sino-centrique du monde et met l'accent sur la relativité des visions du monde. Ajoutons qu'il est également l'auteur de la diffusion de la « théorie de la rotation de la terre » opinion largement hétérodoxe à

45 Nam, Sang-Jun, 1988, Le système éducatif moderne de l'époque d'ouverture au monde, et la géographie scolaire, Revue de l'enseignement de la géographie, Vol. 19, p. 100.
46 Kang, Jae-An, 1982, *La recherche de l'histoire moderne en Corée*, p. 54-55.
47 Les membres de L'Ecole des Sciences Pratiques ont insisté pour introduire la civilisation occidentale, tout en continuant d'"accepter les arts et sciences de la dynastie de Qing., notamment Ji-Won Bak, Dae-Yong Hong et Jé-Ga Bak.

l'époque puisque les missionnaires occidentaux n'en faisaient pas encore mention en Chine.[48]

Han-Ki Choe (1803-1873), lui aussi membre de l'École des Sciences Pratiques, est chercheur en astronomie, géographie, physique, mathématiques, etc. Il est celui qui a libéré les sciences naturelles coréennes de l'idéalisme confucianiste.[49] Il s'interroge sur le processus de construction de la connaissance en géographie, dans un ouvrage de géographie du monde intitulé « Ji-gu-jeon-yo (지구전요)[50] » : « [···] *chaque peuple semble confiné dans une région étroite de la planète : l'homme ne bouge que de 400 à 4000 km, comment est-on donc parvenu à une connaissance de la terre entière ? ··· on sait que la planète est de forme sphérique depuis la dynastie Ming (Chine), ··· et dans mon ouvrage Ji-gu-jeon-yo, j'ai traité de la longueur des nuits et des jours, du phénomène des marées, de l'essor et du déclin de chaque pays du monde et des caractéristiques des peuples de chaque contrée du monde ···* etc. » L'ouvrage de Choe fait apparaître de nombreuses connaissances sur la nature du monde, nouvelles localement, ainsi que des considérations philosophiques : « ··· *Si on accepte de nouvelles connaissances, de vieilles croyances néfastes disparaissent et cela est positif. C'est une chance que nous vivions de nos jours et non pas autrefois.*[51] »

Cette connaissance géographique, initialement le travail d'un petit cercle d'érudits, a eu cependant un grand impact parce que la classe intellectuelle qui y avait accès est aussi celle à laquelle appartiennent les personnalités centrales du mouvement de modernisation. C'est en effet Ok-Kyun Kim (1851-1894) qui fonde « Gaehwa-dang » (parti politique progressiste), et peut avoir accès à la vision occidentale du monde via l'influence de Kyu-Su Bak. Voyons d'autres propos de quelques penseurs

---

48 Son, In-Su, 1980, *La recherche sur l'éducation à l'époque de l'ouverture au monde*, p. 243-244.

49 Yun, Keon-Cha (traduit par Sim, Seong-Bo), 1987, *La pensée et le mouvement de l'éducation moderne coréenne*, Editions Cheong-sa, p. 40-41.

50 Ji-gu-jeon-yo, un ouvrage de géographie du monde rédigé par Choe, Han-Ki en 1857. Il a organisé son ouvrage avec les axes d'études suivants : le cosmos, l'astronomie et les continents etc. Cet ouvrage a beaucoup influencé la classe intellectuelle de l'époque.

51 Yi, Won-Sun, 1986, La recherche sur l'histoire de la science occidentale en Corée, p. 321-322.

centraux de l'École des Sciences Pratiques. Ji-Won Bak[52] (1737-1805), le père de Kyu-Su Bak, a critiqué avec insistance les contradictions internes de la société dans laquelle il vivait et il était un personnage central de « L'école de Yi-yong-hu-saeng (이용후생학파)[53]».

Kyu-Su Bak hérite des orientations scientifiques de son grand-père, tout en acceptant les nouvelles connaissances en provenance du monde occidental. Il visite la Chine deux fois (en 1861 et en 1872) en tant qu'envoyé du roi et voit donc personnellement l'état de la Chine évoluer sous l'influence des puissances occidentales. Par ailleurs, lors de son séjour, il fait l'acquisition d'ouvrages rédigés en Chine et traitant de politique, d'économie, de géographie, d'histoire et d'étude des moeurs occidentales. Il peut ainsi acquérir une connaissance plus objective du monde contemporain. Il a accès aux nouvelles connaissances et les accepte : il est ainsi l'un des agents du développement et de la philosophie pro-occidentale d'ouverture au monde ainsi que du courant des Sciences Pratiques.[54] Ok-Kyun Kim succéde à Bak dans le rôle de scientifique influent : Kim est un personnage central de Gaehwa-dang. Kyu-Su Bak s'est exprimé ainsi avec Ok-Kyun Kim, à l'égard de la vision sino-centrique du monde en faisant tourner devant lui le globe terrestre que son grand-père avait amené de Chine : « aujourd'hui, où est l'empire du Milieu (la Chine) sur la terre ? Si je tourne le globe dans ce sens, les Etats-Unis deviennent l'empire du Milieu, si je le tourne ainsi, Joseon devient ce Milieu : n'importe quel pays peut devenir le pays central, donc qu'est-ce qui justifie l'affirmation des Chinois selon laquelle la Chine est le «

---

52 Ji-Won Bak a grandi dans la famille du fonctionnaire, Dae-Yong HONG, et pendant près de 30 ans, il a rencontré des savants en Sciences Pratiques. Il a ainsi pu accéder à la nouvelle science occidentale. En 1780, il a accompagné un frère de la famille en Chine. Il a visité Pékin, Liaodong etc. et a rédigé un récit de voyage intitulé « Yeol-ha-il-ki » pour ensuite présenter la culture, la vie et la technique chinoise en Corée. En même temps, il a eu une activité de critique vis-à-vis de la politique, de l'économie, de la société et de la culture coréenne et a aussi participer à la réforme. Il a été fonctionnaire d'Etat de 1786 à 1801, puis est devenu un responsable du parti réformateur « Buk-hak-pa ». Il est resté en contact avec Dae-Yong Hong et Jé-Ka Bak pour apprendre le système de civilisation de la Dynastie Qing (Chine). Il a également rédigé plusieurs romans, et a critiqué « l'aristocratie ».

53 Cela signifie littéralement un groupe qui recherche l'assurance d'un bien-être par le bon usage des outils et équipements disponibles. Il a favorisé la reconnaissance de la technique scientifique du monde occidental comme moyen de développer la nation et la société.

54 Yi, Kwang-Lin, 1973, *La recherche sur Gaehwa-dang (parti politique progressiste)*, Editions Iljogak, p. 4.

milieu » du monde ? » Ok-Kyun Kim avait selon toute probabilité intégré l'illégitimité scientifique de la vision sino-centrique du monde.

Jae-Pil Seo[55] (1864-1951), ancien élève de Ok-Kyun Kim, a fait ses études au Japon. Il participe au coup d'État de l'année Gapsin[56] (1884) et s'exprime ainsi dans ses mémoires : « Beaucoup de livres sont arrivés du Japon : des ouvrages historiques, géographiques, des ouvrages de physique, de chimie, etc. Je les ai lus en totalité, j'avais donc accès à une compréhension globale de la situation du monde. À partir de là, la faction politique ayant ouvert la Corée aux influences étrangères a pu naître[57]. »

Grâce aux connaissances géographiques venues du monde occidental, les penseurs coréens de l'époque de l'ouverture au monde ont pu modifier leur vision du monde et s'acclimater aux arts et sciences de civilisations considérées comme plus avancées. Le changement de perspective géographique des penseurs coréens est visible dans cet extrait du n° 15 du journal contemporain « Han-seong-su-bo» (2 février 1884) : « Le Japon est comparable au Royaume-Uni en Asie de l'Est, de même le Royaume de Joseon peut être comparé à l'Italie (les deux pays sont semblables de par leur superficie, population et situation géopolitique) : le Royaume de Joseon doit donc jouer un rôle en Asie de l'Est comme l'Italie en Europe[58] »

55 Vers 1882, il a rencontré les membres de la faction politique ayant ouvert la Corée aux influences étrangères, et il a pu accéder au courant de pensée favorable à l'ouverture au monde. Il a participé au coup d'État de l'année Gapsin (1884), puis à cause de l'échec de ce coup d'Etat, il s'est exilé aux Etats-Unis via le Japon en 1885. Il a étudié à l'Université, obtenu la citoyenneté en 1890 et obtenu l'autorisation de pratiquer la médecine en 1893. Il rentre en Corée en 1895 et commence en 1896 à publier « Doknip-sinmun », nom du premier journal moderne écrit en coréen. Il organise l'Association pour l'indépendance, qui est un mouvement socio-politique coréen fondé en 1896 avec ses collègues (Sang-Jae YI, Seung-Man YI etc.), mais il est chassé par le parti conservateur. Tout en restant aux Etats-Unis, il aide le mouvement pour l'indépendance et il travaille en tant que président du comité diplomatique du gouvernement provisoire coréen à Shanghai en Chine.

56 On sélectionnait traditionnellement, chaque année, le nom de l'année en Corée en fonction de la vision cosmologique de l'univers, jusqu'au début du 20ème siècle. Le nom de l'année était renouvelé tous les 60 ans.

57 Kang, Jae-An, op. cit., p. 79.

58 "西人有論東洋諸國以我國及日本爲形勢之地益日本四面環海之地可以禦隣國可以盛賢易我國三面阻海 北有峻嶺一切地形與日本相近比之西洋日本如英國我國如伊國今英國與俄德法等國併稱爲天下之强而英居其首然以土地人口言之遠不及於諸國況伊國則比有强隣土地偏小然以高山峻嶺分界自成一區故雖有隣國之來侵既獲全勝而終不能永遠管轄焉現今英法俄諸國之外惟比國爲西國之最强益比英伊三國屹然並峠大國之間只以形勢焉耳而我國之土地人口與伊國均日本則尤過於天亦亞洲形勢之最識時宜者當有察於是

Nous allons maintenant examiner le contenu de deux ouvrages géographiques, fondamentaux dans la mesure où ils représentent une base idéologique pour les penseurs de l'époque : « Hae-kuk-do-ji (해국도지) » et « Seo-yu-kyeon-mun (서유견문) ». « Hae-kukdo-ji » est présenté en Corée par Dae-Geung Kwon, vice-ministre, qui le rapporte de Pékin en 1844 après avoir accompagné un émissaire coréen.[59] L'ouvrage a été rédigé par Wei Yuan (1794-1856) après la défaite subie par la Chine lors de la guerre de l'opium (1839-1842). Il présente l'histoire et la géographie du monde, et propose des moyens de se défendre face à une invasion ennemie. Ce livre est richement illustré par des cartes et traite dans une large proportion de géographie des régions. Il est subdivisé de la manière suivante : géographie et histoire de chaque pays du monde, religion et calendriers oriental et occidental, navires de guerre, canons et jumelles, etc.[60] Lorsque ce livre arrive en Corée, seul un petit groupe de savants s'intéresse à la géographie, à la culture, aux moeurs, à l'inverse de l'immense majorité restante qui n'est préoccupée que par les problèmes de défense nationale.

« Seo-yu-kyeon-mun » est rédigé par Gil-Jun Yu[61] (1856-1914)

矣", Yi, Kwang-Lin, 1969, La recherche de l'histoire de l'ouverture au monde, Editions Il-jogak, pp. 46-47. A cette époque-là, les journaux et les livres sont rédigés en chinois classique, mais depuis 1896, Doknip-sinmun est le premier journal moderne écrit en coréen.

59 Yi, Kwang-Lin, op. cit., 1969, p. 5.

60 Yi, Kwang-Lin, op. cit., p. 3-4.

61 Gil-Jun Yu a étudié la littérature chinoise pour le concours d'État (le mandarinat), a rencontré Kyu-Su Bak, un des membres de l'École des Sciences Pratiques, et a pu accéder à la nouvelle science. Il s'intéresse à la situation politique du monde en se plongeant dans la lecture de l'ouvrage « Hae-kuk-do-ji » rédigé par Wei Yuan. Il rencontre Ok-Kyun Kim, un membre central de la faction politique ayant ouvert la Corée au monde. Il refuse le concours d'État car il pense que le système des concours d'État constituait une des causes de la décadence de sa patrie. En 1881, il visite le Japon en tant que membre d'un groupe d'inspecteurs, et il étude la philosophie occidentale moderne. En 1882, il rentre en Corée pour participer au mouvement de modernisation. Et ensuite il part aux États-Unis pour remettre au Président des États-Unis, Chester Alan Arthur, une lettre personnelle du Roi du Royaume de Joseon. Il veut étudier à l'université aux Etats-Unis, mais doit rentrer en Corée à cause du coup d'Etat de l'année Gapsin (1884). En 1885, il traverse l'océan Atlantique pour visiter le Royaume-Uni ainsi que le Portugal. Ensuite il parcourt l'océan Indien et rentre en Corée via Singapour, Hongkong et le Japon. En rentrant il rencontre Ok-Kyun Kim au Japon. Aussitôt arrivé à Séoul, il est arrêté par le Gaehwa-dang (parti politique progressiste). Il rédige en prison un grand ouvrage géographique « Seo-yu-gyeon-mun ». Le titre signifie les voyages, l'observation et l'expérience des pays occidentaux. Il présente la civilisation moderne occidentale en Corée et revendique l'ouverture volontaire au monde dans son ouvrage. Il proposé la situation d'Etat neutre pour la Corée, sans parvenir à concrétiser. Lors de la réforme de Gabo, en 1894, il mène de front la réforme, par exemple, avec l'introduction du calendrier solaire, l'exécution de la loi sur la vaccination antivariolique, la fondation de la

en 1889 et publié en 1895, ce livre rassemble l'essentiel de la philosophie pro-occidentale d'ouverture au monde et de modernisation ; il est structuré en vingt chapitres, dont certains traitent prioritairement de géographie :

Tableau n°1.1 Les sujets relatifs à la géographie de 『Seo-yu-kyeon-mun』 (1895)

Chapitre	Sujets
Chapitre 1	Introduction au monde et à l'étude de la planète, Les six grands continents. Les frontières entre les différents pays, Les montagnes à la surface du monde
Chapitre 2	Les océans, Les cours d'eau, Les lacs du monde, Les ethnies du monde, Les produits de l'activité humaine dans les différentes parties du monde
Chapitre 3	Vêtements, alimentation et dynasties royales. Caractéristiques de la production agricole, Loisirs.
Chapitre 4	Les grandes villes américaines et britanniques
Chapitre 5	Les grandes villes françaises, allemandes, néerlandaises, portugaises, espagnoles et belges

Source : Gil-Jun Yu (traduit par Kyeong-Jin Heo en 2004), 1895, Seoyukyeonmun, Editions Seohae-munjip.

Il est notable que le 19ème et le 20ème chapitre visent des grandes villes du monde occidental. Les villes prises en considération dans l'ouvrage sont les suivantes :

Tableau n°1.2 Les contenus de la géographie du monde de 『Seo-yu-kyeon-mun』

PAYS	VILLE
Etats-Unis	Washington, New York, Philadelphie, Chicago, Boston et San Francisco
Royaume-Uni	Londres, Liverpool, Manchester, Glasgow, Edimbourg et Dublin
France	Paris, Versailles, Marseille et Lyon
Allemagne	Berlin, Hambourg, Cologne, Francfort, Munich et Potsdam
Pays Bas	La Haye, Leyde, Amsterdam et Rotterdam

poste et la fondation de l'école primaire. En 1896, il soutient la parution du premier journal moderne écrit en coréen, « Doknip-sinmun », et après la disparition de la souveraineté de la Corée, il consacre sa vie au retour de cette souveraineté, à l'éducation nationale et à l'émancipation du peuple.

Portugal	Lisbonne et Porto
Espagne	Madrid, Barcelone, Grenade, Séville, Cordoue et Saragosse
Belgique	Bruxelles et Anvers

Source : Gil-Jun Yu (traduit par Kyeong-Jin Heo en 2004), 1895, Seoyukyeonmun, Editions Seohae-munjip.

D'après l'auteur de l'ouvrage, Gil-Jun Yu, la géographie occidentale contemporaine est organisée en deux sous-genres : les sciences de la terre et la géographie physique. Il n'y inclut donc pas la géographie humaine et propose une définition de la géographie que nous pouvons résumer de la façon suivante : « la géographie est une science rationnelle, elle est donc différente de l'idée de Pung-su (Peng shui), théorie qui se base sur la topographie pour déterminer l'emplacement et l'orientation adéquates des habitations, des sépultures, etc. [···] dans le domaine géographique, on traite des régions chaudes et froides, des causes du volcanisme, des sources d'eau chaude, des séismes et des marées. [···] on peut faire des hypothèses sur l'histoire de la terre grâce à l'observation du sol et de et du sous-sol [···][62] » À cette époque-là, on imprime tous les livres en caractères mixtes coréen/chinois, sans même figurer d'espace entre les mots.

Gil-Jun Yu promeut la diffusion des connaissances géographiques par le biais de la presse ; un de ses articles par exemple, « la situation générale du monde », traite essentiellement de géographie. Il souligne notamment les contrastes entre pays. Voici un extrait de cet article : « chaque nation a un climat différent selon les saisons, et selon les pays la terre est aride ou fertile [···]. Et selon l'usage, le vêtement et la maison sont différents. Parmi ces différences, on doit regarder attentivement : les distinctions ethniques, linguistiques et politiques[63] « Nous

---

62 地理學:此學은地毬의現成妙理를學하는工夫니其條目이赤繁하되風水虛說로人家의吉凶을占하는 道는아니라地體의大함가重함을測定하고其必圓한理由를立證하며又太陽을附行하여四序晝夜의迭代成功하는道와太陰附從하여望朔의虧盈하는理며遊星의關係와比量한大小遠近輕重을論議하고熱地와寒地의氣候며火山溫泉地震及潮汐의緣油와風雲雨露霜雪及雷電의起因이며海水의蓄泄하源委도精細히及하고又土壤의間級과巖石의層度의變成한歷代를酌定하며地中石에附化한草木禽獸及蟲魚의形象과石炭의種類를因하여其變成한代數를論하니此學이赤學者의一大門戶를立하는者라, Yugiljun-jeonseo-pyonchan-uwonhue, 1982, Seo-yu-gyeon-mun, Editions Iljogak, p. 353.

63 «大概世界萬國의節序의寒喧이各殊하고土地의饒瘠이各異하며또古來慣習이各不同한故로各國人民의衣食居處와및國風人情이俱非一樣이라其殊異中最可注觀

pouvons interpréter cela comme une exhortation à percevoir l'immensité du monde et à tourner son regard vers les autres parties de ce monde. A ce moment-là, la majorité de la population perçoit le monde selon le prisme sino-centrique et Yu oriente donc ses efforts dans le sens d'une émancipation des esprits vis-à-vis de ce mode de pensée, d'où l'insistance sur les contrastes du monde dans l'article.

1.4 L'établissement du système éducatif moderne et la diffusion de la connaissance géographique par les médias populaires

En 1895, Gojong, le 23ème roi de Joseon, publie officiellement un document visant à « *affirmer l'importance de l'éducation pour l'avenir de la Nation* »[64]; suivirent la publication d'une « organisation administrative de l'Université pédagogique de Séoul » et l'annonce d'une loi décrétant la fusion des écoles primaire et secondaire où la géographie serait enseignée en tant que discipline majeure. La géographie peut s'installer de manière stable dans le programme scolaire puisqu'aussi bien les administrateurs que les penseurs et les médias populaires insistent sur l'importance de l'enseignement de la géographie pour la construction d'un pays riche et puissant.

En 1888, Young-Hyo Bak (1861-1939), membre du parti progressiste, adresse au Roi Gojong des suggestions favorisant l'instauration d'une réforme. Le sixième article de ce texte traitait de la politique éducative, scientifique et culturelle : Bak y compare l'éducation à une boussole pour montrer que l'affaire urgente du jour est la refondation de l'école pour permettre au peuple de comprendre par lui-même, par la diffusion de l'éducation, le futur de la nation. Bak y souligne d'autre part que

者는日人種의殊異며日宗教의殊異며日言語의殊異며日政治의殊異며日衣食居處의殊異며日開化의殊異라 … », Yi, Kwang-Lin, 1979, La recherche de la pensée occidentale pour l'ouverture au monde en Corée, Editions Iljogak, p. 68-69.

64 C'est le premier édit royal qui a souligné la nécessité et l'importance de l'éducation pour le peuple. Les contenus principaux de l'édit sont les suivants : premièrement, l'éducation est le fondement pour garder le pays ; deuxièmement, l'éducation moderne poursuit la connaissance scientifique et la pratique ; troisièmement, les trois points essentiels de l'éducation sont la vertu, l'intelligence et la force physique et quatrièmement, d'après l'esprit de l'édit royal de l'éducation nationale, il faut fonder beaucoup d'écoles et former des élites pour le relèvement de la nation.

l'étude pratique doit primer sur toute autre discipline, proposant dans le prolongement de cette idée les deux projets suivants : une scolarité obligatoire pour tous les enfants de plus de six ans, et l'enseignement de la politique, de l'administration financière, du droit, de l'histoire et de la géographie, des mathématiques et de la chimie dans l'enseignement secondaire et à l'université. »[65]

Gil-Jun Yu divise quant à lui l'éducation du peuple en deux catégories : la première, l'éducation pour la vie réelle, et la deuxième, l'éducation scientifique. La première catégorie correspond à l'éducation primaire et l'éducation secondaire, et la seconde à l'enseignement supérieur. Exemple de contenus associés à l'éducation pour la vie réelle étant les suivants : « une femme au foyer doit apprendre le savoir et l'expérience par rapport à la vie réelle pour qu'elle puisse tenir son ménage. Pour cela, elle doit apprendre les règles morales du confucianisme (l'amour parents-enfants, la loyauté envers son suzerain, la fidélité vis-à-vis du conjoint, etc.), l'art de peindre, le calcul, l'économie, la géographie du monde, les produits de l'activité humaine dans les différentes régions du monde, la politique des pays du monde et les moeurs des autres pays ».[66]

Ce même Gil-Jun Yu divise l'étude en deux ensembles distincts : le premier est l'héritage scolaire direct du confucianisme, et le deuxième, est fait de tous les éléments exogènes venus du monde occidental : l'agronomie, la médecine, l'industrie, la science politique, le droit, la chimie, la philosophie, la minéralogie, la botanique, la zoologie, l'astronomie, la géographie, la physiologie, la linguistique, la science militaire et la science des religions.

Nous observons par ailleurs cet effort d'éclairer le peuple par la connaissance dans l'avant-propos du journal Hanseong-sunbo, un journal moderne fondé en 1883 : « *nous allons diffuser sans déformation, la géographie du monde, la science politique, le droit, la mécanique, les riches et les*

65 Kang, Jae-An, op. cit., p. 122.

66 «其日用하는教育의本意를考據하건대夫人이世間에生함에其生活하기를爲하여生涯의經營이無하기不可한故로其經營하기에關하기不可한聞見과知識을引導하는敎訓이라其條目의大綱이五倫의行實과寫字法과畵圖法과算數法으로부터物産學窮理學經濟學及人身學의槪略에至하고又天下各國의地理物産政治風俗이니...», Yugiljun-jeonseo-pyonchan-uwonhue, op. cit., p. 229-230.

pauvres, le bien et mal, le cours des prix etc., afin que le peuple puisse étendre la sphère de ses connaissances, pour que l'on puisse faire comprendre au peuple les règles du commerce, et que l'on puisse aider à abolir la superstition ». Par ailleurs, la carte du monde est insérée dans le journal : un monde où figurent les pays hors de la sphère d'influence chinoise. L'objectif est que le peuple ainsi informé abolisse de luimême la pensée confucianiste.[67]

Nous examinons maintenant la diffusion de la connaissance géographique par les médias grand public avant l'introduction de l'enseignement de la géographie à l'école moderne. En 1883, Hanseong-sunbo, le premier journal moderne est fondé, suivi d'Hanseong-jubo en 1886. Tous deux sont des objets de recherche pour l'histoire de la presse et l'histoire du mouvement d'ouverture au monde.[68] Les précurseurs de l'ouverture au monde essaient d'informer leurs lecteurs sur le monde et tentent aussi de présenter au peuple les institutions politiques, économiques et culturelles des pays développés, en plus de vouloir diffuser les connaissances scientifiques et les connaissances géographiques modernes. Hanseong-sunbo est rédigé en chinois et publié trois fois par mois. Les rubriques sont l'actualité intérieure, l'actualité internationale et la géographie. Voici des extraits montrant la représentation du monde qui figurait dans chaque numéro jusqu'au No. 14, pour que l'on éclaire le peuple.[69]

Tableau n°1.3 Les contenus de la géographie du monde de 「Hanseong-sunbo」

No. du journal	Nombre de pages	Sujet (contenus géographiques)
No. 1	pp. 13-14	Présentation de la planète et carte du monde
	pp. 14-15	Discussion sur la planète
	pp. 15-17	Discussion sur les océans et les continents
No. 2	pp. 15-17	La rotation de la Terre
	pp. 17-20	Le continent européen
No. 3	pp. 14-15	Le continent américain
No. 4	pp. 13-15	Le continent africain
No. 5	pp. 22-24	L'Océanie

67 Young-sin (Centre académique de recherche sur la Corée), 1974, La modernisation et le mouvement du salut de la patrie, 1974, p. 420.

68 Yi, Kwang-Lin, 1969, op. cit., p. 48.

69 Jang, Bo-Woong, 1970, L'enseignement de la géographie à l'époque de l'ouverture au monde, Revue de géographie, No. 5, p. 42.

No. du journal	Nombre de pages	Sujet (contenus géographiques)
No. 6	pp. 18-23	La géographie du Royaume-Uni
No. 7	pp. 18-23	Le système solaire
No. 11	p. 24	La géographie de la Russie
No. 12	pp. 18-20	Le mouvement de révolution de la Terre
	pp. 21-24	La géographie des Etats-Unis (1)
No. 14	pp. 11-12	Généralités sur l'Asie
	pp. 23-24	La géographie des Etats-Unis (2)

Source : Bak-mun-kuk (office national pour la publication), 1883, Journal de Hanseongsunbo, No. 1-14, Korean History On-line, http://www.koreanhistory.or.kr/.

Le 4 décembre 1884, suite à l'échec du coup d'État de l'année Gapsin, le parti conservateur attaque la société éditrice du journal et met le feu à toutes les presses : Hanseong-sunbo cesse de paraître. D'autre part, une faction politique en provenance du Japon est autorisée par le Roi Gojong et commence à publier un autre journal, Hanseongjubo, intégralement rédigé en coréen à l'exception des noms propres (qui restent en chinois). Ce journal paraît dès janvier 1886[70] avec les grandes rubriques suivantes : actualité intérieure actualité internationale, souvent accompagnées d'une rubrique « recueil » rassemblant des articles traitant de géographie.

Le paragraphe suivant en est extrait : « il existe au sein de la planète une certaine diversité climatique : il fait chaud dans quelques régions du monde et froid dans d'autres. Les géographes appellent ces zones : zone tropicale, zone tempérée, zone glaciale [···] l'équateur s'inscrit dans un plan médian par rapport aux deux tropiques [···] le soleil y brille généreusement toute l'année, il y fait très chaud, la neige et la glace y sont absentes, la végétation y est très développée et les animaux y vivent en grand nombre [···][71] ».[72]

Comme nous pouvons le voir, on essaie dans ces deux journaux de diffuser des connaissances géographiques vulgarisées, à destination di-

70 Choe, Jun, 1960, L'histoire du journal en Corée, Editions Iljogak, pp. 13-15.

71 地理初步 第 七章 : 地球各處에반드시寒熱이差異가있는고로地學하는者分爲하니曰熱帶요曰北溫帶요曰南溫帶요曰南寒帶是也라熱帶는赤道로써中央으로잡아南至冬至線하고北至夏至線이니日光이항상其地를直射하는고로甚熱하야周歲에不見氷雪고草木禽獸가다繁茂함이실로日光이直射北緯二十三度三十分此時에北緯各地는夏至가되고南緯各地는冬至가되는고로地學者稱하되北緯三十三度三十分을 夏至線이라하느니라. (第二十八號, pp. 15-16.)

72 Jang, Bo-Woong, op. cit., p. 42.

recte du grand public et ce au moment d'une période de bouleversement qui voit s'éteindre le Royaume de Joseon. Au moment de l'irruption de la civilisation occidentale en Corée (soit vers la fin du 19e siècle), la diffusion des connaissances géographiques via la presse populaire devance par conséquent celle opérée par la géographie scolaire à l'école moderne.

1.5 L'enseignement de la géographie dans le cadre de la nouvelle école

Dans cette section, nous allons examiner les conditions réelles de l'enseignement de la géographie à l'école moderne en Corée, en présentant la situation du pays, la demande nationale et sociale de géographie ainsi que le programme scolaire : «Wonsan-hakgyu (원산학교)», «Yukyoung-gongwon (육영공원)» et Baejae-hakdang (배재학당) ».[73]

73 Vers le début du 20ème siècle, la religion catholique a aussi contribué à l'enseignement moderne en Corée. Par exemple, « Ordo Sancti Benedicti », un des corps de l'Eglise catholique, en 1909, a établi une abbaye pour hommes à Séoul, et puis en 1910, on a créé une école technique de 4 ans, elle s'appellait « Soungkong » et enfin, en 1911, on a établi une école normale de 2 ans. Dans cette école normale, on avait enseigné la science des religions, l'éthique, la science de l'éducation, le coréen, le chinois classique, le japonais, l'histoire du monde, la géographie, les mathématiques, l'histoire naturelle, la musique, l'art et l'éducation physique. Mais elle était opprimée par le Japon car le Japon ne voulait jamais former les enseignants coréens, elle avait donc dû fermer ses portes en 1913(Source : L'Ordre de Saint Benoît, l'abbaye d'Ouekwan en Corée du Sud, http://www.osb.or.kr/). Le Vatican fit en sorte que dès 1920 l'abbaye de Séoul ait le contrôle des deux régions les plus au nord : la région de Hamkyeong (en Corée du Nord actuelle) et la région de Gando (en Chine actuelle). C'est pour cela que l'on a établi une abbaye à Yeongil (Yanji) au sein de la région de Gando en 1922, et que l'on a par la suite déplacé l'abbaye de Séoul à Deokwon au sein de la région de Hamkyeong en 1927. En outre, sous l'occupation japonaise, l'Ordre de Saint Benoît s'était consacré à la prédication et à l'éducation moderne pour le peuple coréen principalement dans les régions du nord. (Source : film réalisé par Norbert Weber, 1925, Dans le pays du matin calme). Cependant, dès 1945, avec l'arrivée du régime communiste, les abbayes de Yanji et de Deokwon se sont faites confisquer toutes leurs fortunes par le régime communiste puis les abbayes ont été forcées de fermer leurs portes.

Figure n°1.8 La salle de classe de l'école moderne

Source : L'école technique de Soungkong à Séoul, en 1910, faite par le catholicisme.

Appliquant le « traité de l'île de Ganghwa » en 1876, la Corée doit ouvrir trois ports à l'Etat japonais (Busan, Wonsan et Incheon). Des « zones de résidence » japonaises sont constituées près de ces ports. Beaucoup de marchands japonais arrivant par voie maritime, les ports sont devenus des lieux de conflit entre les deux pays. Au port de Wonsan par exemple, les habitants, après avoir subi la brutalité des marchands japonais, cherchent à y remédier. Les chefs de village de Wonsan demandent donc au sous-préfet de Wonsan la fondation de nouvelles écoles et la levée de fonds pour permettre ces créations. « Wonsan-hakgyo » est fondé en 1883, avec deux types de classes en son sein : une classe de littérature (50 étudiants) et une classe militaire (200 étudiants). On y enseigne les classiques du confucianisme pour ce qui est de la classe de littérature, la stratégie pour la classe militaire ; les autres matières : calcul, physique, agriculture, élevage des vers à soie, extraction des minéraux étant en commun au début. A ces matières, vont se joindre ensuite les langues étrangères, le droit et la géographie.[74]

Les disciplines scolaires à l'école moderne « Yukyoung-gongwon[75] » en 1886 sont l'anglais, les sciences naturelles, les mathématiques,

---

74 Shin, Yong-Ha, 1980, *L'histoire moderne et le changement social en Corée*, Editions Munhakgwa-jiseongsa, p. 43-46.
75 Une école moderne qui est fondée par le gouvernement coréen en 1886. En 1884, le

l'économie et la géographie. Selon l'un des professeurs de l'école, H. B. Hulbert, la géographie est la matière préférée des étudiants.

Les étudiants s'étonnent en faisant tourner le globe terrestre, regardaient les atlas et écoutent attentivement les propos de leurs enseignants sur la situation réelle du monde occidental, l'astronomie, les bateaux à vapeur.[76] Hulbert rédige en coréen en 1891, « Saminpilji », un manuel de géographie à l'usage des élèves coréens. La préface de l'ouvrage nous permet de saisir la nature des perspectives éducatives de l'époque :

> « [...] La situation politique internationale a radicalement changé : avant, chaque pays se défendait seul et vivait selon ses moeurs propres tandis qu'actuellement les différents pays résolvent les conflits qui les opposent par le biais de traités, et tant les personnes que les biens et les moeurs, font l'objet d'échanges entre ces pays. Dans ces conditions il est nécessaire de s'informer sur les spécificités des contextes des autres pays. Il va donc être nécessaire à l'avenir d'apprendre le nom des pays, leurs différentes régions, leurs superficies, montagnes et cours d'eau, les biens qui y sont produits, les frontières, la nature et l'importance numérique de leurs forces armées, leurs moeurs, les sciences et la philosophie qu'on y a développées. Pour cette raison, il faut étudier la carte du monde et les moeurs étrangères dès l'âge de huit ans, et ensuite avoir connaissance du relief, de la position des cours d'eau, des positions relatives des différents continents et océans et des moeurs et des systèmes politiques des autres pays [...] »

Hulbert explique également ses intentions dans cette préface : « *J'ai rédigé ce manuel en coréen pour que tout le monde puisse le lire facilement et que l'on puisse faire connaître les savoirs au peuple.* » Cette volonté, de la part d'un spécialiste, et étranger de surcroît, d'écrire à destination explicite d'élèves coréens initialement sans contact avec le monde extérieur, est évidemment d'une importance cruciale pour la Corée.

La table des matières du manuel montre la succession thématique suivante : la planète, le continent européen, le continent asiatique,

---

gouvernement coréen a demandé à la légation américaine de ramener trois enseignants américains des Etats-Unis, qui sont par conséquent arrivés en Corée en 1886 par la recommandation du gouvernement américain. Les Américains étaient G. W. Gilmore, D. A. Bunker et H. B. Hulbert.

76 Yi, Chan, 1968, L'histoire de la géographie coréenne, Revue de l'histoire de la culture coréenne 3, p. 730.

le continent américain, le continent africain et l'Océanie, avec une grande carte pour chaque chapitre. Dans la partie traitant de la planète dans son ensemble, sont développés des contenus selon les catégories suivantes : système solaire, position de la planète au sein de ce système, gravitation, éclipse de soleil et de lune, continents et océans, climats, ethnies. Chaque pays est décrit selon la grille suivante : position, topographie, climat, industrie, peuplement, régime politique, capitale, relations commerciales, système éducatif, religion, et problèmes spécifiques à ces pays. Nous pouvons y lire ceci en ce qui concerne la France :

> La France se trouve dans un espace compris entre 42° et 51° de latitude Nord, et 5° et 8° de longitude Est ··· Au nord, le pays fait face à la Belgique et à la mer du Nord, à l'Est à l'Allemagne, la Suisse et l'Italie, au Sud à la mer Méditerranée et à l'Espagne, à l'Ouest à l'océan Atlantique. La France se compose de 23.000 communes, d'un périmètre moyen de 4 km, un peu partout d'un point de vue topographique sa surface septentrionale est pratiquement plane, tandis que le Sud-est est constitué de collines, plusieurs massifs montagneux la séparant de ses voisins : les Vosges vis à vis de l'Allemagne, le Jura vis-à-vis de la Suisse, les Alpes vis-à-vis de l'Italie, les Pyrénées vis-à-vis de l'Espagne. En ce qui concerne les cours d'eau : la Seine se jette dans la mer du Nord, et la Loire et la Garonne se jettent dans l'Océan Atlantique ··· Sur le plan climatique il fait plus chaud en France qu'en Joseon (Corée) et quant à la végétation on peut noter la présence d'arbres ···, le nombre des vignes, et pour la faune, ·et pour les fruits de mer, · pour ce qui est des céréales cultivées : le blé, l'orge ··· sur le plan des ressources minières : cuivre, charbon, ··· . La France est peuplée de 38 millions d'habitants dont les ancêtres sont les Gaulois, la langue française est parlée partout dans le monde. Le régime politique était auparavant une monarchie ··· La capitale, Paris, est la deuxième ville du monde ··· et depuis Marseille, au bord de la Méditerranée, on peut partir en bateau pour l'Afrique, l'Australie, la Chine, Joseon et le Japon ··· Sur le plan des spécialités artisanales et industrielles, la France produit des milliers de types d'alcool, des montres ··· sur le plan du commerce extérieur, la France exporte ses alcools, ses fromages ··· et importe des vêtements, du charbon, bateaux à vapeur ··· en ce qui concerne l'éducation scolaire, on peut dire que la France compte 65.000 écoles primaires, dont 45.000 pour garçons et 20.000 pour filles. ··· il y a neuf Grandes Écoles ··· Sur le plan militaire, l'armée française compte 500.000 soldats et 380 bateaux à vapeur, et tous les hommes âgés de 17 à 30 ans ont à faire un service militaire de 2-3 ans. En ce qui concerne la religion, la France compte de nombreuses églises catholiques et autant d'abbayes, et chacun est libre de choisir sa religion… Le réseau routier est bon et il y a un dense réseau de

> chemins de fer et de canaux. La France possède outre-mer des territoires qu'elle a conquis sur les côtes d'Afrique de l'Est, de l'Ouest et du Nord. Elle a obtenu la Corse, une île de la mer Méditerranée, elle a d'autre part occupé le Vietnam en Asie, certaines îles de l'Amérique du Nord et Sud, et quelques régions sur la côte nord de l'Amérique du Sud (p.37-42).

« Saminpilji (사민필지 ; 士民必知) » (littéralement : « de la nécessité de connaître l'ensemble de la société ») a permis d'enseigner la géographie du monde aux élèves et au peuple coréen à l'époque de l'ouverture au monde. Il a joué un rôle important dans la formation d'un regard tourné en direction du monde occidental et de la compréhension des elations internationales par les élèves. À la fin de chaque section du livre, sont insérées des questions relatives aux thèmes abordés et aux contenus, une tradition qui servira de modèle pour l'élaboration des manuels de géographie ultérieurs. Les cartes du monde incluses dans le livre sont relativement précises : voyons à titre d'exemple la carte d'Europe.

Figure n°1.10 La carte d'Europe, manuel de géographie du monde

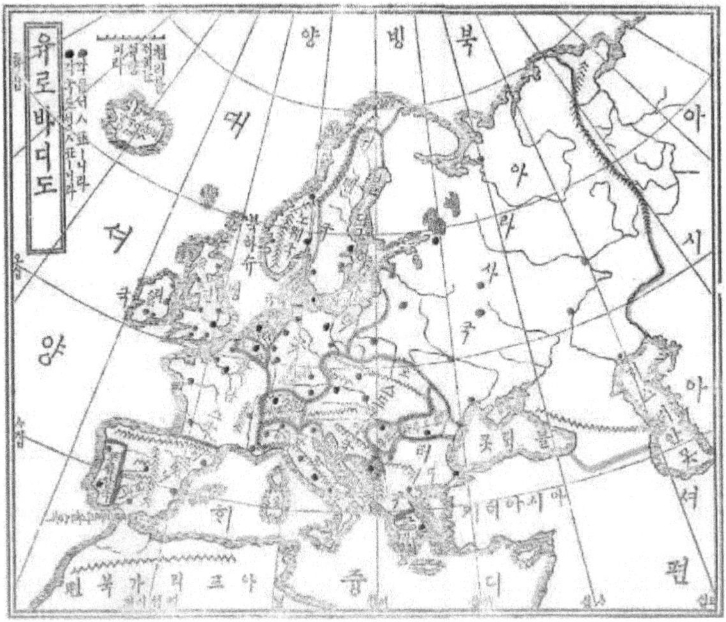

Source : H. B. Hulbert, 1891, Saminpilji (사민필지), Séoul, p. 12.

À l'époque de l'ouverture au monde, d'autres manuels de géographie ont été rédigés57 en plus de « Saminpilji ». Parmi eux « Daehansinjiji », écrit par Ji-Yeon Jang en 1907, et subdivisé en trois parties : géographie physique, géographie humaine et géographie régionale (pour les 13 provinces de Corée).[77] Ji-Yeon Jang s'exprime de la façon suivante à propos du lien entre géographie scolaire et patriotisme dans la préface : « bien connaître la géographie et donc l'enseigner à l'école est une des urgences actuelles. D'après les Occidentaux, ne pas enseigner la géographie, c'est réduire à néant ses chances de voir une forme de patriotisme se développer ». L'ouvrage défend par ailleurs l'idée d'une légitimité territoriale coréenne sur le Nord-est mandchou.[78]

Une autre école moderne, « Baejae-hakdang[79] », fondée par des missionnaires américains en 1885 comprend de la géographie dans ses enseignements.[80] La majorité des élèves qui entrent à « Baejae-hakdang » ont déjà dix ans de chinois classique derrière eux : ils entrent dans ce qu'on appelle la filière générale (chinois classique approfondi et anglais).

---

77 Plusieurs manuels de géographie ont été publiés en Corée entre 1891, année de la publication de Saminpilji et 1910, année de l'annexion de la Corée par le Japon. Cependant, l'ingérence japonaise, et notamment la règle d'approbation officielle pour la publication de manuels scolaires imposée ensuite par le Japon, a conduit à la disparition du plus grand nombre de ces manuels. La raison était que les Japonais pensent que des manuels de géographie rédigés par des Coréens, pourraient aviver le sentiment patriotique.

78 On appelle Mandchourie trois provinces du Nord-est de la Chine où résident des Coréens : le Jilin, le Liaoning et le Heirongjiang. En Corée, on appelle les trois régions « Gando » ou « Boukgando ». Les trois régions font face à la rivière de Douman vers le Sud, et à Primorsky en territoire russe vers l'Est. Dans les trois régions, à l'origine, habitaient les « Jurchens » jusqu'à la fondation de la dynastie Qing. Mais par la suite, les Coréens ont commencé à exploiter la région et à s'y installer. En 1712, une stèle marquant la frontière entre la Corée et la Chine est érigée près du mont Baekdu, qui se situe entre le continent et la péninsule coréenne. Dès lors, des conflits territoriaux éclatent entre la Corée et la Chine, mais après que la Corée ait été pillée par le Japon, c'est le Japon qui reconnaît à la Chine, le droit d'occuper ces trois régions de la Mandchourie. Des Coréens ont introduit la culture du riz dans ces régions et s'y sont installés, malgré ladomination politique chinoise.

79 « Baejae-hakdang » est une première école moderne fondée par des missionnaires chrétiens en Corée. H. G. Appenzeller, pasteur méthodiste, est le responsable de l'évangélisation et de l'éducation moderne en Corée. Dans cette école fondée par l'association missionnaire de l'église méthodiste des États-Unis, juste après sa fondation, on n'enseigne que l'anglais et l'histoire du monde. Vers novembre 1886, après avoir construit une nouvelle école moderne de style occidental en brique, on a augmenté le nombre de disciplines : la bible, la lecture de l'anglais, le chinois classique, la grammaire de l'anglais, les mathématiques, la géographie, l'histoire du monde, la géométrie, la chimie, la physique, la musique, l'art, la gymnastique, l'hygiène, la physiologie etc. sont introduites dans cette école (「L'histoire de Baejae」, 1955, p. 60)

80 Jang, Bo-oung, op. cit., p. 42-43.

Les élèves dont le bagage à l'entrée est jugé trop faible sont orientés dans la filière dite « inférieure », et les élèves qui au contraire présentent le niveau le plus élevé à l'entrée sont directement placés dans une filière dite « universitaire ». Il est convenu que tous se retrouvent en cours de géographie du monde, discipline commune, indépendante des filières, avec l'idée qu'ils pourront tous, sans exception, pouvoir « tourner leur regard vers le monde extérieur ». Nous pouvons vérifier cela avec l'organisation des enseignements et le programme de « Baejae-hakdang (Figure n°1.10)»[81]

Figure n°1.10 Le système éducatif de Baejae-hakdang

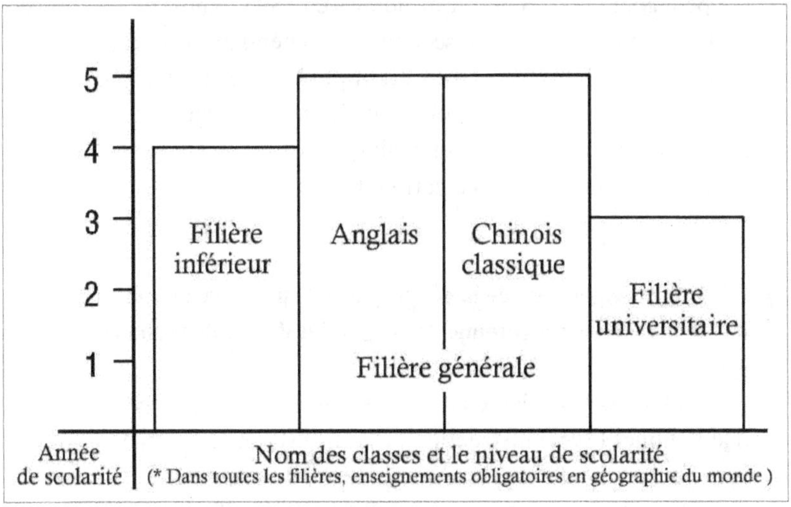

Source : Baejae-hakdang, 1965, 『*L'histoire pour les 80 ans de Baejae*』, pp. 146-148.

Si-Kyeong Ju[82] (1876-1914), ancien élève en classe de géographie du monde à Baejae-hakdang, y donne ensuite des cours de géographie et d'histoire qui sont réputés avoir captivé les élèves : on dit que la salle de

81 Baejae-hakdang, 1965, L'histoire pour les 80 ans de Baejae, p. 146-148.

82 Si-Kyeong Ju a appris les classiques chinois quand il était petit, puis s'est intéressé à la science occidentale à Séoul ; il est entré à l'école moderne, Baejae-hakdang en 1894. Quand Jae-Pil Seo fonde un journal moderne publié en coréen, « Doknip-sinmun », Si-Kyeong Ju l'aide et participe à l'association de recherche sur l'écriture alphabétique coréen. Après avoir terminé ses études à l'école de Baejae, il développe le mouvement des Lumières coréen, le mouvement pour l'usage et la recherche de la langue coréenne afin que le peuple puisse développer un esprit national. Il enseigne la langue coréenne et la géographie aux écoles modernes.

classe n'était pas suffisamment spacieuse pour accueillir tous les élèves qui voulaient assister à son cours.[83] A l'école de Baejae, il y a aussi des enseignements de géographie sous forme de cours magistraux exceptionnels et des débats. Jae-Pil Seo par exemple, après être rentré des États-Unis, y dispense des cours de géographie, d'histoire politique européenne et d'histoire des institutions religieuses une fois par semaine, diffusant ainsi les connaissances accumulées lors de son séjour aux États-Unis.[84]

Au sujet du programme national, un décret relatif à l'école primaire, un règlement général de l'école primaire et un règlement de l'Université pédagogique de Séoul sont publiés en 1895, tandis qu'en 1900 est publié le règlement général du secondaire. Cependant, le « traité d'Eulsa », qui instaure le statut de protectorat imposé par le Japon à la Corée, est conclu en 1905 : à cause de la politique d'oppression japonaise, le peuple coréen ne pourra pas réaliser sa politique éducative et son programme d'inculcation d'une conscience nationale.

1. 5.1 L'enseignement de la géographie à l'époque de l'ouverture au monde : le programme de géographie de l'école primaire

D'après « le décret sur l'école primaire[85] » annoncé par l'ordre royal le 19 juillet 1895, l'instruction primaire est organisée en deux grands niveaux : un cycle inférieur de 3 ans et un cycle supérieur de 2-3 ans. La géographie de la Corée est une discipline optionnelle dans le cycle inférieur alors qu'elle est obligatoire dans le cycle supérieur, au contraire de la géographie du monde (optionnelle). Les contenus des disciplines sont présentés avec des recommandations d'ordre didactique, comme nous pouvons le voir dans cet extrait :

---

83 Baejae-hakdang, op. cit., p.75-76.

84 Yun, Geon-Cha, op. cit., p. 175.

85 Le journal officiel : la 504e année de la fondation d'un État du Royaume de Joseon (1895), le 19 juillet, N°145 du décret royal, « 小學校令 (開國 504年 7月 19日, 勅令第145號) 第8條, 小學校의 尋常科教科目은修身讀書作文習字學算術體操로함. 恒時에의하야體操를除하며또本國地理 本國歷史圖書外國語의一科或數科를加하고女兒를위하여裁縫을加하믈得함. 第9條, 小學校高等科의 教科目은修身讀書作文習字算術本國地理本國歷史外國地理外國歷史理科圖書體操로하고女兒를爲하야 裁縫을加함. 恒時에依하야外國語一科를加하며또外國地理外國歷史圖書一科或數科를除하믈得함.»

> Article 6 : pour l'enseignement de la géographie de la Corée et de la géographie du monde, on expliquera aux élèves le fonctionnement de la vie quotidienne, on leur exposera la situation du monde, et on leur inculquera un réel patriotisme. En ce qui concerne les contenus de géographie de la Corée, on enseignera d'abord la topographie et le climat, on partira de la vie quotidienne des élèves puis on élargira progressivement l'espace étudié, jusqu'à traiter la topographie et le climat de la Corée, les principales grandes villes du pays et les moyens d'existence du peuple coréen. Enfin, on fera en sorte que les élèves connaissent la forme de la planète, ainsi que les positions relatives des différents continents et océans. Dans la classe supérieure, on ré-enseignera de façon plus détaillée ces mêmes contenus, et ensuite on traitera le mouvement de la terre, le déterminisme de l'alternance jour-nuit, et celle des saisons. En ce qui concerne l'enseignement de la géographie du monde, on traitera les cinq océans et les six continents, et la topographie, le climat, les produits et les ethnies du monde, et les grandes puissances qui influencent l'Asie de l'Est, notamment la Corée, la Chine et le Japon.[86]

Nous pouvons aussi saisir le modèle d'enseignement de la géographie souhaité par l'institution :

> Dans le domaine géographique le maître mettra les élèves en position d'observer la surface de la terre : on placera donc dans la salle de classe un globe terrestre ainsi que des cartes et des photographies : les élèves doivent construire leur connaissance du monde à partir des choses qu'ils connaissent le mieux, c'est-à-dire leur environnement immédiat. D'autre part on prendra soin d'arrimer ces connaissances géographiques à l'histoire.[87]

De ces extraits, nous pouvons tirer les conclusions suivantes. Premièrement la géographie scolaire est introduite comme un outil d'inculcation du patriotisme. Deuxièmement, les contenus sont structurés de façon emboîtée à partir des espaces proches des enfants, en passant par le niveau national, pour aboutir finalement à l'étude de l'environnement

---

86 小學校校則大綱, 第六條, 本國地理及外國地理는本國地理及外國地理의大要를授하여其生活에關하는重要한事項을理解케하고兼하여愛國하는情神을養함을要旨로함. 教科에本國地理를可하는時에는鄉土의地形方位等과兒童의日常目擊하는事物에就하여端緒를開하고漸進하는대로本邦의地形氣候와著名한都會와人民의生業등의概略을授하고地球의形狀과水陸의分別과其他兒童의理解가기易하게重要한事項知케함이可함. 高等科에는本國地理는前項에準하여消詳히授하고다시地球의運動과晝夜四時의 原由를解케하고外國地理는大洋大洲五帶의分別과各大洲의地形氣候와産物人種과及日本支那와本邦의關係에重要한諸國地理의概略을授함.

87 地理를授함애實地의觀察에基하고또地球儀와地圖寫眞등을示하고兒童의熟知하는事로比較하여 確實한知識을得케하고또항상歷史의事實에連絡케함을要함.

naturel et à de la vie humaine sur terre. Troisièmement, l'enseignement est conçu selon un modèle qui encourage l'intuition et l'observation chez les élèves, avec l'incitation à utiliser des objets et à sortir de la classe (étude sur le terrain, utilisation de globes terrestres et de photographies en plus de cartes). Quatrièmement, il est préconisé que l'enseignement de la géographie soit en lien avec l'étude historique. Il apparaît cependant qu'une utilisation du matériel scolaire conformément aux préconisations des programmes a dû être difficilement applicable étant donnée les moyens réduits dont disposaient les écoles dans la Corée d'alors.

1.5.2 L'enseignement de la géographie à l'époque de l'ouverture au monde : le programme de géographie dans les enseignements secondaire et supérieur

Nous allons ici examiner le système éducatif et le programme de géographie à travers les cas de l'Université pédagogique de Séoul, de l'enseignement secondaire et de l'enseignement supérieur (Seong-kyun-gwan ; 成均館). Nos sources un texte intitulé « Organisation administrative de l'Université pédagogique de Séoul[88] », datant du 16 avril 1895, ainsi qu'un « Règlement de l'Université pédagogique de Séoul[89] » publié le 23 juillet 1895. Selon ce texte d' « Organisation administrative », l'Université pédagogique de Séoul possédait trois sections : la section générale, la section propédeutique et la section de formation accélérée. La scolarité est organisée sur deux ans pour la section générale (elle passe à quatre ans dès 1899) et sur six mois dans la section de formation accélérée. Le programme de la section générale contient les disciplines suivantes : maîtrise de soi, littérature coréenne, chinois classique, histoire, géographie, mathématiques, physique, chimie, histoire naturelle, calligraphie et gymnastique ; les disciplines de la section de formation accélérée étaient identiques à l'exception de la physique-chimie (dont la section est exempte) et de la rédaction (qui n'apparaît pas ailleurs).[90] Les programmes et horaires hebdomadaires de

---

88 Le journal officiel : la 504e année de la fondation d'un Etat du Royaume de Joseon (1895), le 16 avril, N° 79 du décret royal.

89 Le journal officiel : la 504e année de la fondation d'un Etat du Royaume de Joseon (1895), le 23 juillet, N° 1 de l'arrêté de la licence.

90 Le règlement de l'Université pédagogique de Séoul, 1895, 11e et 12e articles.

géographie, à l'Université pédagogique de Séoul, sont les suivants :

Tableau n°1.4 Programmes et horaires pour l'enseignement de la géographie

Section	Horaire hebdomadaire	Programme par niveau
Générale	34 heures, dont 2 de géographie	1e année : géographie de la Corée et cartographie 2e année : géographie du monde et cartographie 3e année : fin des contenus de l'année précédente + géographie physique
Propédeutique	32 heures, dont 3 pour la géographie et l'histoire	Géographie et histoire de la Corée
Accélérée	34 heures dont 3 pour la géographie et l'histoire	Géographie et histoire de la Corée et du monde

Source : Règlement de l'Université pédagogique de Séoul, 1895

L'Université pédagogique de Séoul exige de tout candidat à l'entrée un curriculum vitae (C.V.) prouvant l'achèvement des études. Nous voyons ici la géographie sur le formulaire de C. V. des études qui figure dans la demande d'admission.[91]

Figure n°1.11 Curriculum Vitae : formulaire de demande d'admission

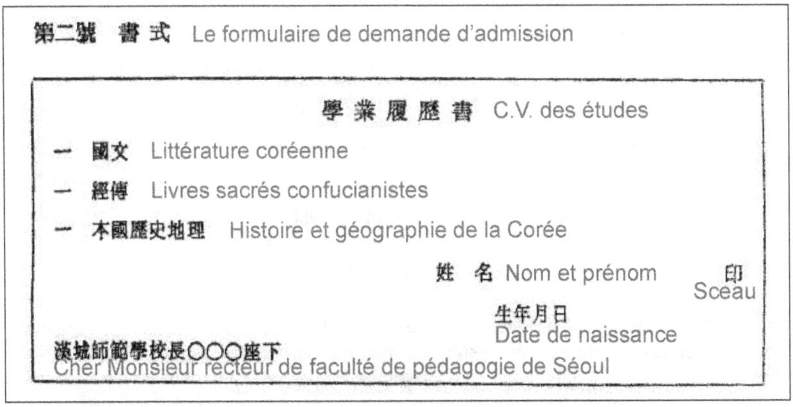
第二號 書式 Le formulaire de demande d'admission

學業履歷書 C.V. des études

一 國文 Littérature coréenne

一 經傳 Livres sacrés confucianistes

一 本國歷史地理 Histoire et géographie de la Corée

姓 名 Nom et prénom 印 Sceau

生年月日 Date de naissance

漢城師範學校長○○○座下 Cher Monsieur recteur de faculté de pédagogie de Séoul

Source : Règlement de l'Université pédagogique de Séoul, 1895, 16e article.

---

91 Le règlement de l'Université pédagogique de Séoul, 1895, 16e article.

Examinons maintenant le système éducatif du secondaire et la place de la géographie scolaire dans celui-ci. Nous pouvons voir dans le règlement de l'enseignement secondaire annoncé en 1900 que l'école secondaire d'alors n'est pas subdivisée comme aujourd'hui en collège et lycée, mais en deux cycles inférieur et supérieur, respectivement de quatre et trois ans. La géographie est une discipline obligatoire dans le cycle inférieur, mais elle est absente du cycle supérieur.[92] A cette époque l'entrée dans l'école secondaire est subordonnée à la réussite à un examen d'entrée, comprenant un oral de géographie.[93]

Figure n°1.12 Les disciplines de l'examen d'entrée à l'école secondaire

Programme par niveau
• littérature chinoise classique, lecture et rédaction de textes : test écrit
• littérature coréenne, lecture et rédaction de textes : test écrit
• oral d'arithmétique
• oral d'histoire
• oral de géographie

Source : Règlement du secondaire, le 3 septembre 1900, arrêté de la licence, No. 12, 3e article.

La fondation de l'établissement d'enseignement supérieur « Seong-kyun-gwan[94] » date de la période du Royaume de Joseon. Lors de l'ouverture au monde, les contenus dispensés sont modifiés pour faire coexister un enseignement basé sur les classiques chinois et une introduction à la science nouvelle du monde occidental. Nous pouvons lire dans le « Règlement de l'étude des classiques chinois de « Seong-kyun-gwan » que le programme comprend un enseignement de géographie,[95] cepen-

92 Le règlement du secondaire, le 3 septembre 1900, Arrêté de la licence, No. 12, 2e l'alinéa, 1e et 2e articles.

93 Le règlement du secondaire, le 3 septembre 1900, Arrêté de la licence, No. 12, 2e l'alinéa, 3e article.

94 L'établissement d'enseignement supérieur du Royaume de Joseon, « Seodang », est une école privée d'écriture ancienne où l'on apprend les caractères sino-coréens anciens. Elle est située en province. « Sabuhakdang » est une école située à Séoul, pour les fils de la classe supérieure du Royaume de Joseon. Ses meilleurs élèves peuvent accéder à l'enseignement supérieur (Seong-kyun-gwan). « Hyangkyo » est l'école confucianiste depuis l'époque du Royaume de Koryo. Elle est chargée de l'enseignement confucianiste. « Seong-kyun-gwan » est une université confucianiste fondée au 14e siècle chargée de la formation des hauts fonctionnaires. « Seowon » est l'institut où les lettrés s'adonnent à l'étude du Royaume de Joseon.

95 Le règlement de l'étude des classiques chinois de Seong-kyun-gwan, le 9, août 1900, l'arrêté de la licence, No. 2, 2e et 3e articles.

dant il est impossible d'en connaître précisément les contenus. Comme dans le cas de l'Université pédagogique de Séoul, l'admission à l'université impliquait la présentation d'un C.V. Nous voyons aussi que la géographie et l'histoire de la Corée font l'objet d'une épreuve lors de l'examen d'entrée. De la même manière la géographie est enseignée à la faculté des langues étrangères.[96]

Comme nous l'avons vu en examinant dans ce premier chapitre, la situation politique internationale en Asie orientale au tournant du 20e siècle, et celle de l'enseignement de la géographie à l'époque de l'ouverture au monde, les Coréens considèrent que la connaissance de la géographie est une condition nécessaire de l'émancipation vis à vis de la vision sinocentrique du monde et de la résistance à l'invasion par des puissances étrangères. Par conséquent le statut de la géographie au sein du programme scolaire de la nouvelle école est celui d'un domaine d'importance majeure. Par ailleurs, il apparaît que les contenus de géographie scolaire et les moyens utilisés ou préconisés pour son enseignement à l'école moderne (cartes, manuels, outils pédagogiques) sont d'une grande cohérence avec les finalités affichées. Cependant, l'annexion de la Corée par le Japon en 1905 et les 35 années d'occupation qui suivent, ne permettent pas à cette discipline, de bénéficier des fruits de cette expérience déployée dans le cadre de l'école moderne à l'époque de l'ouverture au monde.

---

96 Le règlement de l'école de la langue étrangère, le 27 juin 1900, l'arrêté de la licence, No. 2, 1e article.

Chapitre 2

JAPONISATION DE LA GÉOGRAPHIE SCOLAIRE EN CORÉE (1910-1945) :

assujettissement et innovations disciplinaires

Durant la période de l'ouverture au monde, on publie beaucoup de manuels de géographie à destination des écoles modernes. Mais la plupart de ces manuels disparaissent après la signature du traité imposant le protectorat à la Corée (1905). Le Japon établit son gouvernement général à Séoul en 1910 et le premier gouverneur, Terauzi, applique immédiatement une politique de type colonial. Le « mouvement du 1er mars pour l'indépendance » (Sam-il-oun-dong) s'étend à la Corée toute entière et dès 1919 le Japon y abolit toute politique militariste pour lui substituer une « politique culturelle ». Dans le domaine éducatif, un « nouveau décret sur l'Education » est annoncé, à la suite duquel on essaie de modifier à la fois les contenus enseignés et le niveau d'éducation général de la population coréenne. Pourtant, peu avant la fin de la période d'occupation, les Japonais tentent d'annihiler toute forme de conscience nationale en Corée, substituant par exemple des patronymes japonais aux patronymes coréens sous prétexte d'une unification des deux pays. Durant la Seconde Guerre mondiale, les Japonais considèrent la péninsule coréenne comme une base de ravitaillement, l'idée d'« aire de co-prospérité » (Extrême Orient et Asie du Sud- Est) devant servir à légitimer cette vue.

Pendant toute cette période d'occupation de l'Extrême Orient et de l'Asie du Sud-Est par le Japon, l'éducation est conçue comme un moyen d'accès aux ressources tant matérielles qu'humaines que représente la Corée : dans ce contexte, la géographie scolaire n'est pas un outil négligeable pour le Japon en expansion.

Nous allons examiner dans ce chapitre comment la géographie scolaire est traitée pendant l'occupation japonaise, soit de 1910 à 1945 : comment la géographie scolaire moderne de l'époque d'ouverture au monde évolue-t-elle à partir de l'occupation japonaise, des débuts de la politique coloniale à sa disparition ? Quels sont les contenus enseignés en géographie pendant cette période ? En quoi portent-ils la marque de la politique expansionniste japonaise ? Comment les méthodes et les concepts géographiques occidentaux arrivent dans les programmes scolaires coréens en ce début duXXe siècle ? En quoi peut-on dire que la géographie scolaire coréenne a été influencée par la géographie française et ce, en relation avec l'occupation japonaise ?
Il s'agira de voir que, même si l'occupation japonaise de la Corée peut être considérée comme une période défavorable à l'enseignement de la géographie, il est nécessaire, pour comprendre l'enseignement actuel de la géographie, d'examiner la nature de la géographie scolaire dispensée dans ce contexte d'occupation. C'est en effet durant cette période que bien des concepts et des méthodes de la géographie scolaire actuelle ont été adoptés.

2.1 Mouvements nationaux et géographie scolaire pendant la premièrepériode de l'occupation japonaise

Nous analysons pour cela un manuel de géographie rédigé par le journaliste Ji-Yeon Jang, manuel publié juste avant l'annexion de la Corée par le Japon (1910). Nous comparerons ses contenus avec ceux d'une publication de 1891 (période de l'ouverture au monde) (« Sa-min-pil-ji », voir chapitre 1).

Puis nous examinons deux magazines publiés durant la première période de l'occupation par Nam-Seon Choe, lequel pensait pouvoir par la presse, éveiller la conscience nationale des Coréens. Nous cherchons à identifier dans ces deux magazines (« So-Nyeon», « Cheong-Chun») la trace de méthodes pédagogiques.

2.1.1 La géographie scolaire moderne au début du 20e siècle ; le cas du manuel de géographie de Ji-Yeon Jang : « Nouvelle géographie de la Corée »

A l'époque de l'ouverture au monde, beaucoup de manuels de géographie sont publiés en Corée, dont la plupart disparaissent sous l'action du Japon entre 1905, date d'imposition du protectorat à la Corée et 1910, date de l'annexion. Nous analysons un manuel typique de cette période : « Dae-Han-Sin-Ji-Ji » (littéralement : « Nouvelle géographie de la Corée ») de Ji-Yeon Jang,[97] publié en 1907. Nous allons nous pencher ici sur le mode d'organisation des contenus et tenter de préciser ainsi quelle pouvait être la finalité de la géographie scolaire d'alors. Ce manuel semble avoir été rédigé dans un cadre scientifique moderne mais son auteur a fait oeuvre de rassemblement des connaissances géographiques traditionnelles du Royaume de Joseon. Jang s'est appuyé pour cela sur un ouvrage de Jung- Hwan Yi,[98] les livres géographiques du Royaume de Joseon, des cartes de Joseon, les résultats des travaux des chercheurs en Sciences Pratiques et les connaissances géographiques occidentales contemporaines. Ce livre est exclusivement composé d'informations centrées sur la géographie de la Corée. Le mode d'organisation des contenus du manuel n'est pas le reflet de l'environnement historique de son auteur: « Dae-Han-Sin-Ji-Ji » est réalisé à l'époque de l'ouverture au monde et plus précisément au moment où les grandes puissances investissent massivement la Corée. A ce moment, les élites coréennes ont donc pu se libérer d'une vision sino-centrique du monde, tourner leur regard vers un monde plus vaste, mais l'idée de l'auteur consiste à éveiller une conscience nationale par l'enseignement de la géographie de la Corée, non par celui de la géographie du monde.

Le tableau ci-dessous (tableau n°2.1) montre de quelle manière

---

97 Ji-Yeon JANG (1864-1921) est journaliste durant la première période de l'occupation japonaise. Il publie dans le journal « Hwang-Seong-Sin-Mun » le 20 novembre en 1905, soit le jour de l'imposition du protectorat par le Japon, un article de fond dont le titre est « Eclatez en sanglots aujourd'hui ! ». Jang suggérera ensuite la préparation d'un complot contre l'occupant.

98 « Taek-li-ji », écrit par Jung-Hwan Yi en 1751 (époque du Royaume de Joseon) n'est pas un manuel, mais un ouvrage scientifique. Si deux points de vue y sont essentiellement à l'oeuvre (celui de la géographie générale et celui de la géographie régionale), on peut néanmoins le considérer comme un ouvrage de géographie humaine.

les contenus du manuel sont organisés : on constate qu'ils s'inscrivent dans un cadre combinant géographie naturelle, géographie humaine et géographie régionale. Pour la géographie scolaire coréenne de l'époque il s'agit d'une innovation. Saute aux yeux ici l'inclusion d'éléments de géographie humaine dans la première partie, qui ne lui est pourtant pas dédiée (l'origine de la Corée et son histoire par exemple). Il apparaît d'autre part que les éléments de géographie humaine que contient le livre sont, à quelques ajouts près, identiques à ceux des livres de géographie traditionnelle de Joseon.

Tableau n°2.1 L'organisation des contenus de « Dae-han-sin-ji-ji » (1907)

	Contenus		
	1e partie, Géographie naturelle	2e partie, Géographie humaine	3e partie, Géographie régionale
Chapitres	1. Origine de la Corée 2. Localisation 3. Frontières 4. Dimensions de la péninsule 5. Histoire 6. Littoral 7. Relief 8. Structure interne de la montagne 9. Les rivières 10. Les courants marins 11. Le climat 12. Les productions locales	1. La « race » coréenne 2. L'origine de la nation 3. La langue et les lettres 4. Les coutumes 5. La maison 6. Vêtements et alimentation 7. La religion 8. La population 9. La famille royale et le régime politique 10. L'administration financière 11. L'organisation militaire 12. L'éducation 13. La monnaie 14. Les moyens d'existence 15. La circulation	1. La province du Gyeongki 2. La province du Chungcheong du nord 3. La province du Chungcheong du sud 4. La province du Jeola du nord 5. La province du Jeola du sud 6. La province du Gyeongsang du nord 7. La province du Gyeongsang du sud 8. La province du Gangwon 9. La province du Hwanghae 10. La province du Pyeongan du sud 11. La province du Pyeongan du nord 12. La province du Hamgyeong du sud 13. La province du Hamgyeong du nord
Suppléments	1. Tableau représentant l'histoire de chaque commune et sa localisation, sa population, et ses frontières. 2. Tableau des distances entre la capitale et les différentes régions.		

Source : Manuel original.

On observe dans la partie consacrée à la géographie régionale un mode de découpage non thématique, qui sera conservé dans la géographie scolaire coréenne jusqu'aux années 1980. L'étude successive des différentes régions montre une progression par éloignement croissant vis-à-vis de la capitale : est d'abord décrite la province du Gyeongki, où se trouve Séoul, pour terminer par la région du Nord.

Dans la partie « géographie humaine » on retrouve tous les éléments correspondants de la géographie traditionnelle, auxquels ont été ajoutés des éléments modernes (l'industrie et l'extraction minière). De même en ce qui concerne les transports, apparaissent des éléments nouveaux tels que les chemins de fer, la télégraphie et le téléphone.

Dans la rubrique « régions », sont systématiquement abordés dans cet ordre : la localisation, les frontières, les ports et îles, le relief, les rivières, les villes, les lieux célèbres et sites historiques. Plusieurs cartes sont insérées dans ce manuel : une carte de Corée (figure n°2.1) en tout début d'ouvrage ; de même chaque présentation de province commence par une carte. La qualité de réalisation, le « niveau technique » de la carte de Corée dont il est question ici, est à mi-chemin entre celui des cartes habituelles en Joseon et celui des cartes modernes. Nous pouvons d'abord voir une région, « Buk-gan-do[99] », dont le nom est écrit en chinoi, dans le nord-est de la péninsule coréenne. A cette époque-là, on l'assimile à une région coréenne, mais ce n'est plus le cas aujourd'hui car le Japon l'ayant donné à la Chine, cette région-ci n'a pas ensuite été restituée par celle-ci à la Corée. Nous pouvons aussi voir une île, « Dae-ma-do[100] » qui appartient au Japon de nos jours, dans la partie sud-est sur la carte, mais qui est alors représen-

99 Comme il a déjà été dit dans le chapitre 1, le « Buk-gan-do » est une région historiquement peuplée de Coréens ; cette région est supposée avoir été vide avant la fondation du Royaume de Qing et la colonisation des lieux par les Coréens. Ce territoire est revendiqué à la fois par la Chine et la Corée jusqu'à la fin du 19ème siècle, avant que le Japon, en position de force face à la Corée, ne se pose en arbitre dans le conflit et octroie la région aux Chinois.

100 Cette île, aujourd'hui nommée Tsushima au Japon, était restée « neutre » (ni coréenne ni japonaise) pendant très longtemps (à peu près jusqu'au milieu du Royaume de Joseon), mais d'après les chroniques des Rois de Joseon, elle était devenue une partie de la région de Kyeong-Sang sous la dynastie de Silla (de 57 avant J.-C. à 935), et l'était toujours sous la dynastie de Joseon (chronique du 17 juillet 1419 : 對馬爲島, 隷於慶尙道之雞林, 本是我國之地, 載在文籍, 昭然可考). Cette île fut annexée par le Japon en 1872. H. Hulbert, un américain à la fois missionnaire et spécialiste de la Corée, a évoqué en 1905 « les droits (de la Corée) sur cette île » de la façon suivante : « It's important to notice that the island of Tsushima, whether actually conquered by Silla or not, became a dependency of that Kingdom »,*History of Korea*, p. 35. Après la fin de l'occupation japonaise, en 1948, Seung-Mann Yi, le premier président de la République, a officiellement demandé la restitution de l'île Daemado/Tsushima. Puis en 1951, lorsque l'on a rédigé l'avant-projet du traité de paix à San Francisco (San Francisco Peace Treaty), le gouvernement sud-coréen a demandé l'ajout d'un paragraphe relatif à la restitution de l'île Daemado/Tsushima : « In view of this fact the Republic of Korea request that Japan specifically renounce all right, title and claim to the Island of Tsushima and return it to the Republic of Korea », *le Joseon Ilbo* (un des journaux quotidiens coréens), article du 10 avril 2005, requète qui fut rejetée par les Etats-Unis.

tée en tant qu'élément du territoire du Royaume de Joseon.

Figure n°2.1 La carte de la Corée insérée au début de « Dae-han-sin-ji-ji »

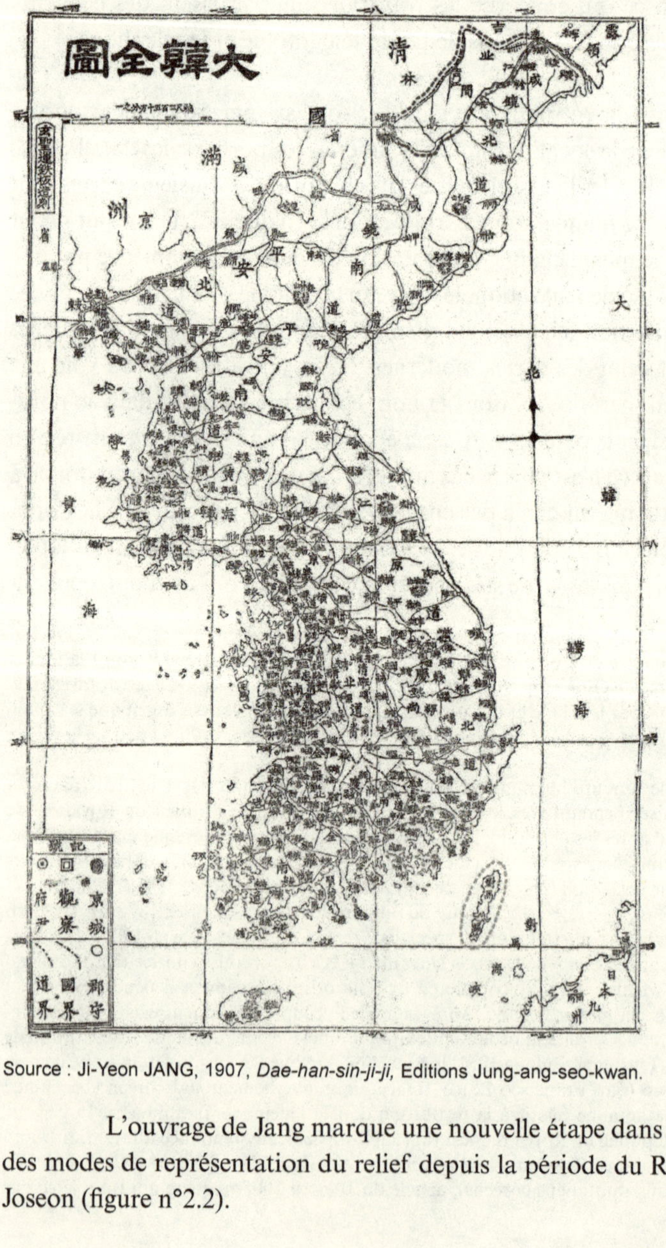

Source : Ji-Yeon JANG, 1907, *Dae-han-sin-ji-ji,* Editions Jung-ang-seo-kwan.

L'ouvrage de Jang marque une nouvelle étape dans l'évolution des modes de représentation du relief depuis la période du Royaume de Joseon (figure n°2.2).

Figure n°2.2 L'évolution du mode de représentation des reliefs montagneux

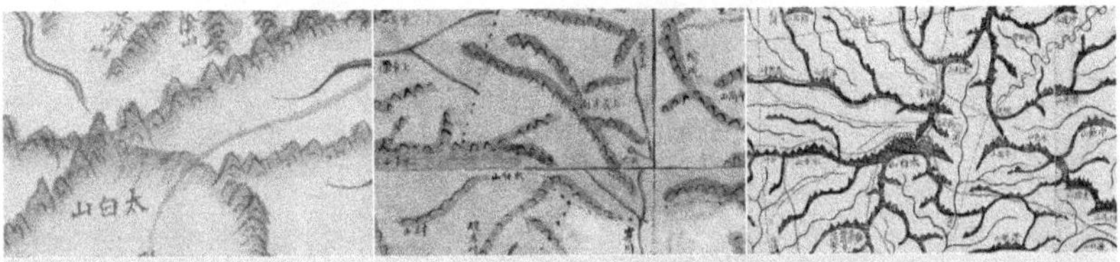

Hae-dong-ji-do (1750) Cheong-ku-do (1834) Dae-dong-yeo-ji-do (1861)

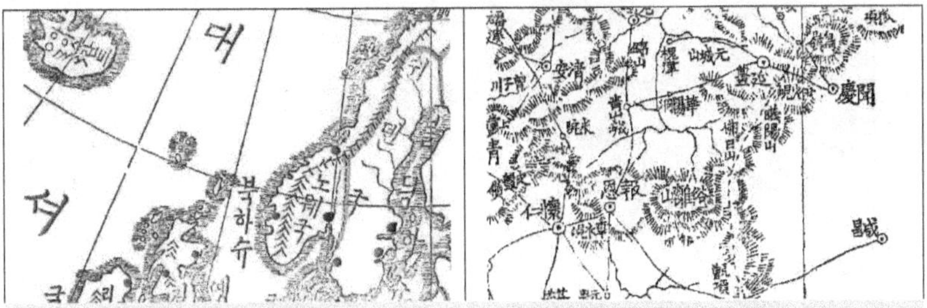

Sa-min-pil-ji (Hulbert, 1891) Dae-han-sin-ji-ji (1907)

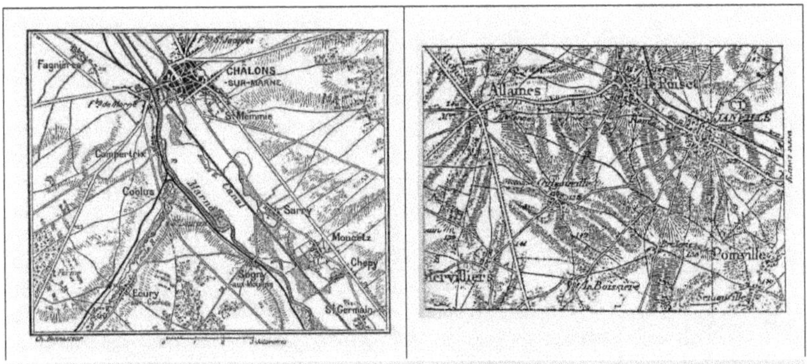

L. Gallouédec, F. Maurette, Géographie générale, Paris, Hachette, 1931, p. 364.[101]

Source : exemplaires originaux.

101 Lefort, Isabelle, 1992, La lettre et l'esprit : géographie scolaire et géographie savante en France, p. 156-157.

Figure n°2.3 La représentation de la montagne dans les manuels japonai

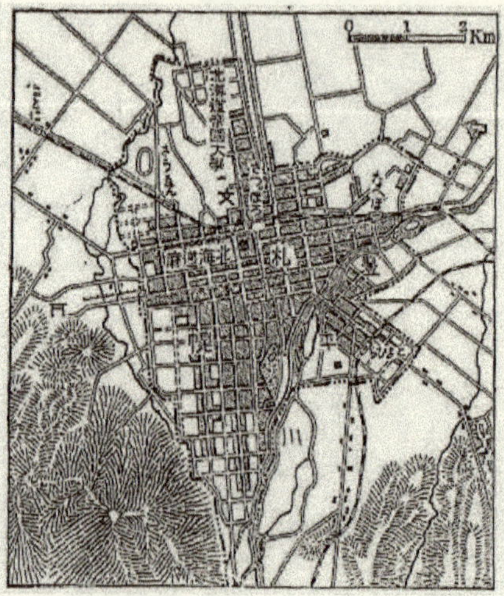

Source : Gouvernement général du Japon en Corée, Géographie pour l'Ecole primaire, vol. 1, 1932, p. 60.

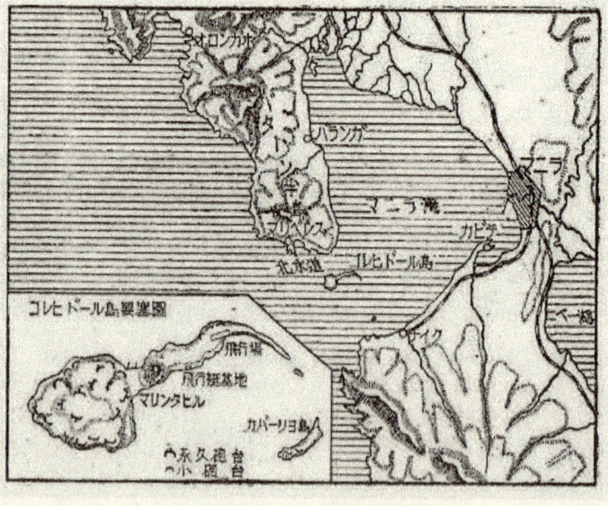

Source : Ministère japonais de l'éducation, 1943, Géographie pour l'Ecole primaire, p.31.

Contrairement à ce que l'on observe sur les cartes antérieures, la carte de 1907 ne montre pas de représentation des chaînes montagneuses sous la forme de figures ou de traits continus censés figurer des chaînes. Le mode de représentation du relief utilisé par l'américain Hulbert en 1891 est cependant relativement proche (de même que celui employé dans les manuels français des années 1930 et ceux des cartes japonaises de la même époque, cf. figure n°2.3) et s'il est peu probable que la carte de 1907 soit d'origine scientifique, elle est tout de même clairement très différente de ce qui se faisait en Corée jusqu'alors. On peut donc supposer que les techniques cartographiques occidentales ont été importées en Corée via le Japon au début du 20ème siècle.

Dans son avant-propos, Jang décrit l'objet du manuel (la géographie de son pays, et son évolution), la façon (métaphorique) dont il s'est exprimé, et son intention fondamentale en tant qu'auteur : l'inculcation d'une forme de patriotisme. Voici un extrait de cet avantpropos :

> « [...] beaucoup de quais des ports sont construits comme des buissons, [...] les câbles électriques et la poste se chevauchent comme les écailles d'un poisson, de grands changements s'opèrent un peu partout en Corée. [...] selon un chercheur occidental, aucune forme de patriotisme ne pourra s'épanouir sans développement de la géographie [...] J'offre avec ce livre à mes compatriotes l'esprit d'une nation vieille de quatre mille ans [...] »[102]

Pour appréhender le contexte historique de cette époque, on peut analyser les contenus de manuels rédigés à la fin du 19e siècle et au début du 20e siècle : comparons donc « Dae-han-sin-ji-ji » (1907) avec un manuel datant de 1891 et réalisé par un missionnaire américain, « Sa-min-pil-ji », dont le tableau suivant montre le mode d'organisation des contenus.

Dans le premier chapitre sont abordés successivement : le système solaire et son fonctionnement, l'aspect de la terre, le climat, la gravitation, l'éclipse de soleil et autres phénomènes astronomiques, les continents et océans, la diversité des « races ». Chacun des chapitres suivants commence par la carte d'un continent (où figurent capitales, grandes villes et frontières nationales) qui se trouve décrit ensuite du nord au

102 靡不开埠列场樯楫如林、航路输轨纵横连络、电线邮局交错鳞擳、便成一大变局、[...] 泰西学士之言曰地理之学不兴爱国之心不生、[...] 独於本国地志、绝少研究凡校塾之教科也、难欲讲明地理、无完善之本故地理之情甚薄、[...] 呜呼编者苦心惟将四千年祖国精神、注此一部地志之中、以饷我全国之同胞是不特资蒙学之讲习、[...]

sud.[103] Le livre repose sur la géographie régionale et accorde une part égale à chaque partie du monde, au contraire de « Dae-han-sin-ji-ji » qui traite du monde extérieur de façon superficielle -ce qu'explique l'intention de Jang, son auteur (provoquer le réveil de la conscience nationale face à l'occupant)- tout en reposant à la fois sur les géographies naturelle, humaine et régionale.

Tableau n°2.2 Contenus de « Sa-min-pil-ji » (1891)

Chapitre 1, La terre			
Chapitre 2, l'Europe	**Chapitre 3, l'Asie**	**Chapitre 4, l'Amérique**	**Chapitre 5, l'Afrique**
• Russie • Norvège et Suède • Danemark • Allemagne • Pays-Bas • Belgique • Royaume-Uni • France • Espagne • Portugal • Suisse • Italie • Autriche et • Hongrie • Turquie (d'Europe) • Roumanie • Serbie • Macédoine • Grèce	• Kazakhstan • Chine • Corée • Japon • Vietnam • Thaïlande • Myanmar • Inde • Pakistan et • Afghanistan • Arabie Saoudite • Iran • Turquie (Asie)	• Canada • États-Unis • Alaska • Mexique • Amérique • centrale (les 5 pays) • Plusieurs îles • parmi les deux • Amériques • Colombie • Venezuela • Guyane • Brésil • Équateur • Pérou • Chili • Bolivie • Argentine • Uruguay • Paraguay	• Égypte • Maghreb (Nord) • Afrique de l'ouest • Afrique du sud • Afrique de l'est • Madagascar **Chapitre 6, Océanie** • Australie • les îles du • Pacifique et Sumatra • Bornéo • Indonésie • Philippines • Nouvelle-Guinée • Nouvelle-Zélande • Plusieurs petites îles

Source : le manuel original.

Une fois le protectorat imposé à la Corée, le contrôle exercé par le Japon sur toutes les publications croît rapidement : la plupart des

103 La description de chaque continent aborde successivement: la localisation, le relief, la superficie, le climat, la population et « les races ». Ensuite, il traite les contenus pays par pays, en respectant l'ordre suivant : la localisation, l'existence éventuel d'un axe « orientant » le territoire, le climat, les ressources, le régime politique, la population, les clans, la capitale, l'économie, les affaires militaires, l'éducation et la religion, en prenant soin de comparer la situation de chacun de ces pays avec celle de la Corée.

manuels de géographie antérieurs vont finir par être interdits dans les écoles sous l'occupation et les deux manuels dont on vient de parler n'ont pas fait exception.

2.1.2 Les activités d'un auteur pour inspirer la conscience nationale sous l'occupation japonaise : la diffusion des connaissances géographiques par les deux magazines grand public « So-nyeon » et « Cheong-chun »[104]

La plupart des auteurs des très nombreux ouvrages ou manuels de géographie publiés durant la période de l'ouverture au monde n'étaient pas des spécialistes : se distingue de cette masse d'auteurs Nam-Seon Choe (1890-1957), qui séjourna au Japon durant la première période de l'occupation, ce qui lui permit d'aborder ultérieurement la géographie moderne. Choe est célèbre en Corée pour ses efforts déployés durant l'occupation (aujourd'hui la plupart des Coréens ignorent quasiment ses autres activités d'écrivain et d'historien). Choe a tenté de créer les conditions d'un sursaut patriotique en éclairant le peuple, et ce, au moyen de la diffusion de connaissances géographiques par la presse grand public. Nous allons dans cette section nous intéresser à cette tentative.

Choe est parti étudier au Japon en 1906, soit l'année suivant l'imposition du protectorat, s'inscrivant au département d'histoire et de géographie de l'École Normale Supérieure de l'Université de Waseda… Il en ressort très rapidement, se sentant insulté par l'intitulé d'une exposition organisée par l'Assemblée de l'Université : « La Corée, notre vassal ». Cet incident l'a par contre convaincu de l'impact potentiel des médias sur une population dont il perçoit le retard vis-à-vis de sa voisine orientale en termes d'« épanouissement de civilisation », retard auquel il pense pouvoir remédier par la diffusion des connaissances, notamment géographiques. Choe rentre donc en Corée en emportant de nombreux exemplaires imprimés, dont des ouvrages de référence ; il se procure du matériel d'impression et fonde en 1908 le premier magazine grand public coréen : « So-nyeon ».[105]

---

104 Littéralement : « le garçon », et « la jeunesse ».
105 Kwon, Jung-Hwa, 1990, L'apport du premier ouvrage de Nam-Seon Choe, in

Choe pense qu'en Corée la géographie est complètement bridée par l'idée de Pung- Su (Feng Shui) et considère comme indispensable de substituer la géographie moderne à la géographie traditionnelle en important la première d'Occident. Il tente de faire comprendre à ses contemporains que « *la géographie n'(est) pas l'idée de Pung-Su* ».[106] Il considère que « *la géographie (est) un domaine de recherche sur les rapports entre l'homme son environnement naturel* », la géographie physique étant l'essentiel à ses yeux dans le domaine géographique. Même s'il n'a pas véritablement étudié la géographie à l'université, il semble avoir été fortement influencé par les concepts et méthodes de la géographie moderne,déjà présents au Japon lorsqu'il y est parti commencer des études. Le magazine « So-nyeon » publié par Choe comporte une rubrique intitulée « la leçon de géographie pour Bong-Kil », (Bong-kil est un prénom de petit garçon.) La consultation des contenus géographiques du magazine est riche d'informations ; le tableau n°2.3 ci-dessous en offre un aperçu global.

Tableau n°2.3 La liste des sections « leçon de géographie pour Bong-kil »

N° d'édition	Titre du cours de géographie	Référence de la source
1	La forme de la Corée	1e année, Vol. 1, Novembre 1908
2	L'étude comparative des trois côtes de la Corée	1e année, Vol. 2, Décembre 1908
3	La géographie de la Corée	2e année, Vol. 1, Janvier 1909
4	Qu'est-ce que les pôles? (1)	2e année, Vol. 3, Mars 1909
5	Qu'est-ce que les pôles? (2)	2e année, Vol. 4, Avril 1909
6	Qu'est-ce que les pôles? (3)	2e année, Vol. 6, Juillet 1909
7	Les régimes politiques dans chaque pays du monde	2e année, Vol. 10, Novembre 1909

Source : Kwon, ibid., 1990, pp. 13-14.

Certaines des figures insérées dans le 1e volume de la « leçon de géographie pour Bong-kil » sont intéressantes :

La figure « a » est l'oeuvre du géographe Yatsu Masanaka (1863-1922). Elle illustre le thème : « la topographie et l'association

Géographie appliquée, n° 13, 1990, pp. 1-10.

106 Choe, Nam-Seon, 1907, L'écriture géographique, *Le journal universitaire de l'étudiant étranger au Japon*, n° 2, p. 45.

des idées ».[107] En réaction à la comparaison suggérée par Koto Bunjiro (1856-1935) (mettant en regard la configuration globale de la péninsule coréenne et la morphologie d'un lapin : figure « b »), Choe a proposé de représenter cette même péninsule sous les traits d'un grand fauve (figure « c »).[108] Ces représentations montrent à la fois le « climat » local au début du 20e siècle et les possibilités de l'image déjà exploitées à des fins politiques : en l'occurrence suggérer la soumission d'un côté, impulser un sursaut de l'autre. La figure n°2.4 offre quelques exemples d'images réellement insérées dans des supports de géographie scolaire ou de vulgarisation.

Figure n°2.4 Images tirées de la « leçon de la géographie » (1908)

a. La France et la forme de bouilloire

b. La Corée et l'image d'un lapin

c. La Corée et l'image d'un tigre

Source : Kwon, Jung-Hwa, 1990, p. 14.

Choe a réalisé un numéro spécial « Géographie de la Corée, niveau Primaire » pour le magazine « So-nyeon », numéro qui devait paraître en 1910. Le tableau n°2.4 montre les contenus de géographie qui y ont été insérés. Choe y représente une Corée divisée en deux parties (nord

107 Yatsu, Masanaka, 1902, *Les outils de la géographie*, Editions Min-wou-sa, p. 73-74.
108 Kim, Yun-Sik, 1973, *La recherche en littérature moderne en Corée*, Editions Iljisa, p. 35.

et sud) : il est alors en opposition totale avec la représentation tripartite (nord, centre, sud) adoptée pour les manuels de géographie sous l'occupation. Choe, le premier, propose ainsi une représentation alternative. Il a également découpé la péninsule coréenne en délimitant l'ouest et l'est, en les comparant au ventre et au dos de l'homme. La « Géographie de la Corée, niveau Primaire » ne sera jamais mise en vente puisque le Japon prend justement le contrôle de la publication des manuels de géographie vers 1910.

Dans le numéro 6 de « So-nyeon », Choe évoque ainsi la finalité de l'apprentissage de la géographie du monde :

> « On apprend la géographie du monde pour prendre conscience de la situation de la Corée relativement à la situation politique internationale ; la géographie permet d'avoir connaissance du monde ».[109]

En somme, Choe met l'accent dans son magazine, sur le point de vue national coréen. Le magazine cesse de paraître en 1911.

Tableau n°2.4 Les contenus de la Géographie de la Corée (So-nyeon)

	1e partie : généralités
1e chapitre	La géographie, les objets de la géographie, l'apport de la géographie, la géographie de la Corée
2e chapitre	Les évolutions récentes, le développement scientifique, les relations internationales, la situation générale du monde
3e chapitre	La Corée de nos jours, la Corée et le monde, le monde et la Corée, la connaissance du monde
4e chapitre	Les lignes imaginaires du monde, les espaces vides, mouvement, axe, pôles, équateur, méridiens, latitude, tropiques, cercle polaire, la notion de territoire
	La surface de la terre : l'eau et la terre, l'océan, les continents, les fuseaux horaires
	2e partie : introduction à la géographie de la Corée
1e chapitre	Localisation, frontières, dimensions
2e chapitre	Le relief, le système montagneux, le système fluvial, et la « morale » à en tirer
3e chapitre	Le littoral, les eaux côtières, les courants marins, le flux et le reflux

109 Choe, Nam-Seon, 1910, *So-Nyeon*, Vol. 4, Editions Sinmunkwan, Séoul, pp. 5-11.

4e chapitre	Le climat : température, vent, pluie, et « morale » en conséquence
5e chapitre	Les ressources d'une région : introduction, flore, faune, ressources minières
etc	La situation nationale, le bénéfice de la terre, la « bénédiction céleste », ce qui arrive au monde
	3e partie, la géographie régionale
1e chapitre, introduction	Bipartition nord/sud : la Corée du sud, la Corée du nord, centres respectifs, comparaison des deux régions Bipartition est/ouest : la Corée de l'ouest, la Corée de l'est, comparaison des deux régions

Source : Kwon, ibid., 1990, pp. 16-18.

Choe publie en 1914 un deuxième magazine : « Cheong-Chun », qui cesse de paraître quatre ans plus tard. Choe diffuse dans ses magazines des informations géographiques sur le monde, mais il y présente aussi des oeuvres du patrimoine occidental : par exemple Robinson Crusoé et les Voyages de Gulliver, ou encore le récit du naufrage du hollandais Hamël en Corée (fin 17ème siécle).

Au tournant du 20ème siècle la Corée, encore féodale et en pleine déliquescence, ne peut réellement s'opposer à la convoitise des grandes puissances, et ce retard persiste puisque lorsque la Corée perd sa souveraineté au profit des Japonais, la population fait encore preuve d'une perception sino-centrique du monde. De l'époque de l'ouverture au monde à la première période de l'occupation japonaise, une poignée de précurseurs (parmi lesquels Choe est le plus actif) tentent, notamment par le biais de manuels de géographie, d'éclairer le peuple et de faire émerger une forme de conscience nationale. La figure n°2.5 montre les deux couvertures de magazine qui donnent une idée du « climat » de l'époque.

Figure n°2.5 Quelques couvertures des magazines fondés par Choe Nam-Seon

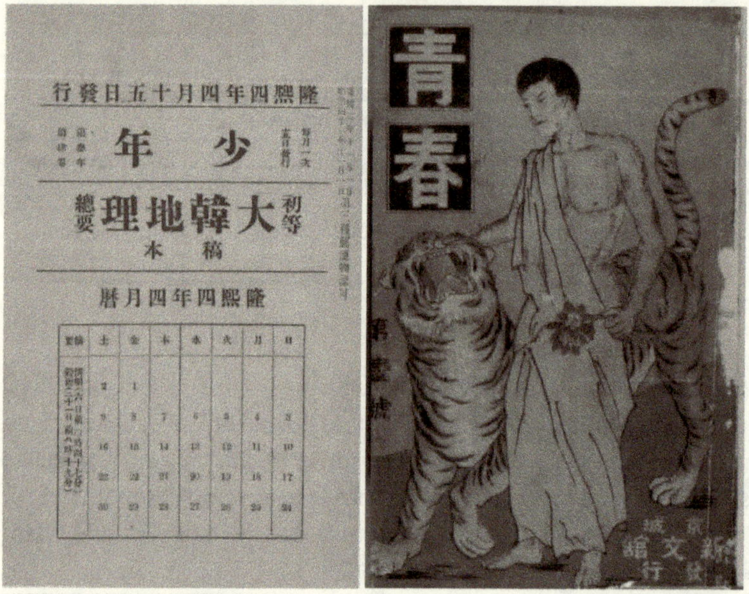

« So-Nyeon » (littéralement : garçon) « Cheong-chun » (littéralement : jeunesse)

2.2 La politique éducative en Corée dans le cadre de la politique coloniale

L'occupation japonaise en Corée va durer 35 ans (1910-1945) : sur ce laps de temps, deux dates, 1922 et 1938, permettent de repérer trois périodes, correspondant à trois orientations différentes en termes de politique éducative.[110]

La première période débute avec la publication par le Gouverneur général du Japon en Corée d'un décret officiel réformant le système éducatif coréen. Avec ce décret la géographie disparaît des programmes du primaire, les Japonais considérant la discipline comme une source possible d'émergence d'une conscience nationale coréenne. La deuxième

110 A propos de la division de la période, il y a accord des pédagogues, par exemple, Cheon-Seok Oh, Ki-Eon Han ; dans le domaine géographique, Bo-oung Jang et Sang-Jun Nam l'ont accepté pour leurs recherches sur l'histoire de la géographie scolaire.

période débute avec la publication en Corée d'un nouveau décret sur l'éducation, qui aboutit entre autres à la réintroduction de la géographie dans les programmes du primaire. La troisième période voit quant à elle la finalité et les contenus de la géographie scolaire réorientés au profit du militarisme et de l'expansionnisme japonais.

2. 2.1 La première période de l'occupation japonaise (1910-1922) : le gouvernement militaire et la disparition de la géographie scolaire.

Le Japon impose le traité de protectorat à la Corée en 1905 et établit son gouvernement général à Séoul dès l'année suivante. Conséquence immédiate de l'application du décret du Gouverneur général en Corée sur l'éducation, les disciplines susceptibles d'inspirer la conscience nationale disparaissent du programme national[111] : géographie et histoire ne feront plus l'objet d'aucun créneau horaire avant 1922.

Tableau n° 2.5 Les établissements d'enseignement et leurs effectifs

Etablissement d'enseignement		1911		1919	
		Nombre d'écoles	Nombre d'élèves	Nombre d'écoles	Nombre d'élèves
Ecole primaire	Ecoles publiques	236	28 608	482	84 304
	Ecoles annexes	-	-	2	461
	Ecoles privées	74	4 737	25	2 031
Collège	Ecoles publiques	3	921	7	2 083
	Ecoles privées	2	150	11	1 758
Formation professionnelle	Ecoles nationales ou publiques	17	805	21	1 797
	Ecoles privées	1	107	1	162
Formation provisoire professionnelle	-	17	476	67	1 252
Institut Universitaire de Technologie	Ecoles publiques	1	64	4	424
	Ecoles privées	-	-	2	111

Source : Mae-il-sin-bo (littéralement : le journal quotidien), 30 janvier 1912.

111 Jang, Bo-oung, 1970, La géographie scolaire à l'époque de l'ouverture au monde, Revue de géographie, Vol. 5, p. 41-58.

Dans le droit fil de leur « théorie de l'expansion », les Japonais appliquent en Corée une politique de type colonial. L'acculturation des Coréens fait partie des objectifs de l'occupant.[112] D'autre part les Japonais conduisent en Corée une politique militariste.

Tableau n°2.6 Programme et volumes horaires dans les années 1910

Disciplines	Horaires			
	1e année	2e année	3e année	4e année
Morale	1	1	1	1
Coréen et chinois classique	6	6	5	5
Japonais	10	10	10	10
Mathématiques	6	6	6	6
Arts	-	-	2	2
Gymnastique et musique	3	3	3	3

Source : Jeong, Hye-Jeong, 2005, Le système éducatif à l'école primaire sous l'occupation japonaise, Editions Durisinseo, p.138-143.

La « directive à destination des enseignants » de l'école primaire suivante correspond à la première période de l'occupation[113] :

> Incombent aux enseignants les tâches suivantes : 1) former des individus répondant à leurs obligations en tant que sujets fidèles de l'Empereur et faisant preuve de piété filiale et de vertu. 2) former des individus satisfaisant aux exigences de l'État en termes de connaissances et de savoir-faire. 3) produire un ensemble d'individus capable de contribuer efficacement à l'entreprise de développement du japon par le maintien d'un corps sain.

Si les Japonais utilisent l'éducation comme un outil pour fabriquer des individus loyaux envers l'Empire, ils n'en conduisent pas moins leur politique éducative de façon partiale : Coréens et Japonais sont éduqués dans le cadre de deux systèmes distincts, et c'est une éducation clairement obscurantiste qui est offerte aux Coréens. Dès 1908 d'autre part, tous les manuels de géographie des établissements scolaires doivent recevoir l'approbation du Gouverneur général du Japon en Corée pour pouvoir être utilisés, tandis que la totalité des manuels conçus

112 Oh, Cheon-Seok, 1964, Nouvelle histoire de l'éducation en Corée, Editions Hyeondae-kyogyuk-chongseo, p. 274.

113 Oh, Cheon-Seok, 1964, Nouvelle histoire de l'éducation en Corée, Editions Hyeondae-kyogyuk-chongseo, p. 274-275.

par des Coréens sont décrétés invalides : de fait la plupart des manuels publiés depuis l'époque de « l'ouverture au monde » seront détruits1.[114] De même que d'autres journaux et magazines publiés par des Coréens dans le cadre de la lutte « idéologique » contre l'occupant.[115] Certains des ouvrages mis en cause sont des productions japonaises dans lesquels il est fait mention d'une Corée indépendante.

Autrement dit, le contrôle exercé par les Japonais sous l'occupation a empêché « l'esprit » insufflé par la géographie scolaire moderne, introduite en Corée à la fin du 19ème par des missionnaires américains, de s'épanouir.

Les « directives pour l'école primaire »[116] promulguées en 1906 stipulaient que l'histoire et la géographie devaient être traitées dans le cadre du cours de lecture (coréen).[117] Quant aux « directives relatives à la

114 Jang Bo-Oung, 1971, pp. 89-91 a dressé la liste des manuels de géographie disparu sous l'effet du « contrôle » exercé par le Japon : Jang Ji-Yeon, *Le territoire coréen*, 1903 ; Jang Ji-Yeon, *Dae-han-sin-ji-ji*, 1907 ; Bak Jeong-Dong, *Géographie de la Corée pour l'Ecole primaire*, 1909 ; An Jong-Hwa, *Géographie de la Corée pour l'Ecole primaire,* 1907 ; An Jong-Hwa, *Géographie du monde pour l'Ecole primaire*, 1909 ; Yu Ok-Gyeom, *Géographie du monde pour l'Ecole primaire*, 1910 ; Yu Ok-Gyeom, *Géographie du monde pour lesecondaire*, 1908 ; Min Dae-Sik, *Nouvelle géographie de la nature*, 1907 ; Jeong In-Ho, *Nouvelle géographie régionale de la Corée pour l'Ecole primaire*, 1909 ; Jeong In-Ho, *Nouvelle géographie régionale de la Corée pour le secondaire*, 1909 ; Hyeon Chae, *Géographie régionale de la Corée*, 1899 ; Kim Gen-Jung, *Nouvelle géographie régionale de la Corée*, 1907 ; Homer Hulbert, *Sa-min-pil-ji*, 1891 ; Bakmunseogwan, *Nouvelle géographie régionale de la Corée sous forme de questions- réponses*, 1908 ; Sato, *Nouvelle géographie régionale du monde*, 1898 ; Daedongseogwan, *Géographie régionale de la Corée*, 1908 ; Kim Hong-Kyeong, *Nouvelle géographie régionale du monde pour le secondaire*, 1907 ; Jeong Oun-Bok, *Nouvelle géographie du monde*, 1908 ; L'Association nationale de l'éducation, *Géographie pour l'Ecole primaire*, 1907 ; L'Empire coréen, *La géographie régionale du monde*, 1907 ; Hwang Yun- Deok, *Géographie du monde*, 1907 ; Ju Yeong-Hwa et Noh Jae-Yeon, Géographie régionale du monde pour le secondaire ; Ministère japonais de l'Éducation nationale, *La géographie à l'école primaire*, 1905 ; Yamajaki, *Nouvelle géographie du Japon pour l'Ecole primaire*, 1912 ; Yamajaki, *Géographie du monde pour l'Ecole primaire*, 1911 ; Song Heon-Seok, *Géographie régionale du monde pour le secondaire*, 1910 ; Jin Hee-Seong, *Géographie régionale du monde*, 1907 ; Miller E. H., *Géographie pour l'Ecole primaire*, 1906 ; Tsuji, *Géographie de la Chine*, 1903 ; Bo Mun-Gwan, *La nouvelle géographie du commerce*, 1910 ; Samseongdang, *La nouvelle géographie du monde*, 1909 ; Ymajaki, *Géographie du Japon pour l'école primaire*, 1912 ; *L'Empire coréen, carte du monde*, 1896 ; Yto, *Carte de la terre*, 1908 ; Yto, *Carte moderne du monde*, 1905 ; Aoki, *Nouvelle carte à grande échelle de la Corée*, 1908 ; *L'Empire coréen, Daehanyeojido* (carte de la Corée), 1900 ; Sungsandang, *Carte du monde à grande échelle*, 1907.

115 Han, Ki-An, 1963, *Histoire de l'éducation en Corée*, Editions Bakyeongsa, p. 333.

116 Le journal officiel : No° 23, le 27 août 1906.

117 Depuis l'annexion de la Corée par le Japon en 1910, la «lecture du japonais » s'est

publication de manuels scolaires »[118], publiées en 1917 par le gouverneur général du Japon en Corée, elles formulent les exigences suivantes :

- préciser que la Corée est devenue partie intégrante du Japon avec Taïwan ;
- faire savoir que l'empire japonais existe de façon ininterrompue depuis dix mille ans par le biais du « Mikado » (empereur) ;
- montrer que grâce à la famille royale japonaise, les Coréens peuvent vivre dans l'abondance et qu'en tant que sujets du Japon, ils sont associés au « premier » peuple du monde ;
- faire savoir que l'on doit respecter la famille royale japonaise en s'acquittant spontanément de ses obligations et en participant activement au développement du Japon.

Immédiatement après l'annexion de la Corée par le Japon (1910), il n'y a donc plus de manuels de géographie à l'école primaire, et l'on a intégré la géographie à la lecture du japonais, en y introduisant l'étude de l'Empire, des principaux biens importés et exportés par le Japon, de ses paysages, etc. Il n'est pas certain cependant que tout cela ait effectivement été enseigné.

La table des matières du manuel de lecture du japonais, dans le cadre duquel la géographie est enseignée, se présente ainsi :

> 1. un grand empire japonais ; 2. l'empereur Meiji ; 3. l'utilité des céréales ; 4. les principales ressources du Japon ; 5. les activités économiques ; 6. les bonnes moeurs des villages taoïstes ; 7. les paysages du Japon ; 8. la géographie régionale du Japon ; 9. fais immédiatement ce que tu dois faire! ; 10. il n'y a pas de sot métier ; 11. l'élevage de poulets ; 12. les bienfaits de l'occupation japonaise ; 13. l'utilisation des déchets ; 14. le bénéfice de l'association ; 15. la commande de la semence ; 16. l'élevage des vers à soie ; 17. la culture du mûrier ; 18. Nakamura le vieux paysan.[119]

---

substituée à la lecture du coréen.

118 Oda Shoko, 1917, Manuel scolaire abrégé, Gouverneur général du Japon en Corée, Séoul, p. 5.

119 Gouverneur général du Japon en Corée, 1911, Matériel pédagogique pour la lecture du japonais à l'Ecole primaire, Séoul, p. 23.

Les contenus sont traités en s'appuyant sur des exercices (présence systématique à la fin de chaque chapitre) : le tableau n°2.7 en donne un aperçu.

Tableau n°2.7 Quelques exercices de géographie

- Quelles sont la superficie et la population du Japon ?
- Pourquoi le Japon a beaucoup de productions quantitativement importantes ?
- Qui gouverne le Japon ?
- Que sont les pouvoirs publics au Japon ?
- Quelle est la première industrie du Japon ?
- Y a-t-il des fruits de mer au Japon ?
- Enumérer les partenaires commerciaux du Japon.
- Quel est le port ouvert au commerce extérieur le plus développé ?
- Quelle est la longueur totale du réseau de voies ferrées?
- Quels sont les différents types d'école au Japon ?
- Quels sont les différents types de transport maritime à l'intérieur et l'extérieur du pays ?
- Comment peut-on défendre le Japon contre l'ennemi?

Source : Jang, Bo-Oung, 1971, op. cit., pp. 92-94.

Les contenus relatifs à la géographie de la Corée vont par la suite être partiellement réintégrés aux manuels de lecture du coréen/ chinois classiques : le tableau n° 2.8 nous donne une idée de leur teneur.

Tableau n° 2.8 Les contenus relatifs à la Corée dans les manuels de lecture

	Chapitres et contenus
Volume 2	• Chapitre 17. un grand empire japonais • Chapitre 33. les reliefs de Joseon • Chapitre 45. Kyeong-Seong (Séoul)
Volume 3	• Chapitres 24 et 25. les régions septentrionales de Joseon • Chapitres 32 et 33. les régions centrales de Joseon • Chapitres 44 et 56. les régions méridionales de Joseon
Volume 4	• Chapitre 29. les activités économiques de Joseon • Chapitre 42. la forêt de Joseon

Source : Jang, Bo-Oung, op. cit., 1971, pp. 93-94.

Nous allons maintenant nous pencher sur l'enseignement de la géographie dans le secondaire pendant la première période de l'occupation. Les disciplines au programme du collège sont les suivantes : morale, japonais, coréen/chinois classique, histoire, géographie, mathématiques, sciences, enseignement professionnel, droit/économie, calligraphie, arts, travail manuel, musique, gymnastique, anglais.[120] Le tableau n°2.9 montre de quoi se compose le programme du secondaire en 1911.

Tableau n°2.9 La géographie dans le programme du secondaire en 1911

Année	Collège pour garçons (4 ans)	Collège pour filles (3 ans)	Ecole commerciale (2 ans)
1	Géographie du Japon (2h)	Histoire/géographie du Japon (2h)	Géographie du Japon/ du monde (2h)
2	-	-	-
3	Géographie du monde/du Japon (2h)	Géographie du monde (point de vue centré sur le Japon) (1h)	
4	Histoire du monde/ géographie naturelle (2h)		

Source : Nam Sang-Jun, 1986, « La politique éducative coloniale japonaise et l'enseignement de la géographie », *Revue de l'enseignement de la géographie*, vol. 17, p.9.

Le « Décret sur l'éducation » de 1911 est à destination exclusive des Coréens. Il revient en principe au Gouverneur général lui-même de faire rédiger les manuels sur la base de manuels japonais. A titre d'exemple, les disciplines pour lesquelles le Gouverneur a fait lui-même publier un manuel à Séoul sont les suivantes : morale, japonais, coréen-chinois classique, histoire du monde, géographie du Japon, géographie naturelle, droit. Quelques matières que le Ministère japonais de l'éducation à Tokyo a jugées « non susceptibles d'éveiller la conscience nationale des Coréens » (par exemple les mathématiques, la physique et la chimie, etc.),[121] ont par contre été ajoutées.

De peur que les Coréens n'appréhendent objectivement la situa-

120 Jang, Bo-Oung, 1971, L'enseignement de la géographie sous l'occupation japonaise, p. 94.
121 Jang, Bo-Oung, ibid., p.94

tion coréenne en la comparant à celle d'autres pays, aucun enseignement de géographie du monde n'est prévu à destination des élèves de la péninsule, tandis que parallèlement tout est mis en oeuvre, notamment par le biais des enseignements de géographie du Japon, pour que la Corée soit perçue sur place comme une simple partie de l'Empire.

Lors de la rédaction de deux manuels de géographie (*Géographie du Japon, Géographie naturelle*) publiés en 1914 à Séoul, le gouverneur général japonais en Corée donne les directives suivantes à leurs auteurs[122] :

- l'appartenance de Joseon au Japon doit être suggérée par l'inclusion des contenus relatifs à la première dans ceux relatifs ai second ;
- les enseignements de géographie physique et humaine de Joseon à destination d'élèves coréens n'est autorisé qu'à condition de s'y limiter à une présentation succincte des pays voisins ;
- il faut que les contenus de géographie du Japon soient enseignés intégralement : ni le territoire, ni la population, ni l'administration, ni les armements, ni les activités économiques, ni la diplomatie (etc.) ne doivent être omis ; ces contenus doivent faire clairement ressortir la puissance du Japon.

La table des matières de la Géographie du Japon est la suivante :

> 1. Introduction ; 2. Le grand empire japonais ; 3. La région de Kanto ; 4. La région du Nord-est ; 5. La région centrale ; 6. La région de Ginki ; 7. La région de Jukoku ; 8. La région de Shikoku ; 9. La région de Kyushu ; 10. La région de Taïwan ; 11. La région de Hokaïdo ; 12. La région de Sakhaline ; 13/14/15/16/17. La région de Joseon (1, introduction 2, partie septentrionale 3, partie centrale 4, partie méridionale 5, géographie humaine) ; 18. La région de Mandchourie ; 19. Géographie générale du Japon.

Est censée suggérer la réduction de la Corée au statut de simple région japonaise, une organisation des contenus prenant la forme de la

122 Oda Shoko, 1917, *Manuel scolaire abrégé*, Gouverneur général du Japon en Corée, Séoul, p. 23.

succession suivante : géographie physique, géographie régionale, géographie humaine.

Sont abordées dans la partie géographie physique, les caractéristiques suivantes de la région de Joseon : localisation, relief, superficie, littoral, topographie (montages, rivières et plaines), courants marins, climat, ressources (flore, faune, minerais), subdivisions administratives, etc. On divise la Corée en trois grandes régions : Corée septentrionale, Corée centrale et Corée méridionale.

Dans la partie de géographie régionale, les caractéristiques de chaque province sont abordées dans l'ordre suivant : frontière, localisation, relief, ressources, transports, capitale, lieux célèbres/sites historiques, îles, etc.

La géographie humaine est organisée selon les rubriques suivantes : institutions (le Gouverneur général du Japon en Corée, les pouvoirs publics régionaux), armée de terre et marine, transports (route, chemin de fer, transports maritimes), communications, activités économiques (agriculture, sylviculture, pêche, industrie manufacturière, extraction minière, commerce).

Les enseignements dispensés dans le cadre de la « géographie naturelle » (géographie physique) au collège durant la première période de l'occupation, donnent une place informative à la Corée. Le tableau n°2.10 en récapitule les contenus.

Tableau n°2.10 Les contenus de « la géographie naturelle » en 1914

Chapitre	Contenus
1, la planète	1, formation de la planète, 2, Terre, lune, et la relation avec le soleil, 3, forme et taille de la planète
2, la terre	1, continent et îles, 2, surface de la terre, 3, évolution de la terre, 4, structure de l'écorce terrestre
3, l'océan	1, fonds marins, 2, température de l'eau de mer, 3, mouvements de l'eau de mer
4, l'air	1, phénomènes climatiques 2, température de l'air, 3, vent, 4, humidité de l'air, 5, phénomènes atmosphériques

Chapitre	Contenus
5, la nature et la culture	1, topographie et culture, 2, océan et culture, 3, climat et culture, 4, nature et possibilités humaines
supplément	1, forme de la planète, 2, répartition des êtres vivants, 3, sismographe, 4, constituants et couleur de l'eau de mer, 5, espèces animales vivant dans les récifs coralliens, 6, fosses sous-marines

Source : Gouverneur du Japon en Corée, 1914, La géographie naturelle, Séoul.

Beaucoup d'exemples relatifs à la Corée figurent dans ce manuel : la localisation de Séoul (p.15), fuseau horaire (p.26), les îles (p.26), les montagnes de Baek-du et de Han-la (p.30), les champs de lave (p.33), les sources d'eau chaude (p.35), l'enregistrement des secousses sismiques dans la péninsule coréenne (p.37), les grandes montagnes de Charyeong et de Noryeong (p.39), la montagne de Taebaek (p.40), la plaine du cours moyen du fleuve Nakdong (p.46), la plaine du delta, la plaine de Hamheung, la région des bouches du Nakdong (p.49), le changement de climat (p.55), les montagnes de Nam et de Bukhan à Séoul, et la montagne de Geumkang (p.62), la nature géologique de la Corée (p.65), l'amplitude de la marée aux abords d'Incheon (p.75), l'alternance cyclique de trois jours de grand froid et de quatre jours relativement doux en hiver en Corée (p.81), les masses d'air passant au-dessus de la Corée (p.87), la région pluvieuse (p.92), les stations d'observation et la météorologie (p.94).

La majeure partie des contenus du manuel relève de l'information purement géographique, objective: elle n'est pas censée « éveiller la conscience nationale » des Coréens. La précision des contenus relatifs à la Corée s'explique par le fait que le Japon avait déjà analysé la péninsule avant l'annexion.

2.2 La deuxième période de l'occupation japonaise (de 1922 à 1938) : politique culturelle et restauration de la géographie scolaire

En réaction à une politique toujours plus oppressive durant la première période d'occupation, des soulèvements ont lieu lors de ce qu'on a appelé ensuite le « mouvement du 1er mars 1919 pour l'indépendance » (« Samil-Undong »).[123] Face à la multitude des foyers de sou-

123 La politique militariste du Japon en Corée est contemporaine de la défaite alle-

lèvement contre l'occupation, le Japon réagit en abolissant toute politique militariste dans la péninsule et en modifiant sa politique culturelle. L'obligation faite aux enseignants de porter l'uniforme et la baïonnette jusque dans les classes est levée, et la liberté de la presse ainsi que le droit de réunion partiellement autorisés. Deux quotidiens coréens actuels sont fondés à cette époque, « Jo-seon Ilbo » et « Dong-A Ilbo », (« Ilbo » signifiant quotidien).

Saito, nouveau gouverneur général du Japon en Corée, réorganise complètement le système éducatif afin de calmer et de stabiliser l'opinion publique. On réforme en 1919 une partie des programmes scolaires. Parmi les modifications intervenues dans les programmes, on peut citer au niveau du collège, la réintroduction de la langue étrangère parmi les disciplines obligatoires, la scission du domaine des sciences en histoire naturelle et physiquechimie (de même pour la « discipline professionnelle, juridique et économique », répartie sur une « discipline de profession » et une « discipline juridique et économique ».

En novembre 1920, le système éducatif est réformé en prolongeant la scolarité du primaire (étendue à six ans pour l'aligner sur celle en vigueur en métropole) et en réintroduisant « la géographie » et « l'histoire » comme disciplines à part entière dans les programmes du primaire (de même les sciences et la gymnastique sont réintégrées parmi les disciplines obligatoires).[124]

En 1922, un nouveau décret, point de départ d'une énième réforme du système éducatif, vient modifier les conditions d'entrée, la durée de la scolarité, et les programmes scolaires des élèves coréens (ce décret reflète là encore le souhait d'aligner le système éducatif coréen sur le système japonais). Ce même décret ordonne l'ouverture de facultés de pédagogie dans les universités, sans pour autant instituer une quelconque

mande à l'issue du premier conflit mondial et de la proclamation des « quatorze points » du président Wilson à Paris (Conférence de la paix de 1919) censés légitimer les nouvelles frontières internes de l'Europe. Le principe d'autodétermination des peuples vient donner au peuple coréen un réel espoir en l'éventualité d'un accès à l'indépendance,tandis que la mort du 26ème Roi de Joseon, Go-Jong, le 21 janvier 1919 porte la haine des Coréens contre le Japon à son paroxysme.

124 Oh, Cheon-Seok, 1964, Nouvelle histoire de l'éducation en Corée, Hyeondae-kyogyuk-chongseo, p. 279-281.

formation de spécialistes de l'enseignement de la géographie en Corée.

La réintroduction de la géographie dans les programmes crée une demande immédiate en manuels, qui est temporairement contournée par l'utilisation de manuels publiés au Japon, puis par celle de manuels publiés par le Gouverneur général. Voici quelques unes des directives adressées aux enseignants par le biais du nouveau décret[125] :

- on fera en sorte que les élèves puissent saisir la « destinée » du Japon (…) on veillera à former des patriotes ;
- on enseignera la géographie en commençant par le pays natal des élèves, puis on abordera le relief, le climat, les régions, les villes, l'activité économique, les transports au Japon, enfin la forme de la planète et son mouvement. Les élèves devront connaître la géographie de la Mandchourie ainsi que celle des pays du monde qui ont des rapports étroits avec le Japon.
- les élèves doivent avoir de solides connaissances géographiques, basées sur l'observation directe et l'utilisation du globe terrestre, de la carte, du spécimen et de la photo. On mettra si nécessaire en relation les contenus de géographie avec ceux des autres disciplines, comme l'histoire et la science.

C'est selon ces mêmes principes que le Gouverneur général du Japon en Corée fait rédiger les manuels de géographie. Les directives concernant l'édition des manuels de géographie sont les suivantes[126] :

- faire comprendre aux élèves la destinée du Japon, leur inculquer un esprit patriotique et choisir soigneusement les supports matériels relatifs au développement de l'industrie.
- pour l'enseignement de la géographie du Japon, choisir un matériel adéquat ; lors de la conception des contenus, utiliser un maximum d'exemples locaux coréens.

---

125 Gouverneur général du Japon en Corée, 1932, la perspectives présidant à la rédaction des manuels de géographie à l'école primaire, p. 1-2.

126 Ibid., p.3-4.

- n'aligner le niveau des manuels de géographie à destination des Coréens sur celui des manuels publiés au Japon que pour ce qui concerne les données liant Japon et Corée (par exemple, l'industrie, le transport et les villes, etc) : s'en tenir à un traitement succinct pour tous les autres contenus.
- pour la géographie du monde, se limiter aux rapports du monde avec le Japon et au devenir du Japon proprement dit.

Trois manuels de géographie successifs sont publiés par le Gouverneur général du Japon en Corée durant la deuxième période de l'occupation. Nous les analysons en comparant les thèmes abordés et en observant l'évolution de leurs modes d'organisation. Le manuel de géographie publié en 1923, est organisé selon trois axes: 1) les grandes lignes en ce qui concerne l'apprentissage ; 2) les contenus ; 3) des remarques quant aux supports.

Le tableau n°2.11 donne une idée de la structure et des contenus d'une partie du manuel de 1923.

Tableau n°2.11 Les contenus du manuel de 1923

La région de Joseon (Corée)	Localisation, territoire, superficie, population, subdivision interne
1e chapitre, La géographie régionale	1. la région centrale (Gyeongkydo, Gangwondo, Hwanghaedo) 2. la région septentrionale (Pyeongando, Hamkyeongdo) 3. la région méridionale (Chungcheongdo, Jeonlado, Gyeongsangdo)
Introduction	1. le relief ; 2. le climat ; 3. les habitants et les activités économiques ; 4. les transports ; 5. la politique et l'éducation

Source : manuel original.

Dans le manuel, chacune des trois régions est décrite selon les rubriques suivantes : le relief (la montagne, la rivière, la plaine et la côte), le climat, les transports, les activités économiques, la capitale, auxquelles s'ajoute un aperçu synthétique de chaque département. Dans l'introduction, le relief (l'altitude, la montagne et la plaine, la ligne de partage des eaux, les caractéristiques du relief, la côte), le climat (le résumé, l'été, l'hiver, le brouillard épais, les liens entre les caractéristiques du climat et celles de l'industrie), les habitants, les activités économiques (la répartition de la population, la population urbaine, l'agriculture, la pêche, l'extraction minière, l'industrie, la sylviculture, le commerce), les transports (histoire du transport, la route, le chemin de fer, les ports, la télécommunication), la politique, l'éducation (le Gouverneur général du Japon en Corée, le siège de l'administration nationale, l'autorité locale, la justice, l'éducation) sont décrits en détail.

Ce manuel de géographie est rédigé de façon à en limiter le contenu aux données relatives à la Corée (sans réellement aborder les informations propres au Japon ou à l'ordre mondial). On peut supposer que, suite au Mouvement du 1e mars, il a fallu préparer un manuel dans la hâte. Dans ce manuel, les Japonais traitent encore la Corée comme une simple région du Japon. Géographie régionale et géographie générale y sont abordées l'une après l'autre au sein d'un unique chapitre. Dans ce manuel, on traite d'abord la région centrale comprenant la capitale, puis la région septentrionale et enfin la région méridionale. Alors que le manuel de géographie réalisé par Jang en 1907, « Dae-han-sin-ji-ji », était organisé selon l'ordre suivant : région centrale, région du Sud et région du Nord. Il est remarquable que l'on ait traité d'abord une région plus proche de Séoul. Comme nous allons le voir dans la section suivante, les Japonais traitent habituellement en effet les régions du Nord, puis du Sud, puis de l'Est et enfin de l'Ouest. On remarque d'autre part l'apparition du terme de « ligne de partage des eaux », résultat récent de la recherche, dans la géographie scolaire.

Les deux manuels suivants ont été réalisés par l'auteur japonais d'une réforme sur la structure des contenus de géographie : Danaka (« Géographie pour l'Ecole primaire » volumes 1 et 2 et publiés par le Gouverneur général du Japon en Corée en 1932/1933). Danaka abolit la distinction traditionnelle entre nature, culture et astronomie, préconisant une combinaison de deux d'entre eux (nature et culture) dans une seule et même grande catégorie, qu'il appelle « répartition ». Il réorganise les contenus de géographie à partir de cette catégorie, en multipliant les supports (photos, cartes, graphes, etc.) dans les manuels.

Danaka s'est rendu en France au début du 20e siècle et en est revenu largement imprégné de « l'école vidalienne » : nous supposons donc que les méthodes et concepts de la géographie scolaire française ont été importés en Corée *via* le Japon. Le tableau n°2.12 nous donne un aperçu de la structure des deux manuels.

Dans le 1e volume (« Géographie du Japon »), les contenus sont développés en progressant de la région du Nord à la région du Sud. Danaka justifie ce choix par le souhait d'amener les élèves à percevoir l'influence du climat sur la nature des activités économiques développées dans chaque région. Il justifie d'autre part la modeste place occupée par la Corée dans l'ouvrage (un unique chapitre) par son statut de région vassale.[127] Chaque région est présentée selon l'ordre suivant : la localisation, la division interne, la topographie,[128] le climat, les activités économiques, les transports, la population, la capitale.

Tableau n°2.12 Contenus des deux volumes du manuel de Danaka : « Géographie pour le primaire »

Volume 1			Volume 2	
1e chapitre	Le Japon		**9e**	La région de Jukoku et de Shikoku
2e chapitre La région de Joseon (Corée)	1.	la localisation, la superficie, la population, la division en régions	**10e**	La région de Kyushu
	2.	la géographie régionale : Corée sept., Corée	**11e**	La région de Taiwan
	3.	l'introduction : la topographie, le climat, les activités économiques, les transports, le commerce, l'éducation et le politique	**12e**	Le territoire autonome (mer du Sud du Japon)
3e	La région de Sakhaline		**13e**	Kantoshu (le territoire au sud de la péninsule chinoise de Lyaodung, et loué par la Chine au Japon)

127 Gouverneur général du Japon en Corée, 1932, *Perspectives présidant à la rédaction des manuels de géographie à l'école primaire*, p.6-9.

128 Il est remarquable que le terme « relief » ait été remplacé par « topographie » dans ce manuel.

Volume 1		Volume 2	
4e	La région de Hotkaido	14e	Présentation du Japon
5e	La région du Nord-est	15e	Océanie
6e	La région de Doroku	16e	Afrique
7e	La région centrale	17e	Amérique du Sud
8e	La région de Ginki	18e	Amérique du Nord
		19e	Asie
		20e	Europe
		21e	Le Japon et le monde
		22e	La planète et sa surface

Source : manuels originaux (1932 et 1933).

Le 2e volume traite de la géographie du monde : on y progresse selon un degré de complexité jugé croissant d'un continent à l'autre. Les contenus relatifs à l'Australie, par exemple (topographie, climat, répartition spatiale des plantes, culture) sont très simples, davantage que ceux consacrés à l'Afrique. Dans l'hémisphère boréal, on développe les contenus selon une progression « d'est en ouest », dans l'ordre suivant : Amérique du Nord, Asie, Europe.[129] Le choix japonais de découper la Corée en régions septentrionale, centrale et méridionale sera conservé jusqu'aux années 1980 par la Corée.

Tableau n°2.13 Programme de géographie du collège, 1935

Année scolaire	Contenus de géographie	Horaires
1	La géographie du monde	2h (76)
2	La géographie du monde	1h (38)
3	La géographie du Japon	1h (38)
4	La géographie du Japon	1h (38)
5	La généralité de la géographie	1h (36)

Source : témoignage d'un enseignant (Gwan-Seob Bak, 1995).

Le tableau n°2.13 nous donne un aperçu du programme de 1935. Durant les années 1930, le Japon est en pleins préparatifs de guerre contre ses voisins. On ne peut donc s'attendre à ce que la géographie scolaire de la Corée ait été correctement enseignée. Selon le témoignage d'un

129 Gouverneur général du Japon en Corée, 1932, *Perspectives présidant à la rédaction des manuels de géographie à l'école primaire*, p. 3-4.

ancien enseignant coréen sous l'occupation, le nombre de page relatifs à la Corée était de 14 sur les 230 que comportait le manuel de géographie du Japon réalisé par Sato Hiroshi ; ce qui montre à quel point la Corée est peu importante pour le Japon.

2. 2.3 Le rôle du Japon dans l'introduction des concepts géographiques occidentaux et l'évolution du mode d'organisation des contenus en Corée

Le système éducatif coréen a subi l'influence du Japon, mais plusieurs éléments d'origine française semblent également l'avoir gagné, indépendamment de la géographie scolaire. Nous examinons ainsi les systèmes éducatifs japonais et français avant de chercher de possibles liens avec la géographie scolaire.

D'après Yun,[130] le Japon a renouvelé son système d'éducation en 1872, date à laquelle le système français fait figure de modèle. On peut trouver l'indice d'une importation du système éducatif français dans cette phrase extraite d'un manuel d'histoire (études sociales) japonais, tirée de la section « l'histoire du Japon et le monde » :

> Il faut que nous intégrions rapidement à la fois le système éducatif et les méthodes d'enseignement européens à la civilisation japonaise. Le gouvernement a inauguré un nouveau système éducatif en 1872, calqué sur l'exemple français, et ouvert des écoles primaires un peu partout dans le pays.

L'hypothèse de l'importation du système français est confirmée par le témoignage de Horio Teruhisa, pédagogue japonais selon lequel « *le Japon inaugura en 1872 un nouveau système éducatif basé sur un modèle originaire d'Europe* »[131] : information que l'on retrouve quasiment à l'identique dans un document officiel émanant du Ministère japonais de

130 Yun, Jong-Hyeok, 1999, Enquête sur la modernisation des systèmes éducatifs en Corée et au Japon au cours du 19e siècle, *The Journal of Korean Education*, Vol. 26, No. 1, pp. 43-44.

131 Horio, Teruhisa (traduction Sim, Seong-Bo et Yun, Jong-Hyeok), 1989, *L'éducation au Japon*, p.63-64.

l'Éducation.[132]

Autre indice en faveur de l'hypothèse de l'importation, le nom même des départements d'histoire et de géographie des Ecoles Normales Supérieures de garçons de Tokyo, d'Hiroshima, d'Hosei, de Waseda, des Écoles Normales Supérieures de filles de Tokyo, de Nara, de Nihon, etc. En Corée les départements de géographie des universités existaient indépendamment des départements d'histoire, mais nous pouvons facilement avoir confirmation de l'influence exercée par le système japonais. A titre d'exemple, l'actuel département de géographie de l'université de Geonkuk à Séoul s'appelait, au moment de sa fondation en 1956, « département de géographie et d'histoire » (la scission n'intervient qu'en 1963).

Pour expliquer cette situation il faut remonter à l'époque de l'occupation. Gwan- Seob Bak par exemple, a étudié au département de géographie et d'histoire de l'université de Nihon au Japon sous l'occupation. Une fois rentré en Corée, il a enseigné en collège avant de fonder le département de géographie et d'histoire de l'université de Geonkuk, donc en reprenant à l'identique la dénomination japonaise.

L'importation par le Japon du système éducatif français est également visible au niveau du secondaire. A la différence des collèges et écoles primaires où l'on apprend l'« étude sociale »[133], les lycées de cette époque proposent de la « géographie et histoire ». Le tableau n°2.14 nous donne un aperçu des programmes de géographie, d'histoire et d'éducation civique des lycées.

---

132 Ministère japonais de l'Éducation, 1972, *100 ans d'histoire du système éducatif au Japon*, p.119.

133 Après la défaite de 1945, le Japon adopte « l'étude sociale » américaine de l'école primaire au lycée. La discipline « géographie-histoire » est restaurée dans les lycées japonais dès 1987, par scission de l' « étude sociale » (l'autre élément émergeant de la disparition de l'étude sociale étant l'éducation civique.). D'autre part on constate l'existence d'une hiérarchie entre les trois composantes de l'étude sociale dans les collèges et écoles primaires japonais (la géographie étant plus valorisée que l'histoire, elle-même étant plus valorisée que l'éducation civique). Enfin, les contenus des programmes scolaires japonais de cette époque sont organisés selon les trois rubriques suivantes : 1. finalités ; 2. Contenus ; 3. commentaires sur le plan de l'enseignement et de l'apprentissage, soit une forme d'organisation quasi-identique à celle utilisée au début du 20e siècle (cf section précédente.)

Tableau n°2.14 Programmes de géographie, d'histoire et d'éducation civique

Discipline	Matière	Coefficient	Commentaire
Géographie et histoire	Histoire du monde (A)	2	• une matière au choix parmi les deux premières
	Histoire du monde (B)	4	
	Histoire du Japon (A)	2	• une matière au choix parmi les quatre dernières
	Histoire du Japon (B)	4	
	Géographie (A)	2	
	Géographie (B)	4	
Education civique	Société contemporaine	2	• une matière au choix parmi les trois
	Morale	2	
	Politique et économie	2	

Source : Ministère coréen de l'éducation, 2009,La gestion des programmes scolaires dans différents pays du monde: 2, le Japon, pp. 203-204.

Nous abordons maintenant les concepts et contenus de géographie à l'oeuvre dans les manuels (nous les supposons originaires d'Europe, en particulier de France). Le japonais Danaka,[134] ancien géographe et spécialiste de l'enseignement de la géographie, a fait au début des années 1920 un séjour d'études dans quatre pays occidentaux (Etats-Unis, Royaume-Uni, France et Allemagne) en vue de prendre certains éléments de leurs systèmes éducatifs respectifs comme référence éventuelle pour son pays. Il rencontra de Martonne et put observer les méthodes et concepts géographiques scientifiques ainsi que la géographie scolaire française. A cette époque la géographie scolaire en Corée et au Japon repose sur une description régionale du monde. Le découpage régional traditionnel est calqué sur les divisions administratives. Les contenus de

134 Le japonais Danaka, ancien géographe, a, avec le soutien de son gouvernement, effectué un travail de recherche à l'étranger de 1920 à 1923 (Etats-Unis, Angleterre, France, Allemagne), restant notamment un an et demi à l'université de Chicago, où il s'imprègne des idées de Davis et Morris. Il découvre ensuite les méthodes de l'école vidalienne à l'occasion d'un travail sur la géographie régionale en France (Tamura, 1984). Il devient à son retour professeur à l'Université de Tokyo, dans l'équivalent japonais de l'ENS, s'intéressant principalement à la géographie humaine régionale ainsi qu'à l'enseignement de la géographie. Sa théorie de « l'enseignement du pays natal » a eu d'importantes répercussions dans les milieux de la géographie dans son pays. Il a rédigé plusieurs manuels de géographie ainsi que des ouvrages géographiques, notamment « Notre territoire national », paru en 1948. Danaka évoque dans un texte de 1970 son expérience en Europe : «*Lors de mon séjour en Europe au début des années 1920, j'ai demandé à chaque professeur de géographie quelles étaient leurs méthodes de recherche. J'ai rencontré de Martonne, géographe français, juste après le décès de Vidal de la Blache.* » (Danaka, 1970).

géographie sont donc traités sous l'angle de la géographie naturelle (physique) et d'une géographie humaine guidée par les découpages politiques.

Au retour de Danaka, les géographes japonais adoptent les concepts et méthodes géographiques européens, avec une répercussion immédiate sur les géographies scolaires japonaise et coréenne, ce qui se traduit par une modification de l'organisation des contenus. Le mode de découpage en régions est modifié pour aboutir à une lecture thématique de l'espace : découper rigoureusement un territoire selon des critères fixés, avec une exigence d'homogénéité. La conséquence en est l'adoption d'une structuration des contenus par thème, en lieu et place de l'énumération traditionnelle.[135] Ce débat autour de la question régionale et son influence sur la géographie scolaire en Corée et au Japon est examiné dans la section suivante. Autre indice : un document pédagogique coréen des années 1930, qui fait encore apparaître l'importation de concepts géographiques français. Figurent au nombre des rubriques, des éléments comme le « genre de vie », le « paysage », etc. Voici quelques unes des caractéristiques de la géographie enseignée dans les années 1930 en Corée[136] :

- la géographie est structurée par thèmes, et l'apprentissage s'opère sur la seule base de la récitation ;
- les contenus de géographie étant organisés par rubrique, il n'y a pas de distinction entre les éléments de géographie physique et ceux de géographie humaine ;
- les données géographiques sont organisées de façon exclusivement régionale, ce qui ne favorise pas la perception de la terre comme un tout.

Ce même document est également éloquent sur la façon dont on enseigne la géographie: tout laisse à penser que l'on enseigne la géographie au moyen d'une succession de rubriques :

---

135 Jang, Bo-Oung, op.cit, p. 101; Shim, Jeong-Bo, 2005, « Le débat géographique autour de la question régionale dans le Japon dans les années 1930 et son influence sur la géographie scolaire en Corée et au Japon », *Revue de recherche en didactique des sciences sociales*, Vol. 12, N°1, 2005, p. 115-178.

136 Ju, Jae-Jung, 1935, *Concepts et méthodes par discipline, Ecole primaire de Busan,* p. 93-94.

- la localisation ;
- la frontière : on se base uniquement sur le point de vue militaire, sans prendre en considération les échanges avec l'étranger ;
- la topographie : dans le cadre d'une simple énumération de rubriques (dans l'ordre: les montagnes, les cours d'eau, les plaines, le littoral, etc.) ;
- le climat : on ne considère pas le climat comme un élément important ;
- les activités économiques : simple énumération des produits (nom, type, quantité)
- les transports : une simple liste de lignes, avec mention du nom, de l'origine et du terminus ;
- la capitale : mention du nombre d'habitants...

L'extrait suivant nous donne un aperçu de l'enseignement de la géographie en Corée dans les années 1930[137] :

1. Dans un pays en état d'alerte, la géographie scolaire doit :

   - faire comprendre la situation intérieure et le programme de politique intérieure japonais ;
   - faire comprendre la situation actuelle du monde et la tentative japonaise de créer une forme de partenariat économique (« bloc économique ») ;
     Faire connaître :
   - le niveau de développement des pays étrangers ;
   - la politique japonaise en l'Asie de l'Est pays par pays et l'établissement de la dynastie mandchoue ;
   - d'un côté l'existence de connivences (Allemagne, etc.) et d'oppositions ouvertes (Etats-Unis, etc.) entre nations et de l'autre, l'apparition de volontés d'ouverture dépassant le cadre des frontières nationales ;
     Montrer et expliquer la position du Japon sur la scène internationale et l'établissement du nationalisme

2. Dans les activités des élèves en cours
   Accorder une grande importance à :

   - la maîtrise des différents outils de représentation des contenus (avec l'idée implicite que de futurs soldats doivent être capables de lire une carte.) ;
   - l'utilisation de fonds de carte, la fabrication de modèles, l'art du dessin industriel, la description par un plan ;

137 Ju, Jae-Jung, *ibid.*, p. 95-97.

3. Le problème du découpage des régions

- le découpage des régions permet d'établir une unité pour la recherche des régions ;
- distinguer entre une unité de géographie humaine, de géographie naturelle et de géographie synthétique (multicritère).

4. Valeur accordée au raisonnement, à la perception de déterminismes

- insister sur la répartition et en faire découvrir la raison ;
- expliquer les paysages complexes par le principe économique ;
- expliquer la nature des styles de vie dominants par le principe économique

5. Enseignement de la géographie du « paysage »

- insister sur les contrastes entre paysages de la région rurale, du village de montagne et du village de pêcheurs plutôt que sur le lien entre topographie et nature des activités économiques ;
- déterminer le « caractère régional » par l'analyse combinée des phénomènes économiques, de la répartition de la population et du paysage naturel ;
- chercher à reconnaître les groupes (de répartition), avant les éléments particuliers, distincts ;
- utiliser la carte, la photo et la peinture ;

6. Enseignement de la géographie « de la vie »
(axée sur la vie quotidienne, l'échelle humaine)

- rechercher les« genres de vie » qui sont différents suivant les régions, et améliorer l'état économique ;
- expliciter le lien entre la nature du « genre de vie » et celle du paysage par l'unité régionale relative au paysage ;
- observer le genre de vie des pays étrangers afin d'améliorer le nôtre.

7. Un enseignement de la géographie phénoménologique

- Une pratique axée sur l'association de l'intuition et de la conception ;
- faire la synthèse des réflexions sur la terre à partir de l'intuition, età partir de là, établir les conceptions en
- présence, puis faire des recherches sur le caractère régional ;
- citer un cas de phénomène géographique représentant la caractéristique de la région.

8. Intégrer l'idéologie du « pays natal » à l'enseignement de la géographie

- faire de l'idée de pays natal un objet éducatif ;
- déterminer le caractère régional par comparaison avec les « régions » étrangères, et établir une
- perspective concernant le pays natal afin d'améliorer le genre de vie du pays natal ;
- transmettre l'amour du pays natal afin de développer le patriotisme.

Le fait que les directives relatives au paysage soient présentées avec le titre « l'enseignement de la géographie du paysage » nous rappelle la place centrale qu'occupe la notion de paysage en France aussi bien dans la recherche que dans la géographie scolaire. Dans le monde anglo-américain au contraire, on a recours au terme de paysage pour la recherche mais pas dans le cadre de la géographie scolaire, surtout avec l'idée que les paysages réels ne peuvent aucunement servir à former les élèves. Former des citoyens dans le cadre de l'étude sociale suppose, pense-t-on dans les pays anglophones, l'emploi de figures symboliques (modèles, types).

S'il on examine quel emploi il est fait de la notion de paysage en Allemagne, on relève essentiellement la polysémie du terme correspondant (Landschaft signifiant soit région, soit paysage).[138] Il semble donc que sa signification dans le document ci-dessus, soit plus proche de celle du paysage utilisée en France.

Par ailleurs, le terme « genre de vie » apparaît sur des documents durant les années 1930 en Corée et au Japon comme dans le document ci-dessus. On doit sa création à l'école vidalienne et le fait que ce terme figure dans un texte coréen permet donc d'affirmer que les méthodes et concepts géographiques français ont effectivement été importés en Corée et au Japon.

Ensuite, l'utilisation d'illustrations (cartes, photographies) n'était pas en France le seul fait de l'activité des chercheurs, mais aussi de la géographie scolaire : on cherche dans ce pays à inculquer à l'élève les méthodes de travail qu'un chercheur aurait employé, donc on donne

138 Kwon, Jung-Hwa, 2005, *Histoire de la philosophie de la géographie, Editions Hanoul*, p. 151-153.

de préférence au premier du matériel proche de celui du second (cartes, photographies), au contraire de ce qui se passe au Royaume-Uni où on privilégie d'autres types d'illustration. En France l'utilisation du « matériel visuel » dans les manuels de géographie et d'histoire augmente considérablement au cours des années 1930.

En ce qui concerne l'idée de pays natal, sa signification est aisément accessible en Allemagne et au Japon, mais reste difficile à saisir en français ou en anglais. Ce terme est apparu dans le milieu de la recherche géographique allemande. Dans l'Allemagne de la fin du 19ème, il est prévu d'insuffler une forme de patriotisme au moyen de l'amour du pays natal. C'est Friedrich Ratzel qui intègre le terme de pays natal dans le domaine géographique. Dans les années 1890 en Allemagne, « le mouvement pour la science du pays natal » se développe à la fois dans le monde scientifique et le monde culturel et artistique. A la même époque un « mouvement pour l'enseignement du pays natal » est également très actif à l'école primaire en Allemagne. Il est probable que le terme de « science du pays natal » (en allemand, Heimatkunde) ait une signification plus forte que celui de « science nationale » (nationalisme), parce que le premier mobilise le registre des émotions. Le postulat est que le « sentiment du pays natal » peut inspirer une fierté plus forte que ne peut le faire la seule image de l'État ; d'où son ajout dans les programmes scolaires. Le Japon importe d'Allemagne la notion de « pays natal » sans en modifier la signification, ce qui influence fortement l'organisation des contenus de géographie scolaire au Japon et en Corée.

Finalement, la géographie française a beaucoup influencé la géographie japonaise au début du 20ème siècle, mais étant donné l'importance de la dimension militaire au Japon, la conception du pays natal propre à la géographie allemande marque aussi fortement cette géographie. Les concepts et la perspective géographiques importés de France et d'Allemagne sous l'occupation japonaise n'ont pas disparu avec elle et aujourd'hui encore des notions telles que celles de « genre de vie » ou de « pays natal » sont présentes dans les manuels de géographie coréens comme un cadre essentiel.

2. 2.4 La troisième période de l'occupation japonaise (de 1938 à 1945) : l'expansionnisme du Japon et la dérive de la géographie scolaire

Le Japon engage en 1931 un conflit armé en Mandchourie, avant d'installer l'année suivante « la dynastie mandchoue »[139] : un régime fantoche. En 1937, la Guerre sino-japonaise éclate et le 8 décembre 1941, le Japon déclenche la Guerre du Pacifique en attaquant les Etats-Unis à Hawaï. Dans ce contexte, le Japon a établi une politique spécifique à l'égard de la péninsule coréenne. Celle-ci est conçue comme devant être une base de ravitaillement pour progresser militairement en Chine et en Mandchourie. En conséquence, la géographie scolaire aussi a été utilisée pour soutenir la guerre d'agression japonaise.[140]

Le système éducatif coréen est réformé par deux fois, à trois ans d'intervalle (1938 et 1941. Cela explique la substitution des termes japonais désignant l'école primaire et le collège à leurs équivalents coréens. Minami, Gouverneur général du Japon en Corée de l'époque, renforce « la politique d'assimilation», accentuant sa pression sur la culture coréenne.[141]

---

139 La dynastie mandchoue a été établie en 1932 par le Japon dans le Nord-est chinois. L'apparition de cette dynastie pro-japonaise fait figure de menace pour les deux millions de Coréens qui vivent dans la région. L'armée coréenne de libération nationale qui opérait en Mandchourie, a perdu son « foyer », quitte la Mandchourie pour se déplacer plus à l'intérieur de la Chine.

140 Oh, Cheon-Seok, *op. cit.*, p. 372-373.

141 Minami, le nouveau gouverneur général du Japon en Corée, a rendu obligatoire la prière dans les temples shintoïstes pour les Coréens et imposé l'usage de la langue japonaise pour les fanfares. Il a d'autre part exigé la déclaration orale collective d'une « déclaration de fidélité à l'Empire » de tous les Coréens dans les sièges des pouvoirs publics et dans tous les établissements d'enseignement (Jang, Bo-Oung, op. cit., pp. 107-109.)

- Contenu de la récitation déclaration orale collective exigée des élèves : 1, nous sommes sujets fidèles de l'empire 2, nous sommes de tout notre coeur fidèles à l'empereur 3, nous endurons les peines et exerçons notre corps et notre esprit afin de devenir de vaillants militaires.
- Contenue de de la récitation déclaration orale collective exigée des adultes: 1, nous sommes sujets fidèles de l'empire, et récompensons-nous au l'empire japonais avec la fidélité, (nous servons l'empire de tout notre coeur) 2, en tant que sujets fidèles de l'empire nous nous sentons solidaires et collaborons ; 3, en tant que sujets fidèles de l'empire nous endurons les peines et exerçons notre corps et notre esprit afin de servir du mieux possible l'empereur pour donner la meilleur impression possible de l'esprit de l'empereur.

Au moment où l'impérialisme japonais monte en puissance, la science géographique japonaise adopte une vision de la géopolitique proche de la vision allemande. En 1940, Komaki[142], ancien géographe japonais, instaure « la géopolitique japonaise » ; celle-ci constitue alors le coeur du domaine géographique japonais. Le soubassement scientifique propre de la géographie au Japon s'est ainsi détérioré, tandis que la géographie est utilisée dans le cadre de la recherche d'une base théorique pour l'impérialisme japonais.[143] Autrement dit, la géographie japonaise est transformée en un domaine de recherche justifiant et légitimant l'invasion. La géographie scolaire aussi est aussi réorganisée afin de soutenir la guerre d'invasion.

D'après le 21e article du règlement de l'école primaire de 1938[144], sont à connaître par le biais de la géographie: le territoire national et les situations politiques intérieure et extérieure. On enseigne la géographie afin de faire émerger un amour du territoire national, de suggérer l'existence d'une mission dévolue à l'Empire en Asie et au-delà. Ce règlement indique clairement la finalité de la géographie à l'école primaire, à savoir la diffusion dans les classes d'un point de vue selon lequel la guerre d'invasion serait légitime.

Figurent dans ce même document, les contenus de géographie : 1. L'observation géographique du milieu de vie (l'espace d'usage de la vie quotidienne) ; 2. La géographie du Japon ; 3. La géographie de l'Asie de l'est ; 4. La géographie du monde ; 5. La situation politique du Japon. Le Japon réinsère dans sa géographie scolaire, les contenus relatifs à l'Asie de l'est (Mandchourie, Chine, Sibérie, Mer du Sud), qui étaient initialement traités dans le cadre de la géographie du monde. De même, les contenus relatifs au monde sont réorganisés dans la perspective d'enseigner les relations entre Japon et monde extérieur[145]. Il s'agit de faire pénétrer une conception du monde admettant le Japon comme centre. Les « points à

142 Ancien professeur de géographie à l'université de l'empire de Kyoto.

143 Yamakutsi, 1943, *L'histoire de la géographie du monde du point de vue nippocentrique*, p. 231-239.

144 Jang, Bo-Oung, *op. cit.*, p. 109-110.

145 Gouverneur général du Japon en Corée, 1942, *Le bulletin d'édition du manuel*(=guide de rédaction), vol. 11, pp. 41-51.

noter »[146] pour la géographie au niveau primaire étaient les suivantes:

- faire observer les rapports entre la nature et la vie, puis faire connaître la caractéristique de la vie quotidienne du peuple ;
- faire vérifier la localisation et la mission (le rôle) de Joseon (Corée) en tant qu'un poste avancé japonais sur le continent ;
- faire connaître l'activité des Japonais à l'étranger et faire partager un esprit d'élan vers le monde ;
- faire réaliser des représentations du monde ;
- former l'intuition par l'utilisation de la carte, du modèle, de la photo et de la peinture ;
- faire acquérir les compétences de lecture d'une carte.

Etant donné l'importance évidente de la lecture de cartes sur le plan militaire, la géographie scolaire est ainsi chargée d'une finalité de formation pratique et civique, de défense du pays. Nous retrouvons là une leçon française relative à la défaite contre la Prusse en 1870.

Dans le même guide pédagogique, le rôle de la Corée est décrit comme suit : « *la Corée est une passerelle, c'est un poste avancé du Japon sur le continent [...]il faut faire comprendre que la Corée joue, en tant que région du Japon, un rôle important* »[147], tandis que dans un autre document, on peut lire : « *la péninsule coréenne est une région japonaise investie d'une mission essentielle pour les affaires nationales : Dans le cadre de la construction de l'ordre nouveau en Asie de l'Est, le rôle de base de ravitaillement incombe à la péninsule coréenne.* »[148] Les deux documents ci-dessus montrent donc que durant la fin de la période d'occupation, le Japon a utilisé la géographie scolaire en Corée afin d'en légitimer l'exploitation et de convaincre la population qu'elle avait à se sacrifier pour l'occupant.

A partir de l'analyse de deux manuels publiés en 1937 et en 1944 par le Gouverneur général du Japon en Corée, nous pouvons mieux comprendre quel but le Japon poursuit dans son utilisation de la géogra-

146 Gouverneur général du Japon en Corée, 1942, *Observation de l'environnement : guide pédagogique,* p. 31-33.
147 Gouverneur général du Japon en Corée, *ibid.*, pp. 31-32
148 Ecole normale de filles de Gongju, 1942, *L'essentiel de l'enseignement de chaque discipline pour l'école primaire*, p. 169-170.

phie scolaire. Nous examinons également l'organisation de ces manuels de géographie.

Les contenus du manuel paru en 1937 sont identiques à ceux du manuel paru en 1932 : seules les illustrations ont été renouvelées. Mais il est remarquable que beaucoup d'illustrations et d'éléments du texte original aient dû être effacés dans le manuel de 1944, par « un décret de la protection militaire » appliqué depuis 1939. Selon le décret, on ne pouvait pas proposer de contenus relatifs à des installations militaires, ni insérer de photographies de paysage prises à moins de 20 mètres de ces installations, du fait du risque de divulgation d'informations utiles pour l'ennemi). Les informations concernant les phares, les ponts de fer, les chantiers navals, les gares, les centrales électriques et les barrages sont aussi limitées. En revanche, les photographies de temples de la religion shintoïste sont nombreuses.[149] Voici les « points à noter » relatifs à la région de Joseon selon le même bulletin[150] :

- insister sur le fait que la position de la Corée est un point stratégique du point de vue des transports comme dans une perspective militaire ;
- souligner que, depuis son annexion, la Corée a vu ses ressources mieux exploitées et ses activités économiques se développer ;
- rappeler la place de la Corée parmi les principales sources de riz pour la métropole ;
- insister sur le rôle joué par la péninsule en tant que le pont.

Ces documents montrent encore que le Japon a utilisé la géographie scolaire afin de permettre et de justifier auprès de la population sa guerre d'invasion.

En 1944, le Japon est en guerre (invasion de l'Extrême Orient et de l'Asie du Sud-Est), situation largement reflétée par les manuels (voir figure n°2.6). Dans le manuel de 1944, les contenus ont pour support un récit de voyage, en lieu et place des rubriques (topographie, climat, indus-

149 Gouverneur général du Japon en Corée, 1940, *Le bulletin d'édition du manuel,* Numéro spécial pour la géographie, p. 1-4.
150 Gouverneur général du Japon en Corée, *ibid.*, p. 16-17.

trie, géographie régionale, etc.) des manuels préexistants. Les contenus sont organisés en prenant le Japon pour point de repère. Ne sont traitées en détail que les régions envahies par le Japon. De cette époque, date également la publication de deux volumes de géographie scolaire en Corée (1944) : les manuels de géographie pour la 5e (CM2) et la 6e année (6e). On relève dans l'ouvrage à destination des 5e les contenus suivants : 1. Carte du Japon ; 2. Un beau territoire ; 3. Tokyo, ville impériale ; 4. De Tokyo à Kobe ; 5. De Kobe à Simonoseki ; 6. Kyushu et les îles ; 7. Le plateau central ; 8. Hokuriku et Sang-Ing ; 9. De Tokyo à Aomori ; 10. Hokkaido et Sakhaline ; 11. Taïwan et les îles de la Mer du Sud ; 12. Joseon (Corée) ; 13. Kantoju ; 14. L'Extrême Orient et l'Asie du Sud-Est ; 15. La Mandchourie.

Figure n°2.6 Couverture d'un des manuels parus en 1944

Source : manuel original.

Les contenus de géographie du manuel destiné aux 6e étaient quant à eux les suivants : 1. la Chine ; 2. La péninsule indochinoise ; 3. L'Inde orientale et les Philippines ; 4. L'Inde et l'océan indien ; 5. L'Asie occidentale et l'Asie centrale ; 6. La Sibérie ; 7. Le Pacifique et les îles ; 8. Le monde ; 9. L'Amérique du nord et l'Amérique du sud ; 10. L'Europe et l'Afrique ; 11. L'empire japonais.

A cette époque-là, la scolarité au collège dure quatre ans. Le tableau n°2.15 nous montre le programme de géographie au collège en 1943. On note l'importance accordée aux contenus relatifs au Japon et à l'Asie de l'est dans ce programme: le programme de géographie reflète la politique extérieure japonaise.

Tableau n°2.15 Programme de géographie du collège, 1943

Année scolaire	Contenus de géographie (programme)	Volume horaire
1e année (5e)	L'Europe et l'Amérique	1h (34)
2e année (4e)	Le Japon et l'Asie orientale	2h (68)
3e année (3e)	Le Japon et l'Asie orientale	1h (32)
4e année (2de)	Le territoire et la puissance du Japon	1h (32)

Source : Bulletin de la revue de la Société coréenne de géographie, 1995, Bak, Gwan-Seob, p. 2.

Seules une à deux heures hebdomadaires sont dédiées à la géographie au collège. Mais dans le cadre de la Guerre du Pacifique, les élèves coréens ont été mobilisés pour la construction des pistes d'aviation et des routes, tandis que les étudiants sont appelés à l'armée.

2.3 Les dérives de la géographie scolaire : entre progrès scientifique et nationalisme

Depuis l'apparition de la géographie moderne, le problème du découpage régional a été considéré comme un repère très important pour la recherche dans le domaine géographique. Au cours de la première étape de développement de la recherche géographique (à la fin du 19e), les délimitations administratives ont organisé les contenus de géographie scolaire. Avec l'élévation du niveau de rigueur scientifique, le problème du découpage régional est devenu un enjeu. Au Japon, depuis la publication en 1927 par Danaka de l'article intitulé « L'unité géographique au Japon », un groupe de géographes a commencé à s'intéresser au sujet, puis le débat s'est rapidement développé dans les années 36-37.

Dans cette section nous examinons ce débat ainsi que la façon dont une discussion initialement circonscrite à un petit groupe de scientifiques débouche finalement sur une évolution de la géographie scolaire. Nous allons pour cela analyser les manuels de géographie parus en Corée pendant l'occupation japonaise. Du milieu des années 1930 au milieu des années 1940, le Japon a envahi l'Extrême Orient et l'Asie du Sud. A ce moment-là, le monde de la science géographique au Japon se tourne vers la géopolitique. L'intérêt national comme celui du monde de la recherche géographique déterminent la géographie scolaire.

2.3.1 Le débat autour de la question du découpage régional et son influence sur la géographie scolaire

Au début des années 1920, le géographe japonais Danaka a pris connaissance des évolutions de la géographie en Europe et aux Etats-Unis. Il publie en 1927 un article intitulé « L'unité géographique au Japon », lequel suscite un débat entre géographes, dont Nishiki et Kagawa furent les protagonistes principaux.

Le tableau n°2.16 nous donne une idée de la teneur de la discussion qui a mobilisé Nishiki et Kagawa en 1936 et 1937. La discussion porte sur le fait que le découpage régional a pour l'objet d'identifier des caractères régionaux. Nishiki insiste sur le fait que la nature et la culture doivent être traités ensemble dans ce découpage régional, alors que Kagawa veut un traitement séparé des deux éléments.

Tableau n°2.16 Le débat autour de la question du découpage régional (Japon, 1936 -1937)

Sujet de la discussion	Position de Nishiki	Position de Kagawa
La finalité du découpage régional	L'identification du caractère régional	L'identification du caractère régional
Le bénéficiaire du découpage régional	La géographie scolaire	La recherche géographique
Le problème de la nature et de la culture	Traitement simultané	Traitement dissocié
Par l'analyse ou par la synthèse ?	Synthèse	Analyse
Quel moyen de découpage ?	Faire correspondre à la section du manuel	Faire correspondre à la délimitation administrative
Quelle délimitation des régions ?	Les zones de transition	Les frontières administratives
Critères de distinction	Selon la distribution des phénomènes	Selon les rubriques : la topographie, le climat, l'industrie, le transport etc, uniformément
Opinion sur le mode de conception du manuel existant	Opposition à toute organisation répétitive	Approbation d'une organisation répétitive

Sujet de la discussion	Position de Nishiki	Position de Kagawa
Opinion globale sur le découpage régional et l'organisation des	Par la région homogène	Par la région administrative
contenus de géographie	Par le thème	Par la rubrique

Source: Shim, Jeong-Bo, 2005, *Le débat autour de la question du découpage régional dans les années 1930 au Japon*, p. 4.

A propos de la délimitation de l'unité régionale, Nishiki insiste sur le fait qu'une zone limite convient, car on peut considérer comme telle la zone de transition où l'on trouve un mélange des deux caractéristiques des deux régions adjacentes. Par contre, Kagawa insiste sur le fait que l'on doit accepter la délimitation administrative et sa forme linéaire. Enfin, quand on opère le découpage régional, Nishiki estime que l'on doit tenir compte de critères intangibles, tandis que Kagawa prône l'usage systématique de rubriques.

Nishiki ajoute que si on choisit un découpage régional trop lâche, il devient c'est difficile de saisir la caractéristique de petites régions, et que si le découpage se resserre trop fortement, alors il devient difficile de comprendre la région prise globalement. Il suggère donc de faire un découpage régional à plusieurs niveaux. Par exemple, on peut découper « la région du Nord-Est » du Japon en régions plus petites en fonction de spécificités liées à la distribution des activités : la région industrielle, la région de la sériciculture, etc. Finalement, la théorie de Nishiki est acceptée et prise comme référence pour les manuels de géographie de l'école primaire en 1943. Les tableaux n°2.17 et n°2.18 permettent de comparer les contenus de géographie, qui ont été organisés avant et après la réforme du découpage régional.[151]

151 Les manuels correspondant aux deux tableaux ont été édités au Japon. Leurs contenus sont donc différents de ceux des ouvrages publiés en Corée par le Gouverneur général du Japon.

Tableau n°2.17 Les contenus avant la réforme

Géographie pour le primaire, vol.1 (paru en 1938)	Géographie pour le primaire, vol.2 (paru en 1939)
1e chapitre, l'empire japonais	**1e chapitre, la région de Hokkaido** • 1, le territoire), 2, le relief et le climat, 3, l'industrie, 4, les transports 5, la capitale, 6, le chapelet d'îles de Kuril
2e chapitre, la région de Kanto • 1, le territoire), 2, le relief et le climat, 3, l'industrie, 4, le transport, 5, la capitale(la ville), 6, les sept îles de Izu et l'archipel d'Ogasawara	**2e chapitre, la région de Sakhaline** • 1, le territoire 2, le relief, 3, le climat et l'industrie, 4, les habitants, la capitale et le transport
3e chapitre, la région de Dohoku • 1, le territoire, 2, le relief, 3, l'industrie, 4, le transport, 5, la capitale 4e chapitre, la région centrale • 1, le territoire, 2, le relief et le climat, 3, l'industrie, 4, le transport, 5, la capitale	**3e chapitre, la région de Taiwan** • 1, le territoire 2, le relief, 3, le climat et l'industrie, 4, le transport, 5, les habitants, 6, la capitale, 7, l'archipel de Fenghu
5e chapitre, la région de Ginki • 1, le territoire, 2, le relief, 3, l'industrie, 4, le transport, 5, la capitale	**4e chapitre, la région de Joseon (Corée)** • 1, le territoire, 2, le relief, 3, le climat et l'industrie, 4, le transport, 5, les habitants et la capitale
6e chapitre, la région de Jugoku • 1, le territoire 2, le relief et le climat, 3, l'industrie, 4, le transport, 5, la capitale	**5e chapitre, la région de Gwandungjou** **6e chapitre, l'archipel de la mer du Sud**
7e chapitre, la région de Shikoku • 1, le domaine, 2, le relief, 3, le climat et l'industrie, 4, le transport, 5, la capitale	**7e chapitre, introduction : le Japon**
8e chapitre, la région de Kyushu • 1, le domaine, 2, le relief, 3, l'industrie, 4, le transport, 5, la capitale, 6, l'archipel de Satsunan et le chapelet d'îles de Ryukyu	**8e chapitre, Asie** • 1, les généralités, 2, la Mandchourie, 3, la Chine, 4, la Sibérie, 5, l'Inde, 6, l'Asie du Sud-Est
	9e chapitre, l'Europe
	10e chapitre, l'Afrique
	11e chapitre, l'Amérique du Nord
	12e chapitre, l'Amérique du Sud
	13e chapitre, l'Océanie
	14e chapitre, le monde et le Japon • La surface de la planète

Source : Shim, Jeong-Bo, 2005, p. 5.

Tableau n°2.18 Le changement des contenus de géographie, après la réforme

Géographie pour le primaire, vol. 1 (1943)	Géographie pour le primaire, vol. 2 (1943)
1, Carte du Japon	**1, l'extrême orient et l'Asie du Sud-Est**
2, Honshu, Shikoku et Kyushu	**2, Singapour et la péninsule malaise** • Les ressources en caoutchouc, étain et fer, les Malais
3, la plaine de Kanto • La plaine de Kanto et le massif montagneux qui la circonscrit, Tokyo et sa périphérie, la rivière Tonegawa	**3, les îles des Indes orientales** • Les ressource en pétrole et caoutchouc de Sumatra, la densité de population de l'île de Java, les ressources en canne à sucre, kina, pétrole et la forêt de l'île de Bornéo, Selena Beth et les autres îles, le sous-développement de la Papouasie
4, de Tokyo à Kobe • Huji et Hakone, les ressources en mandariniers et en thé, la plaine de Nobi la mer d'Isenoumi, le lac de Biwako, Tokyo et Nara, Osaka et Kobe, la péninsule de Kii, et le courant marin Kuroshio qui la contourne.	**4, l'archipel des Philippines** • les ressources en canne à sucre, copra, abaca et en cuivre, les Philippins
5, de Kobe à Shimonoseki • Setonaikai, littoral industrialisé, le boeuf de Jugoku, Shikoku du Nord, Shikoku du Sud	**5, la Mandchourie** • Un pays de plaines, un climat continental, les ressources en légumineux, avoine, charbon et fer, les rapports avec le Japon, Hsinking et Shenyang,les Mandchous, les pionniers japonais, la fondation de la dynastie mandchoue
6, Kyushu et ses îles • Le niveau de développement industriel du nord de Kyushu, la plaine de Tsukushi et celle de Kumamoto, Aso et Kirishima, Kyushu du Sud, qui est inoubliable le régne de Dieu, (croyance mythologique locale) Ryuku et les autres îles	**6, la Mongolie**
7, Hokuriku et Sanging • L'enneigement de Hokuriku et les ressources en riz et pétrole de la plaine d'Echigo, la situation de Toyama face aux montagnes, la production d'étoffes en soie de la région montagneuse, Senjosan et Daisen, Izemo et Iwami	**7, la Chine** • La nature et les ressources de la Chine du nord,Pékin, Tianjin et Qingdao, le transport fluvial et le ressources de la Chine centrale, Shanghai, Nanjing et Hankou, la zone subtropicale de Chine du Sud, la Mongolie-Extérieure, le Xinjiang et le Tibet, la ville récente de Hong Kong, les rapports entre Japon et Chine, les Chinois
8, le plateau central1, • Le toît de Honshu, la région de la magnanerie (industrie du ver à soie)	**8, La péninsule indochinoise** • 1, La région de l'est, les ressources en riz et en charbon de l'Indochine de l'est, les Indochinois de l'est et leurs villages, les ressources en riz, teck et étain de la Thaïlande, la région de l'ouest, les ressources en riz et en pétrole du Myanmar, le passage du Myanmar vers la Chine, les birmans.
9, de Tokyo à Aomori • Le littoral pacifique, les rives de la mer du Japon, le cheval et la pomme (=elevage et culture locaux)	

Géographie pour le primaire, vol. 1 (1943)	Géographie pour le primaire, vol. 2 (1943)
10, Hokkaido et Sakhaline • Les trois grands ports d'Hokkaido, l'abondance des ressources de la mer, les plaines d'Ishikari et de Tokachi, la forêt, l'élevage, l'archipel des Kouriles, la porte (accès) de Sakhaline, la production de pâte à papier **11, Joseon (Corée) et Gwandongjou** • De Busan à Shinuiju, la plaine du sud-ouest, les ressources minières et l'industrie, Gwandongjou 12, Taïwan et l'archipel de la Mer du Sud • La plaine de Taïwan de l'ouest, les ressources en riz, sucre et thé, la haute montagne, l'archipel de Penhu, l'archipel de la Mer du sud. **12, Taïwan et l'archipel de la Mer du Sud** • La plaine de Taïwan de l'ouest, les ressources en riz, sucre et thé, la haute montagne, l'archipel de Penhu, • l'archipel de la Mer du sud.	**9, l'Indochine et l'Océan Indien** • La mousson, les ressources en coton, jute et fer, les habitant en Royaume-Uni et en l'Inde, l'Océan indien **10 l'Asie occidentale et l'Asie centrale** • Le plateau et le désert, la prairie en Asie centrale, les populations musulmanes **11, la Sibérie** • Les bateaux de pêche japonais dans la mer du Nord, les ressources en pétrole et charbon de la Sakhaline du nord, la frontière entre Japon, Mandchourie et Russie, le chemin de fer sibérien **12, le Pacifique et ses îles** • Le brouillard aléoutien, Hawaï et Midway, Samoa et Fidji, les ressources en nickel de Nouvelle-Calédonie, en laine de mouton et en blé en Australie, les deux îles de Nouvelle-Zélande, le cercle de la région du Pacifique (tous les littoraux du pourtour pacifique) et l'avenir du Japon

Source : manuels original.

Les tableaux n°2.17 et n°2.18 montrent l'opposition entre deux perspectives d'organisation des contenus de géographie. On supprime le moyen du découpage régional existant et on organise les contenus en les axant sur un thème : la plaine de Kanto où se trouve la capitale de l'Empire, la plantation des mandariniers et des champs de thé, la péninsule de Kii où coule le courant marin de Kuroshio, la zone industrielle littorale, le boeuf de Jugoku, Kyushu du Nord où l'industrie s'est développée, Kyushu du Sud qui est inoubliable, la neige de Hokuriku et la plaine de Echigo pour le riz et le pétrole, Toyama en face des montagnes, la région montagneuse d'étoffes de soie, le toit de Honshu, etc.

Il apparaît que l'on organise les contenus des régions en suivant le tracé du chemin de fer : de Tokyo à Kobe ; de Kobe à Shimonoseki ; de Kobe à Shimonoseki ; de Tokyo à Aomori ; De Busan à Shinuiju etc. D'autre part les régions voisines sont traitées ensemble : Hokkaido et Sakhaline ; Joseon (Corée) et Gwandongjou ; Taiwan et l'archipel de la mer du Sud.

De la même façon, nous pouvons comparer les manuels parus en Corée entre 1940 et 1944. Les tableaux n°2.19 et n°2.20 permettent de constater leur différence d'organisation des contenus. Les contenus des manuels parus en 1940 et 1941 montrent une Corée considérée comme un pays natal au sein du Japon : les contenus sont organisés à partir de la région de Joseon (Corée) vers les régions lointaines. Tenant compte de l'influence du climat, on y progresse de la région du nord vers la région du sud dans la péninsule. La description de la métropole japonaise est également conduite selon une perspective climatique: est décrite d'abord la région de Sakhaline, puis la région de Hokkaido, etc.[152]

Tableau n°2.19 Les contenus de géographie en primaire (1940 et 1941)

Géographie pour le primaire vol. 1 (1940)	Géographie pour le primaire vol.2 (1941)
1e chapitre, l'empire japonais **2e chapitre, la région de Joseon (Corée)** 1. la localisation, la superficie, les habitants et la division régionale 2. la géographie régionale (1) la région septentrionale • a, le territoire, b, la topographie, c, le climat, d, les activités économiques, e, le transport, f, le commerce, g, la capitale et les habitants (2) la région centrale • a, le territoire, b, la topographie, c, le climat, d, les activités économiques, e, le transport, f, la capitale et les habitants (3) la région méridionale • a, le territoire, b, la topographie, c, le climat, d, les activités économiques, e, le transport, f, la capitale et les habitants **3e chapitre, la région de Sakhaline** • a, l'endroit et le domaine, b, la topographie, c, le climat et les ressources, d, les activités économiques et le transport, e, les habitants et la capitale **4e chapitre, la région de Hokkaido** • a, l'endroit et le domaine, b, la topographie, c, le climat, d, les activités économiques, e, le transport, f, les habitants et la capitale, g, l'archipel des Kourile	**10e chapitre, la région de Kyushu** • a, la localisation et le territoire, b, la topographie, c, le climat, d, les activités économiques, e, le transport, f, les habitants et la capitale, g, l'archipel de Satsunan et le chapelet d'îles de Ryuku **11e chapitre, la région de Taïwan** • a, la localisation et le territoire, b, la topographie, c, le climat, d, les activités économiques, e, le transport, f, les habitants et la capitale **12e chapitre, l'archipel de la mer du Sud** **13e chapitre, Gwandongjou** **14e chapitre, introduction : le Japon** **15e chapitre, la Mandchourie** **16e chapitre, la Chine** • 1, généralités (1), 2, la Chine, 3, Mongolie-Extérieure, Xinjiang et les autres régions, 4, généralités (2)

152 Le sens de progression d'une région à l'autre va du nord vers le sud, et de l'ouest vers l'est, conciliant la nécessité de distinguer les différents climats et la volonté de progresser du proche/du connu vers le lointain/l'inconnu ; d'où, dans le cas des élèves coréens, l'étude de la région de Joséon avant celle du Japon.

Géographie pour le primaire vol. 1 (1940)	Géographie pour le primaire vol. 2 (1941)
5e chapitre, la région de Tohoku • a, l'endroit et le domaine, b, la topographie, c, le climat, d, les activités économiques, e, le transport, f, les habitants et la capitale **6e chapitre, la région de Kanto** • a, l'endroit et le domaine, b, la topographie, c, le climat, d, les activités économiques, e, le transport, f, les habitants et la capitale, g, les sept îles d'Ize et l'archipel de l'Ogasawara **7e chapitre, la région centrale** • a, l'endroit et le domaine, b, la topographie, c, le climat, d, les activités économiques, e, le transport, f, les habitants et la capitale **8e chapitre, la région de Kinki** • a, l'endroit et le domaine, b, la topographie, c, le climat, d, les activités économiques, e, le transport, f, les habitants et la capitale **9e chapitre, la région de Jukoku et de Shikoku** • a, l'endroit et le domaine, b, la topographie, c, le climat, d, les activités économiques, e, le transport, f, les habitants et la capitale	**17e l'Asie et l'Europe** • 1, généralités (1), 2, l'Asie, 3, l'Europe, 4, généralités (2) **18e l'Amérique** • 1, généralités (1), 2, l'Amérique du Nord, 3, l'Amérique du Sud, 4, généralités (2) **19e chapitre, le Pacifique** • 1, généralités (1), 2, l'Océanie, 3, généralités (2) **20e chapitre, l'Afrique** **21e chapitre, le Japon et le monde** **22e chapitre, les représentations de la planète**

Source : manuel original.

Tableau n°2.20 Les contenus pour le primaire en 1944

Géographie pour le primaire, 5e année (1944)	Géographie pour le primaire, 6e année (1944)
1, la carte du Japon **2, beauté du territoire national** **3, la capitale de l'empire : Tokyo** • Tokyo et sa périphérie, la plaine de Kanto et la rivière de Tonegawa **4, de Tokyo à Kobe** • Huji sacré, la plaine de Nobi et la mer de Isenoumi, Tokyo et Nara, Osaka et Kobe **5, de Kobe à Shimonoseki** • La mer de Setonaikai, un littoral industrialisé, le courant marin de Kuroshio **6, Kyushu et ses îles** • Kyushu du nord et développement industriel, la plaine de Tsukushi et la plaine de Kumamoto, Aso et Kirishima, Kyushu du Sud qui est inoubliable le règne de Dieu, Ryuku et les autres îles **7, le plateau central, Hokuriku et Sanging** • Le toit de Honshu, la région de la magnanerie, le vent et la neige en hiver, la plaine de Echigo pour du riz et le pétrole, Sanging et la mer du Japon	**1, Chine** • La nature et les produits en Chine du Nord, Pékin, Tianjin et Qingdao, le transport fluvial et les produits en Chine centrale, Shanghai, Nanjing et Hankou, la zone subtropicale en Chine du Sud, Mongolie-Extérieure, Xinjiang et le Tibet, le Japon et la Chine, le peuple en Chine **2, l'Indochine** • L'Indochine française, le riz et le charbon, les habitants et les villages, Thaïlande, le riz, le teck et l'étain, Myanmar, le passage de Myanmar vers la Chine et les habitants de Myanmar, l'archipel malais et Singapour, le caoutchouc, l'étain et le fer, le peuple malais **3, Indes orientales et Philippines** • Le pétrole et le caoutchouc à Sumatra, Java qui a un grand nombre d'habitants, la canne à sucre et le kina, le pétrole et la forêt en Bornéo, Selena Beth et les autres îles, Papouasie sous-développée, la canne à sucre, le copra, l'abaca et le cuivre, les habitants des Philippines

Géographie pour le primaire, 5e année (1944)	Géographie pour le primaire, 6e année (1944)
8, de Tokyo à Aomori • La côte du Pacifique, la côte de la mer du Japon **9, Hokkaido et Sakhaline** • L'abondance des ressources de la mer, la ferme et la ferme d'élevage, l'archipel des Kourile, l'industrie de la pâte à papier **10, Taïwan et l'archipel de la mer du sud** • La plaine de Taiwan de l'ouest, le riz, le sucre et le thé, les hautes montagnes, l'archipel de Penhu, l'archipel de la mer du sud **11, Joseon** • De Busan à Kyeongseong (Séoul), de Kyeongseong à Shinuiju, de Kyeongseong à Najin, la région productrice de céréales : Joseon, le charbon et le fer, le développement de l'industrie, l'essor de Joseon **12, Gwandongjou** **13, l'Asie de l'Extrême Orient et l'Asie du Sud-Est** **14, la Mandchourie** • Le pays de la plaine, le climat continental, la légumineuses et l'avoine, le charbon et le fer, la relation du Japon et la Mandchourie, Hsinking (la capitale) et Shenyang, la fondation de la dynastie mandchoue	**4, l'Indo et l'Océan indien** • Les vents saisonniers, le coton, le jute et le fer, les habitant en Royaume-Uni et en l'Indo, l'Océan indien **5, l'Asie occidentale et l'Asie centrale** • Le plateau et le désert, la prairie en Asie centrale, musulman **6, la Sibérie** • Les bateaux pêcheurs japonais en mer du Nord, le pétrole et le charbon en Sakhaline du Nord, la frontière du Japon, de la Mandchourie et de la Russie, le chemin de fer en Sibérie **7, le Pacifique et ses îles** • Le brouillard aléoutien, Hawaï et Midway, Samoa et Fidji, le site de production du nickel en Nouvelle-Calédonie, la laine de mouton et le blé en Australie, la Nouvelle-Zélande en ses deux îles, le cercle de la région du Pacifique et l'avenir du Japon **8, le monde** **9, l'Amérique du Nord et l'Amérique du Sud** • Les Etats-Unis arrogants, Canada, Argentine, Brésil **10, l'Europe et l'Afrique** • Le revirement de l'Allemagne, la Russie qui demande la mer, un pays insulaire : Royaume-Uni, l'Afrique **11, l'empire japonais** • Le territoire national et le peuple, le territoire et l'industrie

Source : manuel original.

Les contenus des manuels parus en 1944 en Corée sont identiques à ceux des manuels parus au Japon, mais on a transcrit les contenus de façon relativement brève. En revanche, dans le manuel pour la 5e année, un thème intitulé « la beauté du territoire national » est ajouté, et pour les contenus de la région de Joseon (Corée), les contenus sont plus précis que ceux publiés au Japon. Dans les contenus de la 6e année, le thème intitulé « l'Empire japonais » est ajouté, ce qui traduit la volonté de donner aux élèves coréens l'image d'un Japon légitimement puissant, par opposition à des Etats-Unis « pleins d'arrogance ». Les manuels publiés en Corée en 1944 ne sont donc pas globalement différents de ceux publiés au Japon: les contenus ont été organisés à la manière d'un voyage en train virtuel dans les régions, au départ de Tokyo.[153] La délimitation entre les régions reflète une forme de la « zone » au lieu de la « ligne ». L'organisation axée sur l'énumération des rubriques est supprimée au profit d'un principe thématique.[154] Par ailleurs, l'expansionnisme japonais a eu pour effet de supprimer la pleine application du principe d'organisation des contenus par extension en cercles concentriques. Dès que les contenus ne concernent pas la Corée, on adopte une manière Tokyo-centrique (de Tokyo vers les autres régions). Cette « déformation » de la présentation des contenus de géographie scolaire relative à l'expansionnisme japonais est l'objet de la prochaine section.

Par ailleurs, l'expansionnisme japonais a eu pour effet de supprimer la pleine application du principe d'organisation des contenus par extension en cercles concentriques. Dès que les contenus ne concernent pas la Corée, on adopte une manière Tokyo-centrique (de Tokyo vers les autres régions). Cette « déformation » de la présentation des contenus de géographie scolaire relative à l'expansionnisme japonais est l'objet de la prochaine section.

2. 3.2 L'expansionnisme japonais et la dérive de la géographie scolaire

Sous l'action conjointe du Ministère japonais de l'éducation et du Gouverneur général du Japon en Corée, le mode de structuration des contenus de géographie change, passant d'un type statique (comme dans un dictionnaire encyclopédique) à un type dynamique (comme un voyage en train), et d'une énumération systématique à une approche thématique. Cette évolution résulte d'une part de l'influence des avancées de la re-

153 Les contenus de géographie à destination de la Corée sont organisés selon le « sens de progression » suivant : de Tokyo, au reste de la métropole, et au-delà des mers en Joseon (Corée) de Busan (Pusan) à Kyeongseong (Séoul), de Kyeongseong à Shinuiju, de Kyeongseong à Najin. Ce « sens de progression » illustre le fait que la Corée n'est plus qu'une simple région du Japon.

154 La structuration des contenus de la géographie scolaire par une simple énumération de rubriques, nous apparaît dépassée puisqu'on ne peut se limiter à un apprentissage axé sur la seule récitation-mémorisation sans perdre l'intérêt des élèves; à l'inverse une structuration des contenus par thème, qui permet précisément d'éviter cela, nous apparaît comme un progrès.

cherche géographique (orientation des réformes), et d'autre part d'une volonté politique (asseoir une vision « nippo-centrique » du monde). Lieu de concentration de traditions culturelles et site chargé d'histoire, la capitale apparaît comme un élément essentiel dans la construction d'une identité et d'une unité nationales fondées sur des traditions culturelles, une histoire commune, etc. Dans les manuels de géographie publiés dans les années 1930 et 1940 par le Japon, notamment durant la Guerre du Pacifique, le Japon a donné une place très importante à sa capitale « Tokyo » dans les manuels de géographie. On cherche à faire apparaître Tokyo, non plus comme le centre de la région de Kanto, mais comme capitale d'un Empire s'étendant à la fois en Extrême Orient et en Asie du Sud-Est, et appelé à se déployer plus encore dans le monde. C'est cette perspective qui amène à structurer les contenus de géographie des années 1940 selon une progression dont le départ est Tokyo.

Figure n°2.7 La carte de la vision « nippo-centrique » de l'Asie de l'Est

Carte de l'Extrême Orient et de l'Asie du Sud-Est, avec leur capitale, Tokyo, 1944, Géographie pour le primaire, 5e année, p. 135.

Source : manuel original.

Figure n° 2.8 L'expansionnisme japonais et la carte du manuel de géographie

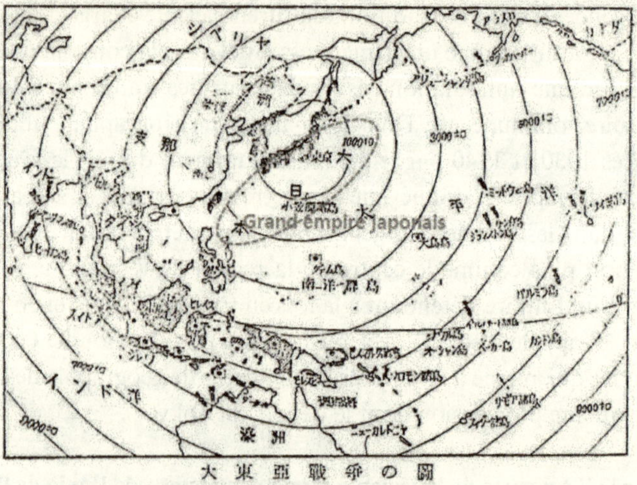

Carte de la guerre en Extrême Orient et en Asie du Sud-Est,
Géographie pour le primaire, 5e année, 1944, p. 139.

Source : manuel original.

Dans les manuels, on traite alors les contenus de Joseon (Corée) dans un ordre qui traduit la prise en compte de critères comme le climat (progression du nord vers le sud). Dans les nouveaux manuels cependant, les contenus sont organisés de telle manière qu'on progresse de la métropole, et notamment la capitale, Tokyo, vers la Corée. La « région de Joseon » n'est pas traitée individuellement et Séoul n'apparaît plus comme le centre de la Corée mais comme une simple ville japonaise. Dans cette perspective, un sens de progression allant de Busan (Pusan) à Séoul, et de Séoul à Shinuiju ne peut plus paraître aberrante.

Au moment de l'invasion japonaise, le Ministère japonais de l'éducation et le Gouverneur général du Japon en Corée font le choix de modifier les manuels de géographie par l'ajout de deux cartes (« la carte de l'Extrême Orient et de l'Asie du Sud-Est, avec leur capitale, Tokyo » et « la carte de la guerre en Extrême Orient et en Asie du Sud-Est » (figure n°2.7 et figure n°2.8), censées ancrer dans les représentations des élèves coréens une vision « nippo-centrique » du monde.

Sur la carte de la guerre du Pacifique (figure n°2.8) sont représentés un drapeau japonais et des bombes : la marque de l'expansionnisme se retrouve ainsi dans tous les manuels de géographie de l'Empire. Il s'agit de propager au sein du public des établissements scolaires de l'Empire, l'idée que le Japon est le nouveau centre de l'Asie de l'Est (voire du monde), d'y créer des formes de ralliement et de passion nationale favorables à l'occupant. Ces deux rôles ont incombé à la géographie scolaire. Le parallèle avec la situation de la géographie scolaire durant la période de l'Allemagne nazie est évident. De la même manière, le régime japonais pense que l'inculcation de sa vision du monde « nippo-centrique » pourra renforcer la puissance japonaise. De plus, il s'agit de contrer l'influence des Etats-Unis et du Royaume-Uni, pays ennemis en Asie.[155]

Il apparaît d'autre part que dans les manuels parus en 1944, la «règle relative à l'organisation des contenus de géographie » publiée en 1941, selon laquelle les contenus de géographie doivent se développer de la vie quotidienne des élèves vers la géographie nationale et la géographie du monde, sur la base d'une progression centrifuge, n'a pas été appliquée. On trouve dans les manuels parus en 1944, en lieu et place de la « vie quotidienne des élèves coréens », une description de la métropole japonaise: le Gouverneur général du Japon en Corée a simplement fait recopier ce qui était publié pour les élèves japonais: le nationalisme japonais prend le pas sur les principes pédagogiques.

Ainsi, par l'annulation des progrès relatifs à la structuration des contenus, et par un brusque changement de perspective (d'une perspective d'éducation à une perspective d'intégration forcée à l'Empire)[156],

---

155 Dans les manuels de 6e année, on peut lire ce qui suit: « *Ce sont les Etats-Unis qui ont le projet de dominer la planète et qui viennent troubler l'ordre du monde. Nous combattons les Etats-Unis afin de faire cesser leur influence néfaste [...] Par l'intervention des forces navales japonaises durant la guerre de l'Extrême Orient et l'Asie du Sud-Est, le Royaume Uni a perdu sa flotte marchande et sa marine de guerre; il a également perdu, avec Singapour, la base de ses activités en Asie : le Royaume-Uni n'est plus aujourd'hui le glorieux empire du passé, sans l'appui des Etats-Unis il serait incapable d'empêcher la disparition complète de son empire* », p. 25-26.

156 Un quart de siècle après, au Japon, l'Assemblée nationale adoptait (en 2006) une loi sur l'enseignement visant à renforcer les sentiments patriotique et le nationaliste ; on peut lire dans un livre du maître pour les écoles primaires et les collèges publié en 2008 : « il faut faire chanter l'hymne national et renforcer l'enseignement du territoire. » (Personne n'ignore que c'est à cause de ses revendications territoriales que le Japon est encore à l'heure actuelle en conflit avec ses voisins.)

les manuels de géographie à destination des Coréens sont à nouveau à l'image de ceux de la métropole.

2.4 La formation des enseignants de géographie et leur activité sous l'occupation

2.4.1 Enseignants coréens et système japonais de formation (des enseignants de géographie du secondaire)[157]

Pendant la première période de l'occupation, c'est-à-dire durant les années 1910, il n'existe pas d'institution de formation des enseignants. Les enseignants de l'école primaire sont simplement formés de façon provisoire.

Les années 1920 voient l'établissement d'une institution de formation des enseignants du secondaire : un cursus pour garçons (cinq ans de formation générale + un an de stage pédagogique) et un cursus pour filles (dont la formation générale est réduite d'un an). Il n'y a pas à cette époque de formation des enseignants de géographie. Malgré l'occupation, il faut attendre les années 1930 pour que le système éducatif coréen soit « réformé », c'est-à-dire intégré au système scolaire japonais. Avec l'invasion de la Chine en 1937, le Japon a besoin de ressources humaines mobilisables, d'où sa volonté de former les élèves coréens comme en métropole.

On commence à former des enseignants de géographie en Corée dans un centre de formation provisoire commun aux futurs spécialistes de la géographie et de l'histoire naturelle, établi à l'Ecole d'agriculture de Suwon. Ce centre va fonctionner d'avril 1942 à juillet 1944, date à partir de laquelle la formation des géographes est rattachée à l'université impé-

157 Nous exploitons dans cette section consacrée à la formation des enseignants du secondaire, le témoignage d'un géographe, Bak Gwan-Seob, ancien étudiant au département de géographie et d'histoire de l'Ecole Normale Supérieure de Nihon (Japon) sous l'occupation. A son retour il a enseigné en collège, avant de devenir professeur au département de géographie de l'université de Keonkuk (1969- 1983).

riale de Séoul.[158] La Libération étant intervenue en 1945, on peut dire qu'il n'a jamais existé de formation des enseignants en géographie dans la Corée occupée, ce qui n'a pas empêché bon nombre d'enseignants de géographie coréens d'étudier au Japon. C'est ce que nous allons maintenant examiner et ainsi, nous pencher sur leur influence en Corée après la Libération.

Au début du XXe siècle, même s'il existe un département de géographie à l'université impériale de Tokyo et à l'université impériale de Kyoto,[159] aucun Coréen n'y a encore étudié. Ainsi Yuk Ji-Su a étudié au département d'économie à Tokyo avant de devenir professeur de géographie à l'université de Séoul, tandis que quatre autres Coréens (Kim Kyo- Shin, Sa Gong-Hwan, Yi Bong-Su et Hwang Cheol-San) ont étudié au département d'histoire et de géographie de l'Ecole Normale Supérieure de Tokyo. Yi Bong-Su, sera par la suite chargé de la rédaction des manuels scolaires pour le Gouverneur général du Japon en Corée. Les trois autres deviendront enseignants.

Une personne a fait ses études à l'Ecole Normale Supérieure de Hiroshima (Choe Bok-Hyeon), et une étudiante (Choe Hye-Suk) a été formée au département de géographie et d'histoire de l'Ecole Normale Supérieure de filles de Tokyo. Deux autres Coréennes (Hong Kyeong-Hee et Kim Yeon-Ok) ont étudié au département de géographie et d'histoire de l'Ecole Normale Supérieure de filles de Nara, avant de devenir

158 Yi, Man-Kyu, Histoire de l'éducation en Joseon, vol.2, Editions Eul-yu-mun-hwa-sa, 1949, p. 352.

159 Le premier département japonais de géographie a été fondé en 1907 à l'Université de Kyoto, le second à l'université de Tokyo en 1911. Les premiers professeurs de ces départements de géographie étaient des géologues, ce qui explique la place des méthodes et concepts de la géographie physique dans les travaux des chercheurs japonais. C'est à partir de la géographie physique que démarre la recherche en géographie au Japon. L'emploi du terme de géographie naturelle au lieu de celui de géographie physique par les Japonais date de l'importation, à partir du Royaume-Uni, de ce que les britanniques qualifiaient de « Physiography » (qu'Huxley choisit de rebaptiser « Victorian Science ») : c'est à ce moment que Koto-Bunjiro (1856-1935) introduit au Japon les concepts et méthodes de Friedrich Ratzel, et plus généralement de la recherche occidentale en géographie. Koto-Bunjiro est le premier diplômé du département de géologie de l'université de Tokyo (1881), et fait un séjour d'études dans les universités de Leipzig et de Munich : c'est lui qui, à son retour, va former la première génération de géographes japonais. Deux de ses élèves (Ogawa-Dakutsi et Yamajaki-Naomasaga) fondent les départements de géographie des universités de Kyoto et Tokyo (1907 et 1911). (Kwon, Jung-Hwa, op. cit, p. 9-10.)

enseignantes dans le secondaire puis professeurs des universités.

Huit Coréens (Jeong Hong-Hyeon, Bak Noh-Shik, Kim Yong-Muk, Yi Bu-Seong, Ahn Byeong-Chan, Yi Ui-Seob, Kim Yang-Hee, Jo Yong-Kyu) ont effectué leurs études au département d'histoire et de géographie de l'Ecole Normale Supérieure de l'université de Hosei. Cinq autres(Yi Jeong-Won, Yi Mun-Sang, Bak Gwan-Seob, Shin Dong-Ouk et Ma Mun-Kil) au département de géographie et d'histoire de l'Ecole Normale Supérieure de l'Université de Nihon (la plupart sont devenus enseignants dans le secondaire), huit autres (Kang Seok-Oh, Jeong Gab, Bak Ju-Seob, Kim Hyeon-Jin, Lim Nae-Jik, Yi Hak-Noh, Yi Ji- Ho et Hong Shi-Hwan) au département d'histoire et de géographie de l'Université de Litso (deux d'entre eux ; Jeong Gab[160] et Yi Ji-Ho) deviennent professeurs de géographie à l'Université de Séoul, les autres rejoignant l'enseignement secondaire. Deux Coréens (Noh Do-Yang et Mok Yeong-Man) ont étudié au département d'histoire et de géographie de l'Université de Komajawa.

A la Libération, une « Association coréenne de géographie » est fondée à Séoul par des enseignants du secondaire. Dans le cadre de la formation des enseignants (système des Ecoles Normales supérieures) en place sous l'occupation, la géographie et l'histoire ne sont pas distinctes et les études débouchent donc sur un certificat d'aptitude pédagogique « généraliste ». Avec la Libération et le départ précipité des enseignants

160 Gab Jeong, géographe coréen qui doit essentiellement sa notoriété actuelle à son comportement durant la Guerre froide, a été le véritable vecteur de l'importation des méthodes et concepts français en Corée. Né peu avant 1920, il a étudié la géographie au sein du département de géographie-histoire de l'Université de Litso au Japon, puis a enseigné dans le secondaire, avant de devenir, durant l'occupation et jusqu'à la Libération, professeur à l'« Ecole Normale de Filles» de Séoul. Professeur au département de géographie de la faculté de pédagogie de Séoul dès 1946, il a traduit en coréen l'ouvrage de Vidal de la Blache « Principes de la géographie humaine », puis l'ouvrage de Davis « *Physical geography* » (1946 et 1947). Il s'est ensuite éloigné de l'étude géographique proprement dite pour travailler sur la réforme agraire. Après son « émigration » en Corée du Nord durant la guerre de Corée, il y est devenu directeur d'une faculté de pédagogie (Cheong-Jin) : il n'y a plus de document disponible sur les recherches qu'il a menées avant de passer en Corée du Nord mais certains de ses excollègues sont toujours en vie. Il a a priori assimilé les méthodes et concepts géographiques français. La consultation de sa traduction de Vidal est actuellement interdite par le Gouvernement sud-coréen. On suppose qu'il a diffusé les concepts et méthodes géographiques français en Corée du Nord et que les manuels de Corée du Nord en portent par conséquent encore la marque. La géographie scolaire nord-coréenne fait l'objet d'une autre section (7ème chapitre) de la présente recherche.

japonais, la Corée va se retrouver dans une si grave pénurie d'enseignants en géographie que c'est à des spécialistes d'économie ou d'histoire qu'incombe la tâche d'enseigner la géographie, situation à laquelle le gouvernement répond par l'ouverture d'un grand nombre de départements universitaires spécialement dédiés à la formation des enseignants de géographie (28 départements sont actuellement opérationnels en Corée du Sud).

Tableau n°2.21 Départements universitaires de géographie au Japon et Coréens venus étudier en « métropole » durant l'occupation

N°	Université	Nom du département	Nom d'étudiant	Commentaire
-	Université impériale de Tokyo	Département de géographie	-	-
-	Université impériale de Kyoto	Département de géographie	-	-
1	Université impériale de Tokyo	Economie	Yuk Ji-Su	Futur professeur de géographie à l'université de Séoul
2	Ecole normale supérieure de Tokyo	L'histoire et la géographie	Kim Kyo-Shin	La fin d'études en 1927
3			Sa Gong-Hwan	
4			Yi Bong-Su	Futur fonctionnaire chargé de la rédaction des manuels scolaires par gouverneur général du Japon en Corée
5			Hwang Cheol-San	-
6	Ecole normale supérieure de Hiroshima	-	Choe Bok-Hyeon	-
7	Ecole normale supérieure de filles de Tokyo	La géographie et l'histoire	Choe Hye-Suk	-
8			Choe Yeong-Chun	-
9	Ecole normale supérieure de filles de Nara	La géographie et l'histoire	Hong Kyeong-Hee	Prof. de géographie à l'université
10			Kim Yeon-Ok	Prof. de géographie à l'université

N°	Université	Nom du département	Nom d'étudiant	Commentaire
11	Ecole normale supérieure de Hosei	L'histoire et la géographie	Jeong Hong-Hyeon	-
12			Bak Noh-Shik	-
13			Kim Yong-Muk	-
14			Yi Bu-Seong	-
15			Ahn Byeong-Chan	-
16			Yi Ui-Seob	-
17			Kim Yang-Hee	-
18			Jo Yong-Kyu	-
19	Ecole normale supérieure de Nihon	La géographie et l'histoire	Yi Jeong-Won	-
20			Yi Mun-Sang	-
21			Bak Gwan-Seob	Prof. de géographie à l'université
22			Shin Dong-Ouk	-
23			Ma Mun-Kil	-
24	Université de Litso	L'histoire et la géographie	Kang Seok-Oh	-
25			Jeong Gab	Prof. de géographie à l'université de Séoul, avant de quitter le pays pour la Corée du Nord.
26			Bak Ju-Seob	-
27			Kim Hyeon-Jin	-
28			Lim Nae-Jik	-
29			Yi Hak-Noh	-
30			Yi Ji-Ho	Prof. de géographie à l'université de Séoul
31			Hong Shi-Hwan	-
32	Université de Komajawa	L'histoire et la géographie	Noh Do-Yang	-
33			Mok Yeong-Man	-
34	Ecole normale supérieure de Waseda	L'histoire et la géographie	Choe Nam-Seon	Abandon des études

Source : Bak Gwan-Seob, 1995, pp. 1-3.

2.4.2 L'action mobilisatrice de Kim Kyo-Shin dans la Corée occupée

En Corée, la « géographie traditionnelle » (sous la forme du « Pung-Su aussi bien que sous celle de l'étude des « Sciences pratiques » dès le milieu du 18e siècle, ou des « livres géographiques des régions du Royaume de Joseon » et de la « cartographie du Royaume de Joseon » jusqu'à la fin de 19e siècle) puis le régime d'occupation ont constitué de sérieux freins à toute évolution vers une géographie moderne et ce n'est qu'à la Libération qu'on a pu directement tirer profit de méthodes et concepts contemporains ailleurs dans le monde. On considère toutefois que c'est sous l'occupation (et sous l'action de Kim Kyu-Shin) que la « rupture épistémologique » s'est opérée en Corée dans le domaine géographique.

Kim Kyu-Shin assimile la nouvelle « science géographique » lors de son séjour d'études au Japon, avant d'enseigner en Corée. Au moment où son pays passe de l'époque de l' « ouverture au monde » à l'occupation, et que les fondements de l'identité nationale disparaissent avec la rapide diffusion de l'idéologie coloniales japonaise, Kim va jouer un rôle essentiel dans l'émergence d'une forte conscience nationale.

Avec Kim, c'est le rôle des enseignants de géographie dans la formation de l'identité collective en Corée que nous pouvons explorer. Kim s'est intéressé à la géographie moderne à partir d'une critique du caractère non rationnel de l'idée de « Pung-Su ». Il étudie au département de géographie et d'histoire de l'Ecole Normale supérieure de Tokyo avec le désir de fonder rigoureusement ses doutes quant à une éventuelle relation entre le bonheur et le malheur des hommes d'une part, et d'autre part, l'énergie des montagnes et des cours d'eau. L'adoption des idées de la géographie moderne est un moyen pour lui de fournir une assise solide, rationnelle, à l'idée d'un « caractère régional » (existence de spécificités locales). Kim[161] sort diplômé de l'Ecole Normale supérieure de

---

161 Un épisode est révélateur de l'influence de de Kim Kyu-Shin (1901-1945) : un de ses élèves au collège de Yang-Jeong, le Coréen Son Ki-Jeong (1912-2002) a remporté la médaille d'or du marathon durant les Jeux Olympiques de Berlin de 1936 et bien qu'il ait couru sous les couleurs du Japon, Son a touché les Coréens. On sait aussi que peu avant que Son ne participe aux Jeux, Kim a couru à vélo avec lui, et alors que celui-ci était épuisé, Kim

Tokyo en 1927, puis enseigne en Corée. Il tente d'inspirer une conscience nationale par la géographie scolaire, insistant sur l'idée que la conviction d'un peuple peut jouer sur le cours des événements qui le touchent. Selon Yu Yeong-Dal, ancien élève de Kim, celui-ci a « cherché à montrer aux élèves la valeur du territoire national ». Kim essaie notamment de combattre « la théorie de la stagnation de la péninsule » diffusée par le Japon en Corée afin de justifier l'existence d'une administration coloniale sur place (tableau n°2.22).

Tableau n°2.22 Le témoignage d'un enseignant sur Kim Kyo-Shin

« Nous avons suivi les cours de géographie de Monsieur Kim pendant un an. En ce temps-là, enseigner de tels contenus relevait du délit pour l'administration japonaise. Son cours peut se résumer par le contenu d'un article intitulé « Recherche sur la géographie de Joseon ». Après les enseignements de Monsieur Kim, je ne pouvais plus perdre espoir en ma nation. A cette époque-là, on n'avait jamais eu l'occasion d'apprendre l'histoire de Joseon à l'école. »

Source : Yu Yeong-Dal, 1974, p. 29.

Kim Kyo-Shin est mis en contact avec les méthodes et concepts géographiques modernes durant ses études au Japon par l'intermédiaire de Utsimura-Kanjo (1861-1930). C'est également par son intermédiaire que Kim Kyo-Shin adopte les idées de Ritter. Utsimura a appris l'allemand, ainsi que l'histoire et la géologie, lors de ses études aux Etats-Unis. Il y a été influencé par Guyot (1807-1884), professeur de géographie et de géologie à Princeton et ancien élève de Ritter (1777-1859), a publié « The earth and man »[162] en 1849, et diffusé les idées de Ritter aux Etats-Unis.[163] Kim adopte finalement une tradition géographique fondée sur une perspective chrétienne[164] héritée de ses inspirateurs, commentant par la suite l'histoire de Joseon dans une perspective de « divine Providence

lui aurait lancé: « Courage ! Souviens-toi de Joseon. » Aujourd'hui l'immense majorité des Coréens se souviennent de la victoire de Ki-Jeong, mais ils ignorent le rôle de Kim Kyo-Shin (qui fut son entraîneur pour les Jeux) .

162 Guyot, A., 1849, *The earth and man : lectures on comparative physical geography in its relation to the history of mankind*, Boston.

163 Guyot, A., Carl Ritter, 1860, *An address to the American geographical and statistical society,* Princeton, N.J. privately printed.

164 Kim Kyo-Shin a publié un magazine intitulé « La Bible en Joseon » de 1927 à 1942 en Corée, diffusant par ce biais le christianisme en Corée, tout en insistant sur un « christianisme de style coréen ».

» (Kwon Jung-Hwa 1990 ; Yi Eun-Suk 2005).

Il rédige en 1934 un article intitulé « Recherche sur la géographie de Joseon », qui est considéré comme le premier article coréen moderne dans le domaine géographique. Kim préconise aussi pour la jeunesse un type d'éducation susceptible de prendre le relais de la culture traditionnelle. En revendiquant pour son peuple encore sous l'occupation japonaise un véritable avenir, il soulève une forme d'espoir au sein de la population. C'est dans cette même intention qu'il rédige son article de 1934.

Kim y présente tout d'abord l'unité géographique comme objectif de la science géographique lorsqu'elle s'exerce à la compréhension d'un territoire. Il évoque les possibles discordances entre unité politique et unité géographique. Il développe des considérations sur les rapports entre l'étendue et la puissance d'un pays, son niveau de développement, puis les rapports entre topographie et peuplement, activités économiques et culture, enfin les rapports entre caractéristiques objectives du paysage et attachement au pays ou à la région. Ses propos tiennent ensuite de la géographie appliquée : il évoque les moyens de modifier le littoral coréen pour en améliorer l'exploitation. Enfin, il cherche à caractériser Joseon, insiste sur l'atout que représente une configuration péninsulaire, pour conclure sur le « destin » du peuple coréen.

En offrant une vision positive de la péninsule coréenne, l'article de Kim représente d'une certaine manière, une réfutation des représentations négatives que le Japon avait pu diffuser, par le biais de la géographie scolaire notamment. De l'époque de l'ouverture au monde au début de l'occupation, plusieurs manuels ont été rédigés par des géographes coréens en vue d'« éclairer » le peuple; mais contrairement aux rédacteurs de ces manuels (qui s'en sont tenus à la diffusion de connaissances objectives) Kim, a manifestement cherché à travers son article à s'opposer à l'entreprise japonaise de justification de la présence de son administration coloniale sur le sol coréen.

Conclusion

L'activité de Kim pendant l'occupation japonaise revêt une signification très forte pour l'histoire contemporaine de la nation coréenne, tout en faisant figure de palier essentiel dans le développement de la géographie scolaire dans la Corée. On peut dire qu'il a, via le Japon, mis en contact la Corée avec la science géographique occidentale.

On pense généralement que l'occupation japonaise a été une période défavorable pour l'enseignement de la géographie en Corée, entres autres en coupant simultanément le pays de sa géographie traditionnelle et de la géographie contemporaine occidentale dans la première période de XXème siècle.

Pourtant, même si la géographie scolaire n'a pas bénéficié, avec l'occupation japonaise d'un environnement très favorable, cette période n'en représente pas moins un élément-clé pour comprendre la principale transformation des méthodes et concepts employés dans la recherche et l'enseignement géographiques en Corée. De cette période on retiendra essentiellement d'une part, l'importation de la géographie humaine avec sa perspective historicisante à partir de la France et du Japon au début du siècle, et d'autre part, l'influence de la réflexion géopolitique importée d'Allemagne par le Japon, de même que l'importation de la géographie physique à partir du Royaume Uni et des Etats-unis toujours via le Japon.

Il est remarquable que le Japon ait choisi d'importer le système éducatif français, notamment dans le domaine géographique, ainsi que les méthodes et concepts géographiques française, renouvelant à la fois son activité de recherche et les contenus de sa géographie scolaire, ces mêmes contenus étant ensuite exportés en Corée durant l'occupation. Nombre de ces contenus figurent encore dans les manuels sud-coréens actuels.

Chapitre 3

RUPTURE DE L'ÉTUDE SOCIALE IMPORTÉE DES ETATS-UNIS ET CONTINUITÉ DANS LES CONTENUS DE GÉOGRAPHIE (1945-1953)

Lorsque les Japonais rentrent de la péninsule coréenne au Japon, il ne reste ni gouvernement ni administrateur aptes à diriger le système national que les Japonais avaient établi sous l'occupation. Les États-Unis établissent leur gouvernement à Séoul pour exercer leur domination sur la partie sud de la péninsule coréenne (Corée du Sud). On importe alors des cadres de fonctionnement américains, notamment en ce qui concerne le système éducatif. Quand on implante l'étude sociale avec la finalité de « former les citoyens démocrates »[165], la discipline « géographie-histoire » existant sous l'occupation japonaise, est supprimée du programme national. C'est-à-dire que l'étude sociale devient une des disciplines principales du programme national, mais la géographie y est comprise en tant que matière mineure.

Dans ce présent chapitre, nous allons tout d'abord examiner la situation de la division de la péninsule coréenne en deux parties comme produit de la guerre froide américano-soviétique. Puis nous étudierons le système éducatif importé des États-Unis par le gouvernement militaire américain. Nous identifierons l'agent qui a pris part à l'importation de l'étude sociale et nous essaierons de comprendre la nature de celle-

165 Barr, R., Barth, J. L. et Shermis, S. S., traduction par Choe Chung-Ok, Jeon Hong-Dae et Jo Yeong-Jie, 1978, The Nature of Social Studies, Palm Springs : ETC publication, p. 41 ; Kwon Oh-Jeong et Kim Yeong- Seok, 2006, *La structure et l'enjeu de l'étude sociale,* Edition Kyo-Yuk-Kwa-Hak-Sa, pp. 39-40.

ci. Enfin, nous examinerons l'organisation des contenus de géographie scolaire conçus pendant cette période d'occupation américaine. Nous conduisons l'analyse à partir des manuels de géographie publiés sous le régime américain.

3.1 La division de la péninsule coréenne en deux parties comme un produit de la guerre froide

C'est le 15 août 1945 que le Japon capitule face aux forces alliées, mais l'armée soviétique est déjà présente dans la péninsule coréenne neuf jours (le 6 août) avant la capitulation du Japon. Vers le 24 août, elle parvient au 38e parallèle qui scinde la péninsule coréenne en deux parties. Par contre, l'armée américaine est arrivée en Corée un mois après la capitulation du Japon (le 8 septembre). Les deux armées restent en Corée pendant trois ans, et elles font établir deux gouvernements, l'un à Séoul(서울) et l'autre à Pyong-Yang (평양), qui en plus d'être différents sont extrêmement hostiles.

Rapidement après la Libération, plus de trois millions de Coréens ainsi que les leaders nationaux qui s'étaient exilés à l'étranger rentrent dans leur pays. Pourtant la joie de la libération de la patrie est éphémère car une période plus difficile s'annonce. La difficulté résulte d'une séparation de la péninsule coréenne en deux parties soumises aux intérêts de grandes puissances étrangères. Douglas MacArthur, le général en chef de l'armée des Nations unies à l'époque de la Seconde Guerre mondiale, annonce « un ordre général » pour les Coréens :[166]

> D'après la déclaration du Caire le 27 novembre 1943, nous restons en Corée afin de faire exécuter la capitulation du Japon, ainsi que de garantir les droits de l'homme et le droit religieux du peuple coréen. Nous croyons que les Coréens reconnaissent le but de notre occupation sur la péninsule coréenne et qu'ils coopèrent à notre opération. Dès maintenant, nous allons exercer la souveraineté pour les régions et les habitants au sud du

166 The Proclamation No. 1 to the People of Korea in USAFIK (United States Armed Forces in Korea), Official Gazette (Yi Ki-Hu, 2008, *Recherche sur le processus de division de péninsule coréenne*, Thèse de l'Université de Keonkuk, p. 89).

38e parallèle.

Figure 3.1 Les deux lignes : le 38e parallèle et la ligne de cessez-le-feu

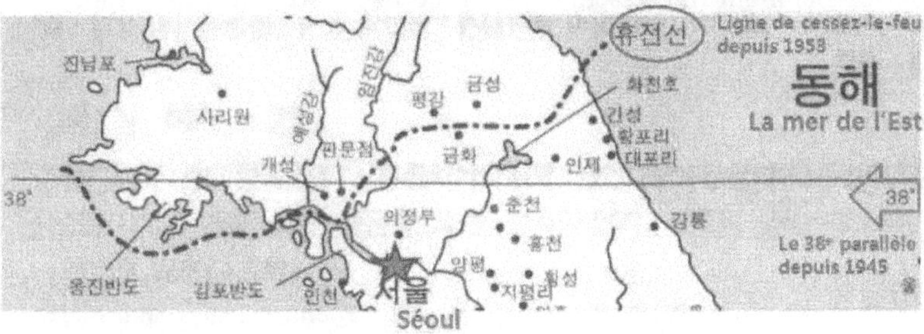

Source : Han Monica, 2009, Le processus du changement de régime dans le terrain récupéré pendant les périodes précédentes et suivantes, Thèse de l'Université catholique de Séoul, p. 2.
Commentaire : nous pouvons vérifier le changement de ligne de démarcation militaire entre les deux Corées ; on a mis la ligne de démarcation sur le 38e parallèle juste après la libération du Japon par les États-Unis et l'U.R.S.S., ligne qui après la Guerre reste inchangée puisqu'il s'agit de la ligne du cessez-le-feu qui met fin à celle-ci.

Le 8 septembre de la même année, 72.000 soldats de l'armée américaine dirigés par John R. Hodge, le commandant en chef de l'armée américaine stationnée en Corée, arrivaient dans la péninsule.[167] Hodge reçoit l'ordre suivant du général en chef de l'armée des Nations unies :[168]

- désarmer l'armée japonaise, exécuter les conditions de la capitulation du Japon et supprimer les éléments et forces colonialistes en Corée ;
- faire la police, établir un gouvernement selon une procédure démocratique, et reconstruire une économie stable comme base de l'indépendance de la Corée ;
- former les Coréens pour qu'ils puissent régler leurs affaires intérieures eux-mêmes, et les préparer au gouvernement de leur pays.

Au début de septembre 1945, l'armée américaine installe le gouvernement militaire et commence à organiser une administration. Dans

---

167 D'après le journal *New York Times* du 20 mai 1949, vers octobre 1945 en Corée, le nombre de soldats de l'armée américaine était de 77.643 et celui de l'armée soviétique s'élevait à 125.000.

168 Jo Sun-Seung, 1983, *Histoire de division de la Corée*, Edition Hyeong-Seol-Sa, p. 63.

les circonstances où Hodge, commandant en chef de l'armée américaine stationnée en Corée, ignore la situation politique en Corée du Sud et n'a pas encore organisé de programme pour le gouvernement militaire, H. Merrel Beninghoff, conseiller politique de Hodge, fait un rapport sur la situation d'alors enCorée du Sud au Département d'État des États-Unis[169] :

> La situation intérieure de la Corée du Sud est la suivante : même si l'occupation japonaise est terminée, les pro-japonais sont encore au pouvoir et la péninsule coréenne est divisée malgré un désir d'indépendance de plus en plus fort. Aussi des organisations politiques et des slogans politiques irresponsables apparaissent sans arrêt ces derniers temps, les démagogues communistes fourmillent, le problème alimentaire s'aggrave et le charbon manque.

Le gouvernement militaire américain a commencé à remplacer les positions des cadres japonais par des Coréens. Cependant, la plupart des Coréens qui travaillaient sous le Gouverneur général du Japon en Corée restent dans les mêmes fonctions et des Coréens qui étaient de service en tant que policiers sous l'occupation japonaise, sont également renommés.[170]

Lorsque l'armée américaine arrive en Corée, les Coréens qui travaillaient sous le Gouverneur général du Japon en Corée ne reprennent pas immédiatement leurs activités de peur de manifestation de vengeance nationaliste. L'armée américaine établissant une nouvelle administration de telle façon que les fonctions de direction économique et d'organisation des moyens de transport soient remplies, choisit la solution la plus simple qui consiste à nommer aux mêmes postes que sous l'occupation japonaise, les mêmes personnes.[171]

La plupart des membres de l'administration américaine sont par conséquent des fonctionnaires ayant participé aux mêmes organisations sous l'occupation japonaise. Par ailleurs, les personnels de direc-

169 Yang Min-Ho, 2004, *Du 38ᵉ parallèle à la ligne de cessez-le-feu*, éditions Saengauinamu, p. 132-138.
170 Yi Ki-Hu, 2008, op. cit., p. 91.
171 Hong Jong-In, 1946, L'essence du régime militaire américain et son évolution, Revue du Nouveau Monde (Shin-Cheon-Ji), Vol. 1, No. 11, p. 8-15.

tion des groupes coréens qui redémarrent leur activité sont choisis en fonction de leur capacité à parler anglais. Cela signifie que ces personnes ont de fait, accompli une partie de leurs études aux États-Unis, ou sont des Coréens chrétiens formés dans des écoles confessionnelles. En résumé, les trois groupes qui constituent l'armature humaine du régime américain sont : des pro-japonais qui ont travaillé pour le Gouverneur général du Japon en Corée durant l'occupation japonaise, des personnes qui ont fait leurs études aux États-Unis, et enfin des personnes qui ont étudié dans des écoles chrétiennes.[172]

Parallèlement, en Corée du Nord, est constituée une base politique capable de soutenir le régime placé sous la direction de l'armée soviétique. Pour cela, l'armée soviétique supprime tout d'abord un groupe d'opposants avant de placer « Kim Il-Seong » (김일성, 1912-1994), premier dictateur chef de l'Etat nord-coréen. Ainsi, un nouveau régime politique peut s'installer parfaitement en Corée du Nord, dès 1948.

Lorsque l'armée soviétique arrive en Corée, elle ramène à peu près 30.000 résidents coréens venus d'U.R.S.S. et, parmi eux, environ 3.000 soldats formés par l'armée soviétique. La plupart des soldats coréens restent en Mandchourie avant de pouvoir conduire des manoeuvres militaires en U.R.S.S.. Kim Il-Seong a ainsi été formé dans une école militaire en U.R.S.S. avant d'assurer le commandement de troupes coréennes. Grâce à sa contribution militaire et à sa fidélité envers l'U.R.S.S., il a pu être sélectionné par le régime soviétique comme souverain d'un État allié. D'autre part, on peut penser que l'U.R.S.S. a rapidement organisé l'entraînement militaire d'un groupe de Coréens afin de les utiliser comme armée du peuple en Corée du Nord.[173]

En Corée du Nord, l'armée soviétique poursuit les buts suivants : assurer la fondation du régime et arrêter l'invasion de la péninsule par une autre force étrangère. Ivan Chistiakov, le commandant en chef de l'armée soviétique déclare au peuple nord-coréen[174] :

172 Hong Jong-In, 1946, L'essence du régime militaire américain et son évolution, *Revue du Nouveau Monde (*Shin-Cheon-Ji), Vol. 1, No. 11, p. 8-15.

173 Yi Ki-Hu, 2008, op. cit., p. 92.

174 Kim Il-Seong, 1960, *L'anthologie de Kim Il-Seong* 2, Pyeong-Yang, Editions du Parti Travailliste de Joseon, p. 127.

> Peuple coréen, souviens-toi que le bonheur de ton futur appartient à vous-même. Vous avez obtenu la libération et l'indépendance. L'armée soviétique va vous aider afin que vous puissiez remédier à un problème à résoudre dans l'immédiat. Il faut que vous soyez vous-même l'artisan de votre bonheur.

L'armée soviétique aide la Corée du Nord dans l'établissement d'une « commission du peuple », équivalent de l'actuelle Assemblée nationale et pour qu'elle puisse préparer le processus de rationnement des vivres. Enfin, en ce qui concerne l'ordre public, l'armée soviétique désarme la force policière formée sous l'occupation japonaise, et elle ne sollicite pas les fonctionnaires qui travaillaient sous le régime japonais.[175] A cette époque, des groupes de policiers désarmés par l'armée soviétique, par peur de devenir l'objet de vengeances, passe de la Corée du Nord à la Corée du Sud. Ironiquement, dans ce dernier cas, un bon nombre de policiers est accepté comme policier sous le régime américain en Corée du Sud.[176]

En Corée du Nord, les subalternes de Kim Il-Seong et les ex-résidents coréens d'U.R.S.S., qui étaient arrivés avec l'armée soviétique, prennent le pouvoir. En réalité, c'est l'U.R.S.S. qui contrôle effectivement le régime nord-coréen, même s'il semble que les Coréens aient pris le pouvoir administratif.[177] Dès le début, l'U.R.S.S. connaît mieux les problèmes internes de la Corée que les États-Unis.[178]

L'autorité militaire soviétique n'a jamais répondu à la proposi-

---

175 Philip Rudolph, 1959, *North Korea's Political and Economic Structure*, New York, Institute of Pacific Relations, p. 9.

176 Lee Won Sul, 1961, *The impact of the United States Occupation Policy on the Socio-Political Structure of South Korea* : 1945-1948, Ph.D. dissertation Western Reserve University (Yi Ki-Hu, 2008, op. cit., p. 91).

177 U.S. Department of States, 1961, *North Korea : A case study in the technique of takeover*, Washington D.C., United States Government Printing Office, p. 15.

178 Le régime militaire américain ne connaissait rien de la Corée avant d'y arriver ; il ne s'est pas préparé à la gouverner. Harry S. Truman (1884-1972), président américain, indique combien est alors grande l'ignorance des Etats-Unis : « jusqu'à avant la Seconde Guerre mondiale, nous ne connaissions pas la Corée, et nous ne nous y intéressions pas, simplement, nous pensions que c'était un pays étrange qui se situait vers la fin de l'Asie de l'Est. Nous n'avions eu aucune occasion de connaître la Corée, le pays du matin calme, avant 1945, à part très
peu de missionnaires » Harry S. Truman (traduction par Kwan-Suk Bak), 1971, Mémoires de Truman, Edition Han-Lim, p. 379

tion de l'autorité militaire américaine de s'accorder sur l'installation d'« agents de liaison » sur le 38ème parallèle. De plus, quand Hodge, commandant en chef de l'armée américaine, a envoyé des denrées alimentaires par train vers la Corée du Nord pour les échanger contre du charbon, le quartier général de l'armée soviétique non seulement n'envoya pas de charbon, mais mit en plus un embargo sur les transports ferroviaires en provenance et à destination de la Corée du Sud. En outre, l'armée soviétique coupe le courant électrique vers le Sud.[179] De cette manière, le 38ème parallèle arrive à un état de stagnation et à un statut de frontière politique et militaire au lieu de n'être comme prévu que temporaire.[180]

Terenti Fomitch Stykov, un général de l'armée soviétique, témoigne dans « la déclaration conjointe américano-soviétique de la Commission » en 1946 : « *l'U.R.S.S. souhaite que la Corée reste comme une nation amie de l'U.R.S.S., ainsi qu'aucune base militaire n'attaque l'U.R.S.S. dans l'avenir.* » De même, les États-Unis expriment également leur souhait de soutenir la constitution d'un gouvernement qui pourrait coopérer pour contenir par un blocus l'extension du bloc communiste.[181] En résumé, les deux puissances, l'U.R.S.S. et les États-Unis, mènent une guerre d'influence sur la péninsule coréenne à des fins d'établissement d'un gouvernement allié.

Pour l'essentiel, après la Seconde Guerre mondiale, la communauté internationale est regroupée en deux blocs autour des deux grandes puissances. Les États-Unis surveillent en permanence l'expansionnisme de l'U.R.S.S., tout en essayant de la déstabiliser avec un blocus écono-

---

179 McCunem George M., and Grey Arthur Jr., 1950, Korea Today, Cambrige, Harvard University Press, p.146-152.

180 Le Japon a introduit la production d'électricité dans la région du Nord sous l'occupation japonaise. Dès lors, la Corée du Nord a bénéficié de ressources en électricité. La plupart des ressources du sous-sol se trouvent aussi en Corée du Nord, mais par contre, l'espace sud-coréen est plus favorable aux activités agricoles et industrielles en raison de la présence de plaines.

181 Dans les circonstances où l'armée américaine et l'armée soviétique dominent chacune l'une des deux Corées, le 15 août 1948, « le gouvernement de la Corée du Sud » est fondé et le même jour, Yi Seong-Man (1875-1965), une personnalité de droite prend la fonction de président de la République. A l'époque de l'ouverture au monde, en 1894, le premier président étudiait à l'école moderne dirigé par les missionnaires américains, « Bae-Jae-Hak-Dang », puis il a poursuivi ses études aux États-Unis. Il obtient son doctorat à l'Université de Princeton en 1910, puis se consacre au « Gouvernement provisoire de la Corée » proclamé à Shanghai en Chine en 1919 sous l'occupation japonaise.

mique. A l'inverse, l'U.R.S.S. donne une impulsion à l'extension du communisme dans le monde entier. Ce conflit entre les deux puissances est directement lié à la situation politique de la péninsule coréenne.

En résumé, le chaos en Asie du Nord-Est après la Seconde Guerre mondiale, est dû au fait que les États-Unis et l'U.R.S.S. ne respectent aucunement les conventions internationales relatives à la libération de la Corée et à la paix sur la péninsule coréenne dont, par exemple, les pourparlers du Caire, la Déclaration de Potsdam ainsi que la Déclaration de Moscou. Ils cherchent plutôt à s'assurer que la péninsule coréenne soit une zone neutre favorable à leur propre pays ou prenne place dans leur zone d'influence. Dans cette situation de rivalité, l'idéologie de la guerre froide s'enracine en Corée où chacun cherche la position la plus avantageuse après la défaite du Japon.

3.2 La politique éducative du régime militaire américain en Corée et « le mouvement de nouvelle éducation »

Le régime militaire américain dure de la défaite du Japon, le 15 août 1945, jusqu'à peu avant la fondation du gouvernement de la Corée du Sud, le 15 août 1948, soit pendant trois ans. Durant cette époque-là, l'orientation de l'administration du régime militaire américain consiste à supprimer les restes du colonialisme japonais et, dans un même temps, à fonder la Corée du Sud comme un État basé sur le modèle d'une démocratie libérale. Dans le domaine éducatif, l'objectif est de construire les bases d'une éducation démocratique. D'un côté, le ministère de l'Éducation du régime militaire américain se propose d'organiser « le Comité coréen pour l'éducation » et « le Conseil sur l'éducation de Corée » afin de produire une réforme éducative selon un plan détaillé.[182]

Avec ce processus, les États-Unis veulent implanter le système éducatif américain en Corée du Sud. On importe la discipline de l'anglais ainsi que l'étude sociale des États-Unis ; par contre, histoire et géographie disparaissent du programme national. De plus, on met autant d'heures

182 Kim Dong-Ku, 1992, « La politique éducative du régime militaire américain en Corée du Sud », *Revue de recherche en science de l'éducation,* vol. 30, no. 4, p. 121-123.

d'enseignement pour l'anglais que pour la langue coréenne. L'idée d'une certaine supériorité de la culture américaine se reflète dans cette réforme.

En même temps que l'on importe le système éducatif des États-Unis, un grand nombre de « missions éducatives américaines » apparaissent afin de résoudre les problèmes urgents du moment comme la formation des enseignants. Dans le même temps, un mouvement d'« éducation nouvelle» se développe. On y retrouve les idées éducatives du pédagogue américain John Dewey (1859-1952), comme par exemple l'idée d'une éducation centrée sur l'expérience et la vie quotidienne pour les enfants, conception qui est alors à la mode aux États-Unis. Cette perspective éducative-ci est importée en Corée du Sud par le mouvement d'éducation nouvelle, qui s'intéresse principalement à une « didactique » de l'enseignement primaire.

Jusqu'à présent, les recherches sur l'éducation dans le cadre du régime militaire américain ont été réalisées en Corée du Sud. Leur tendance peut être divisée en deux catégories. Une première catégorie correspond aux recherches sur le caractère pertinent de la politique éducative américaine et sur son influence positive pour l'éducation de la Corée du Sud. Elles ont été réalisées par un premier groupe de chercheurs, qui de fait soutient la politique éducative du régime militaire américain.[183] Et une deuxième catégorie est constituée de travaux qui portent un regard critique sur la politique éducative sous l'occupation américaine, ces recherches débouchant sur une « théorie de la dépendance », une « théorie de l'impérialisme culturel » ou encore « la théorie de l'enchevêtrement ».[184] Enfin, des mémoires de recherche relatifs à la géographie scolaire durant la période du régime militaire américain ont été publiés : Yeh Kyeong-Hee en 1971, Yim Deok-Sun en 1999 et Yim Jong-Myeong en 2008.[185] Dans cette section, nous examinons la caractéristique de la po-

---

183 Oh Cheon-Seok, 1964, *La nouvelle histoire éducative de la Corée*, éditions Hyeon-Dae-Kyoyuk-Chong-Seo.

184 Yi Suk-Kyeong, 1982, *Caractéristiques de la démocratisation et limites de l'éducation démocratique pendant la période du régime militaire américain*. Mémoire, Université de Ihaw ; Yi Kwang-Ho, 1983, *L'organisation du système éducatif en Corée du Sud pendant la période du régime militaire américain*. Mémoire, Université de Yeon-Se ; Choe Hye-Wol, 1986, *La caractéristique idéologique d'une campagne contre l'unification universitaire nationale*. Mémoire, Université de Yeon-Se, etc.

185 Yeh Kyeong-Hee, 1971, *L'évolution de la géographie scolaire du secondaire dep-*

litique éducative et le processus d'application de la politique éducative importée des États-Unis.

3.2.1 La politique éducative du régime militaire américain en Corée et « le mouvement de nouvelle éducation »

3.2.1.1 La politique éducative du régime militaire américain en Corée et « le mouvement de nouvelle éducation »

Au début du régime militaire américain, et à cause du problème militaire concernant la Corée du Nord, aucune politique éducative concrète n'est menée, aucun plan de réforme éducative n'est produit. Il s'agit seulement d'installer une continuité de fonctionnement de l'appareil scolaire. Le 11 septembre 1945, Hodge, le commandant en chef du régime militaire américain, nomme A. L. Anold ministre du régime militaire américain, et en même temps il nomme E. N. Lockard en tant que responsable du domaine éducatif. Le jour même, on annonce « l'orientation éducative » du régime militaire américain, d'où l'on retient plus particulièrement une phrase très significative: « le système éducatif japonais sera valable (utilisé) pour quelque temps, jusqu'à ce que l'on (le régime militaire américain) soit habitué à la situation coréenne ».[186]

Par rapport à cette situation-là, le 11 septembre, Hodge explique à la presse: « les Coréens ne nous demandent que la libération immédiate, mais ils ne nous aident en rien. Effectivement, c'est plutôt les Japonais qui me renseignent sur les informations dont j'ai besoin ».[187]

---

uis la libération du Japon. Mémoire, Université de Kyeong-buk ; Yim Deok-Sun, 1999, « L'organisation de géographie scolaire du secondaire sous l'occupation militaire américaine », *Revue de la géographie de Chung-Buk*, No. 16 ; Yim Jong- Myeong, 2008, « L'enseignement de la géographie et la représentation du territoire national pendant la période postcoloniale », *Revue de l'histoire de la Corée,* No. 30.

186 U.S. Army, 1988, *History of United States Armed Forces in Korea*, Edition Dol-begae, p. 514.

187 Rechard E. Lauterbach (traduction éditée par le service de la publication de société éditrice du journal international), 1983, *Histoire du Régime militaire américain en Corée du Sud*, Dol-Be-Gae, p. 40.

L'orientation éducative du régime militaire américain pour l'administration en Corée du Sud est fournie par « la fondation anticommuniste du régime » et la volonté d'une « institutionnalisation de la démocratie libérale ». Il s'agit de préparer l'environnement idéologique du premier gouvernement de la Corée du Sud.[188]

Le régime militaire américain assimile toute demande d'innovation de la part de personnalités de gauche à des initiatives pro-soviétiques, si bien qu'on exclut la gauche d'office lorsque l'on se propose de fonder le régime comme anticommuniste.[189] Autrement dit, le système japonais n'est pas réformé par le gouvernement militaire qui s'est au contraire appuyé sur son héritage et les personnels coréens qui l'ont fait fonctionner. Autrement posé, le régime militaire américain profite du système légué par l'occupation japonaise pour ne rien avoir à changer avec sa propre occupation. Les fonctionnaires pro-japonais font un retour triomphal.[190] En fin de compte, les fonctionnaires qui travaillaient sous l'occupation japonaise, ont également tenu un rôle important sous le régime militaire américain.

> La Corée restera continuellement sous l'administration du Gouverneur général japonais, mais c'est le commandant en chef de l'armée militaire américaine qui surveillera et dirigera le Gouverneur général japonais. Donc si le commandant en chef de l'armée américaine donne des instructions générales au Gouverneur général japonais, le pouvoir discrétionnaire revient au Gouverneur général japonais.[191]

Dans ce contexte, quand le régime militaire américain est établi, les hauts fonctionnaires japonais conservent leur place de conseiller, et le gouvernement général japonais offre des informations cruciales sur la Corée dans chaque domaine au régime militaire américain.[192] On pourrait donc en conclure que l'établissement du régime militaire améri-

---

188 Kim Dong-Ku, op. cit., p. 128-129.

189 Kim Yong-Il, 1995, « L'apparition de l'influence dominante dans le domaine éducatif sous le régime militaire américain », *Revue de l'administration de l'instruction publique*, vol. 13, no. 4, p. 36-40.

190 Son In-Su, 1991, « L'évaluation de l'éducation sous le régime militaire américain », *Revue de l'histoire éducative de la Corée*, vol. 13, p. 12.

191 U.S. Army, 1988, op. cit., p. 416-417.

192 Kang Ji-Yeong, 2001, *Recherche sur la politique éducative sous le régime militaire américain*, Mémoire, Université d'In-Cheon, p. 21-22.

cain ne signifie pas la fin du régime colonial japonais, mais qu'il s'inscrit bien davantage en continuité avec le régime japonais.

Alors, pourquoi le régime militaire américain n'a-t-il pas supprimé l'organisation issue du système colonial japonais ? La réponse à cette interrogation peut être très facilement trouvée : tout d'abord parce que la préoccupation principale des États-Unis était de faire barrage à l'U.R.S.S. qui occupait la péninsule coréenne au nord, ainsi qu'à la fondation d'un gouvernement de gauche en Corée du Sud. C'était la tâche première des États-Unis que d'empêcher la descente de l'U.R.S.S. vers le sud, donc l'héritage colonial japonais était une réalité secondaire pour les États-Unis.

3.2.1.2 L'apparition de la première génération des pédagogues et des hauts fonctionnaires coréens au coeur du Ministère de l'Éducation nationale

Comment est apparue la première génération de pédagogues et de hauts fonctionnaires coréens susceptibles de jouer un rôle majeur au moment de la création d'un programme national ? L'analyse de ce processus permet de mieux saisir la situation de la Corée du Sud sous régime militaire américain. Le système colonial japonais est en effet lentement remplacé par le système américain entre autres dans l'organisation du système éducatif, dans l'idéologie éducative et dans les manières d'enseigner.

Lorsque le régime militaire américain s'établit en Corée, les États-Unis envoient 109 officiers en Corée du Sud, et les nomment en tant que responsables de domaines. Pourtant, la plupart de ces officiers ignorent la situation de la Corée du Sud. En ce temps-là, E. N. Lockard est responsable du domaine éducatif, fonction équivalente au poste de Ministre de l'Éducation nationale de nos jours. Il est notamment chargé de la politique éducative de la Corée du Sud, alors qu'il est un ancien étudiant de faculté dont le cursus a été de deux ans.[193] Il a donc besoin de

193 Oh Cheon-Seok, 1964, *La nouvelle histoire éducative de la Corée*, édition Hyeon-Dae-Kyoyuk-Chong-Seo, p. 7.

Coréens qui parlent anglais.[194] A ce moment, Oh Cheon-Seok[195] est son premier collaborateur coréen. Par la suite, Lockard a pu trouver d'autres pédagogues coréens par l'intermédiaire de Oh.

Lockard voulait créer un organisme consultatif pour l'éducation nationale autour de Oh Cheon-Seok. Pour cela, on sélectionna des pédagogues qui pouvaient représenter chaque domaine éducatif : Kim Seong-Dal, Hyeon Sang-Yun, Yu Eok-Kyeom, Kim Seong-Su, Baek Nak-Jun, Kim Hwal-Lan, Choe Kyu-Dong. Et ensuite, ils devinrent les membres du « Comité coréen pour l'éducation (한국 교육 위원회) ». Comme nous pouvons le voir dans le tableau 3.1, la plupart des membres de cet organisme ont fait leurs études aux États-Unis ou au Japon, en plus d'être chrétiens et d'être également membre d'un « parti démocrate coréen[196] ».

Tableau 3.1 Les membres du Comité coréen pour l'éducation

Nom	Poste / Domaine	Formation	Religion	Affiliation	Lieu d'origine
Kim Seong-Dal	Enseignement primaire	École normale (Corée)	-	-	Séoul
Hyeon Sang-Yun	Enseignement secondaire	Université (Japon)	Chrétien	Parti démocrate coréen	Jeong-Ju (Pyeong-Buk, Corée du Nord)
Yu Eok-Kyeom	Enseignement de la faculté	Université (Japon)	Chrétien	Parti démocrate coréen	Séoul
Baek Nak-Jun	Enseignement général	Doctorat (États-Unis)	Chrétien	Parti démocrate coréen	Jeong-Ju (Pyeong-Buk, Corée du Nord)
Kim Hwal-Lan	Education des femmes	Doctorat (États-Unis)	Chrétien	Association des femmes patriotes	In-Cheon Gyeong-Ki

194 La situation de gouvernement militaire américain amène à accorder de l'importance à la langue anglaise. Par ailleurs, faire ses études à l'étranger est nécessaire pour faire partie des élites économiques et politiques, ce qui est encore le cas aujourd'huien Corée du Sud.

195 Oh Cheon-Seok (1901-1987) est parti faire ses études secondaires au Japon en 1919, puis il est allé aux Etats-Unis. Il obtient sa licence à l'Université de Cornell en 1925, l'équivalent du master actuel à l'Université de Northwestern en 1927, et son doctorat à l'Université de Columbia en 1931. Après son retour en Corée, il est nommé à l'Université de Bo-Seong (l'Université de Koryo de nos jours), en tant que professeur en 1932. Puis il devient conseiller sous le régime militaire américain pour, en 1960, finalement devenir ministre de l'Éducation nationale.

196 C'est un parti conservateur créé en septembre 1945 par des personnalités de droite.

Nom	Poste / Domaine	Formation	Religion	Affiliation	Lieu d'origine
Kim Seong-Su	Enseignement supérieur	Université (Japon)	-	-	Jeon-Buk
Choe Kyu-Dong	Enseignement pour adultes	Lycée professionnel (Corée)	-	-	Gyeong-Buk
Yun Il-Seon	Formation de médecine	Université (Japon)	Chrétien	-	Chung-Nam
Jo Baek-Hyeon	Enseignement agricole	Université (Japon)	-	-	Séoul
Jeong In-Bo	Représentant du monde des savants	Étude des classiques chinois	-	-	Séoul
Baek Nam-Hun	Enseignement supérieur	Université (Japon)	Chrétien	Parti démocrate coréen	-

Source : Tableau réactualisé à partir des données de recherche de Yi Suk-Kyeong, 1983, p. 53 ; Son In-Su, 1991, p. 21.

Les membres du Comité coréen pour l'éducation conseillent sur l'ensemble des problèmes éducatifs : la réorganisation du Ministère de l'Éducation nationale du régime militaire américain, la réouverture des écoles alors en fermeture temporaire, le licenciement des employés japonais, la nomination des administrateurs éducatifs etc. Ce Comité-ci est essentiellement un organisme consultatif, mais concrètement, il examine, prend des décisions sur les affaires importantes, tout en prenant part au choix des responsables éducatifs dans chaque département, ainsi que du chef de l'administration éducative. Le comité travaille jusqu'en mai 1946 avant d'être dispersé.[197]

A part « le Comité coréen pour l'éducation (조선교육 심의회) », le « Conseil sur l'éducation de Corée » influence fortement la réforme éducative sous le régime militaire américain. Ce « Conseil sur l'éducation de Corée » a pour mission de proposer une nouvelle orientation pour le système éducatif. Il est constitué de dix membres, qui font figure d'autorité, spécialistes aussi bien dans le monde des savants que dans celui de l'éducation.

Les membres du Conseil sur l'éducation de Corée se proposent

197 Kang Ji-Yeong, 2001, op. cit., p. 30.

de traiter de questions idéologiques et symboliques relatives au système éducatif : l'importation du système états-unien, l'exécution de l'enseignement obligatoire, la réorganisation de l'administration éducative, la proposition d'un modèle pour la fondation des écoles, la suppression des caractères chinois dans les manuels de l'école primaire etc. Le Conseil sur l'éducation de Corée est divisé en dix sections, et chaque section compte entre sept et dix membres. Lors de la sélection des membres de chaque section, le Comité coréen pour l'éducation a pris une part essentielle dans le choix, et par-dessus tout, a compté l'opinion d'Oh Cheon-Seok, responsable coréen dans le Ministère de l'Éducation nationale du régime militaire américain. De fait, des personnes favorables à la démocratie libérale américaine, à l'éducation américaine, ou encore conservatrices, pouvaient être sélectionnées en tant que membre du Conseil pour l'éducation de Corée. Le tableau 3.2 permet de prendre connaissance des membres de ce Conseil.

Tableau 3.2 Les membres du Conseil sur l'éducation de Corée

Section	Président de section	Membres
Idéologie éducative	Ahn Jae-Hong	Ha Kyeong-Deok, Baek Nak-Jun, Kim Hwal-Lan, Hong Jeong-Sik, Jeong In-Bo, Keefer(Américain)
Système éducatif	Yu Eok-Kyeom	Kim Jun-Yeon, Kim Won-Kyu, Yi Hun-Ku, Yi In-Ki, Oh Cheon-Seok, Errett(Américain)
Administration éducative	Choe Kyu-Dong	Choe Du-Seon, Hyeon Sang-Yun, Yi Myo-Muk, Baek Nam-Un, Sa Gong-Hwan, Glen(Américain)
Enseignement primaire	Yi Geuk-Lo	Yi Ho-Seong, Yi Kyu-Baek, Yi Kang-Won, Yi Seung-Jae, Jeong Seok-Yun, Milan(Américain)
Enseignement secondaire	Jo Dong-Sik	Ko Hwang-Kyeong, Yi Byeong-Kyu, Song Seok-Ha, Seo Won-Chul, Yi Hong-Jong, Bisko(Américain)
Enseignement professionnel	Jeong Mun-Ki	Jang Myeon, Jo Baek-Hyeon, Yi Kyu-Jae, Bak Chang-Yeol, Yi Kyo-Seon, Lawrence(Américain)
Formation des enseignants	Jang I-ouk	Heo Heon, Jang Deok-Su, Kim Ema, Shin Ik-Beom, Son Jeong-Kyu, Pali(Américain)
Enseignement supérieur	Baek Nam-Un	Yu Jin-Oh, Kim Seong-Su, Bak Jong-Hong, Jo Byeong-Ok, Croft(Américain), Gordon(Américain)

Section	Président de section	Membres
Manuels scolaires	Choe Hyeon-Bae	Jang Ji-Yeong, Jo Jin-Man, Jo Yun-Je, Pi Cheon-Deuk, Hwang Shin-Deok, Kim Seong-Dal, Wallchi(Américain)
Formation médicale	Shim Ho-Seob	Yi Yong-Seol, Bak Byeong-Lae, Choe Sang-Che, Ko Byeong-Kan, Yun Il-Seon, Choe Dong, Jeong Ku-Cheung, Yu Eok-Kyeom

Source : Tableau réactualisé à partir du tableau de Shin Myeong-Ae, 1998, p. 12.

La plupart des membres (tableau 3.2) ne sont pas connus pour des faits de résistance sous l'occupation japonaise et ont même plutôt participé à l'enseignement colonial japonais. Un bon nombre de membres pouvaient parler l'anglais eu égard à leur cursus universitaire. Troisièmement, une majorité d'entre eux est chrétienne et issue de catégories sociales aisées. Quatrièmement, la plupart des membres sont conservateurs et adhèrent à l'idéologie anticommuniste. Enfin, ce conseil rassemble un bon nombre de pro-japonais qui ont collaboré avec l'occupant.[198]

Parmi les membres, Jang Myeon (1899-1966) devient Premier ministre de Corée du Sud en 1960. Pi Cheon-Deuk (1910-2007), étudiant en littérature anglaise, devint un professeur de l'université de Séoul, et fut également un écrivain très connu pendant les années 1930 à 1990. Aussi, parce que des pédagogues, comme Oh Cheon-Seok, ont participé à la création du cadre de l'Education nationale et à l'organisation du programme national sous le régime militaire américain, la place (statut) des sciences de l'éducation et celle des pédagogues a été plus forte que celle d'autres domaines d'enseignement en Corée du Sud. Par conséquent, lorsque l'on réforme les programmes d'enseignement, les pédagogues modifient tout d'abord le cadre du programme avant que les spécialistes des autres domaines ne réorganisent les contenus des disciplines.

Au final, les membres du Conseil sur l'éducation de Corée sous l'occupation américaine ont été influents dans les domaines politique et éducatif, constamment pendant la 2e moitié du 20e siècle. Pro-japonais, pro-américains, chrétiens et conservateurs, ils ont maintenu leurs positions

198 Shin Myeong-Ae, 1998, *Recherche sur le Conseil sur l'éducation de Corée sous l'occupation américaine*. Mémoire, Université nationale pédagogique de Corée, p. 12-13 ; Kang Ji-Yeong, 2001, op. cit., p. 32-33.

acquises au sortir de la Seconde Guerre mondiale jusqu'à la fin du siècle.

3.2.2 Le système de la formation des enseignants et le mouvement d'éducation nouvelle

3.2.2.1 La formation des enseignants et la rééducation des enseignants

Juste avant la libération de l'occupant japonais, en 1945, la population de la Corée du Sud était de 16.420.000 habitants, dont 456.000 Japonais. A ce moment-là, le nombre des enfants âgés de 6 à 12 ans est d'environ 3,5 millions, dont juste 1.542.640 vont à l'école primaire. Par ailleurs, le nombre des enseignants coréens d'école primaire est de 13.782 et celui des enseignants japonais de 8.650. On observe donc que la proportion des enseignants japonais est de plus d'un tiers du total (38,5%). De plus, au niveau du collège et du lycée, la proportion des enseignants japonais est trois à quatre fois supérieure à celle des enseignants de nationalité coréenne (tableau 3.3).[199]

Tableau 3.3 Le nombre des enseignants en Corée du Sud juste avant la Libération

	Le nombre des enseignants (en avril 1945)		
	Coréens	Japonais	Au total
Ecole primaire	13.782	8.650	22.432
Collège	833	2.770	3.603
Lycée	261	647	908

Source : Abe Hiroshi, 1987, *La réforme de l'éducation en Corée du Sud après la libération de l'occupation japonaise*, p. 7.

Par conséquent, un des problèmes à résoudre en priorité par le régime militaire américain est de former des enseignants et d'assurer la

199 Nam, Byung-Hun, 1962, Educational reorganisation in South Korea under the United States Army Military Government : 1945-1948, Dissertation, University of Pittsburgh, p. 3; Abe Hiroshi, 1987, La réforme de l'éducation en Corée du Sud, après la libération de l'occupation japonaise, Centre de la recherche sur la Corée, p. 7.

« rééducation » des enseignants, car la plupart des enseignants japonais étant rentrés au Japon, ne restaient que des enseignants coréens formés sous l'occupation japonaise. Le problème se pose en particulier pour l'enseignement du coréen abandonné pendant l'occupation et, plus généralement, la connaissance de la Corée est extrêmement médiocre chez les enseignants.[200]

Pour former les enseignants des écoles primaires, le Ministère de l'Éducation nationale du régime militaire américain construit de nouveaux établissements (초등교사 양성소) rattachés à chaque« école normale (사범학교) ». D'une part, en 1946, on crée cinq nouvelles écoles normales à Gyeong-Ki, à Gae-Seong, à Gang-Neung, à Chung-Ju, à Mok-Po, à Ahn-Dong, et en 1947, quatre écoles normales supplémentaires à Gun-San, à Sun-Cheon, à Mok-Po, à Ahn-Dong. D'autre part, pour former les enseignants du secondaire, on élève l'école normale de Dae-Gu au rang de faculté de pédagogie, et en 1948, on avance aussi l'école normale de Gong-Ju au rang de faculté de pédagogie de Gong-Ju.[201] Enfin, l'activité des écoles redémarre progressivement (tableau 3.4).

Tableau 3.4 Le nombre d'écoles secondaires et d'enseignants

Période	Nombre d'écoles	Nombre d'enseignants	Nombre d'élèves
Décembre 1945	248	1.186	71.701
Octobre 1946	344	4.899	111.924
Mai 1947	385	6.304	159.950

Source : Tableau réalisé à partir des données de l'Agence de presse de Joseon, 1948, L'annuaire de Joseon, p.299.

Le nouveau contexte politique s'accompagne d'une entreprise de rééducation des enseignants, autrement dit, une formation pédagogique des maîtres. Formés sous l'occupation japonaise, la plupart des enseignants doivent apprendre de nouveaux éléments de théorie éducative, les contenus d'une éducation à finalité démocratique et les méthodologies d'enseignement correspondantes. En outre, ils ont à apprendre l'idéologie de la démocratie libérale états-unienne afin de renforcer la conscience anticommuniste.

---

200 Oh Cheon-Seok, op. cit., p. 19.
201 Kang Ji-Yeong, op. cit., p. 49.

La rééducation d'enseignants est entreprise pour la première fois pendant l'hiver 1945. Puis en 1946, une campagne de rééducation des enseignants est conduite en 39 actions, tandis que six sessions d'hiver seront réalisées. On compte au final 7,800 enseignants ayant participé à cette rééducation. Dans cette situation-là de refondation d'un système d'enseignement, il est remarquable qu'un projet relatif à l'établissement et à la gestion d'un « centre de formation » se soit concrétisé vers la fin du régime militaire américain.

Cet établissement d'un centre de formation est le premier résultat majeur des efforts entrepris pour la réforme de l'éducation par le régime militaire. M. S. Pittman, président de la faculté pédagogique de l'Université de Georgia aux États-Unis, ouvre ce centre de formation dans un bâtiment de la faculté de médecine à l'Université de Séoul en 1948. Il invite vingt spécialistes qui travaillent dans le domaine éducatif aux États-Unis, organise un groupe de chargés de cours et poursuit la réalisation de la rééducation d'enseignants. Voici les deux intentions pratiques que Pittman a exprimé par rapport à cette rééducation: premièrement, examiner si les enseignants américains peuvent accomplir leurs tâches avec efficacité auprès des enseignants coréens qui avaient été formés dans un environnement complètement différent ; deuxièmement, présenter la pratique de l'enseignement américain à ces enseignants coréens pour qu'ils puissent partager le sens d'un objectif de vie démocratique pour l'enseignement.[202]

Cependant, nous pouvons formuler de nombreuses critiques sur les efforts et les tentatives réalisés par le régime militaire américain, en ce que la Corée du Sud est maintenue dans une atmosphère troublée par le mixage de l'héritage et du nouveau contexte idéologique (colonial, communiste et démocrate) ainsi que des systèmes éducatifs de référence (japonais et américain). A un moment où la Corée avait besoin de temps pour réfléchir à la création d'un véritable système éducatif national, les États-Unis ont opté pour l'implantation de leur système afin de stopper l'extension du communisme. Finalement, cette stratégie d'importation d'un système éducatif et finalement d'acculturation états-unienne a pour

---

202 Choe Byeong-Chil, 1957, *Le dictionnaire de la nouvelle éducation*, Edition Hong-Ji-Sa, p. 599.

effet de faire perdre de son identité coréenne à la Corée du Sud.

3.2.2.2 Le mouvement d'éducation nouvelle

« Le mouvement d'éducation nouvelle» du régime militaire américain est créé dans le but d'en finir avec l'éducation coloniale japonaise, tout en établissant une nouvelle idéologie éducative fondée sur des références démocratiques. Lorsqu'un nouvel État est créé, le rôle de l'éducation nationale est évidemment très important, et dans cette perspective, le mouvement d'éducation nouvelle poursuit un objectif de réforme éducative et de contribution à la fondation d'un pays démocratique. Oh Cheon-Seok donne ce nom d'éducation nouvelle au mouvement[203] qu'il conduit. Oh Cheon-Seok en explique ainsi l'orientation.[204] Il s'agit de :

- rejeter l'enseignement traditionnel qui fait accepter et justifie le recours au passedroit ainsi que les écarts de conditions de vie dans la société coréenne ;
- rejeter tout enseignement qui viserait l'instrumentalisation de l'homme, et poursuivre un enseignement ayant pour objet de développer l'homme en lui-même ;
- poursuivre un objectif d'enseignement qui développe l'exercice de la liberté au lieu d'un enseignement par l'oppression et l'obéissance ;
- refuser un enseignement uniforme et poursuivre l'objectif d'un enseignement qui respecte la personnalité de chacun et soit concrètement conçu comme personnalisé.
- rejeter tout enseignement basé sur des connaissances déclaratives et utilisant des manuels privilégiant les discours sur

203 R. H. Cole, un pédagogue américain, commenta ce mouvement en soulignant l'accent mis sur les manuels scolaires, l'intérêt pour l'individu et ses capacités dans une perspective d'apprentissages empiriques. Les méthodes d'enseignement préconisées et les programmes scolaires sont censés développer des facultés mentales innovatrices et efficaces. On espère ainsi que l'éducation constitue une base nouvelle pour refonder l'ordre social. Voir : Ross Harold Cole, 1975, *The Koreanisation of Elementary Citizenship Education in South Korea : 1945-1947*. Dissertation, Arizona State University, p. 200.

204 Oh Cheon-Seok, op. cit., p. 33-35.

l'héritage culture,[205] au profit d'un enseignement centré sur la vie quotidienne.

Oh Cheon-Seok proposedonc que l'éducation nouvelle soit organisée en fonction de la vie quotidienne des élèves. Par la suite, il présente une méthode d'apprentissage intitulée « Dalton Plan[206] » qui avait été expérimentée par les pédagogues progressistes américains. A cette époque, le mouvement d'éducation nouvelle suscite de l'intérêt dans le secteur éducatif au titre d'idéologie. En revanche, il n'est pas simple d'appliquer les méthodes d'enseignement des Etats-Unis en Corée du Sud, étant donné la situation héritée de l'occupation japonaise pendant laquelle le style d'enseignement s'est forgé en adéquation avec l'idéologie totalitaire qu'il véhiculait. En fin de compte, le mouvement d'éducation nouvelle est une imitation de la méthode d'enseignement qui avait été à la mode dans les années 1920 et 1930 aux États-Unis, mais la situation de l'enseignement de la Corée du Sud des années 1945-1948 est complètement différente de celle des États-Unis.208 De plus, l'école aux États-Unis[207] cherche à former des citoyens démocrates par l'intermédiaire des études sociales, et non par l'histoire et la géographie.[208] Mais en Corée du Sud, on a plutôt

205 Les Américains refusent ce qu'ils appellent la méthode européenne d'enseignement centrée sur les connaissances instituées et sur les manuels, pour privilégier un nouveau programme scolaire (curriculum) axé sur la vie quotidienne dans l'environnement des élèves. Les sciences de l'éducation d'origine états-unienne cherchent à cultiver l'intérêt des élèves et à produire un enseignement personnalisé.

206 C'est un plan éducatif relatif à l'organisation du programme et aux activités d'enseignement-apprentissage, appliqué par la pédagogue américaine Helen Parkhurst (1887-1973) à Dalton (Massachusetts) aux États-Unis en 1919. Ce plan tente de prendre en compte les différences de niveaux entre les élèves dans les activités proposées. C'est ainsi que l'esprit de coopération entre élèves est pris en considération. Autrement dit, les valeurs fondatrices de ce plan sont la liberté et la coopération. Une tâche est donnée aux élèves une fois par mois. Cette tâche est organisée en vingt sujets avec un guide d'enseignement. Les élèves doivent accomplir leur travail par eux-mêmes, puis ils doivent enregistrer le degré de réalisation de la tâche sur l'échéancier. L'enseignant peut modifier le rythme d'étude après entretien avec chaque élève. La salle de classe est considérée comme un laboratoire. Les élèves définissent le plan d'étude eux-mêmes, et accomplissent leurs études selon ce même plan. Cependant, si on ne termine pas sa tâche en un mois, on ne peut pas entamer le plan du mois prochain. On encourage la collaboration pour parvenir à la réalisation finale de la tâche (Lesley Fox Lee, 2000, « The Dalton Plan and the loyal, capable intelligent citizen », History of Education, Vol. 29, No. 2, p. 129-138).

207 Kang Ji-Yeong, op. cit., p. 53-54.

208 L'histoire des États-Unis est relativement plus courte que celle des pays européens, il est possible que les États-Unis considèrent leur très courte histoire comme de peu de ressources pour permettre la formation des enfants. L'introduction de sciences humaines et sociales à l'école suit alors une voie propre aux Etats-Unis. Comme d'importants flux

tendance à attacher par tradition de la valeur à l'histoire et à la géographie. Ainsi, à mesure que la Corée du Sud importe le système éducatif et l'idéologie éducative des États-Unis, elle entre en rupture avec sa propre tradition historique.

3.3 L'étude sociale nouvellement implantée sert-elle la formation de citoyens démocrates ?

3.3.1 La caractéristique d'organisation des contenus d'étude sociale

A partir de septembre 1945, l'enseignement (école primaire, collège et lycée) est rétabli en même temps par le régime militaire américain. A partir de septembre 1946, « l'étude sociale » est insérée dans le programme national. Cependant la plupart des enseignants d'alors ne connaissent pas du tout cette nouvelle discipline scolaire. Le Ministère de l'Éducation nationale du régime militaire américain annonce le « plan de cours[209] » pour l'école primaire en décembre 1946, et celui du secondaire un an après. Le plan de cours de l'étude sociale pour l'école primaire est fondé sur les mêmes bases que l'étude sociale de l'Etat du Colorado aux États-Unis. Le tableau 3.5 montre les deux plans de cours en Corée du Sud et au Colorado.

D'après le plan de cours, les contenus des huit niveaux de l'école primaire aux États-Unis furent modifiés pour les six niveaux en Corée du Sud ; la durée des études à l'école primaire étant de six ans en Corée du Sud tout comme de nos jours. D'autre part, le programme de l'étude

---

d'immigration alimentent la population états-unienne, une formation sociale est nécessaire et elle doit se faire au moyen d'une discipline scolaire nouvelle. Dans cette situation, au début du 20e siècle, l'histoire et la géographie, toutes deux considérées comme des disciplines importantes en Europe, sont exclues du plan d'études au profit de la réalisation d'un idéal éducatif au moyen de l'étude sociale. Les spécialistes de l'éducation américains pensent que l'histoire et la géographie alimentent les patriotismes qui ont conduits aux deux conflits mondiaux. Elles doivent donc être mises au service d'une éducation dédiée à la paix et à la formation d'une citoyenneté mondiale. Il s'agit d'éliminer les marques de patriotisme chauvin des manuels scolaires d'histoire ou de géographie (Marsden, 2001, *The school textbook : Geography, History and Social studies*, Routledge, p. 157-159).

209 Lewis et *al.*, 1942, *Course of Study for Elementary School.* Department of Education, State of Colorado.

sociale à l'école primaire a été organisé dans une perspective synthétique, contrairement aux contenus de l'étude sociale au niveau secondaire qui eux ont été organisés selon une perspective sectorielle : l'éducation civique, l'histoire et la géographie. Le plan de cours de l'étude sociale influence beaucoup, et ce jusqu'à aujourd'hui, le principe d'organisation des contenus au niveau primaire en Corée du Sud.

Comme nous pouvons le constater dans le plan de cours du tableau 3.5, les contenus de l'étude sociale ont été réorganisés par sujet, et classés selon le « principe de la méthode concentrique en expansion ». Cette organisation des contenus est toujours valable en Corée du Sud.

On peut constater que l'on rencontre un problème relatif à la différence de signification entre la langue source et la langue cible d'une traduction. On retrouve le terme original anglais « local community » sur le « plan de cours » de l'étude au Colorado. En Corée du Sud et au Japon, on utilise le même terme, « 향토 » « 鄕土 », qui a été traduit du terme allemand « Heimat » depuis le milieu de la période de l'occupation japonaise, alors qu'en France, on parle du local (histoire locale, géographie locale) sans utiliser la notion de communauté. « La communauté locale », du tableau 3.5 était traduite littéralement du terme original anglais « local community ».

Tableau 3.5 Comparaison des plans de cours d'étude sociale en Corée du Sud et au Colorado

Niveau	Le plan de cours en Corée du Sud (1946)	Niveau	Le plan de cours au Colorado (1942)
1	La famille et l'école	1	La vie familiale et la vie de l'école
2	La vie de la communauté locale	2	La vie de « la communauté locale »
		3	La vie de la communauté régionale
3	La vie de la communauté dans différentes régions	4	La vie de la communauté dans les autres régions
4	La vie de notre pays (Corée)	5	La vie de la communauté aux États-Unis
5	La vie dans les autres pays	6	Les pays voisins des États-Unis
		7	La vie dans les autres continents
6	Le développement de notre pays (Corée)	8	Le développement du Colorado et des États-Unis

Source : Kwon Oh-Jeong et Kim Yeong-Seok, 2006, *op. cit.*, p. 168.

En ce qui concerne l'étude sociale au collège sous le régime militaire américain, les contenus sont divisés en trois domaines scientifiques: l'éducation civique, l'histoire et la géographie (tableau 3.6).

Tableau 3.6 Les contenus de l'étude sociale au collège en 1947

Niveau	Education civique	Horaire	Géographie	Horaire	Histoire	Horaire
1	La vie communautaire	1	La vie des pays voisins	2	Histoire des pays voisins	2
2	La vie communautaire	1	La vie des pays lointains	2	Histoire des pays lointains	2
3	La vie communautaire	1	La vie de notre pays	2	Histoire de notre pays	2

Source : Tableau réactualisé à partir du tableau de Kwon Oh-Jeong et Kim Yeong-Seok, 2006, p. 169 ; Kang Hyo-Ja, 1990, p. 7.

La géographie au collège est enseignée pendant deux heures par semaine durant les trois ans de l'occupation américaine. Pendant ce temps, l'éducation civique est dispensée une heure par semaine, donc il semblerait qu'on ait accordé à cette dernière moins d'importance qu'aujourd'hui. Enfin, les contenus de géographie sont organisés dans l'ordre suivant : la géographie des pays voisins, la géographie des pays lointains et la géographie de notre pays (Corée). Le tableau 3.7 montre les finalités de l'étude sociale au collège.

Tableau 3.7 La finalité de l'étude sociale au collège

Domaine	Finalité
Education civique	Faire s'intéresser à la politique en tant qu'individu appartement au peuple d'un État indépendant, afin de créer une nouvelle culture nationale. Faire apprendre ce qu'est une attitude citoyenne pour se préparer au développement des communautés locales et développer la capacité collective de self-gouvernement.
Géographie	Faire comprendre la vie de notre pays (Corée) ainsi que celle du monde entier (Orient et Occident). Faire connaître l'environnement naturel et la culture propre du territoire national afin de reconnaître notre place et mission dans le monde.
Histoire	Faire comprendre l'histoire du monde entier autour de la Corée afin de former l'esprit pionnier pour le développement du peuple coréen et finalement inculquer une attitude de coopération internationale.

Source : Tableau réactualisé à partir des données de Kwon Oh-Jeong et Kim Yeong-Seok, 2006, p. 169.

Comme nous le voyons avec le tableau 3.7, les finalités de

l'étude sociale au collège sont organisées par domaines. Dans le domaine de l'éducation civique, l'attitude du citoyen est mise en valeur tandis que dans le domaine de géographie, c'est la compréhension du monde qui est mise en avant. Le domaine de l'histoire se voit attribuer la mission de contribuer à la naissance d'un monde de coopération, le peuple coréen oeuvrant à la démocratisation du monde.

Le tableau 3.8 permet de prendre connaissance des contenus de l'étude sociale au collège sous l'occupation américaine. Les contenus sont divisés en trois petites catégories comptant trois niveaux. Dans le domaine d'éducation civique, la politique démocratique et la vie économique sont mises en valeur, et dans le domaine de l'histoire comme celui de la géographie, par l'échelle, l'histoire de l'Asie, l'histoire occidentale, l'histoire de Corée, et également la géographie de l'Asie, la géographie occidentale, la géographie de Corée.

Tableau 3.8 Le programme de l'étude sociale au collège

Domaine	Niveau	Contenus
Education civique	1 (6e)	La vie communautaire et l'attitude dans la vie communautaire, etc.
	2 (5e)	La politique démocratique, l'attitude scientifique, l'esprit critique, la publication et la presse, l'art et la religion, etc.
	3 (4e)	Les différents problèmes sociaux relatifs à la vie économique, etc.
Géographie	1	L'environnement naturel, la vie humaine, le relief, le climat, l'industrie dans chaque région en Asie, etc.
	2	L'Océanie, Europe, Afrique, Amérique et les deux pôles.
	3	L'environnement naturel et la relation humaine en Corée, et le politique, l'économie et la géographie régionale.
Histoire	1	La culture et l'évolution des sociétés de la civilisation orientale centrées sur la Chine.
	2	L'histoire occidentale de l'histoire gréco-romaine jusqu'à la 2e guerre mondiale.
	3	L'histoire de Corée de l'époque ancienne jusqu'à la libération de l'occupation japonaise

Source : Tableau réactualisé à partir des données de Kwon Oh-Jeong et Kim Yeong-Seok, 2006, p. 170.

3.2 Les acteurs de l'importation de l'étude sociale en Corée du Sud

Même si l'étude sociale a été introduite des États-Unis en 1946, aucun Coréen à cette époque ne connaît bien cette nouvelle discipline, et personne n'est apte à installer le nouveau système en Corée du Sud. La situation reste donc relativement désordonnée jusqu'au milieu des années 1960 où les Coréens, qui restaient aux États-Unis pour leurs études, sont rentrés dans leur pays.[210] Dans cette section, nous examinons le contexte historique d'implantation de l'étude sociale jusqu'au milieu des années 1960, en nous centrant sur l'action de ceux qui ont contribué à cette importation.

Une fois l'étude sociale introduite en 1946, le gouvernement coréen essaie de soutenir l'implantation de ce nouveau domaine, notamment au début des années 60. Une Association de l'enseignement de l'étude sociale en Corée du Sud est fondée dans ce but en 1962. Professeurs d'université, enseignants du primaire et enseignants spécialistes du domaine social dans le secondaire, administrateurs en charge du domaine éducatif enfin, ont suivi des enseignements en étude sociale.

A ce moment-là, le gouvernement coréen, des professeurs affiliés à la faculté de pédagogie de l'Université de Séoul, des professeurs à l'Université de Peabody aux États-Unis et la délégation éducative Corée du Sud- Etats-Unis coopèrent pour soutenir l'implantation du domaine social (l'étude sociale) en Corée du Sud. Ils sont membres invités de la délégation éducative dirigée par plusieurs experts américains des sciences sociales, notamment Allen, président de l'Association américaine d'étude sociale (National Council for the Social Studies), et Stephens, tous deux professeurs au département d'étude sociale de l'Université de Peabody.

La plupart des professeurs de l'université de Séoul sont affiliés au département des sciences de l'éducation, seul un d'entre eux est géographe : Chan YI, premier président de l'association de l'enseignement du domaine social en Corée du Sud. Il a obtenu son doctorat à l'Univer-

210 Kang Woo-Cheol, 1991, « Le défi de l'étude sociale », *Revue de l'étude sociale*, No. 24, p. 13.

sité de Louisiana aux Etats-Unis en 1960. Il y a un certain paradoxe entre la nature de sa spécialité d'enseignement (de la géographie) et son action en faveur du développement du domaine social, étant donné que la géographie constituait se trouve alors réduite au statut de matière contributive à l'étude sociale. Les efforts qu'il a déployés pendant neuf ans (soit jusqu'en 1970) en vue du développement de l'étude sociale en Corée sont en effet contemporains de la réduction progressive de la place dédiée à la géographie scolaire au sein du domaine social.[211]

Par rapport à l'introduction de l'étude sociale en Corée du Sud, les acteurs-clés sont le gouvernement sud-coréen, les professeurs[212] affiliés à la faculté de pédagogie (principalement dans le département des sciences de l'éducation) de l'Université de Séoul et les experts américains membres invités de la délégation éducative Corée du Sud - États-Unis.

Au même moment, un professeur, Kyeongk-Su Cha (1936-), titulaire d'un doctorat de l'Université américaine de Syracuse, devient professeur du département de « l'étude sociale générale (일반사회) » à l'Université de Séoul. C'est à lui que l'on doit l'importation américaine de l'étude sociale et son adoption systématique en Corée du Sud. Un

---

211 Jang Hye-Jeong et Kim Yeong-Ju, 2005, « Le flambeau de l'enseignement de la géographie : Chan Yi », *Revue de recherche sur l'enseignement de l'étude sociale*, Vol. 12, No. 1, p. 292-293.

212 Beom-Mo Jeong (1925-), qui a obtenu son doctorat aux États-Unis vers 1950 à l'Université de Chicago, est devenu professeur en sciences de l'éducation à l'Université de Séoul. Il a eu beaucoup d'influence dans le champ des sciences de l'éducation en Corée du Sud depuis les années 60 jusqu'à de nos jours. B-M Jeong a permis entre autres l'introduction de théories éducatives issues du monde anglophone en Corée du Sud.

Young-Deok Yi (1926-2010), qui a obtenu son doctorat aux États-Unis à l'Université de l'Ohio, est devenu professeur au Département des Sciences de l'éducation de l'Université de Séoul. Il a été un acteur essentiel dans le champ des sciences de l'éducation, assumant successivement d'importantes responsabilités avant d'occuper le poste de premier ministre dans les années 90.

C'est également sous l'impulsion de B-M Jeong et Y-D Yi que l'étude sociale a été implantée en Corée du sud dans les années 60. Ils ont donc joué un rôle très important durant cette période.

D'autre part, Hong-Woo YI (1939-), qui a obtenu son doctorat aux États-Unis à Columbia en 1971, est devenu professeur de sciences de l'éducation à l'Université de Séoul. Il a eu aussi une influence décisive dans ce domaine en Corée du Sud, influence qui est toujours prégnante. Il apparaît comme un élément majeur dans le secteur des sciences de l'éducation en Corée du Sud. Plusieurs actuels professeurs des départements des sciences de l'éducation des universités coréennes ont initialement effectué leur thèse sous la direction de H-W Yi et des étudiants coréens partent toujours étudier les sciences de l'éducation aux États-Unis.

autre coréen, Kyeong-Hwan Mo (1963-) devient après l'obtention d'un doctorat à l'Université de Berkeley, professeur à l'Université de Séoul, il travaille encore actuellement en Corée du Sud, sur l'étude sociale.

D'un côté, après la libération du Japon, lorsque l'étude sociale est importée des États-Unis, il n'y a aucun géographe ayant obtenu son doctorat en Corée du Sud, donc personne non plus pour insister sur l'importance et la valeur de la géographie scolaire dans le domaine social.

D'un autre côté, faute d'information suffisante, il est impossible d'aller étudier à l'étranger avant la fin de l'occupation japonaise. Chan Yi est le premier coréen à avoir obtenu son doctorat en géographie à l'étranger, en l'occurrence aux États-Unis. Après son retour, le nombre de partants (notamment pour les États-Unis) s'accroît continuellement. Nous jugeons rétrospectivement la politique japonaise en Corée, où l'impérialisme se traduisait par la volonté de supprimer tout esprit national, comme principale raison de cette absence de spécialiste en géographie, sous l'occupation japonaise, à la fin de la Seconde Guerre mondiale.

Tout comme en France, en Allemagne ou en Angleterre, la géographie a été reconnue comme une matière très importante dans les programmes au Japon, et c'est précisément pour supprimer toute réémergence d'une conscience nationale en Corée que le Japon impérialiste n'a jamais souhaité créer en Corée de département de géographie à l'université, ni y former des spécialistes en géographie pendant l'époque de l'impérialisme.[213]

Sous l'influence de la délégation éducative Corée du Sud - Etats-Unis, on essaie d'établir l'étude sociale générale comme matière dominante au sein du domaine social, au point même d'englober l'histoire et la géographie. Cette volonté apparaît flagrante au vu de la décision de renommer l'éducation civique l'étude sociale général.[214] Les professeurs de sciences de l'éducation n'appréciaient pas cette tripartition du domaine

---

213 Bak Yeong-Han, 1987, « La géographie en tant que les études coréennes : l'état actuel et le tâtonnement de la méthode », *Revue de géographie*, No. 35, p. 4.

214 Kang Woo-Cheol, 1977, « Les 30 ans pour l'étude sociale en Corée du Sud », *Revue d'étude sociale,* No. 10, p. 5.

social (géographie, histoire et société générale) : ils ont souhaité insérer beaucoup plus de matières dans le domaine social (science politique, économie, sociologie, anthropologie culturelle, psychologie sociale, etc.).

Ils pensent que l'on peut apprendre la géographie du monde par les moyens modernes d'information et de communication et que l'on peut traiter la géographie du territoire national avec des résultats statistiques en salle informatique. Ils prévoient que d'autres matières connexes des sciences sociales pourront être inclues dans le domaine social.[215] La géographie scolaire est par conséquent jugée inutile en tant que discipline : on la considère comme une simple pourvoyeuse d'information géographique à traiter par le gouvernement.

Nous venons donc de voir que tant la géographie scolaire que la géographie scientifique ont une place très fragile au moment de la création du système d'éducation national coréen, à la fois parce qu'il n'y a pas alors de spécialistes en géographie, et parce que les acteurs des sciences de l'éducation ne reconnaissent pas d'utilité et de valeur positive à la géographie scolaire, donc minimisent ou nient la nécessité de son enseignement.

L'implantation de l'étude sociale est réalisée d'emblée à l'échelle nationale, avec le soutien du gouvernement coréen, des professeurs du département de sciences de l'éducation de l'Université de Séoul et de l'association américaine d'étude sociale, comme nous l'avons déjà dit. Dans de telles conditions, la géographie et l'histoire sous leur forme préexistante disparaissent en 1946[216] et sont remplacées par des éléments intégrés dans un ensemble plus large qu'est l'étude sociale à laquelle vont pouvoir être ultérieurement insérées d'autres éléments comme l'éthique nationale, la politique ou l'économie par exemple. Les trois tableaux 3.9,

---

215 Kang Woo-Cheol, 1977, ibid., p. 7.

216 Comme le montrent les deux tableaux 3.9 et 3.10, après le départ des Japonais, on a rehaussé la durée de l'école secondaire en Corée du Sud à 4 ans. Les classes ne sont pas mixtes. Seul le terme «Géographie-Histoire», héritage de l'impérialisme japonais, figure au programme, puisque la discipline américaine d'étude sociale n'a pas encore été adoptée en 1945. Cette dénomination adoptée par les Japonais (Géographie-Histoire en une forme inverse de celle de France : Histoire-Géographie) est à noter. Avec le régime militaire américain en Corée du Sud, l'organisation du programme national-ci est totalement changé par l'importation de l'étude sociale en 1946.

3.10 et 3.11 permettent de comparer l'organisation des programmes secondaires en 1945 et en 1946.

Tableau 3.9 Le programme secondaire national en 1945 (1)

Niveau	Discipline	Éducation civique	Coréen	Géographie histoire	Maths	Physique chimie	Ménage	Couture
1e	garçon	2	7	3	4	4	-	-
	fille	2	7	3	3	3	2	2
2e	garçon	2	7	3	4	4	-	-
	fille	2	7	3	3	3	2	3
3e	garçon	2	6	4	4	5	-	-
	fille	2	6	3	2	4	4	3
4e	garçon	2	5	4	4	5	-	-
	fille	2	5	3	3	4	4	4

Source : Ministère de l'Education nationale, 2007, *Le programme du lycée,* p. 42(Yu Bong-Ho, 1992, *Recherche sur l'histoire des programmes scolaires de Corée*, Editions Kyohak-yeonkusa, p. 284).

Tableau 3.10 Le programme secondaire national en 1945 (2)

Niveau	Discipline	Gymnastique	Musique	Calligraphie	Dessin	Artisanat	Industrie
1e	garçon	3	1	1	1	-	1
	fille	2	2	1	1	1	-
2e	garçon	3	1	1	1	-	1
	fille	2	2	-	-	1	-
3e	garçon	3	2	-	1	-	2
	fille	2	2	-	1	1	1
4e	garçon	3	2	-	-	-	3
	fille	2	2	-	1	1	1

Source : Ministère de l'Education nationale, 2007, *Le programme du lycée*, p. 42(Yu Bong-Ho, 1992, *Recherche sur l'histoire des programmes scolaires de Corée*, Editions Kyohak-yeonkusa, p. 284).

Tableau 3.11 Le programme scolaire au lycée en 1946

Matière obligatoire	2nde / (heures par semaine)	1e / (heures par semaine)	Tale / (heures par semaine)
langue coréenne	3	3	3
« étude sociale »	5	6	5
mathématiques	5	0	0
sciences naturelles	5	5	0
éducation physique	3-5	3-5	3-5
langue étrangère	0-3	0-3	0-3
total	21-26	16-21	11-16

Source : Le tableau réactualisé par nos soins à partir du programme national de 1946, Le Ministère de l'Éducation national de la Corée du Sud.

L'adoption de l'étude sociale a fait l'objet d'un débat sur ses avantages et inconvénients : parmi ses promoteurs se trouvent bien évidemment le conseiller au service de rédaction des manuels scolaires au Ministère de l'Education nationale en Corée du Sud, Paul S. Anderson, ainsi que le sous-directeur au Ministère de l'Education nationale Cheon-Seok Oh, le responsable de l'enseignement secondaire au Ministère de l'Education nationale Sang-Cheol Kim, et un fonctionnaire de chargé de la rédaction des manuels scolaires, Sang-Seon Yi.

Selon eux l'adoption de l'étude sociale est motivée par la nécessité d'effacer les derniers vestiges éducatifs de l'impérialisme japonais et la nécessité d'intensifier en parallèle l'inculcation des principes démocratiques. De leur côté les détracteurs de l'étude sociale à l'américaine arguent du fait qu'adopter l'étude sociale revient à faire preuve d'absence d'esprit critique, l'étude sociale étant selon eux inappropriée au cadre scientifique coréen.[217]

Une partie des professeurs spécialistes de géographie ou d'histoire se sont opposés à l'adoption de l'étude sociale à cause des problèmes de formation continue des enseignants et du caractère inadéquat des manuels scolaires, étant donné le caractère intégré de cette discipline. D'autre part certains enseignants mettent en lumière le caractère encore très flou, non défini, de la nature de l'étude sociale et des contenus à enseigner.[218]

Finalement, on s'accorde en Corée du Sud sur un compromis : avec l'adoption, pour l'école primaire, directe de l'étude sociale sous sa forme américaine, c'est-à-dire intégrée, et au contraire l'adoption, au collège et au lycée, de l'étude sociale sous une forme faisant apparaître géographie, histoire et l'étude sociale générale en tant que sous-domaines distincts les uns des autres. Cet indice de la nature non encore clairement fixée de l'étude sociale, cette tension entre deux mouvements anta-

217 Yi Jin-Seok, 1998, « La signification de l'unification d'étude sociale et le processus du développement », *Revue d'enseignement de l'étude sociale*, No. 26, p. 167-183 ; Kang Seon-Ju, 2006, « L'enjeu autour de la réforme d'enseignement de l'histoire après la libération du Japon », *Revue d'enseignement de l'histoire*, No. 97, p. 91-125.

218 Yi Jin-Seok, 1992, *L'importation de l'étude sociale et les caractéristiques de l'étude sociale après la libération du Japon.* Thèse, l'Université de Séoul, p. 61-62.

gonistes, l'un en faveur d'une étude sociale intégrée, l'autre en faveur de sa subdivision, sont encore d'actualité en Corée du Sud.[219]

3.4 La géographie scolaire sous l'occupation américaine : les contenus de style japonais compris dans le cadre de l'étude sociale venue des États-Unis

Le régime militaire américain a entamé la réforme du système éducatif et des programmes scolaires depuis 1946, puis a publié un « plan de cours » d'étude sociale pour le niveau primaire en 1947. Le régime militaire américain prend fin le 15 août 1948, et le gouvernement de Corée du Sud prend le relais. Cependant, même si le gouvernement de Corée du Sud est déjà établi lorsque paraît le premier des manuels de géographie des écoles secondaire, celui-ci a été rédigé et publié selon un plan de cours organisé sous le régime militaire américain en décembre 1948 (tableau 3.12). Même si cette matière est comprise dans le programme, la publication du manuel est retardée jusqu'en 1962. Nous traiterons donc le manuel correspondant dans le chapitre suivant.

Dans cette section, les manuels de géographie des écoles primaires et des écoles secondaires publiés en 1948, vont être analysés. Les manuels de géographie des écoles primaires ont été rédigés dans une perspective complètement différente de celle de l'occupation japonaise. Cependant, la façon d'organiser les manuels du secondaire est très ressemblante à celle des manuels publiés durant le régime japonais.

---

219 Yun Se-Cheol, 1991, « La nature de l'unification d'étude sociale », *Revue d'enseignement de l'histoire*, Vol. 50, p. 115-124 ; Choe Yong-Kyu, 2004, « L'évolution de l'étude sociale au niveau primaire : la réflexion et l'horizon », *Actes du Symposium des 50 ans de l'enseignement scolaire,* Université nationale pédagogique de Corée, p. 194.

Tableau 3.12 Le programme de géographie sous le régime militaire américain

Période	Ecole primaire	Collège			Lycée
		1e année	2e année	3e année	Matière obligatoire
De 1945 à 1948 (De 1948 à 1954)	La communauté dans plusieurs régions	La géographie des pays voisins	La géographie des pays lointains	La géographie de la Corée	1e année : l'environnement naturel et la culture humaine 2e année : la géographie humaine 3e année : la géographie économique

Auteur :Saangkyun Yi

3.4.1 L'enseignement de la géographie à l'école primaire

Pendant l'occupation japonaise, la géographie est enseignée à l'école primaire, mais depuis la libération de l'occupation japonaise, la géographie est dispensée à l'école primaire et dans le secondaire. Nous allons tout d'abord analyser les contenus et la manière d'organiser les manuels de géographie de l'école primaire parus en 1948. Le titre du manuel de géographie est « l'étude sociale : la communauté dans plusieurs régions 1 », voici le tableau 3.13 qui nous montre les contenus de géographie de l'école primaire en 1948.

Tableau 3.13 Les contenus de géographie à l'école primaire

Les parties	Les sujets
Partie 1 : notre région	1. le récit de la carte 2. les jours chauds 3. la place la plus peuplée 4. prendre le train 5. visiter un monument historique
Partie 2 : les régions froides	1. le lieu le plus froid dans le monde 2. l'explorateur courageux 3. la région arctique 4. l'homme et les animaux dans l'arctique 5. l'école de l'esquimau 6. la vie en hiver de l'esquimau 7. Terres australes 8. Amundsen

Les parties	Les sujets
Partie 3 : les régions tropicales	1. le pique-nique 2. la colline de sable (la dune) 3. l'homme qui vit dans la région saharienne 4. l'oasis 5. la vie dans un oasis 6. la caravane
Partie 4 : les régions montagneuses	1. la vie en Suisse 2. le pays montagneux 3. le monde alpin 4. la vie à Davos (un lieu touristique) 5. des choses que j'ai vues à Berne

Source : Tableau réalisé à partir du manuel original, Ministère de l'Education nationale, 1948, l'étude sociale : la communauté de plusieurs régions 1, Editions Joseon-Seojeok.

Les contenus de géographie sont développés sur des sujets axés autour d'un personnage du nom de « Bok-Nam(복남) » et de sa famille. Au début, en ce qui concerne la géographie de la Corée, le jeune Bok-Nam part de chez lui pour découvrir les terres agricoles, le marché, l'usine, la gare, l'école et l'établissement d'enseignement, l'établissement public, les lieux célèbres et sites historiques, le site de production du ginseng etc. Parfois son cousin ou son oncle l'accompagne.

Pour la géographie du monde, les contenus de géographie sont développés au moyen d'une explication donnée par son oncle dans le cadre des régions froides, tropicales et montagneuses. L'introduction des régions froides, par exemple, vers la fin de l'automne, commence ainsi par la conversation entre le garçon et son oncle : « cet automne est déjà passé, et l'hiver rigoureux va bientôt venir ! ». Ensuite, on évoque la région de la Sibérie et le pôle arctique, et enfin on fait allusion à l'explorateur norvégien Amundsen, premier homme arrivé au pôle sud en 1911.

Les contenus concernant les régions tropicales sont introduits par une conversation relative à la vie des hommes dans la zone désertique au bord de la mer en regardant la dune, quand le jeune Bok-Nam va en pique-nique. Par la suite, les contenus concernant les régions montagneuses, sont exposés également grâce à une conversation avec son oncle qui a lieu lorsque le garçon va à la montagne près de chez lui.

Figure 3.2 Une école dans l'oasis saharienne

Source : Ministère de l'Éducation nationale, 1948, ibid., p. 93.

Dans ce manuel, nous pouvons facilement voir des fautes de vocabulaire ou des erreurs factuelles, par exemple, le phoque (물개 ; 바다표범) de la mer polaire arctique est présenté comme la loutre (수달).[220] Nous pouvons discerner une connotation péjorative dans les descriptions proposées du monde musulman : « *il n'y a aucune école, mais on apprend le Coran dans la mosquée. L'enseignant lit le texte d'abord et les élèves lisent le texte après le maître. Là, très peu des élèves étudient bien, la plupart ne savent même pas écrire* ».[221] On peut penser que cette perspective négative qui se manifeste avec le régime militaire américain est associée à la prégnance du cadre religieux chrétien. Dans la même leçon du manuel, nous voyons une illustration relative à l'école musulmane (3.2).

Dans ce manuel, un bon nombre d'illustrations, de photos et de cartes a été inséré, mais il ne s'y trouve aucune carte du monde. Alors

220 Ministère de l'Éducation nationale, 1948, L'étude sociale : la communauté dans plusieurs régions 1, p. 50.
221 Ministère de l'Éducation nationale, 1948, ibid., p. 92-93.

que quelques régions principales sont décrites de manière générale et plus précisément grâce à quelques exemples, leur rapport avec le reste du monde n'est jamais abordé. De plus, aucune information relative aux auteurs de ce manuel n'est divulguée mis à part quelques références au Ministère de l'Éducation nationale.

Cependant il est remarquable que des « exercices » aient été placés à la fin de chaque partie du manuel. Voici un des exemples nous permettant de prendre connaissance de la forme et du niveau de recherche des exercices (3.14). Cette formule d'exercices dans les manuels reste opératoire aujourd'hui.

Tableau 3.14 Un exemple d'exercice

La vie en Suisse
1. récupérer des photos, des textes et des objets relatifs à la Suisse.
2. lire et examiner les choses que l'on a ramassées.
3. découvrir la différence entre la Suisse et notre région, puis discuter de l'un et l'autre.
4. qu'est-ce qu'on peut apprendre des Suisses ? Rédiger un texte.

Source : Ministère de l'Éducation nationale, 1948, ibid., p. 138.

En somme, les contenus du manuel de géographie ont été organisés avec une méthode sensiblement différente de celle qui prévalait sous le régime japonais. On a organisé les contenus en partant de la communauté familière avec les élèves pour aller vers une région lointaine ou inconnue, selon le principe de la méthode concentrique en expansion. Par ailleurs, l'auteur a organisé les contenus selon la forme d'un chemin de voyage et d'un récit présentant des régions inconnues. On pense ainsi que les élèves pourront développer à l'image de l'enfant et du récit de ses découvertes, de la curiosité pour un monde inconnu.

3.4.2 L'enseignement de la géographie à l'école secondaire

Pendant le régime militaire américain, on enseigne la géographie au collège selon la tripartition : géographie des pays voisins en 1ère année, géographie des pays lointains en 2ème année et géographie de la

Corée en $3^{\text{ème}}$ année. On enseigne la géographie au lycée avec une autre forme de partition, thématique et disciplinaire : l'environnement naturel et la vie humaine en $1^{\text{ère}}$ année, la géographie humaine en $2^{\text{ème}}$ année et la géographie économique en $3^{\text{ème}}$ année. Dans cette section, nous analysons les manuels de géographie du collège et du lycée parus sous le régime militaire américain,[222] avec la manière d'organiser des contenus de géographie et l'origine des connaissances géographiques exposées dans ces manuels. Le tableau 3.15 nous montre les contenus de « la vie des pays voisins » enseignés en $1^{\text{ère}}$ année au collège.

Tableau 3.15 Les contenus de géographie de la vie des pays voisins

1er chapitre, la vie en Chine 1. l'environnement naturel en Chine 2. la région de la Mandchourie 3. la région du nord en Chine 4. la région centrale en Chine 5. la région du sud en Chine 6. la région de la Mongolie 7. la région du Tibet, de Qinghai, de Xikang et de Xinjiang
2eme chapitre, la vie au Japon
3eme chapitre, la vie en Inde
4eme chapitre, la vie en Indochine et dans l'archipel malais 1. l'environnement naturel de cette région 2. la péninsule malaise 3. l'archipel malais 4. la relation entre l'Indochine, région malaise et notre pays (Corée du Sud)
5eme chapitre, la vie de la région de Sibérie, de l'Asie centrale et de Caucase 1. la Sibérie 2. l'Asie centrale 3. Caucase

222 Jeong Gab, 1949, La vie de notre pays. Editions Eulyu-Munhwasa ; Jeong Gab, 1949, *La vie des pays voisins*. Editions Eulyu-Munhwasa ; Yi Ji-Ho, etc., 1950, *La toute nouvelle géographie des pays lointains.* Editions Kwahak-Munhwasa ; Yi Bu-Seong, 1952, *La géographie des pays lointains.* Editions Baekyeongsa ; Noh Do-Yang, 1950, *L'environnement naturel et la vie humaine.* Editions Tamkudang ; Noh Do-Yang, 1948, *La géographie économique.* Editions Eulyu-Munhwasa ; Noh Do-Yang, 1962, *La géographie humaine.* Editions Tamkudang. Jeong Gab, un des auteurs des manuels, a fait ses études dans le département de géographie-histoire de l'Université de Litso au Japon, et après être rentré en Corée, a été enseignant en collège avant de devenir un professeur du département d'enseignement de la géographie de l'Université de Séoul. Puis il est passé de la Corée du Sud à la Corée du Nord pendant la Guerre de Corée.

6eme chapitre, la vie de l'Asie du Sud-Ouest 1. l'Afganistan et l'Iran 2. l'Irak, la Syrie et Saoudite 3. la Turquie
7eme chapitre, la caractéristique de l'Asie
8eme chapitre, la vie de l'Australie et la Nouvelle-Zélande 1. l'Australie 2. la Nouvelle-Zélande
9eme chapitre, la vie de l'archipel du Pacifique

Source : Tableau réalisé à partir du manuel original(Jeong Gab, 1949, *La vie des pays voisins*. Editions Eulyu-Munhwasa).

Les contenus de géographie, en 1e année du collège, ont été organisés par rapport à des pays qui sont situés sur le continent asiatique et par les pays de l'Océan pacifique (3.15).En ce qui concerne la Turquie et la Russie, ne sont traitées que les régions conventionnellement situées en Asie. Les contenus ont été conçus en séparant une perspective naturaliste et une perspective d'étude des cultures humaines. Les éléments de l'environnement naturel sont la localisation, le domaine, la topographie, le climat, etc. et les éléments de la culture humaine : l'industrie, la circulation, la population, la politique, la relation avec notre pays (Corée du Sud)

Dans ce manuel, nous trouvons l'expression d'un sentiment antijaponais compréhensible alors que la libération n'est intervenue que depuis peu de temps. Voici un paragraphe relatif au caractère du peuple japonais tel que présenté dans ce manuel :[223]

> Les Japonais ont un caractère national lié typiquement à l'insularité, et pour cette raison d'environnement géographique, ils ont développé un système féodal et aiment se battre avec les autres nations. Ils n'ont pas de vastes connaissances et pensent à courte vue, c'est pour cela qu'ils ne peuvent pas élaborer de vastes projets. En plus de ne pas avoir l'esprit large, ils n'ont pas aucune tolérance et ont le sang chaud. Cependant, ils ont quelques points positifs, par exemple, ils sont diligents, vaillants et hardis.

223 Jeong Gab, 1949, *La vie des pays voisins*. Editions Eulyu-Munhwasa, pp. 69-70.

Dans la section relative à la péninsule de l'Indochine, sont traités relativement en détail des pays sous occupation anglaise et française. L'auteur du manuel n'a pas conservé d'attitude critique semblable à celle adoptée à l'égard du Japon, mais on présente les contenus de ces pays selon une perspective qui se veut objective avec un peu d'indifférence.

Tableau 3.16 Les contenus de la géographie des pays lointains

Le manuel paru en 1950	Le manuel paru en 1952
1e. la vie dans plusieurs pays en Europe de l'Ouest 1. l'Angleterre 2. la France	**1e, le continent européen** 1. un aperçu 2. la caractéristique de la culture et de l'économie 3. la situation de l'Europe après la Seconde Guerre mondiale
2e. la vie dans plusieurs pays en Europe centrale 1. la Pologne 2. l'Alllemagne 3. la Tchécoslovaquie 4. l'Autriche 5. la Hongrie 6. la Suisse 7. Pays-Bas 8. la Belgique	1. a vie dans plusieurs pays en Europe de l'Ouest 1. la vie en Angleterre 2. la vie en Irlande 3. la vie aux Pays-Bas 4. la vie en Belgique 5. la vie en France
3e. la vie dans plusieurs pays en Europe du Nord 1. l'environnement naturel en Europe du Nord 2. la Finlande 3. la Suède 4. la Norvège 5. le Danemark 6. les habitants en Europe du Nord	2. la vie dans plusieurs pays en Europe centrale 1. la vie en Pologne 2. la vie en Allemagne 3. la vie en Tchécoslovaquie 4. la vie en Autriche 5. la vie en Hongrie 6. la vie en Suisse
4e. la vie de plusieurs pays en Europe de l'Est 1. l'U.R.S.S. 2. les trois pays baltes **5e. la vie de plusieurs pays en Europe de l'Est**	3. la vie de plusieurs pays en Europe du Nord 1. la localisation et le domaine des pays 2. la vie en Finlande 3. la vie en Suède et en Norvège 4. la vie au Danemark 5. la vie d'Islande

Le manuel paru en 1950	Le manuel paru en 1952
1. la péninsule Ibérique 1. l'Espagne 2. le Portugal 2. l'Italie 3. la vie dans plusieurs pays sur la péninsule balkanique 1. la nature dans la péninsule balkanique 2. Yougoslavie 3. la Roumanie 4. la Bulgarie 5. l'Albanie 6. la Grèce 7. la Turquie europpéenne 8. la culture de la péninsule balkanique	4. la vie de plusieurs pays en Europe de l'Est 1. la vie en U.R.S.S. 5. la vie de plusieurs pays en Europe du Sud 1. la vie en Espagne et au Portugal 2. la vie en Italie 3. la vie de plusieurs pays sur la péninsule balkanique
6e. la vie en Afrique 1. la nature de l'Afrique 2. l'aborigène de l'Afrique 3. la région de Barbarie 4. la région de Sahara 5. l'Egypte et Soudan anglo-égyptien 6. Soudan et Guinée 7. l'Afrique centrale 8. l'Afrique de l'Est 9. l'Afrique du Sud 10. Madagascar	**2e. le continent de l'Afrique** 1. l'aperçu 2. la nature de l'Afrique 3. le climat de l'Afrique 4. la culture de l'Afrique 5. la circulation 6. les habitants et le politique 7. la vie en Egypte 8. canal de Suez 9. la vie dans la région de Barbarie 10. l'Afrique centrale 11. l'Afrique de l'Est 12. l'Afrique du Sud 13. Madagascar
7e. la vie au Canada et de l'Alaska 1. la nature de cette région 2. le Canada 3. l'Alaska	**3e. l'Amérique du Nord** 1. le domaine d'Amérique du Nord et la caractéristique culturelle 2. la vie au Canada 3. la vie des Etats-Unis 4. la vie au Mexique et en Amérique centrale
8e. la vie aux Etats-Unis **9e. la vie au Mexique et en Amérique centrale** 1. le Mexique 2. l'Amérique centrale 3. les Antilles	**4e. l'Amérique du Sud** 1. aperçu 2. la nature de l'Amérique du Sud 3. tous les pays sur les Andes 4. tous les pays de région du Nord-Ouest 5. tous les pays de région du Sud 6. la caractéristique de la vie en Amérique du Sud

Le manuel paru en 1950		Le manuel paru en 1952	
10e.	**la vie en Amérique du Sud**	**5e.**	**la vie dans les deux pôles**
	1. la nature en Amérique du Sud 2. le Brésil 3. l'Argentine 4. le Paraguay et Wooreugwayi 5. le Chili 6. les pays des Andes et de Guyane 1. la Bolivie 2. Pérou 3. Equateur 4. la Colombie 5. le Venezuela 6. Guyane 7. l'Unité de la vie en Amérique du Sud		1. la région du pôle nord 2. la région du pôle sud
11e.	**la vie dans les deux pôles**		

Source : Tableau réalisé à partir des manuels originaux (Yi Ji-Ho et al., 1950, *La toute nouvelle géographie des pays lointains.* Editions Kwahak-Munhwasa ; Yi Bu-Seong, 1952, *La géographie des pays lointains.* Editions Baekyeongsa).

Le tableau 3.16 permet de prendre connaissance des notions de géographie dans « la géographie des pays lointains » parue en 1950 et en 1952. Les manuels de géographie ont été publiés en l'espace de deux ans et pourtant nous pouvons noter des différences de contenu et d'organisation.

Dans l'avant-propos du manuel paru en 1950, nous trouvons la situation de la politique internationale d'alors : « Les États-Unis et l'U.R.S.S. sont très loin de notre pays, mais ils entretiennent des rapports très intimes avec notre pays. » Une carte du monde, est insérée dans ce même avant-propos, qui nous montre la situation de la politique internationale d'alors (figure 3.3).Par exemple, quelques termes concernent le colonialisme sur la carte : Afrique de l'Ouest française, Afrique-Équatoriale française et Afrique de l'Est portugaise.Ensuite, la France et l'Angleterre sont mentionnées ainsi : « *les deux pays possèdent beaucoup de territoires d'outre-mer, et elles sont donc des nations puissantes.* » Dans la même page, il est dit que les États-Unis ont la plus grande puissance économique dans le monde. Voici la figure 3.3 qui nous montre la carte du monde insérée dans le manuel de géographie paru en 1950.

Figure 3.3 La carte du monde (Pays lointains)

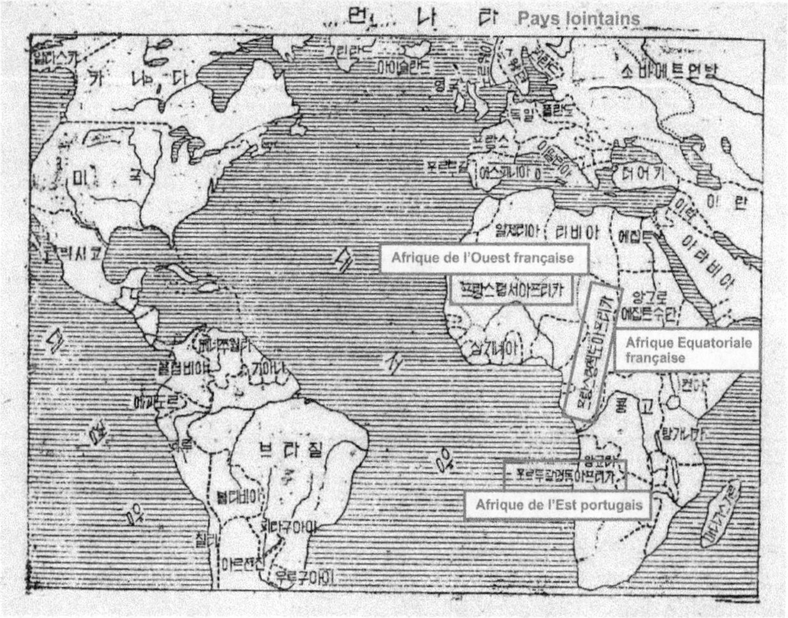

Source : Yi Ji-Ho et al., 1950, La toute nouvelle géographie des pays lointains, p. 1.

Le contenu du manuel paru en 1950 est organisé selon deux points de vue : l'environnement naturel et la culture humaine. Par exemple, la localisation, la topographie ou encore le climat sont des sujets traités dans la perspective de l'environnement naturel, quant à l'agriculture, la pêche, l'industrie minière, la circulation, la ville, les habitants ou la politique ont été traités dans la section humaine. Le manuel de 1952 et le manuel de 1950 ont une organisation semblable.

Nous pouvons aussi comparer les documents d'apprentissage dans les deux manuels, notamment dans la section de géographie de la France. Nous trouvons d'assez grandes différences entre les deux manuels, et nous croyons également que le contenu du manuel paru en 1950 est mieux organisé que celui de 1952 (tableau 3.17).

Tableau 3.17 La comparaison des documents dans les deux manuels

La section de géographie de la France	
Manuel de géographie paru en 1950	**Manuel de géographie paru en 1952**
1. carte topographique de la France 2. carte : la région industrielle de la France 3. graphique : la quantité de production de la cuvée du monde entier 4. carte : la répartition des ressources du sous-sol dans la région d'Alsace-Lorraine 5. carte : la répartition des régions industrielles de la France 6. carte : le réseau de voies ferrées en France 7. carte : la carte d'un quartier de Paris 8. photo : paysage d'un quartier de Paris 9. histogramme : le taux des naissances dans les puissances mondiales	1. carte : la répartition des produits agricoles de la France 2. carte : la région industrielle et l'hydroélectricité de la France 3. carte : la proportion de personnes actives du domaine industriel de la France

Source : Yi Ji-Ho et al., 1950, *La toute nouvelle géographie des pays lointains.* Editions Kwahak-Munhwasa, p.11-18 ; Yi Bu-Seong, 1952, *La géographie des pays lointains.* Editions Baekyeongsa, p. 20-27.

Nous pouvons voir que l'U.R.S.S. fait partie de la section « Europe de l'Est » dans les deux manuels. Cependant, aujourd'hui, en Corée du Sud, on traite le sujet de la Russie à partdes contenus d'Europe de l'Ouest ou d'Europe de l'Est dans les manuels de géographie.

Tableau 3.18 Les contenus de géographie de Corée

1e partie, notre pays (Corée)
1. notre pays est une péninsule qui se situe en Asie de l'Est **2. quelle est la superficie et la population de notre pays ?** **3. quelle est la division administrative de notre pays ?** **4. comment est enseigné le découpage régional aux élèves ?**
2e partie, la géographie régionale
1. la région centrale 1. la région centrale est une zone essentielle de notre pays. 2. quelle est la topographie de cette région ? 3. quel est le climat de cette région ? 4. quelle est l'industrie de cette région ? 1. l'agriculture 2. l'exploitation des forêts 3. l'industrie des produits de mer 4. l'industrie minière 5. l'industrie 5. quelle est la circulation ? 6. quel est le commerce ? 7. cette région était un centre culturel pendant 1,000 ans. 8. à propos de la caractéristique de chaque localité ...

2. la région du Nord

1. quels sont la localisation et le domaine ?
2. quelle est la topographie ?
3. quel est le climat ?
4. quelle est l'industrie ?

    1. l'agriculture et l'exploitation d'une ferme d'élevage 2. l'exploitation des forêts 3. l'industrie des produits de mer 4. les ressources du sous-sol sont les meilleurs éléments dans le monde 5. l'industrie

5. quelle est la circulation ?
6. quel est le commerce ?
7. cette région est la cité de Gojoseon (premier État antique de Corée fondé en 2333 av. J.-C.)
8. à propos de la caractéristique de chaque localité ...

    1, la région de Kwan-Buk (actuellement, province de Ham-Kyeong)
    2, la région de Kwan-Seo (actuellement, province de Pyeong-Ahn)

3. la région du Sud

1. quels sont la localisation et le domaine ?
2. quelle est la topographie ?
3. quel est le climat ?
4. quelle est l'industrie ?

    1. l'agriculture 2. l'industrie des produits de mer 3. l'industrie minière 4. l'industrie

5. quelle est la circulation ?
6. quel est le commerce ?
7. cette région est la cité de la culture depuis Samhan, (les trois Han) qui existaient en Corée avant l'ère des Trois Royaumes
8. à propos de la caractéristique de chaque localité ...

3e partie, généralités

1. quel est l'environnement naturel ?

1. quelle est la topographie ?
2. quelle est la nature géologique ?
3. quel est le climat ?
4. quel est l'être vivant ?

2. quel est le phénomène humain ?

1. quelle est la nation de notre peuple coréen, et comment notre pays s'est-il développé ?
2. quelle est la population et quel est le niveau de l'éducation ?
3. quelle est l'industrie ?
4. quels sont le commerce et la circulation ?

Source : Tableau réalisé à partir du manuel original(Jeong Gab, 1949, *La vie de notre pays*, Editions Eulyu-Munhwasa).

Le contenu de géographie de la Corée (tableau 3.18), enseigné en 3eme année au collège, ressemble au contenu de géographie sous l'occupation japonaise du fait de sa présentation comme des articles d'encyclopédie. Le contenu de géographie est organisé dans l'ordre suivant : la topographie, le climat, l'industrie, la circulation, le commerce etc.

Figure 3.4 Le mode de représentation cartographique (1)

La carte de zones urbaines et périurbaines
(Pyong-Yang, la capitale nord-coréenne)

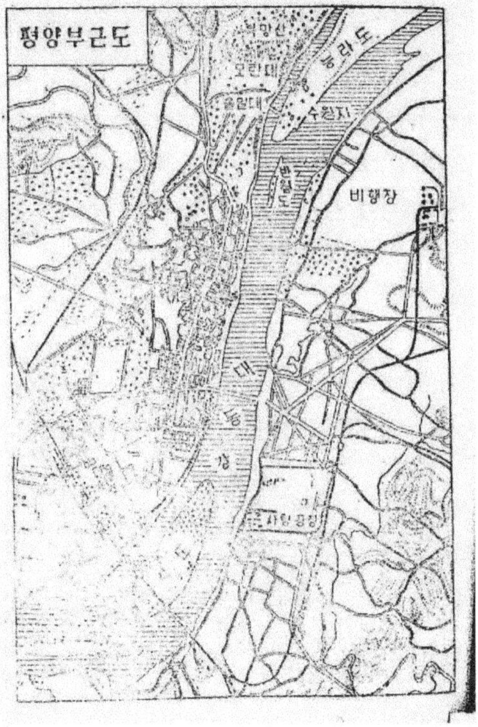

Source : Jeong Gab, 1949, La vie de notre pays. Editions Eulyu-Munhwasa, p. 88.

D'un côté, il est remarquable que nous puissions trouver une grande cartographie dans ce manuel. Une cartographie acceptée dans les manuels de géographie pendant la période d'ouverture au monde (la fin du 19e siècle) jusqu'à l'occupation japonaise (au milieu du 20e siècle) et une technique de cartographie moderne ont été insérées dans ce même manuel.Autrement dit, le premier manuel adopte une représentation cartographique semblable à celle des manuels de géographie du début du 20eme siècle en France et au Japon comme nous l'avons déjà examiné dans le 2eme chapitre. Voici la figure 3.4 qui permet de prendre connaissance de la représentation cartographique évoquée ci-dessus.La représentation du relief est obtenue avec le procédé des hachures qui correspondent à la forme de la plume utilisée.

Figure 3.5 Le mode de représentation cartographique (2)

Une carte de zone urbaine (Jin-Nam-Po, un port près de Pyong-Yang)

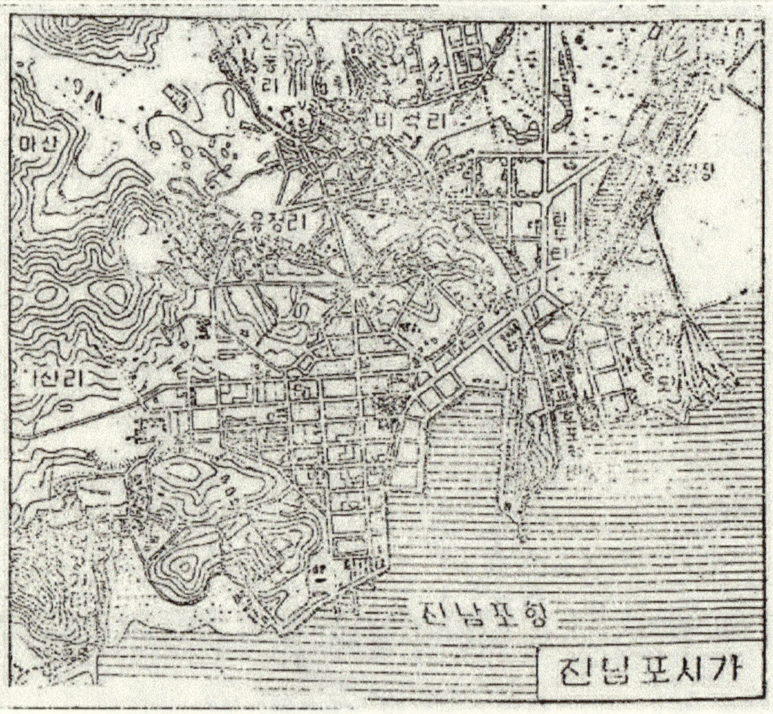

Source : Jeong Gab, 1949, *La vie de notre pays*. Editions Eulyu-Munhwasa, p. 89.

Par contre, le dernier manuel contient une technique de cartographie de style moderne avec un procédé de représentation du relief par courbes de niveau. Cependant, dans le même manuel, et parfois pour le traitement de la même région, on utilise des cartes qui ont été faites de deux manières différentes. Comment expliquer cette juxtaposition de techniques de représentation topographique ? On semble avoir importer une nouvelle technique de cartographie (les courbes de niveau) sous le régime militaire américain, mais à ce moment-là, la cartographie, qui est en place depuis le début du 20ème siècle, subsiste encore en Corée du Sud jusqu'au milieu du 20ème siècle. Par conséquent, les deux types de représentation topographique ont été acceptées dans le même manuel. Nous sommes avec ce manuel de géographie témoins du changement de représentation cartographique. Nous observons aussi que la manière de représenter les rivières (figure 3.4) et les mers (figure 3.5) est identique dans les manuels parus en 1949 (figure 3.4 et 3.5) et dans ceux parus sous l'occupation japonaise (figure 3.6). C'est une des formes de continuité existante entre contenus d'enseignement avant et après la libération de l'occupant japonais.

Figure 3.6 Le mode de représentation cartographique (3)

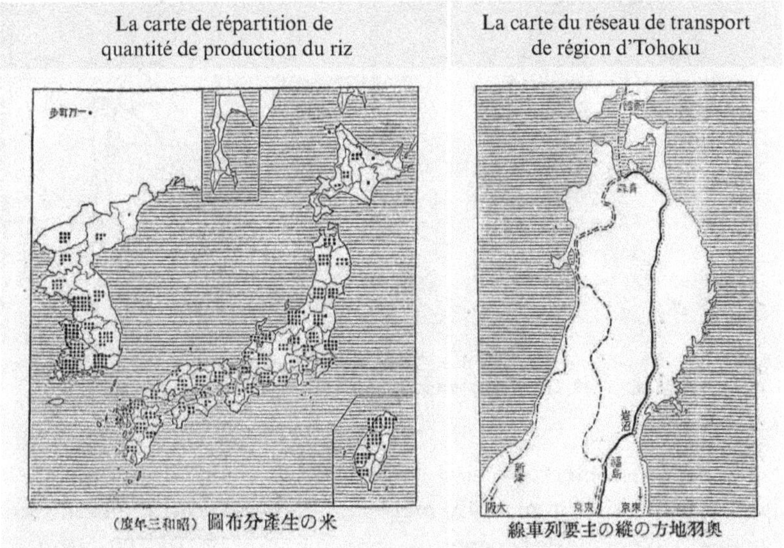

Source :Gouverneur général du Japon en Corée, 1932, La géographie au niveau primaire, Vol. 1, p. 54 et 72.

Au début de l'occupation japonaise, c'est le Japon qui a évalué les dimensions territoriales de la péninsule coréenne, pour permettre la réalisation d'une carte topographique de l'ensemble de la péninsule, mais cette carte n'a pas été utilisée dans les manuels de géographie sous l'occupation japonaise à cause d'une politique militariste qui prônait le secret sur les informations importantes pour le domaine militaire. Après la libération, la carte topographique qui avait été fabriquée par le Japon vers le début du 20ème siècle, a pu être insérée dans les manuels de géographie.

Figure 3.7 La carte de chaîne de montagnes sur la péninsule coréenne (1)

La carte insérée dans le manuel paru en 1932

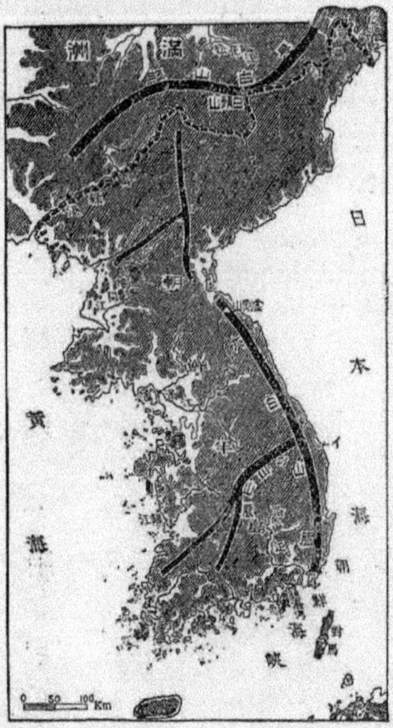

La carte insérée dans le manuel paru en 1949

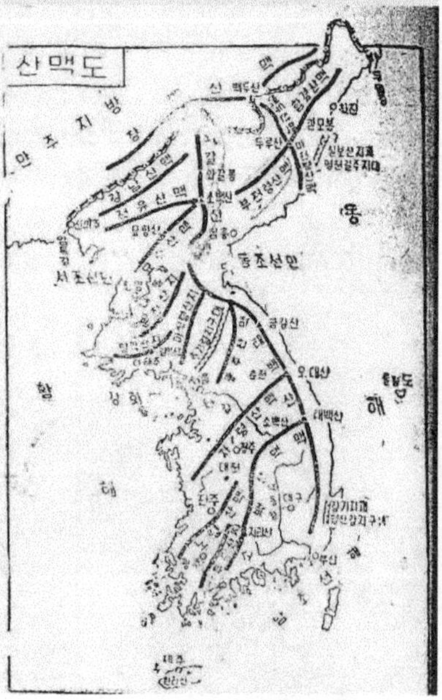

Source : Gouverneur général du Japon en Corée, 1932, *La géographie au niveau primaire* Vol. 1, p. 4 ; Jeong Gab, 1949, *La vie de notre pays*. Editions Eulyumunhwasa, p. 150.

Nous observons aussi une « carte de chaîne de montagnes » dans le manuel paru en 1949, mais c'est Bunjiro Koto[224] qui effectue l'analyse géologique de la péninsule coréenne entre 1900 et 1902 pendant 14mois. Par conséquent, le résultat de cette recherche géologique a été transmis dans les manuels de géographie. Nous pouvons ici poursuivre la recherche de l'origine des connaissances géographiques et de ses évolutions dans les manuels de géographie. Voici les figures 3.7. et 3.8 qui nous montrent l'évolution de « la carte de chaîne de montagnes » insérée dans les manuels de géographie de 1932 à aujourd'hui. Nous ne trouvons pas de grandes différences dans la représentation du système montagneux

224 Bunjiro KOTO, 1856-1935, le premier géologue japonais, a terminé ses études dans le département de géologie de l'Université de Tokyo en 1881. Il est ensuite allé étudier en Allemagne à l'Université de Leipzig puis celle de Munich. Une fois rentré au Japon, il a formé la première génération de géographes japonais.

depuis le début du 20ème siècle, si ce n'est une plus grande précision apportée à la cartographie contemporaine.

Figure 3.8 La carte des chaînes de montagnes de la péninsule coréenne (2)

La carte insérée dans le manuel paru en 1989	La carte insérée dans le manuel paru en 2002

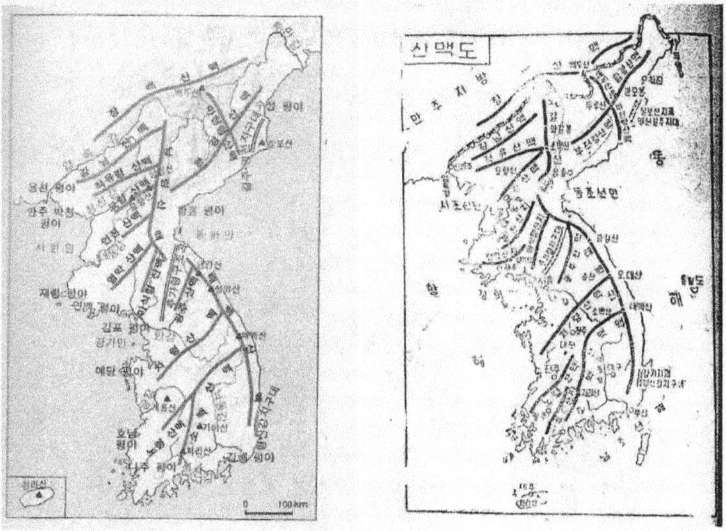

Source : Kim In et al., 1989, La géographie de Corée. Editions Dong-A, p. 49 ; Jo Hwa-Lyong et al., 2002, *La géographie de Corée*. Editions Keumseong, p. 62.

D'un côté, on croit selon la conception géographique traditionnelle (Pung-Su), que l'énergie (l'esprit national) découle de la chaîne de montagnes où se trouve le mont Baekdu. Dans la tradition coréenne, on pense que les montagnes sont sacrées. On dit également : « la montagne ne traverse pas la rivière et la rivière ne peut pas non plus dépasser la montagne. » Par conséquent, la population coréenne croit que les montagnes et la rivière coexistent dans le cadre du principe mâle et du principe femelle qui est soit l'élément positif soit l'élément négatif, soit l'ombre et lumière (le yin et le yang[225]).

Cependant, l'application de la théorie du géologue japonais, Bunjiro Koto, qui distingue les chaînes de montagnes du reste des

225 On utilise en Corée le terme suivant : 음양(陰陽).

terres par des limites nettes (en séparant montagnes et rivières), a semé la confusion lorsqu'elle a été appliquée au territoire coréen, lequel est traditionnellement perçu à partir de l'association des montagnes et des rivières. Pourtant, cette théorie japonaise sur le système des chaînes de montagnes a été intégrée dans la culture scolaire coréenne qui en reproduit les images depuis la période de l'occupation japonaise.

Figure 3.9 Le système traditionnel des chaînes de montagnes en Corée

La carte traditionnelle des montagnes (산경도)	La carte insérée dans le manuel paru en 2002	La carte traditionnelle des montagnes (산경도)
Vers 1750 (a)	Vers 1860 (b)	Un exemplaire actuel (c)

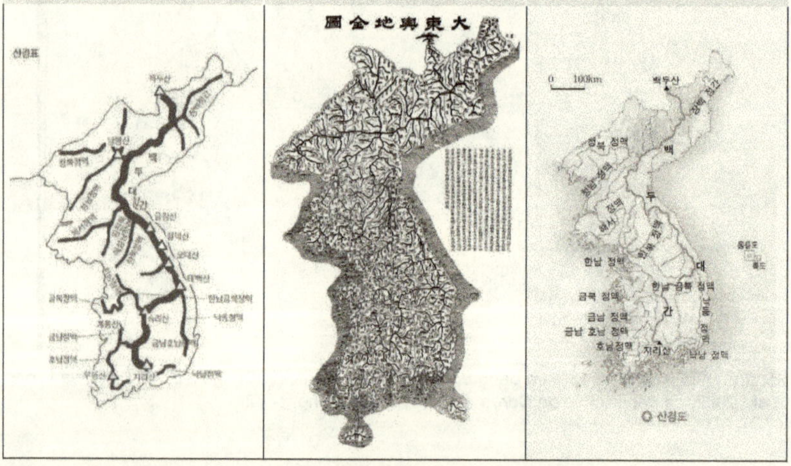

Source : Heo Wou-Geung et al., 2001, *La société*. Editions Kyohaksa, p. 12(b) et p. 16(a) ; Jo Hwa-Lyong et al., 2002, *La géographie de Corée*. Editions Keumseong, p. 61(c).

La figure 3.9 nous montre le système traditionnel de représentation des chaînes de montagnes de la Corée. Elle est réalisée par Shin Kyeong-Jun (1712-1781), qui est membre de l'école des sciences pratiques du Royaume de Joseon. Dans les manuels de géographie actuels, on explique « *l'idée de géographie traditionnelle* (Pung-Su) » avec la figure de chaîne de montagnes ci-dessus (a) créée dans le Royaume de Joseon. En cours de géographie on essaye également d'enseigner l'esprit national aux élèves avec ces éléments traditionnels. Pour conclure, la majeure partie des manuels de géographie de nos jours en Corée du Sud traite les deux types de perspective géologique qui sont dites moderne (celle d'origine japonaise) et traditionnelle (issue du travail de l'école coréenne des sciences pratiques).

Durant le régime militaire américain, les matières « environnement naturel et vie de l'homme » et « géographie économique » sont enseignées au lycée.[226] Le tableau 3.19 permet de prendre connaissance du contenu de ces programmes. Nous pouvons voir que la matière « environnement naturel et vie de l'homme » possède au total onze grands thèmes, dont cinq relatifs à la géographie naturelle et six à la géographie humaine. Nous retrouvons la plupart des thèmes dans les manuels de géographie publiés sous l'occupation japonaise.

Tableau 3.19 Les contenus de géographie au niveau du lycée

Les deux matières de géographie sous le régime militaire américain (de 1945 à 1948)	
« L'environnement naturel et la vie d'homme »	**« La géographie économique »**
1er la planète 1. le cosmos et le système solaire 2. la forme de la planète 3. le mouvement de la planète et la lune 4. le jour solaire, le temps de Greenwich et le calendrier 5. la représentation de la surface de la terre	**1er la géographie économique dans le domaine géographique** 1. la valeur de la géographie 2. la conception et la mission de la géographie économique 3. la méthodologie de la géographie économique
2ème la terre 1. la forme de surface de la terre 2. le changement de le relief 3. la topographie	**2ème la théorie sur l'environnement** 1. la limitation du climat 2. la limitation du relief
3ème l'océan 1. l'océan 2. le mouvement de l'eau de mer	**3ème la théorie sur la population** 1. la race humaine dans le monde 2. la répartition de la populationle mouvement de l'eau de mer
4ème le climat 1. l'atmosphère 2. la température 3. la pression atmosphérique et le vent 4. le taux d'humidité, les précipitations et le temps 5. le climat et la zone climatique	**4ème la théorie sur la région** 1. le problème du découpage régional relatif à l'économie 2. la région naturelle 3. la région culturelle 4. la région économique

226 Même si durant cette période, la matière « géographie humaine »est présente dans le programme du lycée, le manuel de géographie humaine n'a été publié qu'en 1957. Nous l'examinerons donc dans le 4ème chapitre.

Les deux matières de géographie sous le régime militaire américain (de 1945 à 1948)	
« L'environnement naturel et la vie d'homme »	« La géographie économique »
5ème les êtres vivants 1. le végétal et l'environnement 2. les êtres vivants dans la zone tropicale 3. les êtres vivants dans la région aride 4. les êtres vivants dans la région humide 5. les êtres vivants dans la région polaire	**5ème la théorie sur l'agriculture** 1. l'agriculture et l'influence de la nature 2. l'agriculture et sa relation humaine 3. des détails pour l'agriculture
6ème la race humaine et la nation 1. l'apparition d'homme 2. la race humaine, la constitution de la nation, et la relation géographique 3. la population 4. la langue et la religion	**6ème la théorie sur la sylviculture** 1. la sylviculture et l'influence de la nature 2. la sylviculture et la relation humaine 3. la répartition des forêts et la production du bois
7ème le village 1. l'aperçu du village 2. le genre du village 3. la forme du village	**7ème la théorie sur l'élevage** 1. l'exploitation d'une ferme d'élevage et l'influence de la nature 2. l'exploitation d'une ferme d'élevage et la relation humaine 3. des détails pour l'exploitation d'une ferme d'élevage
8ème l'industrie 1. l'agriculture, 2. la sylviculture 3. l'exploitation d'une ferme d'élevage 4. l'industrie des produits de la mer 5. l'industrie minière 6. l'industrie 7. le commerce	**8ème la théorie sur l'industrie des produits de la mer** 1. l'industrie des produits de la mer et la condition naturelle 2. l'industrie des produits de la mer et la relation humaine 3. des détails pour l'industrie des produits de la mer
9ème la circulation 1. le développement de la circulation et la relation géographique 2. le transport terrestre 3. le transport par eau 4. la télécommunication	**9ème la théorie sur l'industrie minière** 1. l'industrie minière et la condition géographique 2. des détails pour l'industrie minière
10ème le politique 1. le développement de la circulation et la relation géographique 2. le transport terrestre 3. le transport par eau 4. la télécommunication	**10ème la théorie sur l'industrie** 1. 1, la catégorie de l'industrie et la théorie de l'emplacement **11ème la théorie sur le commerce** 1. la relation régionale entre le commerce et la consommation 2. le marché 3. le commerce international

Les deux matières de géographie sous le régime militaire américain (de 1945 à 1948)	
« L'environnement naturel et la vie d'homme »	« La géographie économique »
11ème notre attitude vers l'environnement naturel	**12ème la théorie sur la circulation** 1. le développement de la circulation et l'environnement naturel 2. le transport terrestre 3. le transport par eau 4. le transport aérien
	13ème notre attitude vers l'environnement naturel

Source : Ahn Jong-Ouk, 2011, *L'origine historique du système des contenus de discipline géographique dans le programme national.* Thèse, Université de Koryo, p. 87 (Noh Do-Yang, 1950, *L'environnement naturel et la vie humaine.* Editions Tamkudang ; Noh Do-Yang, 1948, *La géographie économique.* Editions Eulyu-Munhwasa).

La matière « géographie économique » possède au total treize grands thèmes, dont la plupart concernent les différents domaines industriels de l'époque. Nous ne savons pas pourquoi la matière « géographie économique » a été choisie prioritairement pour être enseignée au lycée, mais nous pensons que c'est pour son côté pratique et pour sensibiliser les élèves à la nécessité d'un développement économique. De plus, il est à noter que le dernier des deux thèmes enseignés à l'époque soit « notre attitude par rapport à l'environnement naturel ». Traditionnellement, en Corée, on considère en effet que la nature est précieuse, la montagne y étant, notamment, sacralisée. On peut voir dans ce choix une façon de concilier formation morale et spécificité nationale dans un contexte d'application locale d'une forme disciplinaire extérieure qui n'est pas sans objectif de moralisation.

Jusqu'à maintenant, nous avons étudié le contenu des manuels de géographie publiés sous le régime militaire américain. Nous allons maintenant comparer le contenu des manuels de la géographie scolaire publiés sous l'occupation japonaise et sous le régime militaire américain. Nous cherchons donc à repérer les ressemblances et les différences de contenu de géographie enseignée durant les deux périodes. Les tableaux 3.20 et 3.21 permettent de prendre connaissance de ces ressemblances et différences entre thèmes et entre organisations de ces contenus. Pour l'analyse comparative, nous avons choisi deux chapitres : la Chine et l'Afrique.

Tableau n°3.20 Comparaison du contenu du chapitre « Chine » des programmes (1)

La vie des pays voisins paru en 1949 en Corée du Sud	La géographie au niveau primaire paru en 1944 en Corée
La Chine	**La Chine**
Chapitre 1 : la vie en Chine	**Chapitre 1: la Chine**
1. l'environnement naturel de la Chine (le relief et le climat)	1. le relief et le climat (non titre)
2. la région de la Mandchourie	2. l'environnement naturel et la production en Chine du Nord
3. la région du Nord	3. Pékin, Tianjin, Qingdao
4. la région centrale	4. le transport fluvial et la production en Chine centrale
5. la région du Sud	5. Shanghai, Nanjing, Hankou
6. la région de la Mongolie	6. la Chine du Sud sous la zone subtropicale
7. le Tibet, Qinghai, Xikang, Xinjiang	7. Mengjiang, Mongolie-Extérieure, Xinjiang
8. les caractéristiques de vie en Chine	8. Le Japon et la Chine

Source : Tableau réalisé à partir des manuels originaux (Jeong Gab, 1949, La vie des pays voisins, Editions Eulyu-Munhwasa ; Gouverneur général du Japon en Corée, 1944, *La géographie* au niveau primaire, 6ème année).

Tableau 3.21 Comparaison du contenu du chapitre « l'Afrique » des programmes (2)

La géographie des pays lointains paru en 1952 en Corée du Sud	La géographie des pays étrangers paru en 1940 au Japon
2ème, l'Afrique	**L'Afrique**
1. Un aperçu	1. généralités
2. la nature de l'Afrique	• Le relief, le climat, les êtres vivant, l'industrie, la circulation, les habitants etc.
3. le climat de l'Afrique	2. l'Afrique du Nord
4. la culture de l'Afrique	• L'Egypte, la région du Barbarie, le Sahara
5. la circulation	3. l'Afrique centrale
6. les habitants et la politique	• la Soudan, la Guinée
7. la vie en Egypte	4. l'Afrique de l'Est
8. le canal de Suez	• l'Ethiopie (territoire italien), le territoire français et italien, l'Afrique de l'Est (territoire anglais), l'Afrique de l'Est (territoire portugais)
9. la vie dans la région de Barbarie	5. l'Afrique du Sud
10. l'Afrique centrale	• Fédération sud-africaine
11. l'Afrique de l'Est	6. Madagascar
12. l'Afrique du Sud	
13. Madagascar	

Source : Tableau réactualisé à partir du manuels original (Yi Bu-Seong, 1952, La géographie des pays lointains. Editions Baekyeongsa et Yim Deok-Sun, 1999, « L'organisation des contenus de géographie à l'école secondaire : 1945-1948 », Revue de géographie de Chungbuk, No. 16, p. 7).

Comme nous pouvons le voir dans les tableaux 3.20 et 3.21 ci-dessus, le contenu des programmes de géographie enseignés sous le régime militaire américain ressemble à ceux de l'occupation japonaise. Après la défaite du Japon, en 1945, les Japonais étant rentrés dans leur pays, aucun spécialiste coréen n'a pu organiser le programme scolaire et rédiger les manuels de géographie. Aucun principe directeur pour organiser et orienter les programmes et les manuels de géographie, n'a été par conséquent édicté. De fait, il a fallu réutiliser les dossiers ou recopier les manuels qui avaient été créées par les Japonais.

Par ailleurs, les auteurs des manuels de géographie sous le régime militaire américain ont fait leurs études dans les départements géographie-histoire des universités du Japon durant l'occupation japonaise. Par conséquent, les auteurs rédigent les manuels selon ce qu'ils ont appris au Japon. Ainsi leurs manuels présentent-ils le même contenu que celui enseigné sous l'occupation japonaise. Au final, on aboutit au paradoxe suivant : on a importé l'étude sociale des Etats-Unis après la libération de la Corée afin d'extirper la conscience coloniale, mais le contenu des manuels de géographie édités sous le régime militaire américain est le même que celui enseigné sous l'occupation japonaise.

Chapitre 4

FONDATION DE LA CORÉE DU SUD (1953-1970) : déclassement de la géographie scolaire et ajustements à de nouveaux impératifs politiques

Après avoir subi l'administration coloniale japonaise pendant 35 ans et le régime militaire américain pendant trois ans, la Corée du Sud se dote d'un gouvernement propre le 15 août 1948. Deux ans après cette fondation, le 25 juin 1950, l'armée nord-coréenne attaque par surprise la Corée du Sud. La guerre de Corée dure jusqu'au 27 juillet 1953 et provoque la dévastation du pays entier. Après la guerre, on accorde en Corée du Sud davantage d'importance à l'éducation anticommuniste dans le programme national. La discipline appelée « morale et éducation anticommuniste » acquiert brusquement un statut privilégié qu'elle conserve actuellement.

Par ailleurs, au milieu des années 1960, avec la fusion des contenus des trois petits domaines (histoire, géographie et éducation civique) inclus dans l'étude sociale, la géographie scolaire perd brusquement son statut de discipline à part entière. Si dans les années 1950, les contenus de la géographie scolaire sont organisés pendant les trois années du collège selon la répartition suivante : géographie de Corée et géographie du monde, les années 1960 amènent avec la fusion des trois petits domaines à faire passer les contenus de géographie sous la dénomination« études sociales ». En outre, la géographie n'est enseignée que durant la première année du collège. On peut dire que la période se caractérise par une systématisation des études sociales, tandis que la géographie scolaire ne se voit pas reconnue de valeur ou de nécessité en tant que discipline scolaire.

4.1 Un nouveau départ pour la Corée

4.1.1 La fin du régime militaire américain et la fondation du gouvernement sudcoréen

Dans cette section, nous allons examiner la trace laissée par Seung-Man Yi (이승만), le premier président de la République de Corée du Sud, qui a joué un rôle principal quand est fondé le gouvernement sud-coréen, et l'attitude des Etats-Unis qui a beaucoup influencé la Corée du Sud de la fin de l'occupation japonaise à la création du gouvernement national.

Même si le premier président république de la Corée du Sud, Seung-Man Yi (1875-1965), a contribué de façon positive à l'histoire contemporaine de la Corée du Sud, les mérites de M. Yi, de nos jours, sont très discutés. Nous devons donc présenter ici le rôle de Seung-Man Yi et étudier sa contribution à l'histoire de la Corée.

Actif en tant qu'indépendantiste pendant l'occupation japonaise, puis après la libération, il s'est consacré à la fondation de la Corée du Suddans une idéologie de guerre froide. Mais paradoxalement, le monde de la science et la société civile est partagé sur son rôle et sa contribution. Une partie considère M. Yi comme un héros de la fondation de l'Etat,[227] mais une autre partie pense qu'il est un des protagonistes de la séparation de la péninsule coréenne en deux Etats.[228] Alors, pourquoi doit-il essuyer les critiques d'un bon nombre de Coréens alors même qu'il a contribué à l'indépendance coréenne ? Il reste au pouvoir pendant douze ans en tant que président de la république, mais il commet certainement une grave erreur lorsqu'en tentant d'instaurer une dictature, il se rend en partie responsable d'un retard de développement démocratique aujourd'hui jugé préjudiciable en Corée du Sud.

---

227 Yu Yeong-Ik, 2008, « Yi Seung-Man : le président de la fondation d'Etat », *Cours du citoyen pour l'histoire de Corée,* No. 43, p. 1.

228 Seo Jung-Seok, 1991, *Recherche sur le mouvement nationaliste contemporain en Corée : le mouvement de fondation du pays constitué d'une seule ethnie après la libération du Japon et le front commun,* Editions la critique historique, p. 544-545.

Le 8 septembre 1945, l'armée américaine arrive en Corée du Sud et Seung-Man Yi finit sa vie d'exilé aux Etats-Unis, une vie qui aura duré 33 ans avant qu'il ne revienne le 16 octobre de cette même année dans son pays. A ce moment-là, il rentre en tant que personne privée en Corée, et non en tant que responsable diplomatique du gouvernement provisoire de la Corée aux Etats-Unis, puisque les Etats-Unis ont refusé un gouvernement provisoire à la Corée.[229]

M. Yi a fait ses études aux Etats-Unis et il ya vécu en exil, où il a pu cultiver une positiond'antisoviétisme. Quand il rentre en Corée du Sud, il pense qu'il faut impérativement couper court à l'intervention de l'U.R.S.S. sur la péninsule coréenne.[230] Il juge que la Corée a davantage besoin du soutien des Etats-Unis afin de fonder un nouvel Etat dans cette péninsule.

Néanmoins, sa vision des rapports avec les Etats-Unis a fortement évolué au fur et à mesure de la situation historique. Au début du XXe siècle, lorsqu'il étudie à l'école moderne « Baejaehakdang » établie par les missionnaires américains, il admire les Etats-Unis en tant qu'ils sont une république démocratique. Mais au moment de ses études aux Etats-Unis, il est témoin de « l'Accord Taft-Katsura[231] » de 1905 et de l'annexion de la Corée par le Japon, annexion rendue possible par l'attitude des Etats-Unis. De cette situation, M. Yi dégage l'idée pragmatique qu'il s'agit pour la Corée de tirer parti de la puissance américaine pour le développement de la Corée plutôt que d'adopter une vision idéaliste qui consisterait à cherche à réaliser en Corée une version parfaitement achevée du modèle américain.[232] Au final, M. Yi se donne un idéal de fondation d'un Etat chrétien, démocratique, égalitaire, anticommuniste et ancré dans la riche culture de la nation coréenne. Sur le plan fonctionnel,

---

229 Cha Sang-Cheol, 2009, « Seung-Man Yi, Etats-Unis et la fondation du gouvernement de la Corée », *Revue de recherche d'histoire des Etats-Unis*, No. 29, p. 102.

230 Ko Jeong-Hyu, 2004, *Seung-Man et le mouvement de l'indépendance de la Corée,* Presses universitaires de Yeonse, p. 525.

231 Une promesse secrète est scellée entre les Etats-Unis et le Japon au 29 juillet 1905, à Tokyo au Japon. Selon cet accord, les Etats-Unis ferment les yeux sur l'occupation de Corée par le Japon, et en échange, le Japon n'envahit pas les Philippines occupées alors par les Etats-Unis.

232 Cha Sang-Cheol, 2008, « La reconnaissance des Etats-Unis par Seung-Man Yi », Recherche en histoire des personnages en Corée, No. 9, p. 281-303.

il pense que la Corée du Sud peut être convenablement gouverné avec un système présidentiel comme celui des Etats-Unis.

Par ailleurs, le 27 décembre 1945, les ministres des Affaires étrangères des Etats-Unis, de l'U.R.S.S. et de l'Angleterre, lors des entretiens de Moscou, annoncent que la Corée pourrait avoir besoin d'un « régime de tutelle » organisé par ces trois puissances ainsi que la Chine pour une durée de cinq ans, et que dans ce cas, les Etats-Unis et l'U.R.S.S. auraient le pouvoir décisionnel pour ce régime de tutelle.[233] La décision prise à Moscou provoque un grand choc en Corée. Seung-Man et Ku Kim[234] se prononcent fortement contre cette idée d'un régime de tutelle. Seung-Man Yi s'y oppose en affirmant que les communistes veulent d'abord que la Corée devienne un pays satellite de l'U.R.S.S.[235], et Ku Kim demande également de façon pressante que l'on abandonne un quelconque plan de cette nature.[236]

John Reed Hodge, commandant en chef de l'armée américaine basée en Corée, est persuadé qu'il faut dès que possible retirer les deux armées (l'armée américaine et l'armée soviétique) de la Corée ; cependant le gouvernement des Etats-Unis insiste pour que les décisions prises à Moscou soient exécutées.[237] Dans cette situation, la plupart des leaders politiques coréens,à commencer par Seung-Man Yi, ne se sentent plus avoir confiance en personne. De son côté, l'armée américaine essaie de contacter l'armée soviétique, qui ne répond pas. La communication entre les Etats-Unis et l'U.R.S.S. en restera là. Le 3 juin 1946, Seung-Man Yi propose la formation d'un gouvernement régional en Corée du Sud qui exclut la Corée du Nord.[238] Parallèlement, un document envoyé à Ivan Chistiakov, le général en chef de l'armée soviétique installée en Corée du Nord par Joseph V. Staline, le 20 septembre 1945, donne l'ordre de former un gouvernement régional restreint à la Corée du Nord.[239]

---

233 Cha Sang-Cheol, 2009, *op. cit.*, pp. 104-105.

234 Kim Ku (김구, 1876-1949), était un indépendantiste et est devenu président du gouvernement provisoire de la Corée en 1944.

235 Le comité de rédaction d'histoire événementielle d'Woo-Nam, 1976, *L'histoire événementielle d'Woo-Nam (1945-1948)*, Editions Yeolhwadang, pp. 140-141.

236 Dong-A Ilbo (un des journaux quotidiens coréens), le 30 décembre 1945.

237 Cha Sang-Cheol, 2009, *op. cit.*, p. 106.

238 Le comité de rédaction d'histoire événementielle d'Woo-Nam, 1976, *op. cit.*, p. 158.

239 Yang Min-Ho, 2004, *Du 38e parallèle à la ligne de cessez-le-feu,* Editions Saeng-

Considérant Seung-Man Yi comme un homme d'extrême droite, les Etats-Unis veulent le supprimer et essaient de lui trouver un remplaçant centriste qui puisse se soumettre aux visées américaines dans la péninsule. Mais en 1947, les Etats-Unis commencent à modifier leur politique dans la péninsule. Le gouvernement Truman ordonne à John Reed Hodge de retirer les troupes américaines. Les Etats-Unis sont ainsi en train d'abandonner leur politique initiale (la fondation d'un Etat unifié et démocratique avec l'assentiment de l'U.R.S.S.). De plus,ils essaient de transférer le traitement du problème de la péninsule coréenne aux Nations Unies afin de se retirer sans incident.[240]

Finalement, des élections générales sont organisées le 10 mai 1948 en Corée du Sud. L'Assemblée nationale crée une Constitution et le 20 juillet, Seung-Man Yi est élu président de la république. Puis le 15 août, le régime militaire américain prend fin et un gouvernement de la Corée du Sud est ainsi officiellement établi. Peu après, le 9 septembre, la Corée du Nord annonce la fondation de son propre Etat : la République démocratique populaire de Corée.

En somme, évaluée en regard de ses objectifs initiaux la politique des Etats-Unis en Corée s'avère être un véritable échec. Parce que les Etats-Unis ont proposé en premier lieu un plan de régime de tutelle sur la Corée,[241] l'U.R.S.S. a saisi cette occasion pour occuper la Corée du Nord et établir un pays communiste. Les Etats-Unis provoquent ainsi une séparation entre le nord et le sud. A l'opposé, Seung-Man Yi joue un rôle majeur dans la reconnaissance politique internationale de la Corée du Sud tout en se montrant prudent dans un contexte de bouleversements politiques.

4.1.2 La guerre de Corée et le temps des désordres politiques

---

kak-eui-namu, p. 168.

240 Cha Sang-Cheol, 2009, *op. cit.*, pp. 110-111

241 Cha Sang-Cheol, 2009, *op. cit.*, p. 113.

4.

1.2.1 La guerre de Corée : du déclenchement au cessez-le-feu

Depuis 1945, l'U.R.S.S. conserve des liens étroits avec le régime communiste de Chine, de telle façon que l'influence communiste se fait fortement sentir dans une partie importante de l'Extrême-Orient. Il-Seong Kim, premier dictateur de Corée du Nord, importe un encadrement militaire soviétique afin de réaliser l'ambition d'une unification à travers le rattachement au bloc communiste de la totalité de la péninsule coréenne. D'après le rapport de Wedemeyer en septembre 1947, la Corée du Nord dispose déjà d'une troupe d'élites de 125.000 hommes constituée avec le soutien de l'U.R.S.S.[242] L'U.R.S.S. envoie ainsi 3.000 conseillers militaires pour encadrer des manoeuvres militaires nord-coréennes.[243]

Au début de l'année 1949, la Corée du Nord est entrée dans un régime de guerre et assure l'entraînement militaire de ses lycéens. Juste avant l'invasion du sud, les conseillers militaires soviétiques se retirent en Russie de manière à dissimuler les préparatifs nordcoréens. La situation politique s'organise ainsi autour de la péninsule coréenne : une alliance militaire secrète entre la Corée du Nord et l'U.R.S.S. (1949), un traité de défense mutuelle entre la Corée du Nord et la Chine et l'arrivée du parti communiste au pouvoir en Chine (1949), le retrait de l'armée américaine basée en Corée du Sud (1949), la déclaration d'Acheson selon laquelle la Corée du Sud et Taiwan sont exclues de la ligne de défense en Extrême-Orient des Etats-Unis (1950), ce qui rend possible l'invasion du sud par le bloc communiste (1949).[244]

Le 25 juin 1950, l'armée nord-coréenne risque une attaque éclair à l'aube soutenue par un bombardement aérien.[245] Ce jour-là est un dimanche de telle manière que l'attaquant profite de l'effet de surprise pour créer un état de choc. Le même jour, le Conseil de sécurité de

---

242 Wedemeyer A.C.(Traduction par Kim Won-Deok), 1989, « Le Rapport de Wedemeyer sur la situation politique et militaire en Corée du Sud », Revue de recherche de la Chine, No. 8, p. 246-247.

243 Kwon Ja-Kyeong, 2011, « La guerre de Corée, la reconstruction après la guerre et la mobilisation du volontariat », *Revue coréenne d'administration*, Vol. 18, No. 2, p. 280.

244 Shin Bok-Lyong, 1996, « L'origine de la guerre de Corée », *Revue politique de la Corée du Sud*, Vol. 30, No. 3, p. 166.

245 Kwon Ja-Kyeong, 2011, *op. cit.*, p. 281.

l'ONU est réuni à la demande des Etats-Unis ; puis les Etats membres du Conseil de sécurité adoptent la résolution selon laquelle ils déclarent« soutenir la Corée du Sud afin de repousser l'invasion et reconquérir la région envahie par l'ennemi ».[246]

Douglas MacArthur (1880-1964) est nommé général en chef de l'armée des Nations Unies, et 16 pays[247] à commencer par les Etats-Unis participent à la guerre de Corée. Le 15 septembre de la même année, l'armée des Nations Unies poursuit l'armée nordcoréenne avec les opérations de débarquement d'Incheon (인천상륙작전) et elle récupère Pyongyang, capitale de Corée du Nord, puis avance sur les fleuves Apnok (압록강) et Duman (두만강). Mais l'armée des Nations Unies rebrousse chemin en décembre face à l'intervention directe de l'armée communiste de Chine.

Les deux camps se contactent pour les pourparlers d'armistice.[248] En juillet 1951, ils débutent à Gae-Seong en Corée du Nord, puis à Panmunjeom (판문점), village qui deviendra le siège de l'accord d'armistice de la guerre de Corée en 1953. Les pourparlers d'armistice se prolongent et après de nombreux avatars, le 27 juin 1953, finalement, l'armistice est signé dans le quartier général de l'armée des Nations Unies et celui de l'armée communiste à Panmunjeom.[249]

---

246 Yang Dae-Hyeon, 1992, « La guerre de Corée et l'alliance militaire entre la Corée du Sud et les Etats- Unis », *Revue de politique de la Corée du Sud,* Vol. 26, No. 1, p. 404.

247 Etats-Unis, Royaume-Uni, Australie, Nouvelle-Zélande, France, Canada, Afrique du Sud, Turquie, Thaïlande, Grèce, Pays-Bas, Colombie, Ethiopie, Philippines, Belgique, Luxembourg. La France avait un accord commercial passé avec le Royaume de Joseon en 1886. D'après ce traité, la demande de la France est acceptée : la permission de propagande catholique et la protection des catholiques. En 1905, par le traité de protectorat imposé à la Corée par le Japon, la relation diplomatique entre la Corée et la France est coupée. En 1948, après la fondation du gouvernement de Corée du Sud, Henri Costilles, diplomate français, arrive à Séoul et les affaires diplomatiques reprennent. Durant la guerre de Corée, les Français qui travaillent dans la légation française à Séoul sont capturés par l'armée nord-coréenne et emprisonnés pendant trois ans en Corée du Nord (Jaques Vernet, 1987, « La France et la guerre de Corée », *Revue d'histoire politique et diplomatique de Corée du Sud*, No. 3, p. 169-170).

248 Le service de rédaction, 1997, « Le cessez-le-feu de la guerre de Corée », *Revue d'histoire politique et diplomatique de la Corée du Sud,* Vol. 16, No. 1, pp. 118-119.

249 D'un côté, à ce moment-là, Seung-Man Yi, président de la république de la Corée du Sud, s'oppose radicalement aux pourparlers d'armistice, et il insiste pour chasser les communistes (Byeon Dong-Hyeon, 2000, « Recherche comparative sur les éditoriaux relatifs aux pourparlers d'armistice de la Corée du Sud et des Etats-Unis vers la fin de guerre de Corée », *Revue de la presse et de l'information de la Corée du Sud*, No. 14, pp. 186-189).

La Guerre de Corée a été une guerre fratricide. Le territoire national est tombé en ruine et on dénombre de très nombreuses pertes humaines: 180.000 morts dans l'armée des Nations Unies à commencer par l'armée sud-coréenne ; 520.000 morts dans l'armée nordcoréenne et 900.000 dans l'armée communiste de Chine ; 990.000 morts civils en Corée du Sud. Pendant la guerre de Corée, 85.000 membres de la classe dirigeante (hommes politiques, savants, religieux, fonctionnaires) de Corée du Sud sont kidnappés par l'armée nordcoréenne, et par opposition, plus de 3.000.000[250] d'habitants nord-coréens sont passés en Corée du Sud.

Enfin, selon le 60e article de l'armistice, les pourparlers politiques ont lieu à Genève en Suisse en avril 1954, et les 16 pays participants à la guerre de Corée du côté des Nations-Unies ainsi que trois pays communistes (U.R.S.S., Chine et Corée du Nord) se rencontrent. Les pourparlers prennent fin sans résultat, et par conséquent, la ligne de cessezle- feu sur la péninsule coréenne est restée la même jusqu'à nos jours.[251]

4.1.2.2 La révolution populaire du 19 avril et le retrait de la vie politique pour Seung-Man Yi

Dix ans après la guerre de Corée, à cause de la soif de pouvoir de Seung-Man Yi, premier président de la république et de la corruption du parti au pouvoir, le parti libéral (자유당), la colère des citoyens atteint son comble. En décembre 1958, le parti place des policiers armés à l'Assemblée nationale, et fait arrêter les députés du parti d'opposition. De plus, le quotidien *Kyeong-Hyang Shinmun* qui avait critiqué le gouvernement, n'est plus autorisé à être publié.

Plusieurs raisons contribuent à « la révolution populaire du 19 avril (4월혁명) » le changement du jour prévu de l'élection présidentielle[252]

---

250 Le nombre des habitants de la Corée du Sud est alors de 12.000.000. 25% sont des personnes qui ont quitté la Corée du Nord.

251 Hong Yong-Pyo, 2006, « Les pourparlers de Genève en 1954 et le tâtonnement de la fin de guerre de Corée », *Revue de l'histoire politique et diplomatique de la Corée du Sud,* Vol. 28, No. 1, pp. 41-43.

252 Le jour de l'élection présidentielle avait été fixé pour le mois de mai 1960, lorsque

; dans les bureaux de vote, des horaires différents de ceux prévus ; les amendes pour les votes à bulletin secret[253] ; la menace sur les électeurs des hommes du parti au pouvoir venus surveiller le déroulement du vote ; l'exclusion du contrôle pour des scrutateurs du parti de l'opposition ; le vote par des électeurs fantômes et les votes fictifs par procuration ; l'installation d'isoloirs ouverts ; le remplacement des urnes de vote ; les substitutions de bulletins de vote; l'annonce d'un score électoral fictif. Les manoeuvres électorales sont ainsi mises au jour.[254]

La révolution populaire du 19 avril est déclenchée par une manifestation étudiante à Daegu le 28 février 1960. C'est un dimanche de campagne électorale ; mais tous les écoliers, collégiens et lycéens sont obligés d'aller à l'école, malgré le fait que l'on soit un dimanche.[255] Le gouvernement cherche ainsi à ce que les élèves en âge de voter ne puissent pas le faire faute d'informations. Par conséquent, ce jour-là, des lycéens[256] de Daegu manifestent avec pour slogan « n'utilisez pas les élèves pour la politique ».Les manifestations étudiantes se propagent ensuite dans le pays, par exemple, à Daejeon, Suwon le 1er mars, à Daejeon le 8 mars, à Busan et à Séoul du 12 au 13 mars. Les slogans deviennent plus forts et concrets qu'au début : « Rassemblons-nous, les élèves, afin de défendre la démocratie ! » et « Si on ferme les yeux sur l'élection scandaleuse, c'est qu'on renonce à vivre dans une patrie libre. » [257]

Le 15 mars, le jour de l'élection, une manifestation de grande envergure a lieu à Masan, pour protester contre les élections truquées. La répression de la manifestation fait huit morts.[258] Dans ce contexte, le 11 avril, un lycéen, du nom de Ju-Yeol Kim, qui avait disparu dans

---

Byeong-Ok Jo, un candidat du parti de l'opposition soutenu par une grande majorité, est allé aux Etats-Unis temporairement pour un traitement médical. La date de l'élection a été brusquement avancée du milieu du mois de mai au 15 mars.

253 Il fallait que trois personnes votent ensemble dans une même cabine de vote.

254 L'agence de presse groupée, 1961, *L'annuaire groupé*, p. 93.

255 Hong Seok-Lyul, 2010, « La révolution d'avril et le processus d'écroulement de gouvernement de Seung- Man Yi », *Revue de recherches culturelles et historiques,* No. 36, p. 151.

256 En majorité, ils étaient élèves du lycée de Daegu et du lycée de Kyeongbuk.

257 An Dong-Il et Hong Ki-Beom, 1960, Le miracle et l'illusion, Editions Yeongshin-munhwasa, p. 63-117 ; Yi Kang-Hyeon, 1960, *La trace de la révolution démocratique : les récits des représentants des étudiants aux établissements scolaires,* Editions Jeongeumsa, pp. 9-46.

258 Le comité du travail commémoratif de la révolution du 15 mars, 2004, *L'histoire de la révolution du 15 mars, Editions Huimun*, pp. 438-441.

la manifestation de Masan en mars, est découvert dans la mer, mort, avec une grenade lacrymogène enfoncée dans les yeux. C'est alors que la colère du peuple s'est cristallisée et exprimée.[259] Le 18 avril, 3.000 étudiants de l'Université de Koryo (고려대학교) manifestent devant l'Assemblée nationale, où ils lisent la proclamation suivante : « Les étudiants du passé avaient résisté au régime japonais et ont repoussé les communistes, mais aujourd'hui, nous devons nous soulever contre l'injustice et pour défendre l'esprit démocratique ».Le 19 avril 1960, les étudiants des Universités de Séoul défilent vers le Capitole[260](중앙청) et d'innombrables lycéens également participent à la manifestation.[261]

Les étudiants veulent avoir un entretien avec le président de la république, mais la police n'écoute pas leur demande. En contrepartie elle tire sur eux des coups de revolver. Les manifestants exaltés détruisent le commissariat de police et mettent le feu aux voitures de police ainsi qu'au commissariat. Le centre-ville de Séoul sombre dans l'anarchie. Le slogan du jour est : « refaire l'élection scandaleuse du 15 mars ! », « Retire-toi, régime autoritaire ! », « Démissionnez Monsieur le président de la république ! ». L'après-midi du jour, le gouvernement, déstabilisé, proclame « l'état de siège », et son armée s'installe au centre-ville de Séoul. Ce jour-là, le nombre de victimes est d'une centaine de morts et d'à peu près 450 blessés.[262]

Le 23 avril, Myeon Jang, vice-président de la république, démissionne de son poste en dénonçant la barbarie du gouvernement. Puis

---

259 Hong Seok-Lyul, 2010, *op. cit.*, p. 154 ; à ce moment-là, les Etats-Unis commencent à intervenir dans la politique intérieure de la Corée du Sud. Le gouvernement des Etats-Unis et l'ambassade des Etats-Unis en Corée sont en étroite liaison. Un journaliste américain indique dans un article remarqué que l'argent des Etats-Unis est utilisé pour sa propre campagne électorale par Seung-Man Yi. De plus, l'objet que l'on a découvert dans les yeux du cadavre de Ju-Yeol Kim, est une grenade lacrymogène de fabrication américaine fournie comme bien des armes à la Corée du Sud pour défendre un régime démocratique libéral, Hong Seok-Lyul, 2010, op. cit., p. 159.

260 A cette époque-là, c'est l'établissement central de l'administration où sont installés le bureau du président de la république et les membres du Conseil des ministres. A l'origine, le Japon l'a construit en 1910 pour en faire le bâtiment du gouvernement général du Japon en Corée jusqu'en 1945, puis le régime militaire américain l'a utilisé jusqu'en 1948. Ce bâtiment a été évacué en 1995.

261 An Dong-Il et Hong Ki-Beom, 1960, *op. cit.*, pp. 223-267 ; Yi Kang-Hyeon, 1960, *op. cit.*, p. 123-200.

262 Hong Seok-Lyul, 2010, *op. cit.*, pp. 161-162.

le président de la république affirme qu'il va démissionner de sa position du chef du parti libéral, mais se garde bien de dire qu'il démissionnera de la présidence.[263] A cause de cette attitude du président ainsi que du parti libéral, la colère du peuple redouble. Le 25 avril, 259 professeurs des Universités de Séoul font une déclaration solennelle : « Il faut que les trois plus hauts responsables du gouvernement à commencer par le président de la république démissionnent sans report, et dans le même temps, refaire l'élection présidentielle ! », puis ils manifestent en demandant la libération des étudiants prisonniers.[264] Cette initiative encourage les citoyens, dont les manifestations se poursuivent jusqu'au lendemain. Finalement, Seung-Man Yi, le président de la république, annonce sa démission de la présidence pour, le lendemain, la déposer effectivement devant l'Assemblée Nationale. Il quitte la Corée du Sud en grande discrétion le 29 mai vers Hawaï et les Etats-Unis.[265]

4. 1.2.3 Le coup d'Etat du 16 mai et l'installation du gouvernement militaire de Jeong-Hee Bak[266]

Un an après la révolution du 19 avril, le 16 mai 1961, un coup d'Etat est organisé par Jeong-Hee Bak ; les autorités militaires prennent facilement le pouvoir. La situation intérieure est alors la suivante[267] : juste après la révolution du 19 avril, une période de trouble aussi bien politique que sociale s'est installée avec la montée de forces réformistes, l'exalta-

---

263 Dong-A Ilbo, Le journal du matin du 25 avril 1960.

264 Yi Kang-Hyeon, 1960, *op. cit.*, pp. 221-226.

265 Kim Jeong-Lyeol, 1993, *Les mémoires de Kim Jeong-Lyeol*, Editions Eulyu-munhwasa, pp. 268-269.

266 Jeong-Hee Bak (1917-1979) a pris le pouvoir par un coup d'Etat en 1961, et il est resté au pouvoir pendant 16 ans. Il est né sous l'occupation japonaise, a terminé ses études à Ecole Normale de Daegu et a travaillé en tant qu'enseignant pendant deux ans. Ensuite, il a terminé ses études à l'école militaire japonaise et est devenu un lieutenant de l'armée de la Mandchourie. Après la libération du Japon, il est devenu général de division et a mené le coup d'Etat du 16 mai. En 1963, il est devenu le 5e président de la république, et il a donné une impulsion au développement de l'économie tout en préparant les bases de sa poursuite. En 1967, il est réélu à la présidence et graduellement, il essaie de prendre le pouvoir pour une longue période. En août 1974, la première dame est assassinée par Se-Kwang Mun, sur ordre venu de la Corée du Nord, et le 26 octobre 1979, le président de la république est tué par Jae-Kyu Kim, chef du Service Central de Renseignements.

267 Se-Jin Kim, 1971, *The politics of Military Revolution in Korea.*Chapel Hill : The University on North Carolina Press, p. 75-76.

tion de la menace du communisme[268] et le trouble au sein des autorités militaires.[269] Le 10 septembre 1960, des officiers demandent une réforme militaire, mais ils ne reçoivent pas la réponse attendue. Aussi, ce mouvement en faveur d'une réforme militaire vire brusquement à la révolte.[270]

A l'aube du 16 mai 1961, les autorités militaires pénètrent dans Séoul et prennent possession de l'état-major de l'armée de terre, de l'Hôtel de ville de Séoul, de la direction générale de la police nationale, de la chaîne de télévision nationale, etc. L'armée révolutionnaire contrôle tous les quartiers de Séoul, puis Daegu, Busan, Kwangju, Daejeon. L'armée annonce un plan en « six engagements publics »annoncés dans une émission télévisée diffusée à cinq heures du matin[271] : 1 - le maintien de l'orientation idéologique anticommuniste du régime,[272] 2 - respecter la Charte des Nations Unies et resserrer les liens avec les pays alliés à commencer par les Etats-Unis, 3 - éradiquer la corruption et retrouver l'esprit national, 4 - régler les difficultés économiques du peuple et se consacrer prioritairement à la reconstruction économique du pays, 5 - renforcer la puissance du pays afin de surmonter le communisme et unifier la Corée,[273] 6 - après avoir accompli les différentes missions désignées

268 Après la démission du président de la république, un nouveau plan de relations Nord-Sud et un plan de réunification sont proposés par les forces nouvelles. Pendant ce temps, Il-Seong Kim, fondateur de la Corée du Nord, propose une formule de fédéralisme Nord-Sud à la Corée du Sud. Enfin, Mansfield, sénateur américain, propose une neutralisation des deux pays comme voie pour la réunification. Dans de telles circonstances, l'esprit anticommuniste pourrait s'estomper.

269 En ce temps-là, parmi les autorités militaires, la réforme est souhaitée comme radicale : punir sévèrement les officiers supérieurs qui ont coopéré avec le gouvernement de Seung-Man Yi et du parti libéral ; punir les officiers qui se sont rempli les poches ; supprimer les commandants véreux, incompétents ; supprimer la coutume de faction ; améliorer les conditions de travail etc. De plus, pendant la période du pouvoir de Seung-Man Yi, les autorités militaires ont été mobilisées pour faire pression sur le peuple et pour contrôler les civils. La demande de réforme militaire est notablement manifestée avant et après la révolution du 19 avril (Noh Yeong-Ki, 2001, « L'analyse de l'autorité principale du coup d'Etat du 16 mai », *Revue d'histoire critique*, No. 57, p. 154-158 ; Han Yong-Won, 1984, *La constitution d'une armée,* Editions Bakyeongsa, p. 86-87).

270 Noh Yeong-Ki, 2001, *op. cit*., p. 180.

271 Oh Jae-Kyeong, 1961, *L'engagement pris en public et le slogan révolutionnaire, Le procès-verbal d'une séance*, No. 1, p. 120-123.

272 A cette époque-là, l'idéologie anticommuniste est reconnue comme le plus important objectif politique du gouvernement. L'éducation anticommuniste dans le programme national est donc renforcée.

273 Après la guerre de Corée, la réunification du pays est devenue un voeu très cher au peuple. On retrouve cet esprit dans les manuels de géographie coréens de nos jours comme un thème majeur.

ci-dessus, transmettre le pouvoir à des hommes politiques consciencieux et retourner à la fonction militaire originelle.

Le comité du régime militaire accapare les trois pouvoirs (législatif, administratif et judiciaire)[274] et le gouvernement des Etats-Unis annonce tout de suite qu'il reconnaît ce régime militaire en Corée du Sud.[275] Magruder, commandant de l'armée des Nations Unies, après un entretien avec Jong-Pil Kim (김종필),[276] membre de l'entourage de Jeong-Hee Bak, diffuse un communiqué commun relatif à l'assentiment du régime militaire.[277]

Ayant obtenu la confiance des Etats-Unis, le gouvernement révolutionnaire stabilise tout d'abord l'ordre social et le système administratif, puis essaie d'améliorer les relations avec les Etats-Unis et le Japon.[278] Ainsi, le 18 mai, les forces procommunistes sont arrêtées et le 4 juillet,[279] est promulguée une loi anticommuniste. Par la suite, en novembre, Jeong-Hee Bak, président de la république, se rend à un sommet organisé aux Etats-Unis avec John F. Kennedy, président des Etats-Unis. Le 22 novembre, il se rend à un autre sommet avec Ikeda, premier mi-

274 Kim Cheol-Su, 2001, *Le principes généraux du droit constitutionnel*, Editions Bakyeongsa, p. 67.

275 Nous pouvons nous interroger sur l'attitude des Etats-Unis, notamment lorsque le gouvernement accepte avec beaucoup de facilité l'instauration du régime militaire de la Corée du Sud. Cette décision peut laisser penser que les Etats-Unis aident l'installationde ce régime militaire parce qu'ils seraient mécontents de l'action de l'ancien gouvernement de Seung-Man Yi (Son Ho-Cheol, 1991, « Comment on peut évaluer le coup d'Etat du 16 mai », *Revue de la critique historique,* No. 13, p. 164).

276 Jong-Pil Kim (1926-) est un acteur principal du coup d'Etat avec Jeong-Hee Bak, et il a travaillé en tant que premier ministre de 1971 à 1975. Enfin, il est devenu président du parti de l'association libérale et démocratique en 1995.

277 Le 14 juillet 1950, au milieu de la guerre de Corée, Seung-Man Yi, le permier président de la république de la Corée du Sud, avait donné « le commandement opérationnel des forces coréennes » au commandant en chef de l'armée des Nations Unies. En conséquence, l'armée des Nations Unies a acquis une grande influence dans la péninsule coréenne et ce jusqu'à présent. D'un côté, selon l'accord entre la Corée du Sud et les Etats-Unis en 1994, le commandement opérationnel en temps normal a été retrouvé par les forces coréennes, mais le commandement opérationnel en temps de guerre appartient comme avant à l'armée des Nations Unies.

278 Même si l'occupation japonaise a porté atteinte à la fierté nationale des Coréens, en ce temps-là, on a besoin d'un financement important pour le développement de l'économie nationale ; la Corée du Sud emprunte donc auprès du Japon quitte à s'endetter.

279 Le président Bak concentre tous ces moyens pour arrêter les forces pro-communistes afin de faire reconnaître la légitimité du régime militaire par les Etats-Unis.

nistre du Japon, à Tokyo.[280]

En résumé, le coup d'Etat du 16 mai peut être évalué comme le point de départ d'une modernisation indépendante du peuple coréen, puisqu'après ce coup d'Etat, la croissance économique et la modernisation sont au rendez-vous, sous la présidence de Jeong- Hee Bak. Par contre, ce coup d'Etat constitue un précédent préjudiciable pour la stabilité du régime, avec l'intervention dans le domaine politique des autorités militaires. Dès lors, les abus du fonctionnarisme sont courants dans une société sud-coréenne qui doit, de plus subir des atteintes aux droits de l'Homme ainsi que de grandes inégalités de richesses.

4.2 Les débuts du programme national d'enseignement

Dans cette section, nous examinons l'évolution du système éducatif de la Corée du Sud, à partir de l'ouverture au monde et comparons les organisations de système éducatif des pays liés à la Corée du Sud. Puis nous analysons l'évolution du programme national pendant les années 1950 et 1960 va être analysée. Nous cherchons à mettre en relation les caractéristiques de ce programme national avec les éléments de contexte social et national qui semblent guider les réformes éducatives.

4.2.1 L'évolution du système éducatif de la Corée du Sud

A la fin du XIXème siècle, des éléments de civilisation occidentale sont introduits en Corée. Les établissements d'enseignement suivants sont fondés: Dong-mun-hak (동문학), une école pour la langue anglaise, en 1883, Baejaehakdang (배재학당) en 1885, Yukyeongkongwon (육영공원) en 1886, Ihwahakdang (이화학당) en 1886, Kyeongshinhakgyo (경신학교) en 1886 et Jeongshin-Yeohakgyo (정신여학교), une école de jeunes filles, en 1887. En 1895, Gojong, le 26ème roi du royaume de Joseon, établit un décret pour l'école primaire, un règlement concernant les organes d'école

280 Son Ho-Cheol, 1991, *op. cit.*, pp. 167-168.

normale de Séoul et un règlement concernant les organes d'école de langues étrangères. Selon ce décret et ces règles, se développent les écoles primaires,[281] les collèges, les écoles normales, les écoles de langues étrangères, les facultés de médecine, les écoles de commerce et d'industrie, les établissements pour la formation des hommes de loi, etc. La durée des études du secondaire est variable, de 2 ans à 7 ans. Seongkyunkwan est l'unique établissement d'enseignement supérieur dont la durée de scolarité est de 3 ans.

Pendant l'occupation japonaise, quatre réformes du système éducatif ont eu lieu. La 1ère réforme du 22 août 1911a fixé des durées de scolarité de 4 ans pour l'école primaire, de 4 ans pour l'enseignement secondaire, de 3 ans pour l'école de jeunes filles de l'enseignement secondaire, de 2 à 3 ans pour l'école secondaire professionnelle et de 3 à 4 ans pour l'école d'enseignement professionnel. Le système scolaire de la métropole japonaise est organisé différemment : 6 ans pour l'école primaire, 5 ans pour l'enseignement secondaire, 4 ans pour l'école d'enseignement professionnel et 6 ans pour l'université. La durée des études est donc inférieure en Corée relativement au Japon.

Après le mouvement du 1er mars pour l'indépendance de la Corée en 1919, la politique militariste évolue. Le système éducatif est réformé en février 1922. Avec cette 2ème réforme, les durées des études sont prolongées à l'image de celles du Japon : six ans pour l'école primaire, cinq ans pour l'enseignement secondaire, quatre ans pour l'école de jeunes filles de l'enseignement secondaire, et cinq à six ans pour l'université (un an pour la propédeutique et quatre à cinq ans pour le cursus principal). On accorde aussi la permission aux Coréens d'entrer à l'université.

Vers le début de la guerre du Pacifique, en 1938, on réforme à nouveau le système éducatif, mais seuls les noms des écoles changent avec pour modèle le style japonais. Pendant l'occupation japonaise, le colonisateur accorde autant d'importance à l'enseignement professionnel qu'à l'enseignement général pour les Coréens.[282] De plus, l'enseignement

281 Le cursus inférieur est de trois ans et, le cursus approfondi est de deux à trois ans.
282 A l'époque de l'ouverture au monde, les écoles modernes ont accepté « le système

supérieur n'y est pas autorisé pour les filles.

Après la fin de l'occupation japonaise, on importe le nouveau système éducatif des Etats-Unis avec le régime militaire américain. Le système 6-6-4 est importé des Etats- Unis puis il est progressivement modifié en 6-3-3-4 comme cela est encore le cas aujourd'hui. Sous le régime militaire américain, les cycles de l'enseignement national ont été organisés ainsi : l'enseignement préscolaire, l'enseignement primaire, l'enseignement secondaire, l'enseignement supérieur et l'enseignement spécialisé. Puis l'enseignement mixte est permis, et dès septembre 1946, on systématise l'enseignement obligatoire à l'école primaire pendant 6 ans.[283]

En 1962, l' « école normale(사범학교)[284] » où les études durent deux ans est élevée au rang d' « institut pédagogique pour la formation des enseignants du primaire (교육대학) », et « la faculté de pédagogie (사범대학) » de deux ans est réaménagée pour un cursus de quatre ans. En 1973, l'examen d'entrée au collège est supprimé, et par ce changement-ci, les gens sont progressivement amenés à poursuivre leurs études en lycée et à l'université. En 1981, « l'institut pédagogique pour la formation des enseignants du primaire » de deux ans est réorganisé pour quatre ans, et en 1996, la dénomination de l'école primaire passe de « Kukmin-hakgyo (국민학교)[285] »à « Chodeung-hakgyo (초등학교)[286] ».[287]

d'échelle simple », mais sous l'occupation japonaise, « le système d'échelle double » a été accepté. Puis après la libération du Japon, sous le régime militaire américain, on a accepté le système d'échelle simple afin de concrétiser le droit à l'éducation pour tous.

283 Kang Myeong-Suk, 2004, « La caractéristique idéologique d'importation du système scolaire 6-3-3-4 », *Revue d'histoire pédagogique de la Corée du Sud*, Vol. 26, No. 2, p. 8-9.

284 Jusqu'en 1962, « l'école normale » est un établissement d'enseignement pour la formation des enseignements du primaire. Mais la durée des études de « l'institut pédagogique pour la formation des enseignants du primaire » n'a pas été changée.

285 On a utilisé cette expression depuis l'occupation japonaise, et cela signifie, littéralement, l'école du peuple.

286 Cela signifie, littéralement, l'école primaire, comme en France.

287 Kim Shin-Yeong, 2007, *La recherche d'une direction de développement du système éducatif en vue de la garantie des droits fondamentaux*, Mémoire de l'institut pédagogique pour la formation des enseignants du primaire de Daegu, p. 28-34.

Tableau n°4.1 L'organisation du système éducatif en Corée du Sud

Année scolaire	Niveau d'enseignement	Tranches d'âge
12	Lycée	17-18
11		16-17
10		15-16
9	Collège	14-15
8		13-14
7		12-13
6	Ecole primaire	11-12
5		10-11
4		9-10
3		8-9
2		7-8
1		6-7
0	Ecole maternelle	Moins de 6 ans

Auteur : Saangkyun Yi

En Corée du Sud, le premier semestre commence en mars et le deuxième semestre commence en septembre. Donc les vacances d'été commencent à peu près vers la fin de juin ou au début de juillet et finissent vers la fin du mois d'août. Les vacances d'hiver commencent à la fin de décembre ou au début de janvier et prennent fin à la fin du mois de février. Nous ne savons pas exactement pourquoi les semestres commencent en mars et en septembre, mais nous pouvons supposer que le climat et les problèmes économiques d'alors ont influencé les dates du système scolaire. Il semblerait qu'il ait été difficile d'étudier en été et en hiver car en Corée, les températures ont tendance à être extrêmes. Par contre, en mars, toutes les choses reviennent à la vie sur la terre et on recommence à cultiver la terre.

Par ailleurs, au Japon, voisin de la Corée du Sud, le premier semestre commence en avril, tout comme en Corée du Nord. Mais aux Etats-Unis, d'où le système éducatif en Corée du Sud a reçu beaucoup d'influence, et en Russie (l'U.R.S.S.), d'où la Corée du Nord a reçu la sienne, et en Chine, comme en France et en Europe, le premier semestre commence en septembre.

Récemment, en Corée du Sud, beaucoup de discussions ont lieu sur le thème du changement de système éducatif. Ainsi, le 25 août 2006, le comité de réforme de l'Education et le Ministère de l'Education nationale ont organisé « une réunion-débat pour la réorganisation du système éducatif ». Ce jour-là, on a abordé les sujets suivants : un changement de système allant vers 5-3-4-4 ou 6-6-4 ; le premier semestre en septembre ; l'intégration et l'éducation des petits enfants au système d'éducation commun.[288] Mais aucun de ces sujets n'a été réellement traités jusqu'à présent.

4.2.2 Le lancement du programme national et ses réformes successives : vue d'ensemble

A la suite de la guerre de Corée, le premier programme national créé par des Coréens est promulgué en 1955. Lorsque ce programme a été lancé, il portait la marque de la philosophie éducative progressiste venue des Etats-Unis. Cela ne signifie cependant pas que les enseignants aient compris ou adhéré à cette philosophie, ni qu'ils aient maîtrisé les méthodes pédagogiques correspondantes.[289]

Tableau n°4.2 L'évolution de la réforme du programme national en Corée du Sud

Réformes	Durée de validité
Pas de programme national	De 1945 à 1946
Programme importé des Etats-Unis	De 1946 à 1954
La 1ère réforme du programme national	De 1954 à 1963
La 2ème réforme du programme national	De 1963 à 1973
La 3ème réforme du programme national	De 1973 à 1981
La 4ème réforme du programme national	De 1981 à 1987
La 5ème réforme du programme national	De 1987 à 1992
La 6ème réforme du programme national	De 1992 à 1997
La 7ème réforme du programme national	De 1997 à 2007

288 Le site internet du « journal de l'éducation en Corée du Sud » : http://www.koreaedu.co.kr/news/aa1087.htm

289 Ministère de l'Education nationale, 2007, *Les généralités du programme réformé pour le collège*, pp. 40-41.

Réformes	Durée de validité
La réforme de 2007	De 2007 à 2009
La réforme de 2009	De 2009 à ?

Auteur : Saangkyun Yi

Le programme national de Corée du Sud a été réformé plusieurs fois depuis 1955. Le tableau 4.2 ci-dessus permet de prendre connaissance de ses différentes réformes. Dans cette section, nous allons examiner les circonstances de ces réformes et les caractéristiques de contenus du programme pendant les années 1950 et 1960. Nous vérifierons ainsi que la situation historique de crise, notamment après la guerre de Corée, la révolution du 19 avril et le coup d'Etat du 16 mai, ont influencé l'organisation et les contenus de ce programme national.

4.2.2.1 La première réforme du programme national : de 1955 à 1963

4.2.2.1.1 L'orientation

Trois orientations marquent l'organisation des contenus du programme national. Tout d'abord l'intention d'amélioration de la vie a été mise en avant car, juste après la guerre de Corée, il s'agit de reconstruire le pays détruit par la guerre et d'engager des aménagements nécessaires au développement économique et social. Deuxièmement, l'éducation anticommuniste est promue dans un contexte d'après-guerre où le communisme est reconnu comme étant l'ennemi. Enfin, l'enseignement professionnel est valorisé de façon à répondre aux besoins immédiats de l'économie. L'esprit de l'époque s'est donc fortement reflété dans les contenus du programme national.[290]

290 Ministère de l'Education nationale, 2007, *Commentaire du programme du collège*, p. 42.

4. 2.2.1.2 L'organisation du programme ; une géographie en partie optionnelle

Le tableau 4.3 ci-dessous permet de prendre connaissance des programmes du collège en 1954. Trois grandes catégories les organisent : les disciplines obligatoires (huit matières), les disciplines optionnelles (quatre matières) et les activités extrascolaires. Il est notable que la morale est comprise dans le domaine des études sociales.

Tableau n°4.3 Le programme du collège en 1954

Les grandes catégories	Les matières	1ère année	2ème année	3ème année
Discipline obligatoire	Le coréen	140(4)	140(4)	140(4)
	Les mathématiques	140(4)	105(3)	105(3)
	L'étude sociale	175(5)	175(5)	140(4)
	La science	140(4)	140(4)	105(3)
	L'éducation physique	70(2)	70(2)	70(2)
	La musique	70(2)	35(1)	35(1)
	L'art	70(2)	35(1)	35(1)
	L'emploi et les travaux ménagers	175(5)	175(5)	175(5)
Discipline optionnelle	L'emploi et les travaux ménagers	35-245(1-7)	35-245(1-7)	35-245(1-7)
	La langue étrangère	105-175(3-5)	105-175(3-5)	105-175(3-5)
	Les autres matières	0-105(0-3)	0-210(0-6)	0-280(0-8)
Activités extrascolaires		70-105(2-3)	70-105(2-3)	70-105(2-3)
Au total		1,190-1,330 (34-38)	1,190-1,330 (34-38)	1,190-1,330 (34-38)

Source : Décret du Ministère de l'Education national, N°35, 1954, Les programmes du collège. [Le tableau indique le volume de cours annuel, avec, entre parenthèses, le volume hebdomadaire correspondant]

Le tableau 4.4 présente quant à lui les programmes du lycée en 1954. Deux grandes catégories existent dans ce programme : les disciplines obligatoires et les disciplines optionnelles. L'étude sociale générale, la morale et l'histoire sont comprises dans les études sociales qui constituent un grand domaine obligatoire.Cependant, la géographie est intégrée à une catégorie optionnelle. Nous voyons ainsi que l'importance de la géographie scolaire a déjà remarquablement baissé dans le programme national.

Tableau n°4.4 Les programmes du lycée en 1954

<table>
<tr><th colspan="4">Les domaines et les disciplines</th><th>1ère année</th><th>2ème année</th><th>3ème année</th></tr>
<tr><td rowspan="10">Les disciplines obligatoires</td><td colspan="3">Le coréen (I)</td><td>140(4)</td><td>140(4)</td><td>105(3)</td></tr>
<tr><td colspan="2" rowspan="3">La Société</td><td>L'étude sociale générale</td><td>105(3)</td><td>105(3)</td><td>35(1)</td></tr>
<tr><td>La morale</td><td>35(1)</td><td>35(1)</td><td>35(1)</td></tr>
<tr><td>L'histoire de la Corée</td><td>-</td><td colspan="2">105(3)</td></tr>
<tr><td colspan="3">Maths</td><td>140(4)</td><td>-</td><td>-</td></tr>
<tr><td colspan="3">La science</td><td>140(4)</td><td>-</td><td>-</td></tr>
<tr><td colspan="3">L'éducation physique</td><td>35(1)</td><td>35(1)</td><td>35(1)</td></tr>
<tr><td colspan="3">La musique</td><td colspan="3" rowspan="2">140(4)</td></tr>
<tr><td colspan="3">L'art</td></tr>
<tr><td colspan="3">L'emploi et les travaux ménagers</td><td>105(3)</td><td>105(3)</td><td>105(3)</td></tr>
<tr><td rowspan="17">Les disciplines optionnelles</td><td rowspan="16">Le cursus universel</td><td colspan="2">Le coréen (II)</td><td>105(3)</td><td>105(3)</td><td>105(3)</td></tr>
<tr><td rowspan="2">La société</td><td>L'histoire du monde</td><td>-</td><td colspan="2">105(3)</td></tr>
<tr><td>La géographie</td><td colspan="2">105(3)</td><td>-</td></tr>
<tr><td rowspan="4">La science</td><td>Physique</td><td colspan="3">140(4)</td></tr>
<tr><td>Chimie</td><td colspan="3">140(4)</td></tr>
<tr><td>Etres vivants</td><td colspan="3">140(4)</td></tr>
<tr><td>Géosciences</td><td colspan="3">140(4)</td></tr>
<tr><td colspan="2">La préparation militaire</td><td>140(4)</td><td>140(4)</td><td>140(4)</td></tr>
<tr><td colspan="2">La philosophie</td><td>-</td><td colspan="2">210(6)</td></tr>
<tr><td colspan="2">L'éducation physique</td><td colspan="3" rowspan="3">0-210(0-6)</td></tr>
<tr><td colspan="2">La musique</td></tr>
<tr><td colspan="2">L'art</td></tr>
<tr><td rowspan="4">Les langues étrangères</td><td>L'anglais</td><td rowspan="4">0-175
(0-5)</td><td rowspan="4">0-175
(0-5)</td><td rowspan="4">0-175
(0-5)</td></tr>
<tr><td>L'allemand</td></tr>
<tr><td>Le français</td></tr>
<tr><td>Le chinois</td></tr>
<tr><td>Le cursus professionnel</td><td colspan="2">L'emploi et les autres matières professionnelles</td><td>0-420
(0-12)</td><td>0-770
(0-22)</td><td>0-770
(0-22)</td></tr>
<tr><td colspan="4">Activité extrascolaire</td><td>70(2)</td><td>70(2)</td><td>70(2)</td></tr>
<tr><td colspan="4">Au total</td><td>1190-1365
(34-39)</td><td>1190-1365
(34-39)</td><td>1190-1365
(34-39)</td></tr>
</table>

Source : Décret du Ministère de l'Education national, N°35, 1954, Programmes du lycée.

Par ailleurs, une matière de préparation militaire est comprise parmi les disciplines optionnelles, mais elle devient obligatoire de fait pour les garçons. Puis, la matière de préparation militaire est intégrée dans le programme jusqu'en 1997 comme discipline obligatoire pour les garçons, avant de devenir optionnelle pour finalement disparaître du programme en 2007.

4.2.2.2 La deuxième réforme du programme national : de 1963 à 1973

4.2.2.2.1 L'orientation

Les contenus du programme national sont orientés par un esprit de réforme caractérisables en quatre points. Premièrement, l'indépendance, la productivité et l'utilité sont mises en valeur. Il s'agit de former le peuple coréen de sorte qu'il puisse connaître l'histoire de la Corée ainsi que les traditions propres au pays, et reconnaître la vocation de la patrie. Pour ces raisons, l'idée d'indépendance est fortement soulignée. La valeur de productivité est mise en avant : il s'agit de faire partager des attitudes et développer des capacités qui permettent aux élèves de participer à l'amélioration de la qualité de la vie. La promotion des techniques scientifiques et de l'enseignement professionnel relève de la même intention. La finalité d'utilité amène à concevoir l'enseignement comme une institution capable de transformer rapidement la vie quotidienne.

Deuxièmement, le programme cherche une rationalité d'ensemble en visant une cohérence entre les contenus disciplinaires, les différents niveaux de classe et de l'enseignement. Troisièmement, au niveau de la réalisation du programme, la dimension régionale est davantage mise en valeur afin d'utiliser efficacement les ressources locales pour l'enseignement. Autrement dit, bien que le ministère de l'Education nationale soit à l'initiative du programme, il est possible de réorganiser les contenus en fonction de chaque contexte local.Enfin, l'esprit anticommuniste et la démocratie sont des directions soulignées ainsi que l'indépendance nationale et la coopération internationale.[291]

4.

2.2.2.2 L'organisation du programme national

Le programme du collège est organisé en trois grandes catégories : les activités disciplinaires, l'anticommunisme et la morale, et les activités extrascolaires. Il est remarquable que « l'anticommunisme et la morale » compris dans le domaine social pendant les années 1950, devient une discipline indépendante. De plus, des contenus relatifs à l'anticommunisme et la morale ont dû sont intégrés dans les autres disciplines, notamment dans les études sociales (tableau 4.5).

Tableau n°4.5 Le programme du collège en 1963

Catégorie des disciplines		1ère année	2ème année	3ème année
Les disciplines	Le coréen	5-6	5-6	4-6
	Les mathématiques	3-4	3-4	2-4
	La société	3-4	3-4	2-4
	Les sciences	3-4	3-4	2-4
	L'éducation physique	3-4	3-4	2-4
	La musique	2	2	1-2
	L'art	2	2	1-2
	L'emploi et les travaux ménagers	4-5	4-6	3-12
	La langue étrangère	3-5	3-5	2-5
L'anticommunisme et la morale		1	1	1
Les activités extrascolaires		8%-	8%-	8%-

Source : Le Ministère de l'Education nationale, 1963, Le programme du collège.

Une réforme partielle en 1969 fait augmenter le temps d'étude pour l'anticommunisme et la morale : d'une heure par semaine en 1963 à deux heures par semaine en 1969. Les horaires pour l'emploi et les travaux ménagers sont aussi beaucoup augmenté. Le tableau 4.6 permet de mesurer le changement dans les horaires d'études. Ce changementci est évidemment dû à la situation d'affrontement entre le Nord et le Sud. La logique géopolitique influence fortement les programmes. D'autre part,

291 Ministère de l'Education nationale, 2007, *Commentaire du programme du collège*, p. 44-46 ; Ministère de l'Education nationale, 2007, *Commentaire du programme du lycée*, p. 51-53.

le gouvernement de Jeong-Hee Bak étant engagé dans la recherche de la croissance économique, l'emploi et les travaux ménagers est une discipline mise en valeur dans le programme national.

Tableau n°4.6 Le changement des horaires pour quelques disciplines

Les horaires en 1963				Les horaires en 1969			
Les disciplines	1ère année	2ème année	3ème année	Les disciplines	1ère année	2ème année	3ème année
L'emploi et les travaux ménagers	4-5	4-6	3-12	L'emploi et les travaux ménagers	4-5	5-6	5-12
Le communisme et la morale	1	1	1	Le communisme et la morale	2	2	2
L'activité extrascolaire	8%-	8%-	8%-	L'activité extrascolaire	2.5%-	2.5%-	2.5%-

Source : Ministère de l'Education nationale, 1994, Les généralités et les activités extrascolaires, Commentaire du programme du collège.

A ce moment-là, la géographie existe dans le programme du lycée sous la forme de « la géographie I » et de « la géographie II ». La géographie I est comprise dans la section en tronc commun tandis que la géographie II est comprise dans le domaine optionnel. Le tableau 4.7 permet de prendre connaissance de l'organisation des disciplines du lycée en 1963. Il est remarquable que l'éthique nationale apparaisse dans les disciplines de tronc commun en 1963 ; elle remplace alors la morale comprise dans les études sociales du programme de 1954. Le changement du nom de discipline, (de la morale à l'éthique nationale) est une façon de renforcer son statut dans le programme national. A cette époquelà, le japonais n'est compris comme une des langues étrangères eu égard à une occupation coloniale encore fort présente dans les esprits.

Tableau n°4.7 L'organisation des disciplines du lycée en 1963

Les disciplines en commun		Les disciplines des sciences humaines	
Les matières	**Coefficient**	**Les matières**	**Coefficient**
Le coréen I	24	Le coréen II	18
L'étude sociale générale	4	Le politique et l'économie	4
L'éthique nationale	4	La géographie II	6
L'histoire de Corée	6	Maths I	12
L'histoire du monde	6	Le physique I	6
La géographieI	6	La chimie I	6
Maths en commun	8	La géosciences	4
Etre vivant I	6	Choisir une matière parmi l'agriculture, l'industrie, l'industrie des produits de la mer et le commerce	14 (pour les garçons)
L'éducation physique	24		
La musique I	6		
L'art I	6	Les travaux ménagers (pour les filles)	14
La gestion	4		
		La langue étrangère (l'anglais II, l'allemand, le français, le chinois)	30 (choisir une ou deux)

Les disciplines des sciences naturelles		Les disciplines professionnelles	
Les matières	**Coefficient**	**Les matières**	**Coefficient**
La géographie II	6	Le chinois classique	6
Maths II	26	La rédaction de textes	4
Le physique II	12	Le politique et l'économie	4
La chimie II	12	La géographie II	6
Etre vivant II	6	Maths I	12
La géosciences	4	Le physique I	6
Un choix parmi l'agriculture, l'industrie, l'industrie des produits de la mer, le commerce	14 (pour les garçons)	La chimie I	6
		La géosciences	4
		Un choix parmi l'agriculture, l'industrie, l'industrie des produits de la mer, le commerce	38
Les travaux ménagers (pour les filles)	14		
La langue étrangère (l'anglais II, l'allemand, le français, le chinois)	30 (un ou deux choix)	Les travaux ménagers (pour les filles)	38
		L'anglais I	18

Source : Décret du Ministère de l'Education national, N° 121, 1963, Le programme du lycée.

La réforme partielle de 1969 amène le retour de la préparation militaire, qui après avoir été créée en 1954, avait été supprimée dans le programme du lycée de 1963. Un événement particulier semble avoir joué un rôle dans cette décision. Le 21 janvier 1968, un groupe d'espions de Corée du Nord infiltre le palais présidentiel coréen (청와대) à Séoul, puis un autre groupe d'espions armés vers Uljin et Samcheok du côté Est. L'éducation anticommuniste se trouve aussi renforcée. Le coefficient de l'éthique nationale[292] passe de quatre à six, et celui de l'éducation anticommuniste de deux à six. Par la réforme de 1969, le coefficient de l'emploi et les travaux ménagers est aussi augmenté afin d'améliorer la qualité de l'enseignement professionnel. Enfin, on ajoute l'espagnol sur le programme du lycée comme une des langues étrangères.

4.3 L'organisation du domaine des études sociales pendant les années 1950 et 1960

Dans cette section, nous examinons l'organisation des contenus du programme des études sociales pendant les années 1950-1960, avant analyser les contenus de la géographie scolaire. Pendant les années 1950, on a essayé de renforcer l'importance de l'« étude sociale générale » avant d'essayer pendant les années 1960 d'unifier les contenus des petits domaines, compris dans le domaine des études sociales.

4.3.1 L'organisation des études sociales pendant les années 1950 : le renforcement du statut de « l'étude sociale générale » et la géographie matière contributive aux études sociales.

Le programme de l'étude sociale au niveau du primaire est réorganisé dans les années 1950 afin de lui faire jouer un rôle important en tant que discipline pour l'éducation démocratique et le relèvement du pays. Le programme est organisé par niveaux et par sujets développés selon le principe de la méthode concentrique en expansion.[293] Le tableau 4.8 montre les contenus des études sociales du primaire pendant les années 1950. La division des contenus entre l'histoire, la géographie et l'éducation civique n'est pas claire d'un point de vue disciplinaire ; on peut considérer que ces contenus sont en quelque sorte mélangés.

---

292 D'après le décret du Ministère de l'Éducation nationale, N° 274 en 1971, l'éthique nationale, qui était comprise dans le domaine des études sociales du lycée jusqu'à la fin des années 1960, est devenue une discipline indépendante dès 1971. Et cette discipline s'est installée dans le programme national en tant que discipline plus importante que les autres disciplines, jusqu'à présent. Cette propriété du programme national est bien sûr liée à la situation particulière de pays séparé.

293 Ministère de l'Éducation nationale, 2007, *Programme des études sociales du primaire,* pp. 298-299.

Tableau n°4.8 Les contenus des études sociales du primaire dans les années 1950

Niveau	Thèmes sous le régime militaire américain	Les disciplines des sciences humaines	
		Thèmes	Coefficient
1ère année	La famille et l'école	Chez nous, notre école	L'école, les bonnes manières, le pique-nique, l'épargne, la sécurité, une bonne habitude, la santé, camarade, chez nous, une journée agréable, notre école et chez nous
2ème année	La vie de la communauté locale	La vie des voisins	Les élèves obéissants, l'orientation, le transport, l'offre, la commission (le service), la poste, l'honnêteté, la banque, la mairie et l'hôtel de ville, le respect de l'heure, l'hygiène, le loisir
3ème année	La vie de la communauté dans différentes régions	La vie de la communauté locale	L'environnement naturel, la nourriture, la responsabilité, les vêtements, le domicile, la ville et la campagne, la région du nord, la région du sud, la région montagneuse, la région littorale
4ème année	La vie de notre pays (Corée)	L'histoire de notre vie	Des règles de la politesse traditionnelle, le développement de la communauté locale, la liberté et la coopération, l'amour de la forêt, l'environnement naturel de notre pays, les lieux célèbres et les sites historiques, les bonnes mœurs, la planète, le développement de l'outil, le commencement de l'agriculture, la vie communautaire
5ème année	La vie dans les autres pays	Le développement d'industrie	L'étiquette, le travail, le loisir, l'utilisation des ressources, le développement de la machine et l'industrie, la circulation et le transport, le commerce et le commerce international, la banque, la population et la ville, les différents pays dans le monde, l'utilisation des produits nationaux
6ème année	Le développement de notre pays (Corée)	Le développement de notre pays et le monde	Une bonne habitude, l'histoire de notre pays, les personnages historiques et ses actes, la politique de Corée du Sud, une démocratie, Nations Unies, réunification du pays et la restauration, des bonnes choses, la religion, le devoir du peuple

Source : Tableau réactualisé par Saangkyun Yi à partir des données de Kwon Oh-Jeong et Kim Yeong-Seok, 2006, *op. cit.*, p. 168 et 172.

Quelques thèmes compris dans le programme organisé sous le régime militaire américain ont été modifiés. Par exemple, les deux grands thèmes intitulés « le développement de l'industrie » et « le développement de notre pays et du monde » ont été insérés. Par ailleurs, des contenus relatifs à la morale sont compris dans tous les niveaux : les bonnes manières et les bonnes habitudes pour la 1ère année ; les élèves obéissants, la commission (le service), l'honnêteté, et la ponctualité pour la 2ème année ; la responsabilité pour la 3ème année ; les règles de la politesse traditionnelle, la liberté et la coopération, et les bonnes moeurs pour la 4ème année ; l'étiquette et l'utilisation des produits nationaux pour la 5ème année ; une bonne habitude pour la 6ème année. Comme nous l'avons vu, l'éducation anticommuniste et la morale ayant été valorisées mise en valeur dans le programme national par la politique éducative nationale, il paraît cohérent que des contenus de morale apparaissent à chaque niveau.

Des contenus de géographie apparaissent dans les niveaux de 3ème, 4ème et 5ème années : l'environnement naturel, la nourriture, la ville et la campagne, la région du nord, la région du sud, la région montagneuse et la région littorale pour la 3ème année ; le développement de la communauté locale, l'environnement naturel de notre pays et la planète pour la 4ème année ; l'utilisation des ressources, le développement de la machine et l'industrie, la circulation et le transport, le commerce et le commerce international, la population et la ville, les différents pays du monde pour la 5ème année. La géographie apparaît donc comme une matière contributive aux études sociales.

La structure des études sociales du secondaire au collège est présentée dans le tableau 4.9 pour leur organisation et dans le tableau 4.10 pour leurs contenus.Comme nous l'avons déjà vu avec l'enseignement primaire, le ministère essaie d'unifier les contenus de l'éducation civique, de l'histoire et de la géographie dans le programme ; mais pour le niveau du collège, les trois matières sont quand même enseignées séparément.

Tableau n°4.9 La structure et les horaires des études sociales au collège en 1954

	1ère année	2ème année	3ème année	Au total
L'éducation civique	35(1)	35(1)	35(1)	105
La géographie	35(1)	70(2)	35(1)	140
L'histoire	70(2)	35(1)	35(1)	140
Au total	140(4)	140(4)	105(3)	

Source :Kwon Oh-Jeong et Kim Yeong-Seok, 2006, *op. cit.*, p. 173.

Tableau n°4.10 L'organisation des contenus des études sociales du collège en 1954

Niveau	L'éducation civique	L'histoire	La géographie
1ère année	La vie communautaire	L'histoire de la Corée	La géographie de la Corée
2ème année	La vie nationale	L'histoire du monde	La géographie de la Corée La géographie du monde

Niveau	L'éducation civique	L'histoire	La géographie
3ème année	La relation internationale	L'histoire du monde	La géographie du monde

Source : Le Ministère de l'Education nationale, 1954, Le programme du collège.

Le tableau 4.11 présente la structure et les horaires des études sociales au lycée en 1954. Le terme d'étude sociale générale apparaît pour la première fois sur ce programme alors même que le premier manuel d'étude sociale générale n'est publié que dans les années 1960. Au niveau du primaire et du collège, c'est le terme éducation civique qui désigne le domaine de l'étude sociale générale. À l'origine, on utilise le terme d'étude sociale générale (General Social Studies) en Angleterre et au Japon, les Anglais ainsi que les Japonais désignant ainsi l'étude des domaines de la politique, de l'économie, du fonctionnement dessociétés et de la culture.[294]

Tableau n°4.11 La structure et les horaires des études sociales du lycée en 1954

Matières	Obligatoire ou optionnelle	Les horaires		
		1ère année	2ème année	3ème année
L'étude sociale générale	Obligatoire	35(1)	105(3)	35(1)
La morale	Obligatoire	70(2) 35(1)	35(1)	35(1)
L'histoire de la Corée	Obligatoire	140(4)	105(3)	
L'histoire du monde	Optionnelle	-	105(3)	
La géographie (humaine)	Optionnelle	105(3)		-

Source : Ministère de l'Education nationale, 1954, Programme du lycée.

Pour le lycée, les matières sont divisées en fonction de leur caractère obligatoire ou optionnel. L'étude sociale générale, la morale et l'histoire de la Corée appartiennent aux matières obligatoires tandis que la géographie apparaît dans les matières optionnelles. On peut considérer que, depuis la libération du Japon, les études sociales, à commencer par l'étude sociale générale, importées des États-Unis sont désormais bien installées dans le programme national sud-coréen. La guerre de Corée, la particularité de pays séparé, ont conduit à mettre en avant la morale avec

294 Kwon Oh-Jeonget Kim Yeong-Seok, 2006, *op. cit.*, p. 174.

l'éducation anticommuniste. L'histoire a aussi bénéficié de ce contexte en tant que matière permettant de défendre et inculquer l'identité nationale dans une situation de crise. Corollairement, l'importance de la géographie scolaire ne cesse continuait de décroître.

Tableau n°4.12 La structure des études sociales du lycée au Japon en 1948

Matières	Obligatoire ou optionnelle	Les horaires		
		1ère année	2ème année	3ème année
L'étude sociale générale	Obligatoire	175(5)	-	-
L'histoire du Japon	Obligatoire	-	175(5)	175(5)
L'histoire du monde	Obligatoire	-	175(5)	175(5)
La géographie humaine	Optionnelle	-	175(5)	175(5)
L'actualité	Optionnelle	-	175(5)	175(5)

Source : Ahn Jong-Uk, 2010, L'origine historique du système des contenus de la géographie scolaire dans le programme national, Thèse, l'université de Koryo, p. 164.

Il est utile et intéressant de comparer la structure des études sociales du lycée du Japon en 1948 et du lycée en Corée du Sud en 1954. Le Japon a en effet importé les études sociales des États-Unis après la Seconde Guerre mondiale. Les ressemblances entre la structure des études sociales du lycée en Corée du Sud en 1954 (tableau 4.11) et celle du Japon en 1948 (tableau 4.12) soulignent la proximité géographique historique des deux systèmes. Par exemple, sous l'occupation japonaise, Bong-Su Yi, fonctionnaire chargé de la rédaction des manuels scolaires sous les ordres du Gouverneur général du Japon en Corée de 1937 à 1941, a après la fin de l'occupation japonaise travaillé dans le Ministère sud-coréen de l'Éducation nationale en tant que fonctionnaire chargé de la rédaction des manuels. Dans cette situation-là, expert du système japonais, il a pu aisément consulter les données japonaises à disposition.[295]

Autre indice de l'importance des études sociales, le nombre de candidats admis dans l'examen d'embauche en 1955 en Corée du Sud (tableau 4.13). Le nombre de candidats reçus pour l'étude sociale générale

295 Bong-Su Yi a fait ses études dans le département d'histoire-géographie de l'École Normale Supérieure de Tokyo du Japon sous l'occupation japonaise, Ahn Jong-Uk, 2010, *op. cit.*, p. 137.

est de 44 alors qu'ils sont seulement 5 pour la géographie. On trouve là un faisceau d'indices qui montrent l'importance de l'étude sociale générale dans le programme national.

Tableau n°4.13 Le nombre de candidats reçus à l'examen d'embauche pour l'enseignement secondaire en 1955

Discipline	Nombre de candidats reçus	Discipline	Nombre de candidats reçus	Discipline	Nombre de candidats reçus
L'étude sociale générale	44	Etre vivant	5	Maths	2
Le coréen	16	La géographie	5	La géoscience	1
L'histoire	16	La chimie	3	Travaux ménagers	1
L'éducation physique	14	Le français	2	La couture	1
L'anglais	10	La musique	2	-	-
Le physique	5	L'art	2	-	-

Source :Ahn Jong-Uk, 2010, *op. cit.*, p. 175.

4.3.2 Les études sociales pendant les années 1960 : éducation anticommuniste[296] et montée des préoccupations de développement économique.

La réforme des programmes du primaire pendant les années 1960 a eu pour effet de sortir les contenus relatifs à la morale et à l'éducation anticommuniste du domaine social.[297] Par contre, les contenus des études sociales sont réorganisés en étant axés sur le découpage en matières : éducation civique, histoire et géographie.[298] Pourquoi avoir supprimé les contenus de la morale et de l'éducation anti-

296 L'éducation anticommuniste était une partie du domaine de la morale.

297 Comme nous l'avons déjà examiné dans la section précédente, les contenus relatifs à l'éducation anticommuniste et à la morale qui ont été compris dans le domaine des études sociales du primaire sont : de bonnes manières et de bonnes habitudes pour la 1e année ; Les élèves obéissants, la commission (le service), l'honnêteté, et la ponctualité pour la 2ème année ; la responsabilité pour la 3ème année ; Des règles de la politesse traditionnelle, la liberté et la coopération, et les bonnes moeurs pour la 4ème année ; L'étiquette et l'utilisation des produits nationaux pour la 5ème année ; une bonne habitude pour la 6ème année.

298 Ministère de l'Éducation nationale, 2007, *Programme d'étude sociale du primaire,* p. 299.

communiste des études sociales au primaire ? Parce qu'à cette époque, on reconnaît la morale et l'éducation anticommuniste comme un domaine trop important pour ne pas en faire un domaine à part entière dans le programme national.[299]

Le tableau 4.14 permet de prendre connaissance des nouveaux contenus des études sociales du primaire pendant les années 1960. On a réservé la fonction et le rôle des institutions publiques situées dans l'espace proche des élèves pour les 1ère et 2ème années. Les contenus de géographie apparaissent dans les 3ème et 4ème années et une perspective historique est rattachée aux contenus de géographie. L'économie vient en 5ème année tandis que l'histoire et la politique organisent les contenus de la 6ème année.

Certains thèmes apparaissent parce qu'ils sont liés aux besoins immédiats du pays. Le thème « planter des arbres » inséré dans les contenus de 4ème année correspond à une situation particulière où le bois avait été tellement pour la cuisine et le chauffage, qu'il ne restait que très peu d'arbres dans les montagnes de Corée du Sud. La politique de reforestation s'est ainsi doublée d'un enseignement spécifiquement dédié à la replantation d'arbres dans le pays.

---

299 Voici la structure du programme de l'école primaire pendant les années 1960 : 1, les disciplines scolaires, 2, l'éducation anticommuniste et la morale, 3, les activités extrascolaires. Dès lors, l'éducation anticommuniste et la morale ont été incorporées dans le programme de l'école primaire comme une des grandes disciplines. Par contre, au niveau du secondaire, l'éducation anticommuniste et la morale sont devenues une discipline indépendante dans le programme pendant les années 70. Nous allons le vérifier précisément dans le 5ème chapitre.

Tableau n°4.14 Les contenus des études sociales du primaire en 1961

Niveau	Contenus	Niveau	Contenus
1ère	1. Notre agréable école 2. Maître et les camarades 3. Le chemin vers l'école 4. Chez moi 5. L'aire de jeux pour les enfants 6. Les plusieurs cérémonies	4ère	1. L'environnement naturel dans notre pays 2. Planter des arbres 3. Les lieux célèbres et les sites historiques dans notre pays 4. La vie de plusieurs régions dans notre pays 5. La vie sociale (la vie communautaire) 6. Le développement de l'agriculture 7. Le développement de la communauté régionale
2ème	1. Les responsables administratifs de notre village et l'autorité administrative 2. Les gens qui nous offrent les objets et leur établissement 3. Les gens qui nous transmettent des nouvelles et leur établissement 4. Le voyage et le transport des objets 5. Les gens qui gardent notre sécurité et leur établissement 6. La vie dans notre village	5ème	1. Le travail et notre vie 2. L'utilisation des ressources 3. Le développement de la machine et l'industrie 4. La vie économique et l'organisme financier 5. La circulation et l'industrie 6. Le développement de l'industrie dans notre pays
3ème	1. L'environnement naturel dans la communauté locale 2. L'autorité administrative et leur établissement dans la communauté locale 3. Le produit principal dans la communauté locale 4. La vie dans les plusieurs communautés régionales 5. Le passé de notre communauté locale 6. L'avenir de notre communauté locale	6ème	1. Le développement de notre pays 2. La démocratie et la politique 3. La vie de plusieurs pays dans le monde 4. La Corée du Sud et les Nations Unies 5. La nouvelle vie culturelle 6. La voie que nous devons suivre

Source : Ministère de l'Education nationale, 1961, *Programme des études sociales du primaire.*

Nous étudions maintenant l'organisation des contenus du programme des études sociales du collège. Le tableau 4.15 compare ces contenus pour les années 1950 et pour les années 1960. Tandis que dans les années 1950, l'éducation civique, l'histoire et la géographie sont enseignées ensemble dans le même niveau, un seul domaine apparaît pour chaque niveau pendant les années 1960.

Tableau n°4.15 Comparaison de l'organisation des contenus des études sociales

Le programme d'étude sociale du collège en 1954				Le programme d'étude sociale du collège en 1961
Niveau	**Education civique**	**Histoire**	**Géographie**	**Contenus**
1ère	La vie communautaire	L'histoire de notre pays	La géographie de notre pays	1. la vie dans la communauté locale et divers problèmes dans la communauté locale 2. L'environnement naturel et la vie des régions dans notre pays. 3. La nature et la vie dans notre pays 4. L'environnement naturel et la vie des régions dans le monde
2ème	La vie du niveau national	L'histoire du monde	La géographie de notre pays	1. Le départ de la civilisation 2. La vie dans l'époque des Trois Royaumes et dans le monde du temps anciens 3. La réunification du peuple coréen et le développement du monde 4. La modernisation de notre pays et du monde 5. Le développement de la Corée du Sud 6. Le monde actuel et la voie que nous devons suivre
3ème	Les relations internationales	L'histoire du monde	La géographie du monde	1. l'homme et la vie sociale 2. La politique démocratique 3. La culture et le problème social 4. La société internationale et notre vie

Source : Ministère de l'Education nationale, 1954 et 1961, *Programme des études sociales du collège.*

La perspective d'unification des contenus des études sociales à partir des trois petits domaines (éducation civique, histoire et géographie) a amené à nommer les domaines de la façon suivante : la société 1, la société 2 et la société 3 (tableau 4.16). Cependant, les contenus de chaque domaine sont restés organisés selon le principe de découpage disciplinaire : éducation civique, histoire et géographie.

Tableau n°4.16 Le changement du nom des domaines d'étude sociale

Période	Collège			Lycée	
	1ère année	2ème année	3ème année	Obligatoire	Optionnelle
De 1955 à 1963	La géographie de la Corée	La géographie du monde		-	La géographie humaine

Période	Collège			Lycée	
	1ère année	2ème année	3ème année	Obligatoire	Optionnelle
De 1963 à 1973	La société 1 (géographie)	La société 2 (histoire)	La société 3 (éducation civique)	La géographie I (géographie de la Corée)	La géographie II (géographie du monde)

Auteur : Saangkyun Yi

Dans les études sociales au lycée pendant les années 1960 (tableau 4.17), la géographie II (la géographie du monde) est une matière optionnelle. Le nom de morale est changé en éthique nationale.

Tableau n°4.17 La structure d'étude sociale du lycée en 1961

Matières	Obligatoire ou optionnelle	Coefficient
L'étude sociale générale	Obligatoire	4
L'éthique nationale	Obligatoire	4
L'histoire de Corée	Obligatoire	6
L'histoire du monde	Obligatoire	6
La géographie I	Obligatoire	6
Le politique et l'économie	Optionnelle	4
La géographie II	Optionnelle	6

Source : Ministère de l'Education nationale, 1961, *Programme du lycée.*

4.4 L'apparition de la géoscience et la géographie séparée entre études sociales et domaine scientifique

Du régime militaire américain jusqu'au début des années 1960, au niveau du collège, la géographie est enseignée sous une forme bipartite : géographie de la Corée et géographie du monde. Au niveau du lycée, la géographie est divisée en géographie naturelle, géographie humaine et géographie économique. Mais après la guerre de Corée, il ne reste plus que la géographie humaine dans les programmes du lycée. Alors pourquoi la géographie physique disparaît-elle du programme de géographie ? Comment peut-on expliquer ce changement majeur de programme?

4. 4.1 L'apparition de la géoscience dans le programme national et la sortie de la géographie physique du domaine de la géographie scolaire

Une nouvelle discipline, la géoscience, apparaît dans le programme national du lycée au Japon, puis en Corée du Sud sous l'influence des États-Unis. Les contenus de cette discipline proviennent d'une partie de la géographie scolaire enseignée jusqu'au milieu des années 1950 sous l'intitulé : l'environnement naturel et la vie humaine. Le tableau 4.18 montre l'évolution du nom des manuels de 1945 à 1963 : il permet de constater la disparition de l'environnement naturel et la vie de l'homme du programme du lycée depuis le milieu des années 1950.

Tableau n°4.18 L'évolution du nom des manuels scolaires

Période	L'école primaire	Collège			Lycée	
		1ère année	2ème année	3ème année	Obligatoire	Optionnelle
De 1955 à 1963	La vie sociale de plusieurs régions	La géographie des pays voisins	La géographie des pays lointains	La géographie de la Corée	1e année : l'environnement naturel et la vie humaine 2e année : la géographie humaine 3e année : la géographie économique	-
De 1963 à 1973	-	La géographie de la Corée		La géographie du monde	(?)	La géographie humaine

Auteur : Saangkyun Yi.

La Corée du Sud semble avoir importé la formule du programme du lycée du Japon comme le montre la comparaison entre le tableau 4.19 qui présente la structure et les horaires des études sociales et scientifiques au Japon à la fin des années 1940 et au début des années 1950, avec le tableau 4.20 qui présente l'organisation des mêmes secteurs en Corée du Sud au début des années 1950.

Tableau n°4.19 La structure et les horaires des études sociales et scientifiques au Japon

Le domaine des études sociales (1948)				Le domaine des études scientifiques (1951)			
Matières	**1ère année**	**2ème année**	**3ème année**	**Matières**	**1ère année**	**2ème année**	**3ème année**
L'étude sociale générale	175(5)	-		Le physique		175(5)	
L'histoire du Japon	-	175(5)		La chimie		175(5)	
L'histoire du monde	-	175(5)		Les sciences de la vie		175(5)	
La géographie humaine	-	175(5)		La géoscience		175(5)	
L'actualité	-	175(5)					

Source : An Jong-Uk, 2010, *op. cit.*, p. 98.

Tableau n°4.20 La structure des études sociales et scientifiques en Corée du Sud

Le domaine des études sociales (1953)				Le domaine des études scientifiques (1953)			
Matières	**1ère année**	**2ème année**	**3ème année**	**Matières**	**1ère année**	**2ème année**	**3ème année**
L'étude sociale générale	105(3)	105(3)	-	La science générale		175(5)	
L'histoire de la Corée		175(5)		Le physique		175(5)	
L'histoire du monde	-	175(5)		La chimie		175(5)	
La géographie humaine	-	175(5)		Sciences de la vie		175(5)	
L'actualité	-	175(5)		La géographie physique	-	175(5)	

Source :Ahn Jong-Uk, 2010, *op. cit.*, p. 98.

La géographie humaine est comprise dans le domaine des études sociales en Corée du Sud et au Japon, et la géoscience est comprise dans le domaine des études scientifiques au Japon en 1951, avant que la géographie physique ne fasse son entrée dans le domaine scientifique en Corée du Sud en 1953. Même si nous ne pouvons pas préciser le contexte dans lequel la géographie physique s'est ainsi incluse dans le domaine scientifique, il semble bien que les Coréens se sont largement inspirés pour cela du programme japonais. Le programme annoncé en 1954 remplace la géographie physique par la géoscience.[300] Et dès lors que la géoscience apparaît dans le domaine d'étude scientifique du lycée, la géographie physique, sorte d'équivalent de la géoscience, disparaît des études sociales au lycée.

Les objectifs de l'enseignement de cette nouvelle géoscience du lycée en Corée du Sud et au Japon sont similaires (tableau 4.21). Cependant, dans le cas du Japon, même si la géoscience paraît importée des États-Unis après la Seconde Guerre mondiale, la base scientifique est déjà présente avec le département de la géologie créé à l'université de Tokyo en 1880.

Tableau n°4.21 Les objectifs de la géoscience du lycée en Corée du Sud et au Japon

La géoscience en Corée du Sud (1955)	La géoscience au Japon (1951)
Objectifs d'enseignement	**Objectifs d'enseignement**
1. faire comprendre les contenus de la géoscience 2. faire comprendre la relation entre la géoscience et les autres sciences naturelles, et faire reconnaître son importance 3. faire comprendre la relation entre la géoscience et la vie de l'humaine 4. faire comprendre l'évolution et le développement de la géoscience 5. faire s'intéresser aux phénomènes de la géoscience 6. développer des 'attitudes et des capacités fondamentales pour apprendre la géoscience	1. faire comprendre les contenus de la géoscience, et développer la connaissance relative aux types de phénomènes correspondants 2. faire comprendre la relation entre la géoscience et les autres sciences naturelles 3. faire comprendre la relation entre la géoscience et la vie humaine et faire reconnaître l'importance de la géoscience 4. faire comprendre l'évolution et le développement de la géoscience 5. faire s'intéresser aux phénomènes de la géoscience 6. faire découvrir des problèmes relatifs au phénomène de la géoscience, et faire obtenir la connaissance relative à la manière de résoudre les problèmes 7. développer des attitudes et des capacités fondamentales pour apprendre la géoscience

Source :Ahn Jong-Uk, 2010, *op. cit.*, p. 105.

Quels sont les contenus de « la géoscience » apparue en 1956

300 Ahn Jong-Uk, 2010, *op. cit.*, p. 100.

en Corée du Sud ? Le tableau 4.22 montre qu'ils ressemblent beaucoup à ceux de l'environnement naturel et la vie humaine. Il s'agit en quelque sorte de contenus de géographie physique étudiée à l'échelle de la planète et envisagés dans leurs rapports avec les sociétés humaines sous l'angle des usages économiques.

Tableau n°4.22 Comparaison des contenus de la géoscience et de l'environnement naturel et la vie humaine

La géoscience (1956)	L'environnement naturel et la vie humaine (1949)
1. qu'est-ce qu'on apprend par la géoscience ? (les contenus de la géoscience et la méthodologie d'étude de la géoscience / la place de la géoscience au sein de la science naturelle / l'histoire du développement de la géoscience / la relation entre la géoscience et la vie de l'homme) 2. le système solaire et la Terre (la naissance et l'organisation du système solaire / la caractéristique de la Terre / l'intérieur de la Terre / la structure de la Terre) 3. le cosmos (l'étoile, le groupe d'étoiles et la nébuleuse / la structure du cosmos / la théorie de l'expansion du cosmos / l'heure et le calendrier) 4. l'atmosphère et les phénomènes atmosphèriques (la structure de l'atmosphère / le composant de l'atmosphère / le vent et la circulation atmosphérique / les hautes pressions et les basses pressions / les précipitations / la météorologie / le climat) 5. l'hydrosphère et les phénomènes hydrosphèriques (l'organisation et le composant de l'hydrosphère / la mer / le lac / la rivière et l'eau souterraine / l'eau et la vie) 6. les minéraux et les roches (les composants de l'écorce terrestre / le minéral / le rocher / le discernement entre le minéral et le rocher) 7. la désagrégation et l'érosion (la désagrégation / l'érosion / le terrain / le transport et la sédimentation) 8. l'orogénie (le séisme, le volcan et la source d'eau chaude / l'orogénie / la structure géologique) 9. l'histoire de la Terre (la méthodologie de recherche de l'histoire de la Terre / la division du temps géologique / l'évolution de la Terre et de l'être vivant pendant l'ère géologique) 10. la géoscience et l'économie (le gisement / les ressources du sous-sol / la géoscience et la sciences polytechniques) 11. la carte (le type de la carte / la carte topographique / la carte géologique / l'utilisation de la carte) Source : Son Mu-Chi, 1956, Editions Jangwangsa.	**1e partie,** 1. la valeur de l'environnement, 2. la définition de la géographie, 3. le développement de la géographie **2e partie,** 1. le cosmos et le système solaire, 2. la Terre, 3. le mouvement de la Terre et de la lune, 4. la terre (la forme de surface de la terre / le changement de la topographie / le mouvement de l'eau de mer) 5. l'hydrosphère (la forme de l'océan / la caractéristique d'eau de mer / le mouvement d'eau de mer) 6. l'atmosphère (l'atmosphère / la température / la pression atmosphérique / le mouvement de l'atmosphère / le taux d'humidité / le climat et la zone du climat / le climat et la relation avec l'être vivant) Source : Jeong Gab, 1949, Editions Eulyumunhwasa. **L'environnement naturel et la vie de l'homme (1950)** 1. la Terre (la forme et la taille de la Terre / le système solaire et le mouvement de la Terre / l'heure et le calendrier / la latitude et la longitude / la représentation de la terre / la terre, l'océan et l'atmosphère) 2. la terre (l'élément de formation du relief / l'orogénèse et la topographie / l'érosion fluviale et le développement du relief / la géologie et le développement du relief / l'érosion glaciaire et le développement du relief / la déflation et le développement du relief / l'érosion marine et le développement du relief) 3. l'hydrosphère (l'océan / la caractéristique d'eau de mer / le mouvement de l'eau de mer / l'océan et la mer secondaire / le lac) 4. l'atmosphère (la température / le vent / la pluie / le type du climat) 5. être vivant et environnement (la végétation et l'environnement / la répartition de la végétation / les animaux et l'environnement / la répartition des animaux) Source : JChoe Bok-Hyeon etc., 1950, Editions Kwahakmunhwasa.

Source : tableau réactualisé à partir des données de Ahn Jong-Uk, 2010, *op. cit.*, p. 118-119.

Deux différences doivent cependant être notées. D'une part, la définition de la géographie présente dans l'environnement naturel et la vie humaine disparaît des contenus de géoscience puisque celle-ci, en tant que domaine spécifique, ne peut se prévaloir de présenter l'ensemble de la discipline. D'autre part, les finalités d'usage économique des connaissances de géoscience apparaissent clairement, ce qui est symptomatique d'un rapport au savoir qui recherche l'utilité et l'efficacité dans un contexte de développement économique. Avec l'invention scolaire de la géoscience, nous assistons au déplacement d'une frontière entre deux domaines : les études sociales et les études scientifiques, frontière qui coupe en deux le champ de la géographie signifiant ainsi un déclin du statut de celle-ci comme discipline scolaire.

4. 4.2 Des contenus de géographie du secondaire entre renouvellements scientifiques et impératifs politiques

Dans cette section, nous comparons les manuels parus dans les années 1950-1960 avec ceux parus dans les années 1940, de manière à identifier les nouveautés et les points majeurs du programme. Les connaissances géographiques incluses dans les manuels sont donc analysés ici dans une perspective historique et épistémologique. Pour les années 1950, nous insistons sur des permanences d'organisation notamment en géographie régionale, mais aussi sur des nouveautés scientifiques qui apparaissent toujours associées à des représentations graphiques qui accentuent le caractère de technicité ou de scientificité de la géographie scolaire ainsi que sur la prise en compte d'intérêts liés au développement territorial de la Corée du Sud, dans le choix de contenus.

4. 4.2.1 Renouvellements scientifiques et prise en compte de finalités de développement du territoire pendant les années 1950

Nombre de matériaux utilisés dans les manuels de géographie coréens des années 1950 sont de la même qualité que ceux des manuels parus sous l'occupation japonaise ou sous le régime militaire américain. Beaucoup datent de la période de l'occupation japonaise.

Des permanences peuvent être observées. Par exemple, la Corée du Nord et la Corée du sud sont traités comme un seul pays alors même qu'il s'agit d'une nation désormais séparée. Autre exemple, le découpage régional persistant est le triptyque : région du sud, région centrale et région du nord. Aucune section relative à la réunification des deux Corées n'existe encore comme c'est le cas aujourd'hui, ni ce qui doit être de la réunification. Le tableau 4.23 présente les contenus du manuel de géographie du collège paru en 1957.

Tableau n°4.23 Les contenus du manuel de géographie en 1957

I L'environnement naturel de notre pays
1. La caractéristique de la localisation 1. Un rôle du pont entre le continent et l'océan, 2. Un pays situé près de la mer sous le climat tempéré, 3. Le temps légal de la Corée **2. la caractéristique de la topographie** 1. la région montagneuse, 2. la chaîne de montagnes, 3. la caractéristique de la rivière, 4. la plaine et notre vie, 5. la côte et la mer **3. la caractéristique du climat** 1. la caractéristique du climat en Corée, 2. le vent saisonnier, 3. le climat continental, 4. la caractéristique de la précipitation, 5. le typhon et le vent du nord-est(높새바람)
II l'utilisation et l'aménagement du territoire
1. la caractéristique d'utilisation du territoire dans notre pays **2. la caractéristique de l'agriculture dans notre pays** 1. l'agriculture axée sur la production des céréales, 2. les anciennes techniques agricoles, 3. l'agriculture concentrée, 4. l'agriculture morcelée (petite) **3. la production de la nourriture de base et la situation alimentaire** 1. la production du riz, 2. la production des céréales diverses, 3. la situation alimentaire en notre pays **4. l'agriculture horticole et la production agricole** 1. les légumes et les fruits, 2. le tabac et le ginseng, 3. les ressources médicales **5. le développement de l'élevage** **6. l'exploitation des ressources naturelles** 1. les produits forestiers, 2. l'exploitation des ressources maritimes
III l'industrie moderne et l'échange des produits
1. la recherche des ressources d'énergie 1. la recherche d'énergie hydraulique, 2. la situation d'énergie électrique en Corée du Sud, 3. l'exploitation du charbon, 4. la situation du charbon, 5. l'utilisation d'énergie nucléaire **2. l'exploitation des ressources du sous-sol** 1. les ressources minérales principales, 2. l'exploitation de la mine après la libération du Japon **3. le développement des industries dans notre pays** 1. le développement d'industrie moderne, 2. la condition du développement d'industrie **4. la répartition du secteur industriel** 1. l'industrie chimique, 2. l'industrie textile, 3. l'industrie alimentaire, 4. l'industrie métallurgique et mécanique, 5. la poterie et les autres industries, 6, le secteur industriel de notre pays **5. le relèvement industriel de notre pays** **6. l'échange des ressources** 1. le commerce, 2. le développement de la circulation dans notre pays

IV la population et les villages de notre pays
1. la population 1. la répartition démographique, 2. le mouvement démographique, 3. la pyramide des âges d'une population et la vie des gens, 4. le problème démographique **2. la caractéristique du village** 1. la caractéristique de la maison, 2. la caractéristique de répartition du village, 3. la ville de notre pays
V la vie de chaque région dans notre pays
1. la région du sud 1. l'environnement naturel, 2. la caractéristique de la vie, 3. la forme de vie de chaque localité **2. la région centrale** 1. l'environnement naturel, 2. la caractéristique de la vie, 3. la forme de vie de chaque localité **3. la région du nord** 1. l'environnement naturel, 2. la caractéristique de la vie, 3. la forme de vie de chaque localité
VI l'exploitation du territoire et la relation entre la Corée du Sud et les Nations Unies
1. l'aménagement du territoire **2. nous et le monde**

Source : manuel original(Kang Jae-Ho, 1957, La géographie de notre pays, Editions Munhwadang).

Le manuel ci-dessus a été rédigé pour la 1ère et la 2ème année du collège,[301] mais une seule nouvelle carte topographique a été insérée dans ce manuel (figure 4.1 a), carte réalisée sous l'occupation japonaise. La représentation du relief y est celle utilisée dans les manuels de géographie sous l'occupation japonaise et sous le régime militaire américain (tableau 4.1 b et c). Outre que le tableau 4.1 permet de prendre connaissance de cette représentation, on peut s'apercevoir que la qualité et la condition d'édition des manuels d'alors n'ont pas sensiblement progressé par rapport aux périodes précédentes.

301 La 1ère année du collège en Corée du Sud équivaut à la classe de CM2 ou de 6ème en France.

Figure n°4.1 La manière de représenter le relief dans le manuel paru en 1957

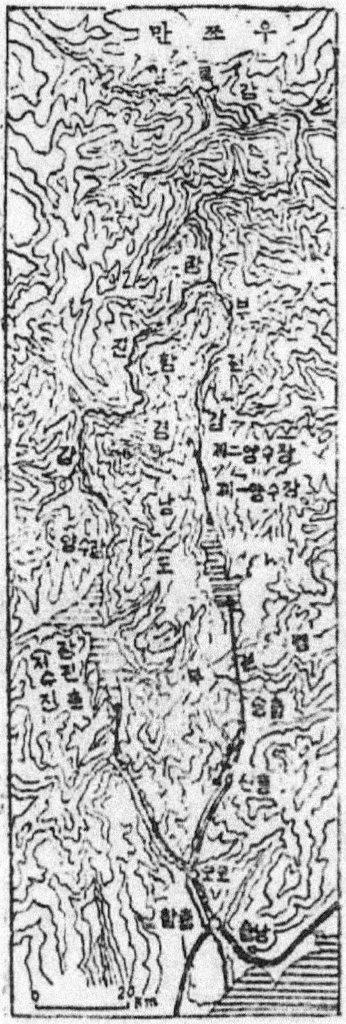

부전강 발전소와 흥남

(a) extrait de carte topographique représentant une portion de territoire près d'une centrale hydroélectrique en Corée du Nord, p.209

강원도 북부의 호소군(湖沼群)

(b) un extrait de carte relatif au liman au bord de la mer de l'Est, p.183

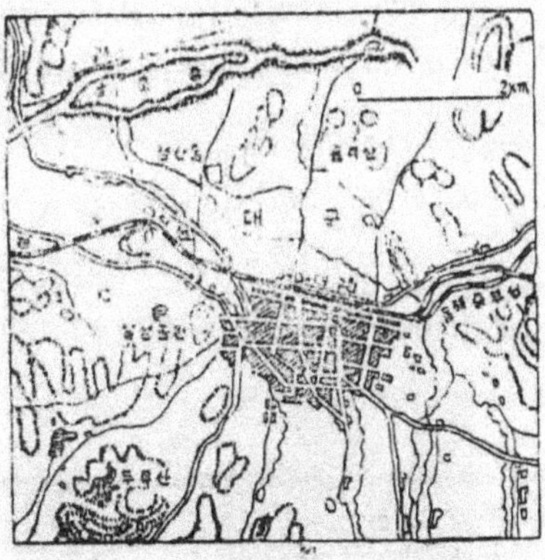

대구 부근

(c) un extrait de carte topographique de Daegu, la manière de représenter le relief étant « la hachure», bien que l'on pourrait penser qu'il s'agit de courbes de niveau, p. 147

Source : Kang Jae-Ho, 1957, *La géographie de notre pays*, p. 147, 183 et 209.

Il est remarquable que le système de représentation en hachure semblable à « la forme d'une plume », utilisée pour dresser les courbes de niveau depuis l'occupation japonaise, ait été adopté dans ce manuel-ci. Cette représentation doit être replacée dans l'évolution des représentations de l'altitude sur les cartes topographiques, évolution visible dans les manuels scolaires et que la figure 4.2 permet de résumer. Nous pouvons en effet comparer les deux figures 4.2 (b) et 4.2 (c) avec la carte (b) de la figure 4.1 puisqu'elles représentent le même lieu sur le littoral de la mer de l'Est. La carte 4.2 (a) de 1949 représente uniquement les limans sans les dunes alentour. La carte 4.2 (b) datée de 1967 utilise les hachures pour représenter le relief des dunes près des limans. Puis, les hachures ne sont plus utilisées telles quelles, mais l'objet de leur usage change et leur réalisation est modifiée comme nous le voyons avec la carte 4.2 (c) pour représenter des bords de dépression topographique comme les marécages ou encore les dolines.

En somme, un changement important de système de représentation du relief a lieu dans les années 1960, alors même que les manuels ont perpétué jusqu'aux années 1950 des façons anciennes de représenter la topographie.

Figure n°4.2 L'évolution dans la manière d'utiliser des hachures pour représenter les variations topographiques

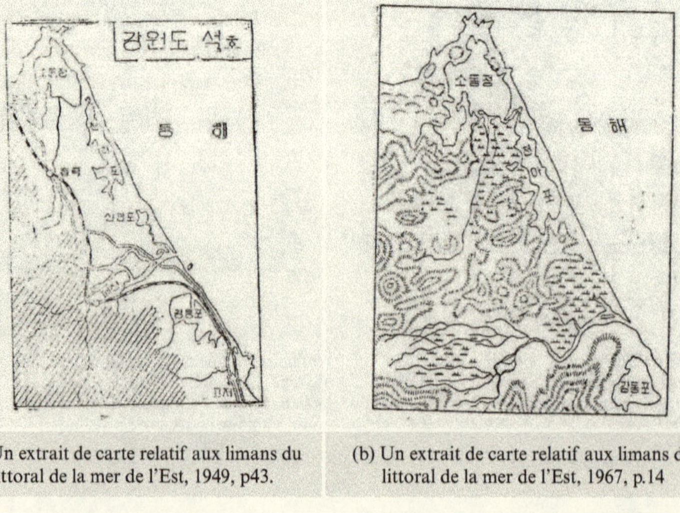

(a) Un extrait de carte relatif aux limans du littoral de la mer de l'Est, 1949, p43.

(b) Un extrait de carte relatif aux limans du littoral de la mer de l'Est, 1967, p.14

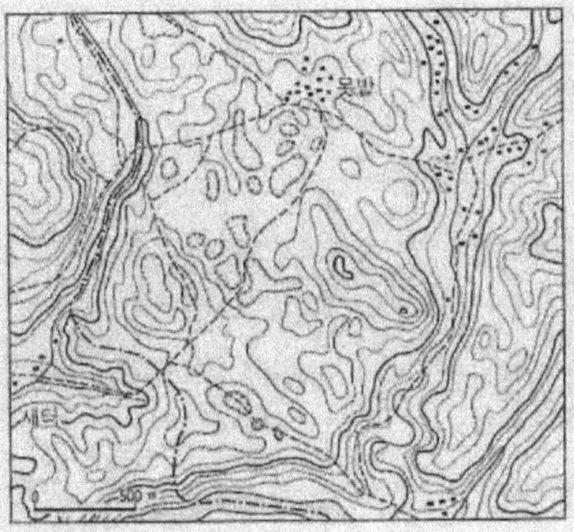

(c) Un extrait de carte relatif aux dolines de la région de Danyang en Corée du Sud, 1989, 60p.

Source : Jeong Gab, 1949, La vie de notre pays, p. 43 ; Jo Kwang-Jun etc., 1967, La nouvelle géographie 1, p. 14 ; Kim In etc., 1989, La géographie de la Corée, p. 60.

Par ailleurs, des connaissances géographiques modernes apparaissent dont nous donnons quelques exemples. Le foehn tout comme un modèle d'évolution démographique et la pyramide des âges sont des notions développées pour la première fois dans un manuel paru en 1957. Leurs représentations graphiques deviennent dès lors des classiques de la géographie scolaire sud-coréenne.

Figure n°4.3 Quelques nouvelles connaissances géographiques dans le manuel de 1957

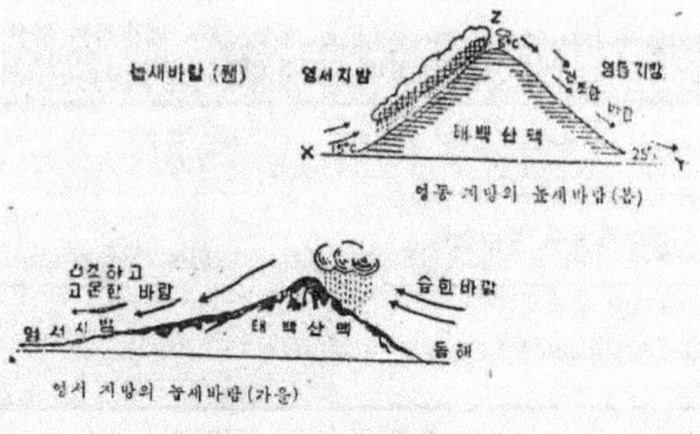

(a) Le foehn, p. 28

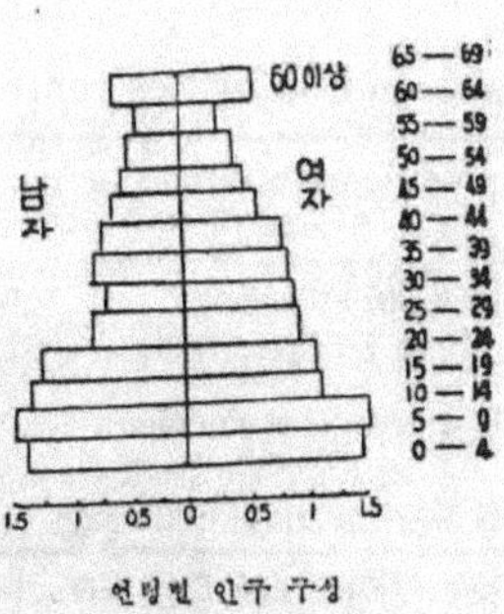

(b) Le modèle de la transition démographique, p. 116

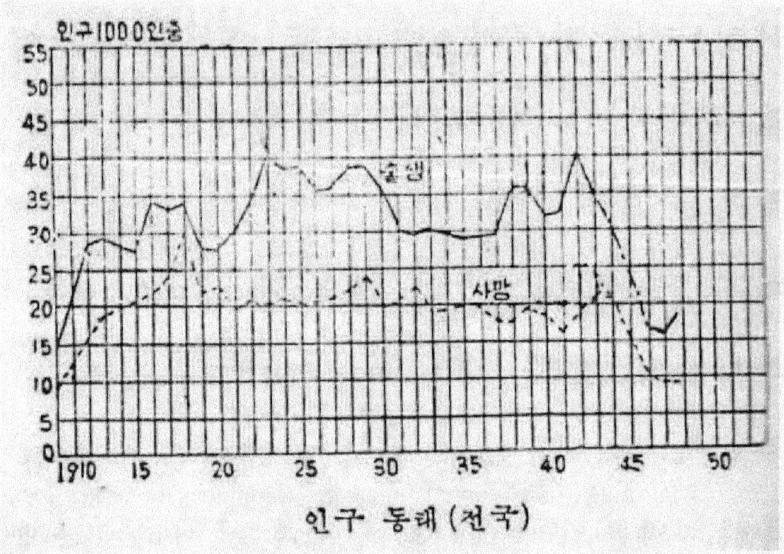

(c) La pyramide des âges, p. 119

Source : Kang Jae-Ho, 1957, op. cit., pp. 28, 116 et 119.

Dans le même manuel de 1957, apparaît pour la première fois un « plan d'aménagement du territoire[302]», thème introduit en relation avec la politique nationale dite de « modernisation de la nation coréenne » développée par le président de la république Jeong-Hee Bak.

Tableau n°4.24 Les contenus de la géographie des pays étrangers (1955)

I **les différentes régions en Asie** 1. L'Asie de l'Est, 2. L'Asie du Sud-Est, 3. L'Asie du Sud-Ouest
II **Europe et Afrique** 1. L'Europe de l'Ouest et l'Europe du Sud, 2. L'U.R.S.S. et l'Europe de l'Est, 3. l'Afrique
III **Amérique et Pacifique** 1. les Etats-Unis et le Canada, 2. l'Amérique latine, 3. le Pacifique et l'Australie, 4. le monde et notre pays

Source : Yim Deok-Sun, 1992, Le principe de l'enseignement de la géographie, p. 240.

302 On peut distinguer les étapes suivantes dans la politique d'aménagement du territoire : 1, les années 1950 : la restauration du territoire après la guerre de Corée et le règlement de la question de la pauvreté, 2, les années 1960 : l'établissement du plan d'aménagement du territoire, 3, les années 1970 : la 1ère période du plan d'aménagement du territoire (1972-1981), 4, les années 1980 : la 2ème période du plan d'aménagement du territoire (1982-1991), 5, les années 90 : la 3ème période du plan d'aménagement du territoire (1992-2001). Le plan d'aménagement du territoire a véritablement commencé en 1972. Par conséquent, ce thème est principalement traité dans les manuels de géographie parus jusqu'en 1990.

Un autre changement important concerne la façon d'organiser la géographie du monde. Outre un changement de forme entre les années 1940 où le manuel de la géographie du monde existe en deux tomes : la géographie des pays voisins et la géographie des pays lointains et les années 50 où ces deux tomes fusionnent pour ne plus former qu'un manuel, l'organisation du contenu se modifie. Pendant les années 1940, l'Asie et les pays de l'Océan Pacifique sont traités de façon privilégiée de façon à justifier la guerre d'agression du Japon en Asie. En 1955, l'Amérique et le thème « le monde et notre pays » sont rajoutés au programme avec le Pacifique et l'Océanie déjà présents (tableau 4.24).

Les contenus de géographie humaine parus en 1957 montrent une combinaison de géographie des interactions homme-nature et de géographie de l'action humaine orientée vers les usages économiques des ressources de la nature. Si la première partie est développée selon une perspective classique d'écologie humaine et de déclinaison des conditions régionales de cette écologie humaine, la seconde partie s'articule selon la perspective des intérêts nationaux principaux de l'époque, c'est-à-dire la nourriture, le traitement médical, l'industrie moderne, les ressources du sous-sol etc. Le tableau 4.25 permet de prendre connaissance de ce contenu de géographie humaine.

Tableau n°4.25 Les contenus de géographie humaine (1957)

La géographie humaine (1957)
I **la nature et l'homme**
1. l'interaction entre la nature et l'homme, 2. le climat de notre pays et l'agriculture, 3. le climat de la communauté locale et la maison, 4. les villages de notre pays et l'environnement naturel, 5. les types de projection
II **la nature et la vie de l'homme dans chaque région du monde**
1. **la nature et la vie dans les différentes régions** 1. les tropiques : les régions de climat tropical humide, les régions du climat de la savane, le plateau tropical 2. la nature et la vie dans les régions arides : les régions d'oasis, les régions de steppe, les régions de climat désertique 3. la nature et la vie dans les régions tempérée : les régions du climat des vents saisonniers tempérés, les régions subtropicales, les régions de climat océanique de côte ouest, les régions de climat méditerranéen 4. la nature et la vie dans les régions continentales : les régions de climat continental de forêt mixte, les régions de prairies, les régions de taïga 5. la nature et la vie dans les régions de climat polaire : les régions de toundra, les régions glaciaires

La géographie humaine (1957)
2. les régions montagneuses, les plaines, l'océan et les îles 1. les régions montagneuses et les plaines, 2, l'océan et les îles
III la nourriture et le traitement médical
1. La production de la nourriture 1. Le riz, 2. Le blé, 3. La viande, 4. Les produits de la mer, 5. La production du sel, 6. Le sucre, le thé, le café, le cacao et le tabac **2. la production des matériaux médicaux** 1. Le coton et l'étoffe de coton, 2. Les toisons de moutons et l'industrie de laine, 3. La soie grège et la soierie, 4. La fibre artificielle
IV l'industrie moderne
1. l'établissement de l'industrie moderne **2. les ressources d'énergie et l'exploitation des ressources du sous-sol** 1, l'exploitation des ressources d'énergie et leur utilisation **3. les autres ressources naturelles** **4. les régions industrielles principales dans le monde** **5. le développement de l'industrie moderne et la vie sociale**
V l'union du monde
1. les moyens de transport, le commerce international, les Nations Unies et la paix mondiale

Source : manuel original (Yi Kang-Ju etc., 1957, *La géographie humaine,* Editions Hongjisa).

Les photographies, les cartes, les graphiques et les statistiques présents dans ce manuel sont plus clairs et précis que ceux d'avant. Le niveau de connaissances géographiques pourrait avoir considérablement augmenté grâce à ce manuel. La figure 4.4 donne une idée de la progression dans la compréhension qui est donnée de la représentation cartographique de la surface de la terre. Mais la section relative à la nature et la vie dans chaque région du monde, propose une représentation des différentes zones climatiques du monde et incorpore des représentations et des analyses de diagrammes climatiques pour chaque région du monde que l'on retrouvera dans les manuels suivants.[303]

303 Dans ce manuel, une illustration des zones climatiques faite par Köppen est présentée. Mais le nom de Köppen ou les termes scientifiques relatifs aux zones climatiques ne sont pas mentionnés.

Figure n°4.4 Un exemple de carte topographique présente dans le manuel de 1957

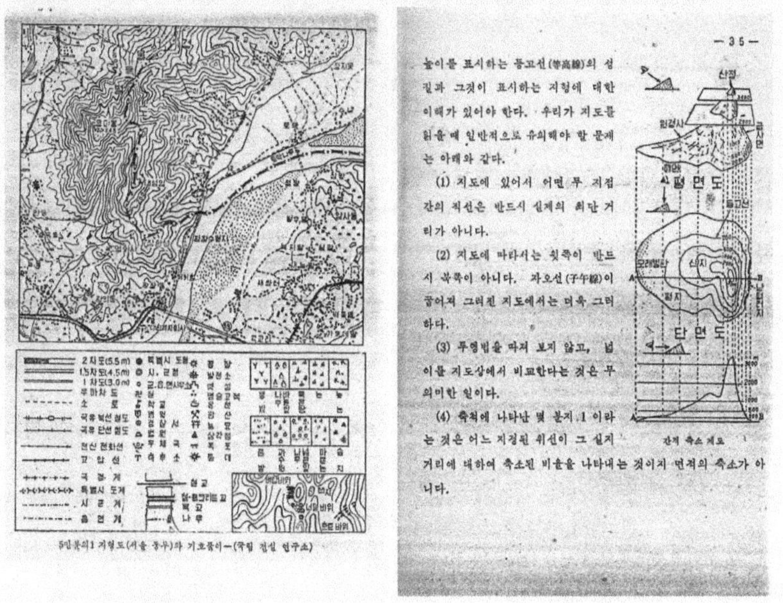

Page 34 Page 35

Source : Yi Kang-Ju etc., 1957, *La géographie humaine*, pp. 34-35.

4.2.2 Volonté de développement, horizon de la réunification : la géographie scolaire au service de l'émergence d'un centre de pouvoir coréen dans les années 1960

Avec les années 1960, la géographie enseignée au collège connaît quelques modifications que nous repérons à l'aide des contenus de manuel (tableau 4.26).

Tableau n°4.26 Les contenus de « Société 1 (la géographie) » (1966)

I **Notre « pays natal » (향토)**
1. la nature et la vie du pays natal, 2. l'étude du pays natal
II **Les différentes régions de notre pays**

1. la région centrale

1. l'environnement naturel de la région centrale, 2. la région montagneuse de Taebaek qui est au sein de l'exploitation, 3. le coeur de la Corée du Sud : la région de Kyeong-In, 4. la partie ouest de la région centrale : la région du développement industriel avec le développement des moyens de transport 5. la vallée de Keumkang : la région productrice de céréales

2. la région du sud

1. l'environnement naturel de la région du sud, 2. le terrain en contrebas de la région de Yeong-Nam(le sud-est de la péninsule coréenne) et sa périphérie, 3. la côte de la région de Yeong-Nam : la région du développement industriel, 4. la région de Honam(les provinces du Jeolla) qui a une vaste plaine, 5. le grand bond en avant d'île de Jejudo

3. la région du nord

1. l'environnement naturel de la région du nord, 2. le plateau du nord et les montagnes, 3. l'activité économique au bord de la mer de l'est, 4. la partie ouest de la région du nord où l'industrie se développe

III **la nature et la vie dans notre pays**

1. notre territoire national, 2. le climat très varié, 3. l'agriculture, la sylviculture et l'industrie des produits de la mer, 4. les industries minières,manufacturières et l'exploitation du territoire, 5. le problème démographique, 6. la circulation et le commerce international

IV **les différentes régions du monde**

1. l'Asie de l'Est et l'Asie du Sud

1. l'Asie de l'Est, 2. l'Asie du Sud-Est, 3. l'Asie du Sud

2. l'Asie du Sud-Ouest et l'Afrique

1. l'Asie du Sud-Ouest et l'Afrique du Nord, 2. l'Afrique centrale et du Sud

3. l'Europe

1. l'Europe de l'Ouest, 2. l'Europe du Nord, 3. l'Europe du Sud, 4. l'Europe de l'Est

4. l'Amérique et l'Océanie

1. l'Amérique anglo, 2. l'Amérique latine, 3. l'Océanie, 4. les deux régions polaires

V **la nature et la vie dans le monde**

1. l'environnement naturel du monde, 2. la société humaine du monde, 3. les ressources et l'industrie du monde, 4. le commerce international du monde

VI **le monde et notre pays**

1. la situation politique internationale, 2. la relation entre Nations Unies et les nations amies démocratiques, 3. la réunification d'un pays

Source : manuel original (Kang Woo-Cheol[304], 1966, *La nouvelle société*, Editions Tamgudang).

Une première nouveauté est l'utilisation pour la première fois dans ce manuel du terme « pays natal (향토 ; 鄕土) ».[305] Cette notion a

304 Kang Woo-Cheol (1927-) est un ancien professeur dans le domaine des études sociales. Pendant les années 1960, bien que non géographe, il est l'auteur du manuel de géographie du collège. Cette situation-là nous indique que le statut de la géographie scolaire est relativement bas par rapport aux autres domaines des études sociales.

305 Au cours des années 1940, une matière intitulée « l'observation du pays natal » est présente dans le programme de l'école primaire dans la métropole japonaise. Mais il n'existe pas de manuel scolaire pour cette matière. Un guide pédagogique avait été créé pour les professeurs. Sous l'occupation japonaise en Corée, les manuels de géographie ne contiennent que la géographie du monde. Nous ne trouvons donc pas le terme « pays natal » dans les manuels de géographie publié à l'époque. Pour l'enseignement des caractéristiques du pays natal aux élèves, le gouverneur du Japon en Corée a modifié le nom et

certainement été importée de l'Allemagne (le Heimat) via le système japonais dont les Coréens sont de bons connaisseurs. La notion de « pays natal » s'installe dès lors dans les manuels de géographie comme un contenu de connaissance géographique majeur dans le pays.

Une autre nouveauté est l'ordre de succession dans lequel l'auteur traite les régions de Corée du Sud : la région centrale en premier avec Séoul (la capitale), puis la région du Sud et pour finir la région du Nord. Ce choix doit être replacé dans l'évolution historique des manières de classer les régions afin de comprendre. Cette évolution reflète en effet l'intérêt relatif porté à chacune en fonction de chaque période jusqu'au 20éme siècle. Le tableau 4.27 permet ainsi de constater qu'il faut attendre les années 1960 et le décollage économique de la Corée du Sud pour que le regard des lycéens soient portés d'abord sur le centre politique et économique que constitue Séoul puis sur la région sud qu'elle polarise désormais avant de voir le nord. Le temps de l'occupation japonaise construisait un autre regard convergent vers la métropole japonaise depuis le nord vers le sud de la Corée, tandis que le temps du régime militaire américain se caractérisait par une étude du centre avant d'envisager les régions du nord puis du sud sans montrer de prédilection pour ces dernières qui contribueront au futur territoire de la Corée du Sud. Depuis 1966, la manière de classer les régions dans les manuels de géographie du centre (région séoulite) à la périphérie intégrée (région du sud) puis à une périphérie marginalisée (région du nord) est conservée.

Tableau n°4.27 L'évolution du classement des descriptions des régions dans les manuels scolaires utilisées en Corée

Période	L'ordre de la description des régions
Jang Ji-Yeon (1907)	Région centrale → Région du sud → Région du nord
Choe Nam-Seon (1910)	Corée du Sud → Corée du Nord
L'occupation japonaise (1910-1945)	Région du nord → Région centrale → Région du sud

le contenu de cette matière en « observation de l'environnement naturel » car l'on craint alors que le terme « pays natal » ne provoque de sursaut patriotique chez les élèves coréens. (Shim Jeong-Bo, 2003, « Recherche comparative entre l'observation du pays natal et l'observation de l'environnement naturel compris dans le programme du primaire sous l'occupation japonaise »,*Revue de la nouvelle géographie,* Vol. 51, No. 2, p. 18).

Période	L'ordre de la description des régions
Le régime militaire américain (1945-1948)	Région centrale → Région du nord → Région du sud
Les années 50	Région du sud → Région centrale → Région du nord
Depuis les années 60 à nos jours	Région centrale → Région du sud → Région du nord

Auteur : Saangkyun Yi

Troisième élément neuf, un nouveau découpage continental qui fait apparaître un regroupement entre l'Afrique et l'Asie du Sud-Ouest, jusqu'alors abordées séparément, l'une avec l'Europe et l'autre avec l'Asie. Ce redécoupage qui a perduré signale la prise en compte de la décolonisation de l'Afrique ainsi que la prévalence d'un découpage continental sur des bases économiques qui conduit à séparer l'Asie du Sud-Ouest aux logiques géopolitiques et géoéconomiques propres (ressources pétrolières et enjeux spécifiques de Guerre froide), du reste de l'Asie dont le décollage partiel est en cours d'effectuation à partir du pôle japonais. Une innovation majeure est l'apparition du thème de « la réunification d'un pays » dans la dernière section du manuel. Cet extrait permet d'en fixer la teneur : « (…) en Corée du Nord de l'autre côté de la ligne du cessez-le-feu, nos compatriotes, des frères de sang, sont opprimés par les travaux forcés sous l'oppression des communistes. Comme nous avons appris dans les manuels, dans notre pays, le produit agricole, le produit de la mer, les ressources du sous-sol, l'équipement industriel sont répandus un peu partout dans tout le pays mais à cause de la séparation du pays, nous rencontrons beaucoup de problèmes. Par exemple, il peut y avoir quelques productions dans un secteur en Corée du Sud, mais rien ou très peu en Corée du Nord ou au contraire des productions dans d'autres secteurs en Corée du Nord, mais rien en Corée du Sud (…) Si on peut réaliser la réunification du pays, il n'y aura plus besoin d'importer des produits manquants de pays étrangers. C'est pour cela que tout le peuple souhaite la réunification du pays le plus rapidement possible (…) »[306]

En ce qui concerne le contenu de la géographie I (la géographie de la Corée) pour le lycée, la tendance au traitement minutieux et plus précis des thèmes de l'industrie, de l'aménagement du territoire et de

306 Kang Woo-Cheol, 1966, *op. cit.*, pp. 270-271.

l'exploitation des ressources, se confirme depuis les manuels publiés dans les années 1950. Le tableau 4.28 permet de constater cette organisation plus systématique du contenu économique de la géographie de la Corée paru en 1967.

Tableau n°4.28 Les contenus du manuel de « géographie I » (1967)

1.		**l'environnement de notre pays**
	1.	**la localisation du territoire national** 1. notre pays se situe en Asie de l'est, 2. le domaine de notre pays
	2.	**la géologie et la topographie** 1. la géologie et l'évolution de la topographie, 2. la caractéristique générale de la topographie
	3.	**les caractéristiques du climat et du terrain** 1. la caractéristique du climat, 2. le sinistre météorologique, 3. la saison, 4. le sol (le terrain)
2.		**l'industrie de notre pays (1)**
	1.	**l'agriculture et l'élevage** 1. la caractéristique de l'agriculture de notre pays, 2. les produits agricoles principaux et leur répartition, 3. l'élevage, 4. l'augmentation de la production alimentaire et l'autarcie, 5. l'amélioration de vie à la campagne
	2.	**la sylviculture** 1. l'efficacité du secteur forestier, 2. la forêt délabrée, 3. la répartition de la forêt, 4. l'utilisation du bois et la protection de la forêt
	3.	**l'industrie des produits de la mer** 1. les ressources maritimes abondantes, 2. l'industrie des produits de la mer en voie de développement, 3. la pêche principale, 4. l'industrie de la pisciculture, l'industrie des produits de la mer et le sel séché au soleil, 5. le développement et la protection des ressources maritimes
3.		**l'industrie de notre pays (2)**
	1.	**les ressources d'énergie et les ressources du sous-sol** 1. une mauvaise répartition des ressources d'énergie et des ressources du sous-sol dans la région du nord, 2. le charbon, 3. la mine de fer, 4. le tungstène, 5. la plombagine, 6. l'or, 7. les ressources minéraux atomiques et les autres ressources minéraux utiles
	2.	**l'industrie** 1. le développement d'industrie, 2. les régions industrielles, 3. les principales industries
	3.	**la circulation** 1. le transport par terre, 2. le trafic maritime et aérien
	4.	**le commerce et le commerce international** 1. le commerce, 2. le commerce international
4.		**l'exploitation du territoire et la gestion**
	1.	**les catastrophes naturelles** 1. les dégâts causés par une tempête de notre pays, 2. la prévention des risques naturels
	2.	**l'utilisation du terrain** 1. l'utilisation de la région montagneuse, 2. l'utilisation du terrain plat
	3.	**l'utilisation de l'eau** 1. l'exploitation des ressources hydrologiques, 2. l'énergie électrique
	4.	**l'aménagement du territoire** 1. la valeur de l'aménagement du territoire, 2. les régions de fort développement

5. les villages de notre pays et la population

1. le village et la ville
1. l'évolution du village, 2. la structure des maisons, 3. la forme et l'espèce des villages, 4. la vie au village, 5. la ville

2. la population et le problème démographique
1. la croissance démographique, 2. la répartition démographique et la densité de population, 3. la pyramide des âges d'une population, 4. les mouvements de population, 5. le problème démographique

6. chaque région de notre pays et leurs caractéristiques

1. la nature et la vie dans la région centrale
1. la localisation, 2. la nature, 3. la vie, 4. la capitale de notre pays : Séoul, 5. le département du Gyeonggi, 6. le département du Chungcheong du sud, 7. le département du Chungcheong du nord, 8. le département du Gangwon

2. la nature et la vie dans la région du Sud
1. la localisation, 2. la nature, 3. la vie, 4. le département du Jeolla du nord, 5. le département du Jeolla du sud, 6. le département du Jeju, 7. Busan, 8. le département du Gyeongsang du sud, 9. le département du Gyeongsang du nord

3. la nature et la vie dans la région du Nord
1. la localisation, 2. la nature, 3. la vie, 4. le département du Hwanghae, 5. le département du Pyeong-an du sud, 6. le département du Pyeong-an du nord, 7. le département du Hamkyeong du sud, 8. le département du Hamkyeong du nord

7. la relation entre notre pays et le monde

1. la relation entre notre pays et les Nations Unies, et les nations amies
2. la voie que nous devons suivre

Source : manuel original (Jo Kwang-Jun et Yun Hyeok-Oh, 1967, *La nouvelle géographie*).

La dernière section du tableau 4.28 : « la voie que nous devons suivre » traite du renouveau de l'économie et de la réunification du pays, confirmation de ce que les préoccupations politiques nationales du temps se traduisent dans les contenus de géographie scolaire.

Tableau n°4.29 Les contenus de la géographie II (1968)

I L'environnement naturel du monde

1. la valeur de l'environnement naturel et une grande catégorie de la topographie du monde
1. la nature et l'homme, 2. la terre, 3. la topographie du monde, 4. la région montagneuse, 5. la plaine, 6. la rivière, 7. l'océan

2. le climat
1.la température du monde, 2. les précipitations du monde, 3. les vents dans le monde, 4. la zone du climat

3. le sol
1. la création du sol, 2. la répartition du sol dans le monde

II La société humaine du monde

1. **la répartition démographique et le problème démographique**
   1. les régions habitées, 2. la répartition démographique, 3. la densité de population, 4. la croissance démographique et le mouvement de population, 5. la pyramide des âges d'une population
2. **la race humaine, la langue et la religion dans le monde**
   1. la race humaine et la répartition des groupes ethniques, 2. la répartition de s langues, 3. la répartition des religions
3. **le village**
   1. la village comme un espace d'une résidence, 2. le village, 3. la ville

III La nature et la vie en Asie

1. **le caractère régional et les divers problèmes en Asie**
   1. la nature en Asie, 2. le problème en Asie, 3. la vie économique en Asie
2. **l'Asie en mousson**
   1. le japon, 2. la Chine, 3. l'Asie du Sud-Est, 4. l'Inde péninsulaire
3. **l'Asie aride**

IV la nature et la vie en Europe

1. **le caractère régional et les divers problèmes en Europe**
   1. la nature en Europe, 2. le problème en Europe, 3. la vie économique en Europe
2. **la vie de chaque région en Europe de l'Ouest**
   1. l'Angleterre, 2. la France et les 3 pays du Benelux, 3. l'Allemagne et les pays neutres dans la région alpine, 4. les différents pays en Europe du Nord
3. **la vie de chaque région en Europe du Sud**
   1. l'Europe du Sud qui est le berceau de la civilisation antique, 2. l'Italie, 3. la péninsule ibérique
4. **l'U.R.S.S. et la vie en Europe de l'est**
   1.le camp communiste qui a le désir d'envahir le monde, 2. l'U.R.S.S., 3. les différents pays en Europe de l'Est

V la nature et la vie en Afrique

1. **le caractère régional et les divers problèmes en Afrique**
   1. la nature en Afrique, 2. les problèmes en Afrique, 3. Afrique en voie de développement
2. **la vie de chaque région en Afrique**
   1. l'Afrique méditerranéenne, 2. l'Afrique tropicale, 3. l'Afrique de l'Est, 4. l'Afrique du Sud

VI la nature et la vie en Amérique

1. **le caractère régional en Amérique**
   1. la nature en Amérique, 2. le problème en Amérique, 3. la vie économique en Amérique
2. **l'Amériqueanglo-saxonne**
   1. les Etats-Unis, 2. le Canada
3. **l'Amérique latine**
   1. les différents pays côtiers de la mer caraïbe, 2. les différents pays dans la région du nord en Amérique du Nord, 3. les différents pays de la Cordillère des Andes, 4. le Brésil, l'Argentine et les autres pays voisins

VII la nature et la vie en Océanie et dans les deux pôles

1. **les divers problèmes en Océanie**
   1. la politique de la priorité des blancs en Australie, 2. les problèmes en Océanie
2. **la nature et la vie dans chaque région en Océanie**
   1. l'Australie, 2. la Nouvelle-Zélande et les différentes îles du Pacifique
3. **la nature et la vie dans les deux pôles**
   1. la nature dans les régions polaires, 2. la vie dans les régions polaires, 3. l'utilisation des deux pôles

VIII la vie économique du monde	
1.	**l'agriculture, l'exploitation d'une ferme d'élevage, la sylviculture et l'industrie des produits de la mer dans le monde** 1. la mousson et la production du riz, 2. la production du blé et le mouvement du blé dans le monde, 3. le maïs et la pomme de terre, 4. le son, plat préféré et l'origine de sa fabrication, 5. la région d'une exploitation d'une ferme d'élevage dans le monde, 6. la région de la sylviculture dans le monde, 7. la région de l'industrie des produits de la mer dans le monde
2.	**les matériaux médicaux et sa production** 1. la production du coton et l'industrie de la cotonnade, 2. la production de la laine de mouton et l'industrie de laine, 3. l'industrie de soierie et la fibre artificielle
3.	**les industries minières et manufacturières dans le monde** 1. la constitution de l'industrie moderne, 2. l'exploitation et l'utilisation des ressources d'énergie, 3. l'exploitation et l'utilisation des ressources du sous-sol, 4. la région industrielle dans le monde
4.	**la circulation et le commerce international dans le monde** 1. le développement des moyens de transport moderne, 2. les transports terrien , 3. le trafic maritime, 4. le transport aérien, 5. la communication, 6. le commerce international
IX le monde et notre pays	
1.	**la situation de la politique internationale à l'heure actuelle** 1. l'affrontement de deux grandes puissances, 2. l'apparition d'un 3ème groupe puissant
2.	**le monde et notre pays** 1. notre pays et la coopération internationale, 2. notre pays et les Nations Unies, 3. la réunification du pays et notre devoir

Source : manuel original (Choe Heung-Jun, 1968, *La géographie* II, Editions Dong-A).

Le manuel paru en 1968 pour la géographie du monde au lycée traite des régions principales du monde en fonction des relations entre nature et vie humaine. Ce manuel combine une approche régionale des interactions homme-nature avec les questions contemporaines d'économie et de géopolitique mondiale. C'est ainsi que le manuel se clôt sur le thème de l'affrontement des deux grandes puissances, de la coopération internationale, des Nations Unies, des alliés de la Corée et de la réunification du pays.

Accessoirement, on identifie la vision qu'a de l'Europe l'auteur du manuel, distinguant deux grandes régions : l'Europe de l'ouest, développée, intégrant les pays du nord de l'Europe, et l'Europe du Sud, berceau de civilisation antique, portion d'Europe anciennement mieux développée.

Conclusion

Ce quatrième chapitre, qui nous aura fait parcourir la période de la fondation du gouvernement de la Corée du Sud aux années 1960, en passant par la guerre de Corée, la révolution du 19 avril 1960 et le coup d'Etat militaire du 16 mai 1961, montre une Corée du Sud sous influence américaine, qu'il s'agisse du système éducatif ou du système économique, mais indépendante. Deux préoccupations idéologiques ou politiques se retrouvent dans la politique générale du gouvernement comme dans sa politique éducative et y affectent l'enseignement de contenus géographiques : soutenir le développement de l'économie et se prémunir contre le communisme en promouvant une éducation anticommuniste. L'étude sociale générale, importée des Etats-Unis dans le domaine des études sociales et l'éthique nationale, nouveau domaine compris dans l'éducation anticommuniste, en occupant une place importante dans le programme, contribue au déclin de la géographie. L'émergence d'une géoscience, importée dans le domaine des études scientifiques des Etats-Unis et du Japon au milieu des années 1950, déplace les frontières de la géographie, de telle manière qu'elle se trouve coupée en deux et sans existence autonome. D'un côté, les anciens contenus de géographie physique se retrouve dans les sciences et les contenus de géographie humaine relèvent seuls désormais des études sociales. Ce déclassement de la géographie scolaire dans le système éducatif coréen est dû à la fois à l'importation tel quel du découpage des matières scolaires aux Etats-Unis (études sociales, études scientifiques) et au fait que nul géographe universitaire n'est en mesure alors d'exercer une influence sur les décisions de l'éducation nationale.

Paradoxalement, malgré la régression de la géographie comme discipline dans les programmes éducatifs, les contenus enseignés ont connu une amélioration scientifique dans le courant des années 1950-1960, avec l'introduction dans les manuels de géographie des zones climatiques définies par Köppen[307] ou encore des théories démographiques qui permettent de renouveler l'enseignement de la géographie de la population.

Enfin, l'émergence de la Corée du Sud comme puissance à part dans une nation séparée se traduit dans les manuels par la promotion d'un nouveau découpage régional dans l'étude de la Corée ainsi que des thèmes du renouveau de l'économie et de la réunification du pays déclarée comme ardemment souhaitée par tous les Coréens, du Nord et du Sud.

307 Dans ce manuel, les termes scientifiques et les contenus concrets relatifs aux zones climatiques apparaissent (23p). Dès lors, ces termes scientifiques s'installent en tant que concepts parmi d'autres dans les manuels de géographie et ce jusqu'à présent.

Chapitre 5

L'AFFIRMATION DE LA PUISSANCE SUD-CORÉENNE (1970-1990) :

logiques de recomposition disciplinaires et tensions sur le domaine de l'étude sociale

Le « Mouvement des Nouvelles Communautés (새마을 운동) », effort de modernisation de la Corée ayant débuté en 1970, permet au pays de se développer. Dans le domaine éducatif, cet effort se traduit par un recentrage de la conception de l'enseignement sur les contenus conceptuels, sous l'effet de penseurs états-uniens. Simultanément, l'idéologie nationaliste oriente aussi les choix d'organisation des enseignements, en particulier dans le domaine des études sociales.

Un premier facteur de changement est le retour en Corée du Sud dès la fin des années 1960 de géographes qui, ayant fait leurs études aux Etats-Unis, introduisent de nouvelles connaissances dans le monde de la science géographique. En conséquence, la géographie scolaire connaît pendant les années 1970-1980, des évolutions dans l'organisation de ses contenus comme dans la qualité de leur précision.

Par ailleurs, la deuxième moitié des années 1980 est marquée par des conflits territoriaux entre la Corée du Sud et ses voisins. Le programme national d'éducation se ressent de ces conflits. Par exemple, le gouvernement renforce la place de l'histoire tandis que, contrairement à ce que l'on aurait pu penser, la géographie scolaire, discipline soeur de l'histoire dans la tradition coréenne héritée du Japon, continue de perdre de la place dans le programme national.

Une raison immédiate de ce déclin est à chercher dans la création par le gouvernement d'un domaine de recherche consacré aux études coréennes, signe de l'affirmation identitaire d'une nation dans un contexte géopolitique régional et mondial à risque. Dans le cadre des études coréennes, quelques géographes prennent en charge le développement de la recherche en géographie historique, sur la pensée de la géographie traditionnelle (Pung-Su) et sur l'histoire de la cartographie. Les résultats de ces travaux sont ensuite intégrés à la géographie scolaire, mais le champ de la géographie scientifique n'en est pas moins morcelé du fait de cette création scientifique d'origine gouvernementale.

5.1 Une période de développement économique et de stabilisation politique

5.1.1 Du « Mouvement des Nouvelles Communautés » au Mouvement de la modernisation de toute la nation

Après la guerre de Corée, rétablir la situation économique a été difficile, notamment pour l'économie et la société rurale. Le Mouvement des Nouvelles Communautés a été une réponse politique volontariste au défi de la modernisation de la société coréenne. Le 22 avril 1970, le président de la République Jeong-Hee Bak lance un mouvement de reconstruction des villages agricoles. L'année suivante, le gouvernement soutient les régions rurales en aidant à la reconstruction de chaque village au moyen de 335 sacs de ciment gratuitement offert (au total 33,267 villages). En 1972, le gouvernement choisit 16.600 villages ayant obtenu de bons résultats, et il les encourage à nouveau avec des livraisons de 500 sacs de ciment et d'une tonne d'armature en fer.[308]

Le gouvernement étend le mouvement des nouvelles communautés de plus en plus vers l'ensemble du pays et plus seulement vers ses régions rurales. Le mouvement avait pour but initial de reconstruire les

308 Oh, Yu-Seok, 2005, « La stratégie des deux Corées pour le développement national et la mobilisation de la main-d'oeuvre : le mouvement des nouvelles communautés et le mouvement du cheval très rapide », *Revue de la Tendance et de la Perspective,* No. 64, p. 199-200.

régions rurales et de soutenir l'augmentation des revenus des exploitations agricoles. Mais la nature du mouvement a changé : il s'est agi de moderniser l'ensemble de la société coréenne, dans les villes, les usines, les administrations.[309] Cette évolution est présentée et résumée dans le tableau 5.1

Tableau n°5.1 L'évolution du Mouvement des Nouvelles Communautés

Période	Remarque
Les années 1970	La 1ère étape du mouvement des nouvelles communautés : l'amélioration des toits (suppression du toit de chaume), le changement des murs, l'amélioration des chemins, la construction de ponts, etc dans les régions rurales. La 2ème étape : la construction de salles communales, l'équipement en eau, l'aménagement des cours d'eau, l'encouragement pour l'élevage et les produits agricoles à usage particulier, etc. La diffusion de l'esprit du mouvement des nouvelles communautés vers la ville, le bureau, l'usine, l'école, etc., par exemple, connaître le voisinage, balayer le chemin en face de chez soi ; l'épargne ; organiser une campagne de circulation routière dans la ville ; rendre l'atmosphère au travail amical, améliorer la productivité, l'économie sur les matières premières ; l'établissement correct de solidarités entre les ouvriers et les patrons à l'usine ou dans les bureaux. Développer l'éducation des bonnes manières, par exemple, saluer poliment, être respectueux envers ses parents, à l'école.
Les années 1980	Le 1er décembre 1980, le système de mise en mouvement est transformé, d'une organisation par le gouvernement à une organisation non-gouvernementale. Pendant les années 1980, on met l'accent sur la perspective spirituelle afin de résoudre des problèmes sociaux qui ont été provoqués par une croissance économique très rapide. Par exemple, améliorer le régime nutritionnel, l'économie de la consommation, la collecte d'objets recyclables, faire la lecture quotidiennement, encourager la diligence et la frugalité, l'épargne etc. Pendant la deuxième moitié des années 80, le mouvement de fabrication de parcs (jardins) dans tout le pays : à l'occasion des jeux asiatiques de Séoul en 1986 et des jeux olympiques de Séoul en 1988. la campagne civil (l'ordre, la gentillesse et la propreté) a été déroulé.
Les années 1990	En 1997. quand l'économie nationale chancelle à cause de la crise des devises étrangères, un mouvement national de rassemblement de l'or détenu dans la nation permet de surmonter la crise nationale.
Les années 2000	Le mouvement des nouvelles communautés est étendu vers le monde jusqu'enjuillet 2010. 49.000 étrangers, venus de 80 pays (des pays en développement) ont été informés en Corée du Sud, sur la nouvelle communauté, et ils sont rentrés dans leurs pays avec pour tâche de diffuser les valeurs et les méthodes du mouvement des nouvelles communautés.

Source : Chae Yeong-Taek, 2010, *L'analyse d'éditoriaux de journaux sur le Mouvement des Nouvelles Communautés pendant les années 1970,* Thèse de l'Université de Yeong-Nam, p. 34.

309 Traditionnellement, en Corée, une organisation commune, « Du-lé (두레) », dans chaque village, permet l'entraide entre habitants. Dans la société agricole, on a besoin de main-d'oeuvre pour la saison des grands travaux agricoles. Un autre système d'échange et de contre-échange de main-d'oeuvre, « Pumasi (품앗이) ». Bref, dans la société coréenne qui est traditionnellement la société agricole, depuis très longtemps, un esprit de mutualisation était solidement installé. Nous pensons que dans cette perspective, le Mouvement des Nouvelles Communautés a pu se dérouler systématiquement et volontairement.

Au début des années 1970, la poursuite du Mouvement des Nouvelles Communautés s'est effectuée en direction d'une base spirituelle, définie autour des valeurs du travail, de l'effort personnel et de la coopération. Le gouvernement a sélectionné un leader dans chaque village pour qu'il fasse comprendre et appliquer la politique du gouvernement aux habitants et qu'il fasse preuve d'initiative. L'esprit de la nouvelle communauté est étendu vers les villes dans une intention de réforme de l'esprit de l'ensemble de la nation. Cette réorientation a contribué à réaliser l'indépendance économique et à développer une conscience citoyenne plus mûre. Le changement de la société coréenne est obtenu de façon très rapide.[310]

Par ailleurs, ce Mouvement des Nouvelles Communautés s'est développé avec la perspective de rechercher des valeurs propres dans le respect de coutumes nationales. De nombreux phénomènes sont apparus comme la diminution des jeux d'argent pendant la morte-saison, la régression des mariages arrangés par des entremetteurs, la simplification des cérémonies funéraires, les prises de décision communautaires, la diminution de la consommation de boissons alcoolisées, la promotion de la condition féminine, etc.[311]

Par contre, à cause d'une série de scandales politiques dus au gouvernement de Bak Jeong-Hee, par exemple, la réforme de la Constitution en vue d'autoriser un troisième mandat présidentiel successif en 1969,[312] la dissolution de l'Assemblée nationale et la déclaration de l'état d'alerte en 1972,[313] il est probable que l'esprit propre de ce mouvement des nouvelles communautés ait été perçu de manière déformée. Mais nous pensons que le bilan du mouvement est positif en ce sens où il a

---

310 Kim Jeong-Hun, 1999, *Etude comparative du nationalisme des deux Corées*, Thèse de l'Université de Yeon-Se, p. 101.

311 Eom Seok-Jin, 2011, « Le second éclairage du mouvement des nouvelles communautés dans la région rurale pendant les années 70 », *Recueil de données du Colloque de l'Administration de Séoul*, p. 472.

312 Par la réforme de la Constitution, le président Bak a pu justifier sa candidature à l'élection présidentielle d'avril 1971. Il se maintient ainsi au pouvoir jusqu'à la fin des années 70.

313 Le 17 octobre 1972, Bak Jeong-Hee déclare ceci : nous allons réformer le système politique afin de soutenir la vocation historique d'accomplissement de la réunification d'un pays. Juste après, il dissout l'Assemblée par une mesure d'urgence et proclame l'état de siège.

soutenu le développement rural, une croissance très forte de l'économie ainsi que le développement d'une conscience nationale en Corée du Sud.

Tableau n°5.2 Le taux d'urbanisation des deux Corées

	1950	1955	1960	1965	1970	1975	1980	1985	1990	1995	2000	2005	2010
Corée du Sud	21.4	24.4	27.7	32.4	40,7	48.0	56.7	64.9	73.8	78.2	79.6	81.3	83.0
Corée du Nord	31.0	35.5	40,2	45.1	54.2	56.7	56.9	57.6	58.4	59.0	59.4	59.8	60,2

Source : Le bureau des statistiques en Corée du Sud (http://kostat.go.kr)

L'évolution contrastée des deux Corées se lit simplement à partir des taux d'urbanisation des deux sociétés mesurés à compter des années 1950 (voir tableau 5.2). Si la Corée du Sud reste une société à dominante rurale dans les années 1960, elle s'urbanise rapidement à partir des années 1970. Simultanément, la Corée du Nord, plus urbanisée que la Corée du Sud jusque vers les années 1950 ne s'urbanise guère, dans le cadre d'un régime basé sur une économie planifiée fermée et sur l'industrie militaire.

5.1.2 De l'assassinat du président de la République Bak Jeong-Hee du 26 octobre 1979 au coup d'Etat du 12 décembre 1979

Le 16 octobre 1979 une manifestation pour la démocratisation du régime a lieu à Busan et à Masan.[314] Deux jours plus tard, le gouvernement proclame l'état de siège à Busan pour étouffer les manifestations. Puis le 20 octobre, des troupes sont envoyées sur Masan et Changwon pour stopper le mouvement. La gestion de cette affaire a pour effet d'aggraver les tensions internes de la classe dirigeante. Dans cette situation de crise, le soir du 26 octobre 1979, Kim Jaekyu, chef du Service Central de Renseignements, fait assassiner Bak Jeong- Hee, président de la Répu-

314 A cette époque, Busan est une base politique d'opération pour Kim Yeong-Sam qui est le chef d'un parti d'opposition, devenu ensuite le président de la République de 1993 à 1998. Le 15 octobre, la demande de démocratisation est publiée et le lendemain 5.000 étudiants manifestent. Les manifestants détruisent le commissariat de police, la préfecture, le centre des impôts et la chaîne de télévision. Les 18 et 19 du même mois, les manifestations s'étendent vers les régions voisines, par exemple, Masan et Changwon.

blique et Cha Jicheol, chef de la sécurité présidentielle. Quelles sont les raisons de cet acte ? Kim aurait pris la décision d'assassiner le président Bak suite à de nombreuses humiliations qu'il aurait subiesde sa part ou en raison de la préférence supposée du président Bak pour Cha. Plusieurs hypothèses ont été proposées.[315] Cet assassinat a en tout cas pour effet de mettre fin au régime de Bak et de donner à Jeon Du-Hwan l'occasion de prendre le pouvoir.[316]

Juste après la disparition du président, la conduite de l'enquête ainsi que la question politique de la gestion des postes militaires provoquent des crispations entre Jeon Du-Hwan, chef du centre d'enquête sur l'assassinat du président, et Jeong Seung-Hwa, chef d'état-major de l'armée de terre (également officier juge à la cour martiale). Un groupe d'officiers autour de Jeon Du-Hwan organise un complot afin de supprimer Jeong Seung-Hwa. Jeon Du-Hwan et son entourage préparent méticuleusement l'arrestation du chef d'étatmajor de l'armée de terre. Le 12 décembre, ils contrôlent le quartier général du commandement de l'armée de terre. Jeon Du-Hwan et son groupe d'officiers accèdent au pouvoir.[317]

Observant la situation politique en Corée du Sud, le gouvernement des Etats-Unis manifeste tout d'abord son inquiétude avant de changer rapidement d'attitude et de donner leur assentiment au régime de Jeon Du-Hwan.[318] Le motif principal de ce revirement est la crainte qu'une situation de désordre durable en Corée du Sud puisse amener la Corée du Nord à une action provocatrice à l'encontre de son voisin du Sud.[319]

---

315 Ji Man-Won, 2008, « La vérité du 12 décembre au 18 mai ». *Revue critique,* N° Juillet, p. 96-97.

316 Jeon Du-Hwan est président de la République de 1980 à 1988.

317 Noh Tae-Woo, participant au coup d'État du 12 décembre, est le président de la République de 1988 à 1993. Donc jusqu'en 1993, le coup d'État a été considéré comme légitime, ce qu'il n'a plus été ensuite, avec le gouvernement de Kim Yeong-Sam.

318 Le gouvernement des États-Unis se trouve face à un dilemme entre valeur morale et intérêt diplomatique et géopolitique. Voulant soutenir une politique favorable aux droits de l'Homme, il approuve cependant le régime de Jeon Du-Hwan, qui a opprimé le mouvement de démocratisation du 18 mai 1980. La réaction des États-Unis d'alors sur le nouveau régime militaire en Corée du Sud est devenu l'objet d'un débat toujours controversé aujourd'hui (Bak Won-Gon, 2010, op. cit., p. 82).

319 Bak Won-Gon, 2010, op. cit., p. 94.

5.1.3 La 5ème république centrée sur le nouveau groupe des autorités militaires

La 5e République de Corée du Sud est établie par le nouveau groupe d'officiers après le décès du président de la République Bak Jeong-Hee. Au début des années 1980, beaucoup de grèves d'ouvriers et de manifestations d'étudiants ont lieu ; par exemple, en avril 1980, la grève de la région des mines de charbon de Sabuk et en mai de la même année, des manifestations d'étudiants dans l'ensemble du pays. Le nouveau pouvoir militaire proclame l'état de siège pour tout le pays puis ordonne à l'armée de tirer sur les manifestants. Dans cette période de trouble marquée par la mort de nombreuses victimes, c'est Jeon Du-Hwan, personne importante du nouveau pouvoir militaire qui devient président de la République le 3 mars 1981 et le sera jusqu'en 1988.

Après une naissance par coup d'Etat et en dépit d'un bilan négatif en ce qui concerne les atteintes aux droits de l'homme, la 5ème République a ensuite évolué. Le mandat du président de la République porté à 7 ans a cependant été déclaré non reconductible de manière à ne pas favoriser l'instauration d'une dictature. Par ailleurs, avant la 5ème république, le président de la République avait le pouvoir de nommer un tiers des députés ; mais cette possibilité lui a été retirée : une façon de renforcer l'indépendance de l'Assemblée. Le droit de nommer des juges a été confié au président de la Cour suprême de façon à renforcer l'indépendance de la justice. Cependant, les officiers supérieurs restent des personnages importants politiquement.

Dans le secteur de l'économie, un plan de stabilisation a permis de maintenir des prix bas à la consommation. Des relations diplomatiques se sont renouées. En janvier 1983. Nakasone, premier ministre du Japon, se rend en Corée du Sud avant qu'en novembre de la même année, Reagan, président des Etats-Unis, n'effectue lui-même une visite diplomatique. En outre, le régime tente d'améliorer les relations avec la Chine et la Russie. Dans le domaine du sport, l'organisation à Séoul des Jeux asiatiques en 1986, puis des Jeux olympiques en 1988, contribue fortement à la reconnaissance de la Corée du Sud dans les relations internationales.

Cependant, des cas de corruption, l'oppression des mouvements de démocratisation ainsi que la pratique de la torture à leur encontre, conduisent à une critique sérieuse des personnages centraux de la 5e République. En juin 1987, des manifestants s'opposent au gouvernement,[320] ce qui conduit à « la déclaration du 29 juin ». Noh Tae-Woo, par cette déclaration, promet aux Coréens du Sud, une réforme de la Constitution visant à permettre l'élection au suffrage universel direct du président de la République. Il est luimême élude cette façon président le 16 décembre 1987.

5.2 L'évolution du programme national pendant les années 1970-1980

Les années 1970 sont marquées par l'arrivée à des postes universitaires des premiers Coréens du Sud à avoir fait leur cursus d'études supérieures aux Etats-Unis. C'est ainsi que dans le domaine géographique, les tendances scientifiques états-uniennes se sont diffusées en Corée. Par ailleurs, le changement de gouvernement et l'arrivée au pouvoir du groupe des officiers ont eu pour effet de réformer une fois de plus le programme national.

5.2.1 La troisième réforme du programme national : de 1973 à 1981

320 La résistance de juin est due à l'oppression du désir ardent de démocratisation et à la prise du pouvoir à long terme. Le 10 juin 1987, une manifestation a lieu pour dénoncer le gouvernement sous la bannière suivante : « l'accusation de la dissimulation du supplice et de l'homicide de Bak Jong-Cheol et l'obtention par la force de la Constitution démocratique ». Le même jour, comme Noh Tae-Woo, un des principaux membres du nouveau groupe des autorités militaires avec Jeon Du-Hwan, est sélectionné comme candidat à l'élection présidentielle, la résistance populaire contre le système d'élection présidentielle indirecte a atteint son comble. Plus de 5.000.000 de manifestants se rassemblent pendant 20 jours, et réclament au gouvernement la réforme de la Constitution pour le système d'élection par suffrage direct d'un président et le renversement du régime dictatorial. Par conséquent, le gouvernement de Jeon Du-Hwan perçoit le danger et doit trouver une solution. Enfin, Noh Tae-Woo, le candidat présidentiel du parti démocrate et juste, fait une déclaration. Il promet au peuple une réforme de la loi électorale présidentielle et la démission de Kim Dae-Jung. La résistance de juin a une grande signification car le pouvoir autoritaire de la 5e république a été stoppé par les citoyens selon un processus démocratique.

5.2.1.1 Un programme national sous l'égide de la Charte pour l'Education nationale

Nous allons examiner, dans cette section, la caractéristique de la troisième réforme du programme national. Le nouveau programme national est organisé dans l'esprit de la Charte de l'Éducation nationale (국민교육헌장)[321] promulguée par le président de la République Bak Jeong-Hee en 1968. « La formation du caractère national », « le renforcement de l'enseignement des humanités » et « la rénovation de l'enseignement des connaissances académiques et professionnelles » sont considérés comme des priorités de l'éducation nationale. La réalisation de chacun selon une perspective d'individualisation ainsi que le développement du pays et le partage des valeurs démocratiques sont établies dans ce nouveau programme national comme étant les finalités générales de l'enseignement.[322]

---

321 Cette Charte de l'Éducation nationale fait l'analyse du contexte historique et définit des perspectives. Elle critique le fait que longtemps on a cru qu'on ne pouvait pas s'affranchir de la tradition et de l'héritage. Elle constate que la réalisation d'une forte croissance économique ne s'accompagne pas d'une maturité d'esprit suffisante pour la poursuite du développement national. Elle souligne le manque de conscience et d'identité nationale, la négligence à l'école pour l'éducation morale. Les orientations principales fixées par cette Charte sont : l'orgueil national coréen ; le respect des règles au quotidien et la vertu ; la réunification de la Corée et le développement d'une démocratie. En résumé, quant à l'esprit principal de la Charte de l'Éducation nationale, on dirait que l'on veut créer une nouvelle culture nationale par l'établissement de l'identité nationale et une sorte d'harmonie trouvée entre la tradition et le progrès. Et on veut également développer la démocratie par l'harmonie entre l'individu et l'État. L'identité nationale est nettement mise en valeur comme le montrent la première phrase et la dernière phrase : « nous sommes nés de la terre et sommes chargés de la mission importante du relèvement de la nation. Il est temps de ressusciter l'esprit brillant des ancêtres, d'établir l'indépendance à l'intérieur, et il faut contribuer à la co-prospérité des sociétés humaines. Pour cela, il faut chercher sa direction et il faut la prendre comme repère de l'Éducation nationale. [...] Le chemin que nous devons prendre est celui de l'esprit anticommuniste et démocratique, l'amour de la patrie et de ses compatriotes. Et de plus, nous pouvons réaliser l'idéal du monde libre. Nous pouvons prévoir l'avenir de la patrie glorieusement réunifiée, et créer une nouvelle histoire avec des efforts vigoureux et soutenus en rassemblant l'intelligence du peuple en tant qu'il est un peuple assidu ayant de la conviction et de l'orgueil. » La Charte de l'Éducation nationale est insérée dans les premières pages des manuels de morale de 1968 à 1993. Les élèves ont dû l'apprendre par coeur. En plus, dans tous les événements officiels à l'école et dans les établissements publics, la lecture à voix haute de cette Charte est un moment important avec le cérémonial national. En arrivant au pouvoir, le gouvernement de Kim Yeong-Sam en 1993 l'a supprimé parce qu'il la considère alors comme une trace et une marque du régime militaire.

322 Ministère de l'Éducation nationale, 2007, *Commentaire du programme du collège*, p. 53.

La forte croissance économique, l'occidentalisation, l'industrialisation et l'urbanisation de la société ont eu pour effet de faire apparaître de nouveaux et multiples problèmes, en particulier de décalage entre les esprits ou les attitudes des individus et les perspectives voulues par les gouvernements de changement social. Le nouveau programme national cherche ainsi à mettre l'accent sur la prise de conscience des capacités d'initiative de chacun, afin de faire partager une nouvelle vision de la place de la Corée dans le monde. Il semble qu'on ait voulu créer une culture nationale et mettre en adéquation les capacités des individus avec les objectifs de développement du pays, grâce à un effort d'éducation nationale.

On peut en somme considérer que cette réforme cherche à répondre aux besoins d'une société qui s'est industrialisée et urbanisée à un rythme élevé, tandis que la quantité et la nature des informations ainsi que des connaissances suscitées et demandées par cette évolution, augmentaient rapidement. Pour parvenir à cet objectif, de nouvelles méthodes d'investigation sont préconisées, sous l'influence des idées de J. S. Bruner[323], psychologue et pédagogue américain qui demeure une référence pendant la deuxième moitié du XXe siècle dans le domaine éducatif en Corée du Sud.[324]

5.2.1.1.2 L'institutionnalisation disciplinaire de l'anticommunisme et de la morale

La deuxième réforme du programme national en 1963 amenait une organisation des matières selon trois catégories : les activités disciplinaires, l'anticommunisme et la morale, les activités extrascolaires. Mais la troisième réforme, celle de 1973, modifie le statut de l'anticommunisme et de la morale, qui en devenant partie intégrante du domaine des disciplines, est en quelque sorte institutionnalisée. Le tableau 5.3 présente l'organisation du programme du collège en 1973.

---

323 Jerome Seymour Bruner (1915-) est un psychologue et un ancien professeur à l'Université d'Harvard des États-Unis.

324 Ministère de l'Éducation nationale, 2007, *Commentaire du programme du lycée,* p. 63.

Tableau n°5.3 L'organisation du programme du collège en 1973

Catégorie des disciplines			Niveau		
			1e année	2e année	3e année
Morale			70 (2)	70 (2)	70 (2)
Coréen			140 (4)	175 (5)	175 (5)
Histoire de Corée			-	70 (2)	70 (2)
Société			105 (3)	70-105 (2-3)	70-105 (2-3)
Mathématiques			140 (4)	105-140 (3-4)	105-140 (3-4)
Sciences			140 (4)	105-140 (3-4)	105-140 (3-4)
Education physique			105 (3)	105 (3)	105 (3)
Musique			70 (2)	35-70 (1-2)	35-70 (1-2)
Arts			70 (2)	35-70 (1-2)	35-70 (1-2)
Chinois classique			35 (1)	35-70 (1-2)	35-70 (1-2)
La langue étrangère			140 (4)	70-175 (2-5)	70-175 (2-5)
L'emploi et les travaux ménagers	obligatoire	La technique (gaçon), les travaux ménagers (filles)	105 (3)	105 (3)	105 (3)
	optionnel	Un choix parmi l'agriculture, l'industrie, l'industrie des produits de la mer, le commerce et les travaux ménagers	-	105-140 (3-4)	105-245 (3-7)
L'activité extrascolaire			70 – (2-)	70 – (2-)	70 – (2-)

Source : Décret du Ministère de l'Education nationale, n°325. 1973, *Le programme du collège*.

Dans le programme du collège de 1973, la morale, l'histoire de Corée et l'éducation physique sont particulièrement mises en valeur. Comme pour l'école primaire, la morale est traitée non seulement dans le strict domaine de morale, mais aussi de façon transversale dans les autres domaines ainsi que dans les activités extrascolaires. De la même façon, l'éducation à la santé, l'hygiène, l'amélioration des capacités physiques et l'enseignement de la sécurité sont enseignés non seulement dans le domaine de l'éducation physique, mais aussi dans tous les enseignements scolaires.[325]

En ce qui concerne les programmes du lycée parus en 1974, la structure est binaire, séparant les disciplines et les activités extrascolaires. La géographie scolaire au lycée comprend la géographie de la Corée et la géographie humaine. Le chinois classique, la langue étrangère et l'enseignement professionnel sont mis en valeur. Le tableau 5.4 montre la structure du programme pour les trois sections qui organisent l'enseignement secondaire en lycée : la section littéraire, la section scientifique et la section professionnelle.

325 Ministère de l'Éducation nationale, 2007, *Commentaire du programme du lycée*, p. 55-56.

Tableau n°5.4 L'organisation du programme du lycée en 1974

<table>
<tr><th rowspan="2">Domaine (discipline)</th><th rowspan="2">Matière</th><th rowspan="2">Coeffi-cient</th><th rowspan="2">Coef-ficient de matière obliga-toire</th><th colspan="3">Coefficient de matière optionnelle</th></tr>
<tr><th>Section littéraire</th><th>Section scienti-fique</th><th>Section profes-seion-nelle</th></tr>
<tr><td>L'éthique nationale</td><td>L'éthique nationale</td><td>6</td><td>6</td><td>-</td><td>-</td><td>-</td></tr>
<tr><td rowspan="2">La langue coréenne</td><td>Le coréen I</td><td>20-24</td><td>20-24</td><td>-</td><td>-</td><td>-</td></tr>
<tr><td>Le coréen II</td><td>8-10</td><td>-</td><td>8-10</td><td>-</td><td>-</td></tr>
<tr><td>L'histoire de Corée</td><td>L'histoire de Corée</td><td>6</td><td>6</td><td>-</td><td>-</td><td>-</td></tr>
<tr><td rowspan="5">Etudes sociales</td><td>La politique et l'économie</td><td>4-6</td><td rowspan="5">Choisir les deux matières 8-12</td><td rowspan="5">Choisir les trois matières parmi les autres matières</td><td rowspan="5">-</td><td rowspan="5">-</td></tr>
<tr><td>La société et la culture</td><td>4-6</td></tr>
<tr><td>L'histoire du monde</td><td>4-6</td></tr>
<tr><td>La géographie de Corée</td><td>4-6</td></tr>
<tr><td>La géographie humaine</td><td>4-6</td></tr>
<tr><td rowspan="2">Mathématiques</td><td>Maths I</td><td>14-18</td><td>14-18</td><td>-</td><td>-</td><td>-</td></tr>
<tr><td>Maths II</td><td>-</td><td>-</td><td>-</td><td>8-14</td><td>-</td></tr>
<tr><td rowspan="4">Sciences</td><td>La physique</td><td>8-10</td><td rowspan="4">Choisir les deux matières 16-20</td><td rowspan="4">-</td><td rowspan="4">Choisir les 2 matières parmi les autres matières 16-20</td><td rowspan="4">-</td></tr>
<tr><td>La chimie</td><td>8-10</td></tr>
<tr><td>La biologie</td><td>8-10</td></tr>
<tr><td>La géosciences</td><td>8-10</td></tr>
<tr><td>L'éducation physique</td><td>L'éducation phy-sique</td><td>14-18</td><td>14-18</td><td>-</td><td>-</td><td>-</td></tr>
<tr><td>La préparation militaire</td><td>La préparation militaire</td><td>12</td><td>12</td><td>-</td><td>-</td><td>-</td></tr>
<tr><td>La musique</td><td>La musique</td><td>4-6</td><td>4-6</td><td>-</td><td>-</td><td>-</td></tr>
<tr><td>L'art</td><td>L'art</td><td>4-6</td><td>4-6</td><td>-</td><td>-</td><td>-</td></tr>
<tr><td rowspan="2">Le chinois classique</td><td>Le chinois clas-sique I</td><td>4-6</td><td>4-6</td><td>-</td><td>-</td><td>-</td></tr>
<tr><td>Le chinois classique II</td><td>4-6</td><td>-</td><td>4-6</td><td>-</td><td>-</td></tr>
</table>

Domaine (discipline)		Matière	Coefficient	Coefficient de matière obligatoire	Coefficient de matière optionnelle		
					Section littéraire	Section scientifique	Section professeionnelle
La langue étrangère		L'anglais I	10-12	10-12	-	-	-
		L'anglais II	10-12	-	10-12	10-12	-
		L'allemand	10-12	-	Choisir une matière 10-12	Choisir une matière 10-12	-
		Le français	10-12				
		Le chinois	10-12				
		L'espagnol	10-12				
		Le japonais	10-12				
Discipline relative à l'emploi et à la famille	L'emploi	La technique (gaçon)	8-10	Choisir une matière 8-10	-	-	-
		L'agriculture	8-10				
		L'industrie	8-10				
		Le commerce	8-10				
		L'industrie des produits de la mer	8-10				
	La famille	La famille (filles)	8-10	18	-	-	-
		Les travaux ménagers(filles)	8-10				
L'activité extrascolaire			12	-	12	12	12

Source : Décret du Ministère de l'Education nationale, n°350, 1974, Le programme du lycée.

Une réforme partielle du programme du lycée a lieu en 1977. La politique et l'économie, qui était une matière optionnelle avant 1977 devient obligatoire. Le tableau 5.5 indique les changements. En conséquence, le statut de l'étude sociale générale, qui comprend la politique et l'économie, est renforcé ; par contre, la place de la géographie scolaire ne change pas : elle demeure une matière optionnelle.

Tableau n°5.5 Le changement du programme du lycée par la réforme en 1977

Domaine (discipline)	Matière	Coefficient	Coefficient de matière obligatoire	Coefficient de matière optionnelle		
				Littéraire	Science	professionnelle
Etudes sociales	« La politique et l'économie »	4-6	4-6	-	-	-
	La société et la culture	4-6	Choisir une matière 4-6	Les autres trois matières 12-18	-	-
	L'histoire du monde	4-6				
	La géographie de Corée	4-6				
	La géographie humaine	4-6				

Source : Décret du Ministère de l'Education nationale, 1977, n°404. Le programme du lycée.

Quant au reste, pendant le même temps, les contenus de l'activité extrascolaire sont aussi réformés. Les activités des associations d'élèves, un des domaines de l'activité extrascolaire, deviennent celles de l'Association patriotique des lycéens.

5.2.2 La quatrième réforme du programme national : 1981-1987

L'entrée en lice d'un nouveau gouvernement avec les débuts de la Cinquième République proclamée en 1981 donne lieu à une nouvelle réforme du programme national. Celle-ci vise à remédier à des problèmes rencontrés avec les programmes précédents par réduction des contenus et d'horaires excessifs, par suppression de contenus hors de portée des élèves. L'idée est de concilier philosophie éducative progressiste héritée des années 1950-1960 et réalisme scolaire et académique.[326]

5.2.2.1 Le programme national d'une société en démocratisation

Le quatrième programme national entend répondre au changement politique que constitue l'installation d'une démocratie, la réa-

326 Ministère de l'Éducation nationale, 2007, *Commentaire du programme du lycée*, p. 71-72.

lisation d'une société juste et la construction d'une société de bien-être. L'individu démocratique que ce programme cherche à « fabriquer » est un être en bonne santé, compétent économiquement, de bonne moralité et autonome dans ses choix et ses décisions.[327]

Les finalités générales de l'enseignement au collège et au lycée sont similaires et se définissent comme suit : 1. développer la santé et la vigueur corporelle de chacun ainsi que la volonté et la capacité d'adaptation ; 2. parvenir à une vie saine et équilibrée émotionnellement ; 3. maîtriser la langue, les règles de civilité, et dans ces conditions utiliser toutes les facultés psychologiques et logiques ; 4. faire comprendre les principes et théories des phénomènes naturels et développer les capacités de raisonnement scientifique ; 5. faire apprendre des techniques utiles dans la vie future et être capable de choisir sa carrière ; 6. apprendre à résoudre les problèmes de la vie quotidienne et développer le sens des responsabilités; 7. faire comprendre les institutions démocratiques et prendre des décisions de manière autonome et responsable ; 8. faire comprendre la culture traditionnelle et avoir une réflexion sur la nation et le sentiment de solidarité.[328]

5.2.2.2 Le programme national vise l'éducation d'un être complet

Le cadre du nouveau programme du lycée est presque le même que celui publié dans les années 1970, mais nous trouvons un peu de changement. Par exemple, les disciplines fondamentales, c'est-à-dire le coréen, l'histoire de Corée, les études sociales, les mathématiques et les sciences sont mises en valeur. Par conséquent, l'importance des disciplines professionnelles diminue sensiblement. Par ailleurs, les horaires d'études diminuent ; par exemple, dans les cas des classes de première et terminale, environ une heure par semaine est enlevée (on passe de 32-35 à 32-34 heures).[329]

327 Ministère de l'Éducation nationale, 2007, *Commentaire du programme du collège*, p. 58-59.
328 Ministère de l'Éducation nationale, 2007, *Commentaire du programme du collège*, p. 59.
329 Ministère de l'Éducation nationale, 2007, *Commentaire du programme du collège*, p. 60-61.

Tableau n°5.6 L'organisation du programme du lycée en 1981

Domaine (discipline)	Matière	Coefficient de matière obligatoire	Coefficient de matière optionnelle		
			Littéraire et sociale	Science	Professionnelle
L'éthique nationale	L'éthique nationale	6	-	-	-
Le coréen	Le coréen (I. II)	14-16	14-18	8-10	3-8
L'histoire de Corée	L'histoire de Corée	6 (4)	-	-	-
Les études sociales	La société (I. II)	4-6 (2-6)	4	-	Un choix 2-6
	La géographie (I. II)	4-6(2-6) 2 (2) Un choix	4		
	L'histoire du monde		2		
Mathématiques	Maths (I. II)	8-14	6-8	10-18	4-18
Sciences	Physique (I. II)	4-6 Deux choix	-	4	Choisir une ou deux 4-12
	Chimie (I. II)	4-6		4	
	Biologie (I. II)	4-6		4	
	Géosciences (I. II)	4-6		4	
Education physique	L'éducation physique	6-8	8-10	8-10	4-8
La préparation militaire	La préparation militaire	12	-	-	-
La musique	La musique	Un choix 4-6	Un choix 4-6	Un choix 4-6	Un choix 2-6
L'art	L'art				
Le chinois classique	Le chinois classique (I. II)	-	8-14	4-6	4-6
(les autres rubriques sont très ressemblantes que ceux du programme en 1974)					

Source : Décret du Ministère de l'Education nationale, n°442. 1981, Le programme du lycée.

L'unification des matières obligatoires est réalisée pour le lycée général et le lycée professionnel (tableau 5.6.). Ce changement paraît avoir pour but de parvenir à l'éducation pour un développement complet de l'individu et de faire monter la qualité générale des études.

L'enseignement des sciences fondamentales est renforcé. Les matières sont organisées en deux formules : I. II. La partie obligatoire se trouve dans le cadre I. Dans le cas du domaine social, les trois matières (la société I. la géographie I et l'histoire du monde) forment une matière obligatoire afin de préparer tous les élèves à accéder à une connaissance adaptée au monde contemporain. Selon l'esprit de cette réforme, la géographie doit être enseignée dans toutes les sections.[330]

Une réforme partielle du programme du lycée en 1985 affecte le domaine de la préparation militaire. L'éducation morale est privilégiée au détriment de la fonction d'entraînement militaire. Les contenus de cette préparation sont modifiés. Dans le cas des lycées de jeunes filles, la méthode de lecture cartographique est comprise dans les contenus, et dans le cas des lycées de garçons, une rubrique d'exercices de force physique est insérée dans les contenus de la préparation militaire. De plus, l'Association patriotique des lycéens comprise dans le domaine des activités extrascolaires jusqu'au milieu des années 80, est supprimée.[331]

5.2.3 L'évolution du programme des études sociales pendant les années 1970-1980

Nous nous focalisons maintenant sur les études sociales pour y examiner l'influence particulièrement forte ici, de la politique nationale sur les contenus à enseigner.

5.2.3.1 Les programmes d'études sociales en tension entre conception académique attachée aux concepts disciplinaires et idéologie nationaliste dans les années 1970.

La troisième réforme du programme national, au début des années 1970, a été réalisée dans l'esprit nationaliste de la Charte de l'Éducation nationale, et est également influencée par une conception éducative attentive aux concepts propres des disciplines à enseigner, conception importée des États-Unis. L'esprit de réforme des études sociales au niveau primaire peut être défini comme suit[332] : les contenus des études sociales étant les faits sociaux, l'étude sociale nécessite une méthode spécifique ; le principe de la méthode concentrique en expansion qui organisait ces contenus est réexaminé pour tenir compte davantage de la conceptua-

330 Ministère de l'Éducation nationale, 2007, *Commentaire du programme du lycée,* p. 76-77.
331 Ministère de l'Éducation nationale, 2007, *Commentaire du programme du lycée,* p. 79.
332 Ministère de l'Éducation nationale, 2007, Commentaire du programme du lycée, p. 79.

lisation propre aux faits sociaux. Bref, l'idée principale est d'accorder de l'importance à la procédure et aux méthodes d'investigation dans les études sociales.

L'histoire est séparée du domaine des études sociales : elle constitue un domaine indépendant de même que la morale. Le domaine a ainsi perdu sa cohérence d'ensemble et sa finalité propre. Plus exactement, l'indépendance de l'histoire a pour effet de définir un nouveau cadre pour l'étude sociale. De plus, des répétitions de contenus apparaissent entre le domaine des études sociales et celui de la morale.[333]

Les contenus des programmes d'études sociales des années 1970 sont présentés dans le tableau 5.7. Tout d'abord, on remarquable que la quantité de contenus a visiblement diminuée par rapport à celle du programme des années 1960. De façon curieuse, alors même que l'accent est mis dans le discours, sur l'importance des spécificités conceptuelles des contenus d'enseignement, les contenus sont organisés dans une perspective plutôt nationaliste.[334]

Tableau n°5.7 Le programme des études sociales au niveau primaire

Niveau	Contenus	Niveau	Contenus
1e (CP)	1. la vie scolaire 2. la vie familiale 3. la vie du voisinage et de la commune	4e (CM1)	1. la ville et le département où nous habitons 2. la vie de chaque région de notre pays 3. le territoire national et la vie du peuple 4. la protection et l'exploitation du territoire 5. l'histoire de la vie de nos ancêtre et leurs traces

333 Kwon Oh-Jeong et Kim Yeong-Seok, 2006, *op. cit.*, p. 180.
334 Comme le montrent des thèmes tels que la croissance de notre peuple, la Corée du Sud dans le monde, etc.

Niveau	Contenus	Niveau	Contenus
2e (CE1)	1. les gens qui travaillent dans les secteurs de la production et de la circulation 2. les gens qui travaillent dans les secteurs du trafic et de la communication 3. les gens qui travaillent dans les secteurs relatifs à la vie, à la santé et à la protection des biens 4. la vie locale	**5e (CM2)**	(les contenus de l'histoire de Corée : 1-2) 1. le développement de l'économie de notre pays 2. le développement de la culture de notre pays (les contenus de la géographie et l'éducation civique : 3-5) 3. l'industrie et la vie économique 4. le plan de développement économique et l'amélioration de vie du peuple 5. le monde où nous vivons
3e (CE2)	1. l'utilisation de la nature, et le gîte et le couvert 2. la vie dans plusieurs régions 3. la vie dans plusieurs régions du monde 4. le passé et le temps de la vie locale 5. la vie communautaire locale	**6e (6e)**	(les contenus de l'histoire de Corée : 1-2) 1. la croissance de notre peuple 2. le changement vers la société moderne (les contenus de la géographie et l'éducation civique : 3-5) 3. la Corée du Sud dans le monde 4. la démocratie et notre vie 5. la responsabilité du peuple

Source : Ministère de l'Education nationale, 1973, Programme du primaire.

Le tableau 5.8 montre le programme des études sociales du collège réformé en 1973. Le but des études sociales est présenté comme suit : « *analyser, synthétiser et évaluer des documents afin acquérir une nouvelle connaissance puis reconnaître les phénomènes sociaux par l'examen des aspects sociaux relatifs à l'espace et au temps ».* Cependant, le contenu est très ressemblant à celui du programme réformé dans les années 1960. En particulier, nous ne trouvons pas de référence précise à la méthode d'investigation dont les promoteurs du programme de 1973 affirment qu'elle est conforme à la règle et au principe des sciences sociales.

Par ailleurs, des phrases contenant « notre mission » et « notre devoir » à la fin des contenus de chaque niveau, montrent qu'il y a une volonté de faire adhérer les futurs citoyens à la politique du gouvernement.[335] Les contenus de la première année du collège (6ème) sont axés sur de la géographie, les contenus de la deuxième année (5ème) sont centrés sur l'histoire du monde et les contenus de la troisième année (4ème) sur la politique et l'économie.

335 Kwon Oh-Jeong et Kim Yeong-Seok, 2006, *op. cit.*, p. 183.

Tableau n°5.8 Le programme des études sociales du collège

Niveau	Contenus
1e année	1. la vie sociale dans la communauté locale ; 2. la vie dans chaque région de notre pays 3. la nature et la vie dans notre pays ; 4. la vie dans chaque région du monde 5. la nature et la vie dans le monde ; 6. un problème à résoudre dans l'immédiat
2e année	1. l'homme et la culture ; 2. la vie aux temps anciens ; 3. la vie au Moyen Age 4. la vie à l'âge moderne ; 5. le mouvement de la modernisation en Asie 6. l'épreuve du monde et nous aujourd'hui
3e année	1. la démocratie et la politique ; 2. la vie des gens et la loi 3. la vie économique ; 4. le développement de l'économie ; 5. la société moderne et notre vie 6. les problèmes des sociétés humaines ; 7. notre mission

Source : Ministère de l'Education nationale, 1973, Programme du collège.

Le tableau 5.9 nous montre la structure du programme des études sociales au lycée réformé en 1973.

Tableau n°5.9 La structure du programme d'étude sociale du lycée

Les domaines et les disciplines		Obligatoire ou optionnelle		Coefficient
La société	La politique et l'économie	Obligatoire		4-6
	La société et la culture	Un choix en commun	Trois choix dans la section littéraire	4-6
	L'histoire du monde			4-6
	La géographie de Corée			4-6
	La géographie humaine			4-6
L'éthique nationale		Obligatoire		-
L'histoire de Corée		Obligatoire		-

Source : Kwon Oh-Jeong et Kim Yeong-Seok, 2006, *op. cit.*, p. 183.

Nous constatons que l'étude sociale est détruite. L'histoire de Corée et l'éthique nationale sont sorties des études sociales afin d'inspirer l'esprit national et l'idéologie anticommuniste. En conséquence, quelques problèmes sérieux sont apparus dans l'organisation des études sociales. Par exemple, l'histoire de la Corée et l'histoire du monde ont été incluses dans chaque domaine. De plus, les contenus relatifs à l'éducation civique ont été intégrés dans le domaine de l'éthique nationale. Les noms de domaines suivants : la politique et l'économie ainsi que la société et la culture ont été remplacés par celui d'étude sociale générale.[336] L'identité

336 Kwon Oh-Jeong et Kim Yeong-Seok, 2006, *op. cit.*, p. 183.

du domaine des études sociales s'est ainsi dissoute.

5.2.3.2 Le programme des études sociales pendant les années 1980 : une période d'unification entre les petits domaines (l'histoire, la géographie et l'éducation civique)

Le programme réformé en 1981 comme nous l'avons vu répond à une intention, installe un point de vue anthropocentrique qui accorde de l'importance à la formation des individus. Mais cette perspective n''est jamais reflétée explicitement dans l'organisation des contenus. Le tableau 5.10 présente ces contenus au niveau primaire. Ils sont très ressemblants à ceux du programme réformé dans les années 1970. Nous constatons seulement qu'un élément de nationalisme est plus fortement reflété dans les contenus : « l'amour de la patrie » en première année.

Tableau n°5.10 Le programme des études sociales au niveau primaire

Niveau	Contenus	Niveau	Contenus
1e année (CP)	1. la vie scolaire 2. la vie familiale 3. la vie du voisinage 4. l'amour de la patrie	**4e année (CM1)**	1. la vie dans la ville, le département et la région 2. la nature et la vie de notre pays 3. l'aménagement régional et l'utilisation du territoire 4. la vie sociale et le travail que nous allons faire 5. les traces de vie de notre peuple
2e année (CE1)	1. notre vie 2. la nature et la vie de la communauté locale 3. la collaboration des habitants de la communauté locale	**5e année (CM2)**	1. la nation et la vie du peuple 2. notre vie économique 3. le monde où nous vivons 4. l'évolution de la vie dans notre pays 5. le développement industriel dans notre pays 6. le développement scientifique et technique de notre pays 7. le développement religieux et artistique de notre pays
3e année (ce2)	1. l'utilisation des ressources naturelles 2. la vie de plusieurs régions 3. la vie des habitants des autres régions 4. le changement et le développement de la communauté locale 5. la vie collective dans la communauté locale	**6e année (6e)**	1. la politique démocratique de notre pays 2. le développement de la vie économique du peuple 3. le monde et notre pays 4. la formation et le développement de notre peuple 5. le développement du pays constitué d'une seule ethnie 6. le processus de la modernisation 7. l'histoire nationale du 20e siècle

Source : Ministère de l'Education nationale, 1981, Programme de l'école primaire.

Concernant le programme du collège réformé en 1981, nous voyons que les contenus ont fortement changé par rapport à celui des années 1970. Les niveaux combinent des contenus d'histoire, de géographie et d d'éducation civique : la géographie et l'éducation civique pour la 1e année ; la géographie et l'histoire pour la 2e année ; l'histoire et l'éducation civique pour la 3e année. Le tableau 5.11 nous montre le programme ainsi réformé. Si la combinaison de ces trois petits domaines d'étude sociale vise à améliorer l'efficacité des études dans cet ensemble, c'est un effet contraire à celui recherché qui semble avoir été produit chez les professeurs. Dans le cadre de la formation des enseignants, les disciplines semblent en effet avoir continué de fonctionner de manière séparée, ce qui a eu pour effet de ne pas permettre de réaliser les combinaisons voulues par le programme. La tentative d'unification s'est soldée par des juxtapositions dans la pratique des professeurs.

Tableau n°5.11 Le programme d'étude sociale du collège réformé en 1981

Niveau	Contenus
1e année	1. l'homme et la vie ; 2. la vie dans la communauté locale 3. la vie dans chaque région de notre pays ; 4. la nation et la politique 5. la loi et la vie du peuple ; 6. la vie économique 7. l'environnement naturel et l'activité industrielle 8. l'exploitation du territoire et un problème à résoudre dans l'immédiat
2e année	1. l'environnement naturel et la vie du monde 2. la vie dans chaque région en Asie et en Afrique ; 3. la vie des temps anciens en Asie 4. le développement de la société chinoise ; 5. l'activité de plusieurs groupes ethniques en Asie 6. la vie dans chaque région en Europe, en Amérique et en Océanie 7. l'interdépendance entre les régions et la Corée du Sud dans le monde 8. la formation de la culture occidentale ; 9. l'Europe au Moyen Age
3e année	1. le développement de la société moderne en Occident ; 2. la modernisation en Asie 3. le monde actuel ; 4. la politique démocratique 5. la politique démocratique dans notre pays 6. la circulation de l'économie nationale et l'économie internationale 7. la société moderne et notre vie

Source : Ministère de l'Education nationale, 1981, Programme du collège.

L'organisation du programme d'étude sociale au lycée est presque la même en 1981 qu'en 1973. Les intitulés des matières sont modifiés comme suit : la politique et l'économie devient « la société I » ; la société et la culture, « la société II » ; la géographie de Corée, « la géographie I » et la géographie humaine, « la géographie II ». Cependant, la société I et la géographie I ont été classées dans un groupe de matières obligatoires alors que la société II et la géographie II ont été classées dans un groupe de matières optionnelles. Le tableau 5.12 montre la structure de ce programme.

Tableau n°5.12 La structure du programme d'étude sociale du lycée en 1981

Domaine et les disciplines		Les sections et le coefficient		
		Obligatoire	Littéraire et sociale	Sciences
La société	la société I	4-6 (2-6)	-	-
	la société II	-	4	-
	la géographie I	4-6 (2-6)	-	-
	la géographie II	-	4	-
	l'histoire du monde	2 (2)	2	-
L'éthique nationale		6	-	-
L'histoire de Corée		6 (4)	-	-

Source : Kwon Oh-Jeong et Kim Yeong-Seok, 2006,*op. cit.*, p. 186.

Plusieurs réformes du programme national ainsi que du programme des études sociales ont été réalisées pendant les années 1970-1980. Mais nous constatons surtout une sorte de désordre ou de désorientation provoquée chez les enseignants pas des décisions qui paraissent arbitraires ou, en tout cas, pas accompagnées des efforts de formation nécessaires en pareil cas.

5.3 L'importation de nouvelles connaissances géographiques des États-Unis et la hausse des exigences de formation dans la géographie scolaire

5.3.1 Le retour des géographes coréens des pays étrangers et l'actualisation des connaissances géographiques

Dans cette section, nous étudions les principaux géographes sud-coréens qui ont étudié dans des pays étrangers ainsi que leur influence sur le domaine géographique en Corée du Sud. A Chan Yi (1923-2003)[337]est reconnu comme celui qui a le plus contribué à la modernisation du domaine géographique en Corée du Sud. Il a présenté en Corée du Sud le mouvement pour l'innovation dans l'enseignement de la géographie, venu des États-Unis, en particulier le HSGP (High School Geographical Project) ». Il a publié quelques ouvrages sur l'enseignement de la géographie et traduit des livres étrangers. Il a également établi les bases théoriques jugées nécessaires pour se lancer dans le domaine de l'enseignement de la géographie, ce qui fait de lui une personne importante pour le champ de la didactique de la géographie.

Chan Yi a participé à l'introduction des études sociales et à leur implantation en Corée du Sud dans les années 1960 avec ses collègues.[338] Président de l'association de l'enseignement du domaine social en Corée du Sud de 1962 à 1970, il a le soutien du NCSS (National Council for the Social Studies), de la délégation éducative de Corée du Sud et des États-Unis ainsi que des professeurs à l'université de Peabody aux États-Unis.Alors même que la géographie scolaire est en train de perdre sa place dans le domaine des études sociales, il contribue à l'implantation de ce domaine. Membre de l'Académie Nationale des Sciences, l'équivalent du Collège de France, en tant que géographe, car il s'est dévoué au développement de la géographie historique, il est quelqu'un d'influent dans le monde de la géographie scientifique et de l'enseignement de la géographie.[339]

---

337 Il a étudié la géographie dans l'établissement de formation des professeurs à Pyeong-Yang (capitale de la Corée du Nord) sous la période de l'impérialisme japonais et après l'indépendance, il a travaillé en tant qu'enseignant pendant quatre ans à Séoul. Il a ensuite terminé ses études dans le département d'enseignement de la géographie à l'université de Séoul, puis est parti faire un doctorat aux États-Unis. Il a pu s'inscrire à l'université de Luisiana grâce à un ancien étudiant qui lui avait présenté le professeur Fred Kniffen. Le département de géographie à l'université de Luisiana est très célèbre pour l'école de Berkeley ainsi que pour l'enseignement de Carl O. Sauer. L'école de Berkeley a été fondée par Carl O. Sauer (1889-1975), géographe américain d'origine allemande auquel on doit la fondation de la recherche en géographie culturelle et historique aux Etats-Unis. Sauer et ses disciples se sont consacrés aux thèmes qui laissent précisément les historiens sans document, au sens classique du terme, en recourant à une méthode fondée sur l'anthropologie et l'archéologie. Ils se sont focalisés sur l'histoire de l'Amérique précolombienne. Chan Yi a rédigé sa thèse sur le processus de diffusion de la culture du riz et il est devenu le premier docteur en géographie coréen en 1960.

338 Ils étaient professeurs dans le département de science de l'éducation ou dans le département de l'étude sociale générale, à l'université de Séoul.

339 Jang Hye-Jeong et Kim Yeong-Ju, 2005, *op. cit.*, p. 289-291.

De même, Hyeok-Jae Kwon, qui a obtenu son doctorat à l'université de Louisiane aux États-Unis en 1969, a renouvelé le domaine de la topographie en Corée du Sud. In Kim, qui a obtenu son doctorat à l'université de North Carolina aux États-Unis en 1972, contribue pour le domaine de la géographie urbaine avec la diffusion de la théorie des places centrales. Ki-Seok Yi, titulaire d'un doctorat de l'université du Minnesota en 1977, a contribué au progrès des sciences de l'enseignement de la géographie en Corée du Sud. Les premières thèses sur l'enseignement de la géographie sont rédigées dans les années 1990 sous la direction de ce professeur, actuellement membre de l'Académie Nationale des Sciences.

Si nous dressons un état actuel des géographes ayant obtenu leurs doctorats depuis les années 1960 (tableau 5.13), nous voyons que, jusqu'à la fin des années 1970, peu de personnes partent étudier dans les pays étrangers. Depuis les années 1980, le nombre de géographes ayant obtenu leurs doctorats dans un pays étranger augmente. Alors que jusqu'à la fin des années 1970, la plupart des géographes ont étudié aux États-Unis, dès les années 1980, leurs destinations se diversifient en direction de l'Europe, par exemple, en France et en Allemagne.

Tableau n°5.13 L'état actuel des géographes sud-coréens ayant obtenu des doctorats à l'étranger

Période	Pays de délivrance du diplôme et le nombre	Nombre diplômes obtenus à l'extérieur	Nombre de diplômes obtenus en Corée du Sud
1960-1969	Etats-Unis (2)	2	1
1970-1979	Etats-Unis (3), France (2)	5	1
1980-1989	Etats-Unis (12), France (5), Allemagne (7), Japon (10), Angleterre (1)	35	27
1990-1999	Etats-Unis (18), France (1), Allemagne (4), Japon (7), Angleterre (3), Australie (1), Canada (1)	35	43
2000-2009	Etats-Unis (17), France (1), Allemagne (1), Angleterre (4), Japon (2)	25	28

Auteur : Saangkyun Yi

Les domaines que les géographes coréens ont étudiés varient suivant les pays d'étude. Le tableau 5.14., qui répertorie les spécialités par périodes pour les États-Unis, montre que ce pays a influencé la géographie sud-coréenne dans tous les domaines.

Tableau n°5.14 L'état actuel des géographes ayant obtenu leur doctorat aux Etats-Unis

Période	Le nombre du diplôme par spécialité au Japon	Nombre
1960-1969	géographie culturelle (1), topographie (1)	0
1970-1979	géographie urbaine (2), géographie culturelle (1)	0
1980-1989	géographie économique (4), géographie historique (2), cartographie (1), topographie (1), géographie culturelle (1), géographie humaine (1), géographie du transport (1), géographie urbaine (1)	10
1990-1999	géographie historique (1), géographie du climat (1), SIG (3), géographie économique (3), topographie (3), géographie urbaine (3), géographie culturelle (3), enseignement de la géographie (1)	7
2000-2009	géographie économique (4), géographie régionale (1), statistique spatiale (1), géographie du climat & hydrographie (2), recherche à distance & SIG (3), géographie urbaine (4), topographie (1), enseignement de la géographie & SIG (1)	2

Auteur : Saangkyun Yi

Par ailleurs, une partie des géographes ont obtenu leur doctorat au Japon dans les années 1980-1990. La révolution quantitative, initialement partie des États-Unis, transite ainsi par le Japon pour arriver en Corée. Nombre de professeurs actuels de la géographie urbaine ont étudié au Japon dans les années 1980. Le tableau 5.15 permet de prendre connaissance des géographes ayant obtenu leurs doctorats au Japon et leurs spécialités par périodes.

Tableau n°5.15 L'état actuel des géographes ayant obtenu leur doctorat au Japon

Période	Le nombre du diplôme par spécialité au Japon	Nombre
1960-1969	-	0
1970-1979	-	0
1980-1989	géographie régionale (1), géographie urbaine (4), géographie éconique (2), topographie (2), géographie de la population (1)	10
1990-1999	topographie (2), recherche à distance (1), géographie humaine (1), géographie du climat (1), hydrographie (1), géographie éconique (1)	7
2000-2009	géographie urbaine (1), géographie de la population (1)	2

Auteur : Saangkyun Yi.

Dans les années 1970-1980, sept géographes coréens ont obtenu leurs doctorats en France. Ils ont plutôt préféré le « style français » de géographie à celui des États-Unis. Rentrés en Corée du Sud, ils ont introduit les tendances de la géographie française. Par exemple, W-S Choe a traduit Les principes de géographie humaine de Paul Vidal de la Blache en 2002. K-S Oh a essayé d'établir une géomorphologie structurale proche de la tradition française. Quatre ont obtenu des doctorats avec ce professeur féru de géographie française. Une part des géographes, avec K-S Oh et ses élèves, a introduit ce « style français » dans les contenus de manuels scolaires de géographie. Le tableau 5.16 permet de prendre connaissance des géographes ayant obtenu leurs doctorats en France et leurs spécialités par périodes.

Tableau n°5.16 L'état actuel des géographes ayant obtenu leur doctorat en France

Période	Le nombre du diplôme par spécialité en France	Nombre
1960-1969	-	0
1970-1979	géomorphologiie (1), géographie éconique (1)	2
1980-1989	géomorphologie (2), géographie éconique (2), géographie culturelle (1)	5
1990-1999	cartographie (1)	1
2000-2009	aménagement(1)	1

Auteur : Saangkyun Yi.

Faire ses études en Allemagne estune destination surtout dans les années 1980-1990. Le tableau 5.17 dresse un bilan de ce mouvement.

Tableau n°5.17 L'état actuel des géographes ayant obtenu leur doctorat en Allemagne

Période	Le nombre du diplôme par spécialité en France	Nombre
1960-1969	-	0
1970-1979	-	0
1980-1989	géographie sociale (2), géographie politique (1), géographie de la biologie (1), géographie urbaine (1), géographie du climat (1), topographie (1)	7
1990-1999	géographie économique (1), géographie physique (1), topographie (2)	4
2000-2009	géographie urbaine (1)	1

Auteur : Saangkyun Yi.

Les géographes coréens sont de plus en plus souvent formés dans des pays européens, ouverts à leurs traditions géographiques ainsi qu'à leurs géographies scolaires.

5.3.2 La géographie scolaire des années 1970 : le développement de la géodémographie et de la géoéconomie ; l'apparition de contenus de nouvelle géographie

Dans les années 1970, de nouvelles connaissances géographiques entrent insérées dans les manuels de géographie du fait du retour de géographes ayant étudié dans les pays étrangers. L'introduction de ces nouveautés se combine avec les changements d'organisation du domaine des études sociales. Le tableau 5.19 montre les changements de nom des manuels du secondaire en relation avec ces modifications.

Tableau n°5.19 Les changements de nom des manuels d'étude sociale dans le secondaire

Période	Collège			Lycée	
	1e année	2e année	3e année	Obligatoire	Optionnelle
De 1973 à 1981	La société 1 (géographie)	La société 2 (histoire)	La société 3 (l'étude sociale générale)	-	La géographie de Corée / La géographie humaine (la géographie générale et la géographie du monde)
De 1981 à 1987	La société 1 (la géographie de Corée et l'étude sociale générale)	La société 2 (la géographie du monde et l'histoire du monde)	La société 3 (l'histoire du monde et l'étude sociale générale)	La géographie (la géographie générale : la Corée et le monde)	La géographie (la géographie régionale : la Corée et le monde)

Auteur : Saangkyun Yi

Si les premières couvertures en couleur de manuels de géographie apparaissent dans les années 1970, de nombreuses photographies de paysages en couleur sont également insérées en début de manuel, tandis que les autres illustrations demeurent en noir et blanc.

Les contenus de géographie du secondaire évoluent comme le montre le tableau 5.20 pour le collège.

Tableau n°5.20 Les contenus de géographie du collège dans les années 1970

La société 1 du collège (la géographie)
I. la vie sociale dans la communauté locale
1. la nature et la vie dans la communauté locale, 2. l'histoire et le patrimoine culturel de la communauté locale, 3. la carte topographique et l'étude de la communauté locale, 4. l'économie de la communauté locale et le mouvement des nouvelles communautés
II. la vie de chaque région dans notre pays
1. la région centrale
1. sa localisation en Corée du Sud, 2. la particularité de l'environnement naturel et l'utilisation de la terre, 3. l'exploitation des ressources dans chaque région et les villes principales
2. la région du sud
1. la porte de notre pays, 2. la particularité de l'environnement naturel et l'utilisation de la terre, 3. l'exploitation des ressources dans chaque région et les villes principales
3. la région du nord
1. la région qui touche au continent, 2. la particularité de l'environnement naturel et les ressources, 3. la particularité dans chaque région et les villes principales
III. la nature et la vie dans notre pays
1. l'environnement naturel du territoire national
1. un pays de péninsule dans l'Asie du Nord-est, 2. la particularité du relief, 3. la particularité du climat et la catastrophe naturelle
2. les ressources dans notre pays et l'exploitation industrielle
1. l'utilisation de la terre et la structure de l'industrie, 2. la production agro-alimentaire et l'augmentation de la production, 3. la protection de la forêt et la plantation d'arbres, 4. les ressources maritimes et la modernisation de l'industrie des produits de la mer, 5. l'exploitation et l'utilisation des ressources du sous-sol, 6. l'exploitation et l'utilisation des ressources d'énergie, 7. le développement de l'industrie et les régions industrielles, 8. le développement de la circulation et la structure du transport, 9. l'augmentation du commerce extérieur et la structure du commerce extérieur, 10. l'aménagement du territoire national dans notre pays
3. la population et le peuplemnt dans notre pays
1. la répartition et la croissance démographique, 2. les villages et les villes en transformation
IV. la vie dans chaque région du monde
1. l'Asie de vents saisonniers
1. la nature et la vie des habitants en Asie, 2. l'Asie de l'Est, 3. l'Asie de Sud-est, 3. l'Asie du Sud
2. l'Asie du Sud-ouest et l'Afrique
1. la nature et la vie des habitants, 2. l'Asie du Sud-ouest, 3. l'Afrique du Nord, 4. l'Afrique centrale et du Sud

La société 1 du collège (la géographie)
3. l'Europe et l'U.R.S.S.
1. la nature et la vie en l'Europe et l'U.R.S.S., 2. l'Europe de l'Ouest, 3. l'Europe du Nord, 4. l'Europe du Sud, 5. l'U.R.S.S. et l'Europe de l'Est
4. l'Amérique
1. la nature et la vie en Amérique, 2. l'Amérique anglo-saxonne, 3. l'Amérique latine
5. l'Océanie et les régions polaires
1. l'Australie, un pays d'élevage du bétail, 2. Nouvelle-Zélande, un pays du bœuf et du mouton, 3. l'archipel du Pacifique, 4. les deux régions polaires
V. la nature et la vie dans le monde
1. la nature dans le monde
1. le relief dans le monde, 2. le climat dans le monde
2. les communautés humaines dans le monde
1. la race humaine et la religion du monde, 2. la population et la répartition démographique dans le monde
3. les ressources et l'industrie dans le monde
1. la production et la consommation des aliments, 2. la production et l'exploitation des matières premières pour le traitement médical, 3. l'exploitation et l'utilisation des ressources naturelles, 4. le développement de l'industrie et la région de l'industrie
4. la circulation, le commerce extérieur, et l'union du monde
1. la circulation et l'union du monde, 2. le commerce extérieur et l'union du monde
VI. un problème à résoudre dans l'immédiat
1. le développement de l'économie, un raccourci de la restauration, 2. la création d'une base pour l'enrichissement de puissance d'un pays, 3. le chemin qui mène à la réunification d'un pays

Source : Association de recherche en études sociales au collège, 1977,La société 1. Editions Manuels du secondaire en Corée du Sud.

Comme le montre ce tableau, les contenus de géographie de la Corée et de la géographie du monde sont organisés selon un découpage classique en géographie physique et géographie humaine. Mais on observe des nouveautés comme l'introduction d'un contenu relatif au « mouvement des nouvelles communautés », une des politiques nationales principales. De même, les perspectives politiques de croissance de l'économie, d'enrichissement, de montée en puissance de la nation et de réunification de la Corée sont explicitement définies comme étant à enseigner. Ainsi pouvons-nous dire que l'enseignement scolaire reflète la politique nationale et la volonté du gouvernement de Bak Jeong-Hee.

Dans une perspective de comparaison, il est intéressant de voir que le contenu relatif au thème « les villages et les villes en transformation », qui paraît pour la première fois dans le manuel de géographie de 1977, est quasiment synchrone avec l'introduction du thème « les aires urbaines et les espaces ruraux » qui fait son entrée dans les programmes français dans une perspective dynamique et sociale (et non plus seulement morphologique) en 1981 au lycée.[340]

Dans le manuel ci-dessus, des contenus concernant la France sont présents sous le titre: « la France, un pays développé en agriculture et en industrie ». Les thèmes relatifs aux Etats-Unis sont traités beaucoup plus précisément que ceux des autres pays. Ainsi, « les Etats-Unis, un pays riche et puissant » est un chapitre de six pages (p. 195-201), quand les chapitres concernant « le Royaume-Uni ou l'origine de la révolution industrielle » ou la France en compte trois. L'U.R.S.S. en rassemble cinq (p.182-186) sans qu'un titre soit donné.

Le tableau 5.21 détaille la structure du manuel de géographie du lycée.

Tableau n°5.21 Les contenus du manuel de géographie du lycée pendant les années 1970

La géographie de la Corée
I. l'environnement naturel dans notre pays
1. la localisation et le domaine
1. la localisation de notre pays, 2. le domaine, 3. le territoire national et l'amour du territoire national
2. la nature géologique et la topographie
1. la nature géologique et la structure géologique, 2. la région montagneuse, 3. la rivière et la plaine, 4. la côte et le plateau continental
3. le climat et la végétation
1. la particularité du climat, 2. le passage des saisons, 3. la division du climat, 4. la végétation et le sol

340 Isabelle Lefort, 1998, « Deux siècles de géographie scolaire », *EspacesTemps*, N°. 66-67, p. 152.

La géographie de la Corée
II. les ressources et l'industrie
1. le genre et l'utilisation des ressources 1. la valeur et le genre des ressources, 2. les ressources et l'homme, 3. l'exploitation et la préservation des ressources **2. l'agriculture et l'industrie des produits de la mer** 1. l'évolution de la structure industrielle, 2. l'agriculture, 3. la sylviculture, 4. l'industrie des produits de la mer **3. l'industrie minière et l'industrie** 1. les ressources énergétiques, 2. les ressources du sous-sol, 3. l'industrie, 4. la formation de la région industrielle **4. le transport des marchandises et l'industrie touristique** 1. la circulation, 2. le commerce et le commerce extérieur, 3. l'industrie touristique
III. la population et le problème démographique
1. le recensement démographique 1. les recensements démographiques dans le passé, 2. les recensements démographiques de nos jours **2. le passage de la croissance démographique** 1. la croissance démographique dans le Royaume de Joseon, 2. la croissance démographique avant la libération de l'occupation japonaise, 3. la croissance démographique après la libération de l'occupation japonaise, 4. le ralentissement de la croissance démographique **3. la répartition et la structure démographique** 1. la répartition démographique, 2. la structure démographique **4. le mouvement démographique** 1. le mouvement démographique à l'intérieur, 2. le mouvement démographique à l'extérieur **5. les problèmes et les mesures démographiques** 1. la population, la nourriture et le problème des ressources, 2. Les zones surpeuplées et les zones sous-peuplées, 3. les mesures apportées au problème démographique
IV. le village et la ville
1. la maison 1. l'environnement naturel et la maison, 2. la structure et les particularités régionales de la maison des habitants ordinaires **2. le village** 1. la situation du village et le développement du village, 2. le type du village, 3. le mouvement des nouvelles communautés et l'amélioration de la structure de village **3. la ville** 1. le développement de la ville, 2. la forme et le type de la ville, 3. la structure interne de la ville et la division des zones, 4. le problème de la ville

La géographie de la Corée
V. la préservation de l'environnement et l'exploitation du territoire
1. la préservation de l'environnement et la pollution de l'air
1. la préservation de l'environnement, 2. l'exploitation des ressources et la pollution de l'environnement
2. la catastrophe naturelle et les mesures de prévention
1. la catastrophe naturelle, 2. la catastrophe naturelle et les mesures de prévention
3. l'exploitation du territoire
1. la valeur de l'exploitation du territoire, 2. le projet de l'exploitation du territoire, 3. l'aménagement général du territoire
VI. le caractère régional et l'étude des régions
1. le caractère régional et le découpage régional
1. la région et le caractère régional, 2. le découpage régional
2. le but et la manière de l'étude régionale
1. le but d'étude de la région, 2. le travail à l'intérieur et l'étude sur le terrain, 3. le traitement des données
3. l'étude de la région où nous habitons
1. la sélection d'une région, 2. l'identification du caractère régional
VII. notre pays et le monde
1. la situation actuelle du monde et de notre pays
1. la situation de la politique internationale d'un point de vue géographique, 2. notre pays dans le monde actuel
2. les efforts pour augmenter la puissance nationale
1. l'industrialisation et l'accroissement de l'exportation, 2. l'unité de l'opinion publique
3. la voie que nous devons suivre
1. la construction de la Corée du Sud développée, 2. l'accomplissement de la réunification de la Corée, 3. le renforcement de la coopération internationale

Source : Ministère de l'Education nationale, 1979, *La géographie de Corée*, Association de rédaction des manuels à l'université de Séoul.

Le contenu prend en compte des éléments de géographie modernisés par rapport aux manuels des années 1960. La part de la géodémographie a nettement augmenté ainsi que la prise en compte de la question de l'alimentation. Le thème du peuplement et de ses dynamiques (« le village et la ville ») est développé comme une section à part entière. Un changement de paradigmer affecte le traitement du territoire comme ressource économique. Si les années 1960 ont été celles de l'exploitation du territoire, dès les années 1970, une inflexion environnementale est marquée avec l'apparition du thème de la préservation de l'environnement et l'aménagement du territoire. Par ailleurs, la géographie régionale gagne en importance méthodologique et en légitimité scientifique. Si par le passé, l'enseignement de la géographie régionale s'appuie sur des manuels qui proposent des nomenclatures, désormais les manuels proposent l'étude d'espaces régionaux. Enfin, autres nouveautés, le thème de l'industrie touristique apparaît avec ce manuel dans le thème de l'industrie ; des changements dans les modes de vie sont enseignés en soulignant l'importance grandissante du temps libre. Dans ce manuel comme dans celui du collège, les thèmes de la montée en puissance d'un pays ainsi que de la réunification de la patries ont mis en valeur.

Jusque dans les années 1960, au niveau du lycée, la géographie scolaire est organisée en deux grands secteurs : la géographie de Corée et la géographie du monde, mais avec les années 1970, la bipartition s'effectue entre la géographie de Corée et la géographie humaine. C'est ce deuxième domaine dont nous allons maintenant examiner le contenu (tableau 5.22).

Tableau n°5.22 Les contenus de géographie humaine enseignée au lycée (1979)

La géographie humaine
I. la vie et la géographie
1. la caractéristique de la géographie et l'étude géographique
1. les caractéristiques de la géographie, 2. la manière d'étudier la géographie
2. l'utilisation de la géographie
1. l'utilisation des connaissances de la géographie régionale, 2. la géographie et l'aménagement
3. comprendre une carte
1. l'étude géographique et la carte, 2. le principe de projection de la carte et le développement des cartes, 3. la carte topographique et la carte marine, 4. le cartogramme et la photographie aérienne
II. l'homme et l'environnement naturel
1. la nature comme environnement des hommes
1. l'homme et l'environnement naturel, 2. les régions naturelles dans le monde
2. le climat et la vie
1. l'élément climatique et les différences climatiques, 2. la végétation et le sol, 3. le climat du monde

La géographie humaine

3. la topographie et la vie

1. la topographie, 2. la catégorie de la topographie, 3. l'eau douce et les océans

4. la préservation de l'environnement

1. la préservation et l'utilisation de l'environnement naturel, 2. la catastrophe naturelle et les mesures de prévention

III. l'homme et la culture

1. la race humaine, un groupe ethnique et le peuple

1. l'origine et le mouvement de l'homme, 2. la race humaine et le groupe ethnique, 3. le peuple

2. la langue

1. la langue et la culture, 2. la diffusion de la langue, 3. la répartition de la langue dans le monde

3. la religion

1. la religion et la culture, 2. les religions principales dans le monde

4. l'aire de civilisation

1. l'attribut culturel et l'aire de civilisation, 2. les aires de civilisation dans le monde

IV. l'activité économique

1. l'activité économique et l'industrie

1. l'activité économique et l'action économique, 2. l'industrie et la théorie des localisations industrielles, 3. l'économie industrielle dans le monde

2. l'agriculture, l'exploitation d'une ferme d'élevage, la sylviculture et l'industrie des produits de la mer

1. la théorie des localisations agricoles par von Thünen, 2. les régions principales agricoles et herbagères dans le monde, 3. la sylviculture, 4. l'industrie des produits de la mer

3. les ressources du sous-sol et les ressources d'énergie

1. la conception des ressources, 2. les ressources du sous-sol, 3. les ressources d'énergie

4. l'industrie

1. la théorie de la localisation industrielle, 2. les types de localisation industrielle, 3. les régions industrielles dans le monde

5. la circulation

1. la naissance et la quantité de la circulation, 2. la relation entre la circulation et les frais de transport, 3. le type de circulation et la communication informatique, 4. le commerce et le commerce extérieur

6. l'aménagement régional

1. la théorie et le développement de l'aménagement régional, 2. l'aménagement général du territoire

V. le village et la ville

1. la maison

1. l'environnement et l'ingrédient de la maison, 2. l'environnement et la forme et la structure de la maison

La géographie humaine
2. le village
1. la localisation et le développement du village, 2. la forme du village, 3. la fonction du village, 4. l'aménagement du village
3. la ville
1. le développement de la ville, 2. la fonction de la ville, 3. la théorie des lieux centraux et l'agglomération, 4. la structure de la ville, 5. l'urbanisation et le problème de la ville
VI. la population et les ressources
1. l'agrandissement du quartier de résidences
1. l'agrandissement horizontal, 2. l'agrandissement vertical
2. la répartition démographique
1. la répartition démographique dans le monde, 2. la densité de population et le découpage régional dans le monde
3. la croissance et la structure démographique
1. la croissance démographique, 2. la structure démographique
4. le mouvement de population
1. le mouvement naturel, 2. le mouvement migratoire, 3. les mouvements de population et le changement régional
5. la population et les ressources
1. la relation entre la population et les ressources, 2. la croissance démographique et le problème alimentaire, 3. la population optimale et la population supportable
6. le problème démographique et les mesures politiques
1. le problème démographique, 2. les mesures politiques face au problème démographique
VII. le monde d'aujourd'hui
1. les forces économiques dans le monde
1. le monde d'aujourd'huI. 2. la collectivisation économique dans le monde, 3. l'organisation mondiale principale de coopération économique, 4. les deux mondes économiques
2. les groupes politiques dans le monde
1. la collectivisation politique dans le monde, 2. les organisations mondiales principales de coopération politique et militaire, 3. la multi-polarisation des blocs
3. la paix mondiale et notre position
1. la compréhension internationale et la coopération internationale, 2. la création de la Corée du Sud au milieu du monde.

Source : Ministère de l'Education nationale, 1979, La géographie humaine, Association de rédaction des manuels à l'université de Séoul.

Au début du manuel dont la structure est présentée ci-dessus, une photo aérienne est insérée pour la première fois. Celle-ci est traitée comme une carte. Dans la section consacrée à l'activité économique, apparaissent la théorie de la localisation agricole (agrophysiography) et la théorie du pays isolé par Thünen[341] (isolated state theory) qui sont deux des thèmes principaux de nos jours. De même, dans la section consacrée au village et à la ville, la théorie des lieux centraux de Christaller[342] apparaît également pour la première fois.

5.3.3 La géographie scolaire de la première moitié des années 1980 : la recherche d'une combinaison inédite entre la géographie de Corée, la géographie du monde, la géographie générale et la géographie régionale.

Dans le manuel de « Société I » du collège paru en 1984, les contenus des sujets géographique, politique, économique et droit sont réunis dans le même manuel. C'est ainsi que s'est traduite formellement l'unification des petits domaines de l'étude sociale.

Le tableau 5.23 propose quant à lui la structure du programme de géographie du collège au milieu des années 1980. Comme nous l'avons vu, pour les années 1970, la géographie de Corée et la géographie du monde sont réunies dans le même manuel. Mais cela change en 1984 pour l'étude de la géographie de Corée et l'étude sociale générale.

Tableau n°5.23 Le contenu du manuel de géographie du collège en 1984

La société 1 du collège (1e année)
I. l'homme et la société
1. la vie en communauté pour l'homme, 2. Des groupes sociaux variés, 3. la structure et la fonction de la société, 4. le groupe ethnique et le pays
II. la vie de la communauté locale
1. la communauté locale et son étude
1. notre communauté locale, 2. la méthode pour étudier la communauté locale
2. l'environnement naturel et la vie de la communauté locale

341 Johann Heinrich von Thünen (1783-1850) est un propriétaire terrien et agronome allemand.

342 Walter Christaller (1893-1969) est un géographe allemand. La théorie des lieux centraux est arrivée en Corée en provenance de la géographie nord-américaine où elle a été populariésée par le géographe américain E. Ullman.

La société 1 du collège (1e année)
1. la topographie et le climat de la communauté locale, 2. l'aspect de la vie dans le communauté locale
3. le changement de la vie dans la communauté locale
1. l'histoire de la communauté locale, 2. le patrimoine culturel de la communauté locale
4. l'exploitation et la préservation de la communauté locale
1. l'exploitation et la préservation de la communauté locale, 2. la volonté des habitants dans la communauté locale, 3. la préservation de l'environnement et les mesures pour celui-ci dans la communauté locale
III. la vie de chaque région dans notre pays
1. la région centrale
1. aperçu géographique de la région centrale, 2. la région métropolitaine, 3. la région de Kwandong, 4. la région de Hoseo
2. la région du sud
1. aperçu géographique de la région du sud, 2. la région de Yeongnam, 3. la région de Honam
3. la région du nord
1. aperçu géographique de la région du nord, 2. la région de Kwanseo, 3. la région de kwakbuk
IV. la vie du peuple et la politique
1. le pays et la politique, 2. les caractéristiques de la politique démocratique, 3. la politique démocratique dans notre pays, 4. la politique démocratique et la vie du peuple
V. notre vie et la loi
1. la vie sociale et la règle, 2. le pays et la loI. 3. la démocratie et la loI. 4. le respect des lois et le progrès social
VI. la vie économique
1. la vie et l'économie, 2. l'économie et le marché, 3. l'activité économique de la famille, 4. l'activité économique de l'entreprise, 5. le système économique
VII. l'environnement naturel et l'activité industrielle dans notre pays
1. l'environnement naturel
1. la localisation et le domaine, 2. la topographie et l'océan, 3. le climat
2. les ressources et l'industrie
1. les ressources et l'activité industrielle, 2. l'agriculture et la sylviculture, 3. l'industrie des produits de la mer, 4. les ressources du sous-sol et les ressources d'énergie, 5. l'industrie
3. le transport, le commerce extérieur et l'industrie touristique
1. le transport, 2. l'accroissement du commerce extérieur, 3. le tourisme
4. la population et le peuplement
1. la population, 2. le village et la ville

La société 1 du collège (1e année)
VIII. l'aménagement du territoire et le problème à résoudre dans l'immédiat
1. l'industrialisation et le changement du territoire
1. le changement du territoire par l'industrialisation, 2. le changement du territoire par l'urbanisation et l'innovation technique
2. l'aménagement général du territoire national
1. le plan d'aménagement du territoire et son orientation, 2. le résultat du plan d'aménagement du territoire, 3. le 2e plan d'aménagement du territoire
3. la préservation et l'utilisation de l'environnement et des ressources
1. la catastrophe naturelle, 2. la préservation et l'utilisation de l'environnement, 3. la préservation et l'utilisation des ressources
4. le problème à résoudre dans l'immédiat dans notre pays
1. l'enrichissement de la puissance du pays, 2. la réunification de la Corée

Source : Ministère de l'Education nationale, 1984, *La société 1*. Iinstitut du développement éducatif en Corée du Sud.

Le tableau 5.24 montre le contenu du manuel de géographie du collège pour le programme de la deuxième année. La géographie du monde et l'histoire du monde sont réunis dans le même manuel. Même si les deux matières sont présentes dans le même manuel, le contenu n'en est pas intégré en un seul cadre d'étude du monde.

Tableau n°5.24 Le contenu du manuel de géographie du collège en 1985

La société 2 du collège (2e année)
I. l'environnement naturel et la vie dans le monde
1. l'environnement naturel du monde
1. la topographie, 2. les climats dans le monde
2. les ressources et l'activité industrielle du monde
1. l'agriculture, la sylviculture et l'industrie des produits de la mer dans le monde, 2. les ressources d'énergie et les ressources du sous-sol, 3. le développement de l'industrie et la région industrielle
3. la race humaine et la religion du monde
1. la race humaine et le groupe ethnique, 2. la religion et la langue
4. la population et la ville dans le monde
1. la population du monde, 2. le village et la ville dans le monde

La société 2 du collège (2e année)
II. la vie dans chaque région en Asie et en Afrique
1. le découpage régional du monde
1. comprendre la région, 2. le découpage régional du monde
2. l'Asie de l'Est
1. le Japon, 2. la Chine et les autres pays autour de la Chine
3. l'Asie du Sud-est et l'Asie du Sud
1. l'Asie du Sud-est, 2. l'Asie du Sud
4. l'Asie du Sud-ouest et l'Afrique
1. l'Asie du Sud-ouest, 2. l'Afrique du Nord, 3. l'Afrique centrale et du Sud
III. la vie du temps ancien en Asie
1. la vie à l'époque préhistorique, 2. la culture antique de la Chine, 3. l'empire réunifié de la Chine, 4. la culture antique de l'Inde
IV. le développement de la société chinoise
1. l'époque de Weijin et de Nanbeichao, 2. l'empire de Sui-Tang, 3. l'empire de Song-Yuan, 4. l'empire de Ming-Qing
V. l'activité du peuple asiatique
1. le développement de l'Asie du Nord-est, 2. l'Asie du Sud-est et l'Inde, 3. le monde islamique et sa culture, 4. les échanges culturels entre l'est et l'ouest en Asie
VI. la vie de chaque région en Europe, en Amérique et en Océanie
1. l'Europe de l'Ouest
1. l'origine de l'industire moderne, 2. la région méditerranéenne, 3. la région scandinave
2. l'U.R.S.S. et l'Europe de l'Est
1. l'U.R.S.S., 2. l'Europe de l'Est
3. l'Amérique
1. l'Amérique anglo-saxonne, 2. l'Amérique latine
4. l'Océanie et les régions polaires
1. l'Océanie, 2. les deux régions polaires
VII. la formation de la culture occidantale
1. le monde oriental, 2. la Grèce antique, 3. La Rome antique
VIII. le monde européen au Moyen Age
1. la formation européenne au Moyen Age, 2. la société européenne au Moyen Age, 3. la religion chrétienne et la culture du Moyen Age, 4. le changement en Europe au Moyen Age
IX. l'interdépendance entre les régions et la Corée du Sud au milieu du monde
1. l'interdépendance entre plusieurs régions du monde
1. la coopération mutuelle politique, 2. la coopération mutuelle économique

La société 2 du collège (2e année)
2. le développement du transport
1. le développement du transport et de la communication, 2. l'extension du réseau de transport
3. l'extension du commerce extérieur
1. le mouvement des matières premières, 2. les aires du commerce extérieur du monde
4. la Corée du Sud au milieu du monde
1. les problèmes à résoudre dans l'immédiat, 2. la construction d'une patrie développée

Source : Ministère de l'Education nationale, 1985, *La société 2*. L'institut du développement éducatif en Corée du Sud.

Dans la dernière section du manuel, le chapitre : la construction d'une patrie développée est inséré pour mettre en valeur les Jeux Asiatiques et Olympiques de Séoul de 1986 et de 1988. Les deux événements y sont montrés comme des atouts au service de la puissance du pays et de la progression de son statut dans le monde.

Nous allons maintenant examiner le contenu des manuels de géographie du lycée en 1983 : la géographie (I) –obligatoire- et la géographie (II) -optionnelle. La première est organisée dans le cadre général de la géographie de Corée et du monde. Au contraire, la seconde est organisée dans le cadre d'une géographie régionale de la Corée et du monde. Cette tentative d'organisation doit être considérée comme rénovatrice. Elle tente en effet de trouver un équilibre entre les quatre perspectives de géographie scolaire classiques : la géographie de Corée, la géographie du monde, la géographie générale et la géographie régionale. Le tableau 5.25 montre l'organisation du contenu de la géographie I.

Tableau n°5.25 Le contenu du programme de géographie I du lycée : la géographie générale

La géographie I du lycée
I. la vie et la géographie
1. la vie et la géographie
1. le développement des connaissances géographiques, 2. les connaissances géographiques et le développement de la carte

La géographie I du lycée
2. l'étude de la géographie et la carte 1. l'étude sur le terrain, 2. la carte
II. l'environnement naturel et la vie
1. l'environnement naturel comme milieu de vie 1. l'environnement natuel, 2. le milieu social **2. la localisation et le domaine** 1. la localisation, 2. le domaine **3. le climat** 1. le climat et la vie, 2. les zones du climat, 3. la végétation et le sol **4. la topographie** 1. l'évolution du relief, 2. la topographie dans notre pays, 3. le type de topographie dans notre pays, 4. le type de topographie dans le monde **5. l'océan**
III. les ressources et l'industrie
1. les ressources et l'industrie **2. l'agriculture et l'exploitation d'une ferme d'élevage** 1. la production et la répartition des produits agricoles, 2. l'exploitation d'une ferme d'élevage et l'industrie laitière, 3. la division des régions agricoles dans notre pays, 4. les régions agricoles dans le monde **3. la sylviculture** 1. la sylviculture dans notre pays, 2. la sylviculture dans le monde **4. l'industrie des produits de la mer** 1. l'industrie des produits de la mer dans notre pays, 2. l'industrie des produits de la mer dans le monde **5. les ressources d'énergie et les ressources du sous-sol** 1. les ressources d'énergie dans notre pays, 2. les ressources du sous-sol dans notre pays, 3. les ressources d'énergie dans le monde, 4. les ressources du sous-sol dans le monde **6. l'industrie** 1. la formation d'industrie et son emplacement, 2. l'industrie dans notre pays, 3. les régions industrielles dans le monde **7. la circulation et l'industrie touristique** 1. le développement du transport et du commerce extérieur, 2. le transport dans notre pays, 3. le commerce et le commerce extérieur, 4. l'industrie touristique, 5. le transport dans le monde, 6. le commerce extérieur dans le monde
IV. le village et la ville
1. l'emplacement du village 1. la maison, 2. l'emplacement du village **2. la forme et la fonction du village** 1. la forme du village, 2. la fonction du village, 3. les problèmes du village et le mouvement des nouvelles communautés **3. le développement et la répartition de la ville**

La géographie I du lycée
1. le développement de la ville dans notre pays, 2. la ville dans le monde, 3. la répartition de ville dans le monde
4. la forme et la fonction de la ville
5. le problème de la ville
V. la population et la culture
1. la croissance démographique et la structure démographique
1. la croissance démographique, 2. le type de la croissance démographique, 3. la croissance démographique dans notre pays, 4. la tendance de la croissance démographique dans notre pays, 5. la structure démographique, 6. la structure démographique dans notre pays
2. la répartition démographique et le mouvement de la population
3. le problème démographique
1. le problème démographique, 2. la mesure du problème démographique
4. la race humaine, la religion et la langue
5. la région culturelle
1. l'attribut culturel et l'aire de civilisation, 2. l'aire de civilisation dans le monde
VI. l'aménagement régional et la préservation de l'environnement
1. l'aménagement régional
1. la théorie et l'effectuation de l'aménagement régional, 2. le plan d'aménagement général du territoire
2. la catastrophe naturelle
1. le dégât causé par une tempête et les mesures de réparation, 2. la sécheresse et les mesures de réparation, 3. le dégât de l'avalanche de terre et du séisme, 4. le tsunami. l'érosion des côtes et l'affaissement du sol
3. la préservation de l'environnement
1. la préservation de l'environnement et le mouvement pour la protection de la nature, 2. les mesures pour la protection de la nature dans chaque pays
VII. notre pays et le monde
1. la situation du monde actuelle et notre pays
1. de l'époque de la bipolarisation à l'époque de la multipolarisation, 2.la réunion des pays (la collectivisation des pays), 3. l'absence de l'organisation de gouvernement mondial, 4. la politique internationale et la puissance nationale d'un pays
2. la coopération entre les pays
1. l'organisation de coopération économique, 2. l'organisation de coopération politique
3. le chemin que nous devons prendre

Source : Jo Dong-Kyu et al., 1983, *La géographie I*. Editions Koryo-Seojeok.

Les contenus de la géographie II qui est organisée autour de la géographie régionale ne sont pas nouveaux, mais ils sont remaniés de telle manière qu'ils caractérisent chaque région de façon plus précise.

Tableau n°5.26 Les contenus du programme de géographie II du lycée : la géographie régionale

La géographie II du lycée
I. l'étude des régions
1. la région et le découpage régional 1. la région comme objet géographique, 2. la méthode du découpage régional **2. les régions dans notre pays et dans le monde** 1. le découpage régional dans notre pays, 2. le découpage régional dans le monde
II. les différentes régions dans notre pays
1. la région métropolitaine 1. la région métropolitaine, 2. la répartition démographique et la croissance démographique dans la région métropolitaine, 3. l'urbanisation et la répartition de la ville dans la région métropolitaine, 4. l'industrie dans la région métropolitaine, 5. Séoul, la capitale du pays, 6. des problèmes et des projets pour le développement de la région métropolitaine **2. la région du sud-ouest** 1. l'environnement naturel d'une vaste plaine, 2. Une agriculture centrée sur le riz, 3. la dépopulation par mouvement migratoire, 4. Le développement de l'industrie 5. Kimjei Kun comme exemple régional **3. la région montagneuse de Taebaek** 1. la caractéristique de l'environnement naturel, 2. l'agriculture en haute altitude dans les régions froides et le développement industriel, 3. l'exploitation des ressources du sous-sol, 4. peuplement et industrie, 5. des ressources touristiques possibles pour le développement **4. la vallée de Nakdong** 1. l'environnement naturel de la vallée de Nakdong, 2. l'agriculture dans la vallée de Nakdong, 3. la région industrielle côtière et la région industrielle intérieure, 4. transport et peuplement **5. la région des îles** 1. la répartition des îles, 2. les caractéristiques géographiques, 3. Jejudo comme exemple d'île **6. la vallée de Daedong** 1. l'environnement naturel, 2. les industries, 3. les villes et les transports
III. les différentes régions en Asie
1. le Japon et le développement industriel 1. l'environnement naturel au Japon, 2. l'utilisation efficace du territoire, 3. le développement d'industries modernes, 4. les régions industrielles principales **2. la vallée de Changjiang, une région productrice de céréales** 1. la nature de la vallée de Changjiang, 2. des caractéristiques régionales qui ne sont pas les mêmes au nord et au sud, 3. la région productrice de céréales (riz et blé), 4. la croissance démographique, 5. le caractère régional des villes principales

La géographie II du lycée

3. l'Indonésie, un pays fortuné

1. les caractéristiques de l'environnement naturel, 2. des produits agricoles tropicaux abondants, 3. une exploitation des ressources qui s'est fait attendre, 4. la population et la répartition des villes

4. la région des plateaux du Deccan : abondante de coton

1. les caractéristiques de l'environnement naturel, 2. les plateaux du Deccan : une zone volcanique, 3. l'agriculture et l'élevage en amélioration, 4. les industries minières et manufacturières en développement, 5. la pression de population et la répartition démographique

5. le Golfe Persique, abondant en pétrole

1. l'environnement naturel : un grand nombre de plateaux et de déserts, 2. la répartition des bassins pétrolifères et l'exploitation du pétrole, 3. la nationalisation des ressources du pétrole, 4. l'agriculture et l'élevage en zone aride, 5. oasis et répartition démographique

6. la Sibérie : l'exploitation des ressources

1. les limites posées par l'environnement naturel, 2. le peuplement de la Sibérie, 3. l'exploitation des ressources agricoles, forestières et marines, 4. l'exploitation des ressources principales du sous-sol et l'industrie minière

IV. les différentes régions en Europe et en Afrique

1. la Basse Vallée du Rhin et le cœur industriel de l'Europe

1. le niveau de vie dans la région aval du bassin rhénan, 2. la région industrielle de la Ruhr et le fleuve du Rhin, 3. la Belgique et le Luxembourg, 4. les régions industrielles des Pays Bas.

2. la Norvège, un pays développé pour l'industrie des produits de la mer et l'industrie des transports maritimes

1. l'environnement naturel défavorable pour l'agriculture et l'élevage, 2. l'industrie des produits de la mer et l'industrie des transports maritimes au niveau mondial, 3. l'agriculture, l'élevage et les industries minières et manufacturières faiblement présentes, 4. les villes principales et leur caractère régional

3. le littoral méditerranéen et l'arboriculture (vigne, oliviers, etc.)

1. les caractéristiques de l'environnement naturel, 2. Une arboriculture de niveau mondial, 3. les principales régions d'arboriculture

4. la toundra du littoral de l'océan arctique

1. un environnement naturel sans arbre, 2. la vie des Esquimaux, 3. la vie nomade du peuple samoyède et lapon, 4. l'exploitation des ressources et le transport dans la région arctique

5. le désert du Sahara et ses régions environnantes en transformation

1. la nature et les limites du peuplement humain, 2. le Sahara et la sédentarisation des nomades, 3. le Sahara en transformation

6. le Nigeria : la modernisation industrielle

1. l'environnement naturel, 2. l'agriculture et l'élevage, 3. l'exploitation des ressources du sous-sol et le développement de l'industrie, 4. l'aménagement du territoire, 5. Un pays à forte différenciation régionale

V. les différentes régions en Amérique et en Océanie

La géographie II du lycée

1. la région des Grands Lacs : une industrie de niveau mondial

1. l'environnement naturel dans la région des Grands Lacs, 2. une région industrielle de niveau mondial, 3. les régions industrielles principales

2. la région montagneuse des Andes : des villes en haute montagne

1. le niveau de vie dans la région des Andes, 2. la répartition des produits agricoles en relation avec l'altitude, 3. la région des Andes riche en ressources minérales, 4. le développement des villes en haute montagne et la concentration de la population

3. le Brésil en développement

1. le niveau de vie au Brésil, 2. le défrichement au Brésil et la formation des régions agricoles, 3. Les perspectives de développement des industries et de l'exploitation des ressources

4. l'Australie où l'agriculture et l'élevage se sont développés

1. l'environnement naturel en Australie, 2. l'agriculture et l'exploitation des fermes d'élevage, moteurs de l'économie en Australie, 3. l'Australie en transformation

VI. les interdépendances dans le monde

1. l'état comme une unité politique, 2. l'interdépendance politique et économique, 3. nos relations avec le monde

Source : Oh Hong-Seok et al., 1983, *La géographie II*. Editions Jangwang-Kyojae.

La géographie de la Corée et la géographie du monde sont classées et traitées par région. Les deux Corées sont ainsi abordées comme un seul pays, bien que cinq chapitres concernant la Corée du Sud contre un seul pour la Corée du Nord (la vallée de Daedong autour de Pyeong-Yang qui est la capitale nord-coréenne). C'est une sorte de géographie régionale générale en ce sens qu'elle développe un même schéma d'organisation de contenus pour la Corée comme pour les autres pays représentés. L'aspect de tableau économique et de présentation des dynamiques de développement s'inscrit dans grille qui place les éléments naturels en début d'exposé. Il est intéressant de noter qu'en Europe, le cas de la Norvège, état de la mouvance d'un autre pôle du système-Monde, est proposé comme outil de comparaison possible. Seule différence entre la Corée et les autres régions du monde, la géographie régionale de la première comporte des études de cas ou plus exactement des exemples. Logiquement, le dernier chapitre de cette géographie régionale générale qui fait cependant se succéder les présentations, se terminent sur un chapitre possiblement récapitulatif consacré aux interdépendances mondiales, politiques et économiques.

Conclusion

La géographie scolaire des années 1970 et 1980 est marquée de deux manières par l'évolution de la Corée du Sud. En ce qui concerne l'adéquation des contenus à une réalité et/ou un projet économique et politique, on observe la montée en force des thématiques économiques, étudiées sous l'angle des voies de développement comme on peut aussi lire à l'aune du statut de l'éducation anti-communiste, de la préparation militaire pour le lycée ou encore de l'histoire de la Corée, l'état des relations entre les deux Corées. L'inclusion dans les programmes des Jeux Asiatiques et Olympiques de Séoul de 1986 et de 1988, considérés comme deux grands événements nationaux,montre la mission de la géographie scolaire, de faire partager à tous les élèves l'idée d'une ascension de la Corée dans la hiérarchie des puissances mondiales.

En ce qui concerne la conception curriculaire de ces contenus, c'est-à-dire leur organisation, la façon dont elles se présentent aux élèves tout au long de leur cursus, la hausse des exigences de formation intellectuelle est notable. Cette exigence s'affirme avec la montée en puissance du pays : aucune société en développement et en démocratisation ne saurait durer sans une formation intellectuelle de haut niveau pour chaque nouvelle génération scolarisée. Elle se traduit par le fait qu'une réorganisation du contenu des études sociales par concepts disciplinaires provoque des reconfigurations à l'intérieur de ce domaine polydisciplinaire et, plus particulièrement dans le champ de la géographie.

Dans les études sociales, ce mouvement, que l'on peut qualifier d'académique, a pour effet de provoquer des regroupements disciplinaires par niveau de classe peu lisibles. A l'échelle de la géographie, on observe la tentative ambitieuse et originale de développer deux perspectives intellectuelles différentes (géographie générale, géographie régionale) pour les deux anciens champs classiques de la géographie scolaire : géographie de la Corée et géographie du monde. Le domaine des études sociales n'y gagne pas en cohérence et en compréhension auprès de ses enseignants ; partagée entre les deux catégories de matière optionnelle et obligatoire, la géographie scolaire paraît curieusement affaiblie alors même que ses contenus se sont modernisés et tendent vers l'étude de l'organisation de l'espace et de l'aménagement du territoire.

Chapitre 6

LA CORÉE DU SUD ET SES VOISINS (1990-2012) :

conscience géographique nationale à l'école et rehaussement du statut de l'histoire

Le sanctuaire Yasukuni (야스쿠니 신사참배), au Japon, est une source de tensions dans les relations diplomatiques qu'entretient le pays avec ses voisins, notamment la Corée et la Chine. Edifié en 1869, sur injonction de l'empereur dans un contexte de guerre civile, il est aujourd'hui dédié à la célébration de tous les militaires morts lors des guerres s'étant déroulées à l'extérieure du Japon de 1874 à 1945. Ce sanctuaire engendre de nombreux problèmes. Tout d'abord on y trouve depuis 1978, un espace dédié à chacun des quatorze japonais condamnés à mort pour crime de guerre à l'issue du procès de Tokyo (1946-1948). Ensuite on y célèbre en tant qu'individus « morts pour le Japon » les 20 000 Coréens qui ont combattu dans l'armée japonaise. Alors que ces derniers avaient été dans leur immense majorité, mobilisés autoritairement. Enfin, ce sanctuaire a depuis 1985, régulièrement fait l'objet de « visites d'hommage » des premiers ministres japonais successifs. De tels éléments ne peuvent se comprendre qu'à la lumière du passé. Le Japon est jusqu'en 1945 est une métropole d'un empire colonial (qualifié par le pouvoir en place de « Grand Japon ») soumis à un régime fascisant. Le sanctuaire Yasukuni a alors pour fonction une « mobilisation spirituelle de l'ensemble de la nation pour la guerre ». A ce moment-là, il y a une sorte d'identité de principe entre le peuple et l'armée. Cette confusion, peu en effet découlé du statut même de l'Empereur. Celui-ci est à la fois détenteur de la souveraineté (c'est-à-dire d'une nature supérieure selon la croyance religieuse) mais aussi commandant en chef des armées. Dans ce contexte, tout habitant du japon ou d'une de ses colonies est de fait serviteur de l'empereur, et doit donc en temps de crise « se dédier à l'empereur et à l'Etat au mépris de sa vie ». [343]

Contraint à l'issue de la Seconde Guerre mondiale de restituer l'ensemble des territoires occupés, le Japon est revenu en partie sur les « décisions » qu'il avait alors prises. Notamment en réclamant depuis 1957 un « droit sur les îlots Dokdo (독도영유권) ». Les relations diplomatiques nippo-coréennes en sont par là-même, sérieusement refroidies. D'autant plus que le discours officiel japonais sur l'invasion de l'Asie avant-guerre s'est largement modifié. On détecte dans les manuels d'histoire japonais une forme de révisionnisme, notamment en ce qui concerne l'invasion de la Corée et les trente-cinq années de son occupation. De manière générale, loin de faire acte de contrition ni d'engager une réflexion critique sur le passé militaire et colonial du pays. Le gouvernement japonais montre, face à ses crimes (comme ceux qui ont concerné les « femmes de réconfort (위안부)[344] ») une attitude tantôt révisionniste ou négationniste, tantôt une complaisance auto-justificatrice. Le Japon semble avoir opté pour l'absence de toute « réflexion collective sur son histoire contemporaine [...] ouvrant la voie à tous les révisionnismes[345] » , permettant ainsi la « réécriture » de cette période pourtant récente de son histoire. On peut donc observer une certaine négation de l'expansionnisme militaire dans tous les manuels scolaires. Face à cette attitude, les gouvernements sud-coréen et chinois déposent régulièrement réclamation auprès du gouvernement japonais. Ce qui n'entraine aucune importante remise en cause officielle chez leur voisin. Aujourd'hui le pouvoir japonais œuvre à une politique de déculpabilisation qui s'est répercutée dans les manuels d'histoire nationaux. Alors même que l'on est en droit d'attendre de la part d'un pays qui s'est rendu coupables de crimes durant la Guerre du Pacifique, à la

---

343 Takahashi Tetsuya, 2009, « Le sanctuaire Yasukuni, ou la mémoire sélective », *Revue Manière de voir : Le Japon méconnu*, Londres, Exact Editions, No. 105, p.29-32.

344 Le Japon a de 1930 à 1945, enrôlé de force de très nombreuses jeunes coréennes, chinoises, philippines et indonésiennes comme esclaves sexuelles. Elles étaient mises à disposition de l'armée japonaise aux abords des camps militaires. Ces personnes étaient dans leur immense majorité coréenne de par le statut de leur pays (celui de simple colonie). Si les femmes qui ont été victimes de cet esclavage sont aujourd'hui en train de disparaître, certaines ont exigé la reconnaissance officielle des faits ainsi qu'une indemnisation au gouvernement japonais. Celui-ci jusqu'à maintenant a toujours refusé ces demandes.

345 Takahashi Tetsuya, 2009, op. cit., p. 29.

fois un effort de réflexion sur son propre passé mais aussiune vigilance accrue vis à vis des contenus d'enseignement traitant cette période.

Depuis 2002, la Chine essaie en parallèle de réécrire l'histoire officielle de ses trois provinces du Nord-Est. En abordant désormais l'histoire des Chinois d'origine coréenne selon une perspective centrée sur celle de la majorité Han. Or les trois provinces chinoises du Nord-Est font a priori partie intégrante de l'aire de civilisation coréenne de 2333 avant J.-C. à 926,[346] Cela explique les liens étroits unissant l'histoire de ces trois provinces à celle de la Corée ainsi que la forte présence d'une population d'origine coréenne actuellement dans ces trois provinces.[347] L'ensemble des trois provinces correspond à la région de Kando, située entre la péninsule coréenne et le Mandchourie.

Comme cela a déjà été évoqué dans le chapitre 2, la région de Kando est depuis trois siècles une zone neutre entre le pouvoir Qing et le Royaume de Joseon. La Corée commence à l'exploiter avant de la coloniser au tournant du XXème siècle. C'est cette région que le Japon cèdera en 1909 à la Chine par la Convention de Kando. Toute demande de restitution de Kando émanant de la Corée du Sud incombe actuellement à la sphère associative. Actuellement en Corée du Sud, la restitution de Kando est demandée par des organisations non-gouvernementales parmi lesquelles on peut citer le Mouvement pour la réintégration de la région de Kando et la Commission pour la réintégration de la région de Kando.[348] Une demande qui émanerait du gouvernement serait quant à elle une cause de conflit immédiat entre la Corée du Nord et la Corée du Sud (la première étant un allié de la République populaire de Chine).

Après cinq siècles d'hégémonie du Royaume de Joseon, l'op-

---

346 Kojoseon (고조선) désigne en fait le premier Etat coréen: fondé en 2333 avant J.-C. par Dankun (단군), ses structures vont se maintenir jusqu'en 108 avant J.-C. ; Koguryeo (고구려) est un des trois royaumes qui vont lui succéder, il est mis en place de 37 avant J.-C. jusqu'en 668. Balhae (발해) désigne le royaume fondé par Daejoyeong (대조영) entre la péninsule coréenne et le Mandchourie, son existence est attestée de 698 à 926.

347 Les trois provinces chinoises du nord-Est abritent (d'après les statistiques démographiques de 2000) deux millions d'individus de nationalité chinoise mais de culture coréenne : 1 180 000 dans la province de Jilin, 450 000 dans la province de Heilongjiang, 230 000 dans la province de Liaoning (Kang, Yong-Chan, 2001, p.66.).

348 Voir leurs sites web: http://www.gando.or.kr/ et http://cafe.naver.com/coreagando.

pression exercée par l'occupant japonais durant les 35 années du régime colonial, la partition du pays sous l'effet de la Guerre Froide ainsi que la blessure non encore cicatrisée que représente l'épisode de la Guerre de Corée mais aussi l'industrialisation et l'urbanisation des années 1970 et 1980 constituent une atteinte à l'identité nationale historique de la Corée. Cecontexte entraînela création en 1978 par le gouvernement sud-coréen, d'un Institut d'Etudes Coréennes (한국학중앙연구원) [349] chargé de promouvoir la diffusion de la culture traditionnelle du pays. L'ouverture en 2006 de la Fondation d'Histoire de l'Asie du Nord-Est (동북아역사재단) est censée répondre au révisionnisme dont fait preuve le gouvernement chinois concernant les trois régions du Nord-est qu'il administre.

Face aux conflits territoriaux avec les pays voisins, des Etudes coréennes ont été lancées par le gouvernement. En parallèle un groupe de géographes entamait des recherches sur l'ancienne philosophie de la géographie en Corée (Pung-Su ; 풍수) ainsi que sur les cartes anciennes de Joseon. Même si la place de la géographie scolaire dans les programmes diminue, ces recherches débouchent sur un enrichissement des contenus et la volonté de ces chercheurs de souligner l'importance de la géographie scolaire dans l'inculcation d'une culture et d'une histoire nationale. Ces initiatives semblent avoir trouvées une certaine entente auprès des pouvoirs publics sud-coréens. Cependant la politique éducative nationale tend vers un renforcement de la place de l'histoire dans les programmes, tandis que la géographie scolaire voit son statut de discipline optionnelle maintenu.

349 Le premier Institut d'études coréennes est créé en 1948 au sein de l'Université de Yeonse, avant qu'un Institut de culture nationale ne soit établi à l'Université de Koryo en 1957. Un autre Institut d'études coréennes sera ouvert en 1974 à l'Université de Hanyang. Globalement l'essentiel des centres ouvrent durant les années 1970 et 1980. L'Institut Kyujangkak, un des principaux d'entre eux est fondé en 1992 à l'Université de Séoul.

6.1 Conflits territoriaux contemporains avec les Etats japonais et chinois

6.1.1 Premier exemple : le problème du droit sur les îlots Dokdo[350]

Le Japon réclame publiquement les droits sur les îlots Dokdo depuis une dizaine d'années. Dans ce contexte, il y eu en 2005 la création d'un « jour de Takeshima » par le préfet de Shimane au Japon. Cette région japonaise proche des îlots observe chaque 22 février des manifestations revendiquant l'appartenance des îles aux pays. De plus, dès 2008 le ministère de l'Education nationale japonais instaure une politique visant à augmenter l'importance des contenus concernant les îlots Dokdo dans le programme d'étude sociale des collèges. Cela avait pour but d'informer et de renforcer l'enseignement concernant ce sujet. Dans la même lignée, Nous allons dans cette section examiner les archives et cartes relatives à ces îles et à la mer qui les entoure, avant d'exposer les arguments respectifs des deux pays qui les revendiquent.

Les îlots Dokdo se composent de deux grands îlots rocheux entourés de récifs, comme le montrent la figure 6.1, photographie aérienne prise face aux îlots Dokdo, ainsi que la figure 6.2. Une description réalisée depuis le navire de guerre français le « Constantine » lors de son passage en 1855. Les Français avaient alors donné aux îlots le nom de « Rochers Liancourt » (Liancourt Rocks).

350 Les Japonais désignent ces îlots ainsi: Takeshima («竹島»).

Figure n°6.1 Vue des îlots Dokdo (1)

Source : Institut de recherche des îlots Dokdo : http://www.dokdohistory.com/

Figure n°6.2 Vue des îlots Dokdo (2)

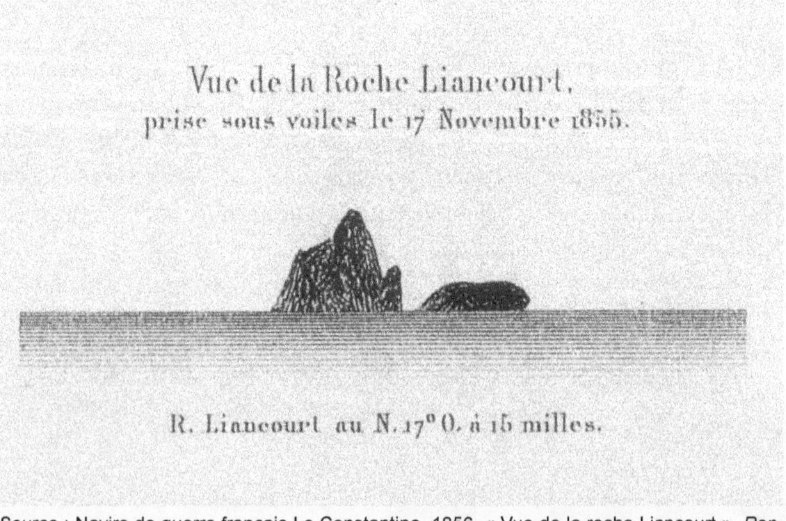

Source : Navire de guerre français Le Constantine, 1856, « Vue de la roche Liancourt », *Renseignements nautiques*, vol. 10.

Le titre même de la carte qui correspond à la figure 6.3 (« Côte Est de la Corée ») suggère elle aussi l'appartenance d'Ulleungdo et des îlots Dokdo au territoire coréen. Cette carte est d'origine russe et date de 1857. Elle est ensuite « remaniée » par des Japonais en 1876. La présence des îles Dokdo sur cette carte (devenue japonaise) représentant la Corée implique une reconnaissance de fait par le Japon des droits coréens sur ces îles au moment où la carte fut produite. Le triple angle de représentation des îlots (plein nord, à 3.5 miles ; 10 degrés Nord-Ouest à 5 miles ; 61 degrés Nord-Ouest à 14 miles) s'explique par l'importance de ces îles en tant que point de repères pour les navires de passage dans ces eaux.

Figure n°6.3 Carte de la Côte Est de la Corée

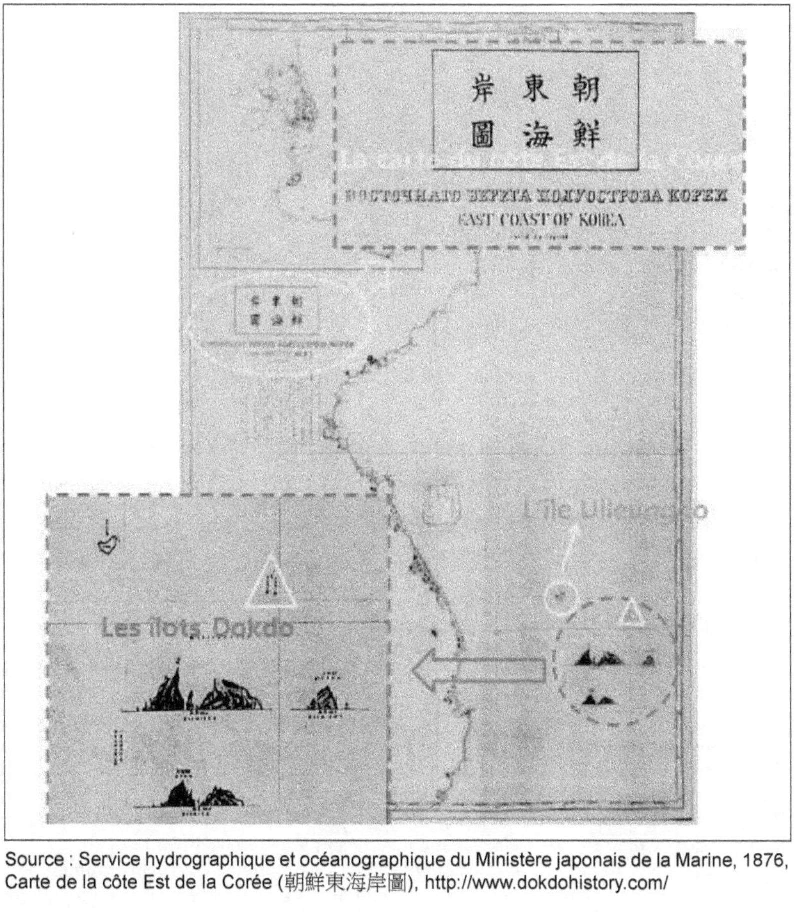

Source : Service hydrographique et océanographique du Ministère japonais de la Marine, 1876, Carte de la côte Est de la Corée (朝鮮東海岸圖), http://www.dokdohistory.com/

Du point de vue des Français comme on vient de le voir sur la carte du XIXème, ces îlots ont constitué un repère maritime important, d'où leur représentation sur les cartes aux côtés de l'île d'Ullengdo. La figure 6.4 montre la présence de ces îlots repères sur une carte allemande établie par Kirchner en 1890.

Figure n°6.4 Les îlots Dokdo aux côtés de l'île d'Ulleungdo

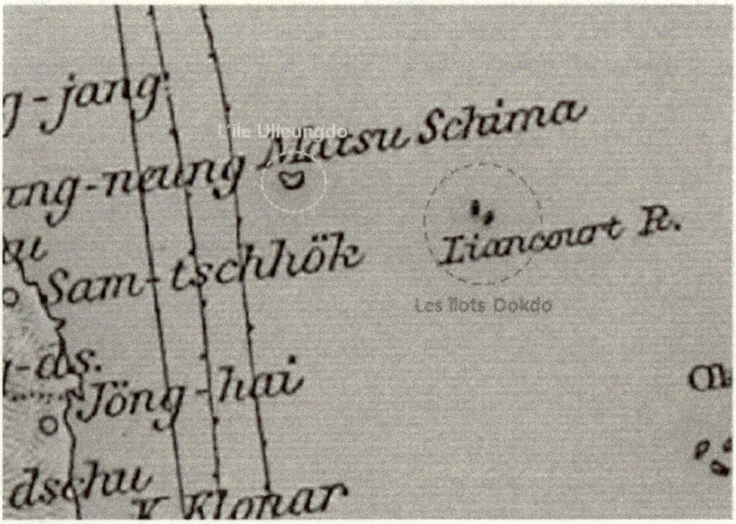

Source : Kirchner, 1890, Übersichtskartevon China und Japon, www.findcorea.com/

La figure 6.5 donne une idée de la frontière maritime entre la Corée et le Japon. Il s'agit d'une carte établie par le QG des Forces Alliées immédiatement après l'occupation japonaise de la Corée (1946): l'inclusion des îlots Dokdo dans le territoire coréen dans la foulée de celle de l'île d'Ulleungdo (울릉도)[351] est manifeste. C'est en 1905, par le Traité d'Eulsa,[352] que le Japon annexa illégalement les îlots Dokdo qu'il considérait comme un « territoire sans propriétaire[353] ». Îlots qui seront

351 Située à 137 km au large de la côte orientale de la péninsule coréenne, cette île est le résultat d'une éruption volcanique et abrite un peu plus de 10 000 habitants sur environ 70 km2. L'île est également connue des Européens sous le nom de Dagelet, nom proposé par La Pérouse en 1797 (Alexandra David-Néel et al. 2007, p.26).

352 Après l'imposition du traité de protectorat par le Japon en 1905 et l'annexion pure et simple de la Corée en 1910, le pays est gouverné par le Japon jusqu'en 1945.

353 Cependant l'article 2 du Journal Officiel de l'« Empire de Corée » (dénomination en vigueur de 1897 à 1910) d'octobre 1900 stipule ceci: « L'île Ullungdo, l'île Jukdo et l'île

restitués à la Corée par les Alliés à l'issue de la Seconde Guerre mondiale par application de la Déclaration du Caire (1943).

Figure n°6.5 Tracé de la frontière entre Corée et Japon en 1946

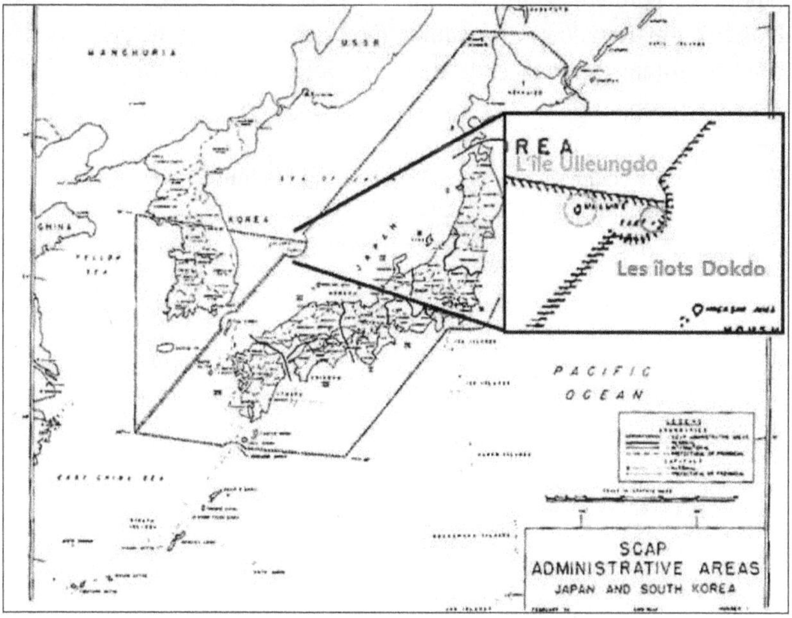

Source : QG des forces alliées, 1946, Gouvernemental and Administrative Separation of Certain OutlyingAreasfromJapan, http://en.wikisource.org/wiki/SCAPIN677.

Jusqu'à maintenant, nous avons examiné des cartes illustrant la Corée et son territoire. Ces cartes furent réalisées par diffèrent pays du 19ème siècle jusqu'au milieu du 20ème siècle. Désormais, nous allons examiner les deux cartes principales illustrant les îlots Dokdo et le territoire coréen, faites par les Japonais pendant le 19ème siècle au Japon. Cela nous permet d'observer la manière dont les anciens Japonais (au Japon) pouvaient reconnaître les îlots Dokdo.

Voici un ancien livre intitulé « 竹島渡海一件記 (Takeshima-tokai-ikkenki) » qui avait été rédigé en 1836 par un habitant (il s'appelait Aichya Hachiemon /会津屋八右衛門) de la préfecture de Shimane au

rocheuse (Seokdo; 석도/石島) sont de notre ressort ».

Japon. Selon ce livre, Hachiemon a été puni par la préfecture car il était secrètement passé sur l'île d'Ulleungdo, un territoire du Royaume de Joseon. Nous pouvons voir qu'une carte intitulé « 竹島方角圖 (Takeshima-hõgakuzu) », est inséré dans ce livre (Figure 6.6). D'après cette carte, les Japonais reconnaissaient que les deux îles (l'île d'Ulleungdo et les îlots Dokdo) appartenaientau Royaume de Joseon. C'est pour cela que les deux îles furent concrétiséesde la même couleur que celle du territoire de Joseon (en rouge).

Figure n°6.6 Reconnaissance des Japonais sur les îlots Dokdo (1)

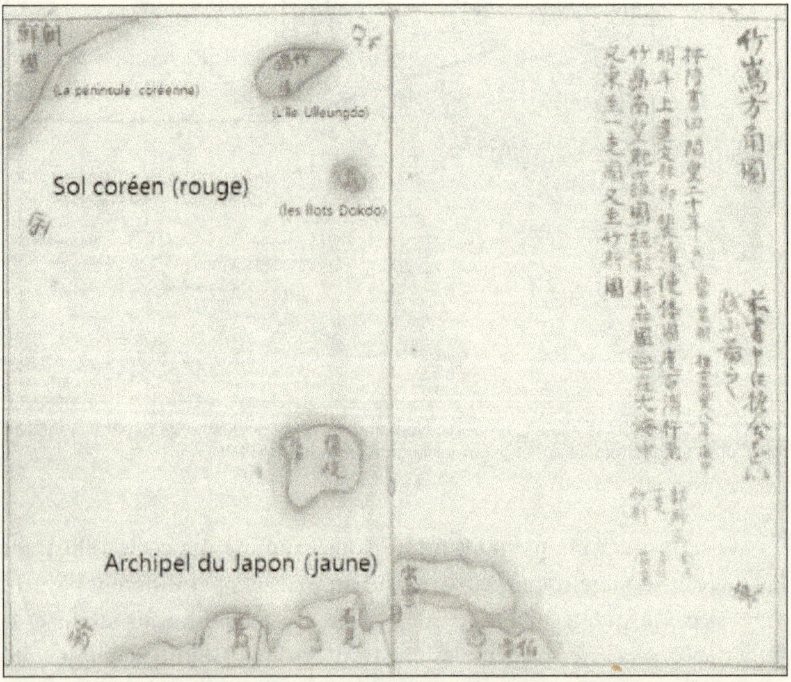

Source : 竹島方角圖, 1836, en dépôt à la bibliothèque de l'Université de Tokyo au Japon.

Examinons un autre ancien document japonais traitant des îlots Dokdo. En 1877, Dajokan (太政官), un organe suprême au Japon (département d'état du gouvernement japonais en charge des affaires séculières et administratives du pays) a donné les instructions suivantes: « Souvenez-vous que Takeshima et une autre île ne nous (Japon) concernent pas.

[354]» Voici une ancienne carte intitulée « 磯竹島略圖 (Isotakeshima-ryakuzu) » faite au Japon la même année. Elle accompagnait les instructions données par Daijokan. Cette carte indiquait que les Japonais reconnaissaient les deux îles (l'île d'Ulleungdo et les îlots Dokdo) comme appartenant au Royaume de Joseon (figure 6.7).

Figure n°6.7 Reconnaissance des Japonais sur les îlots Dokdo (2)

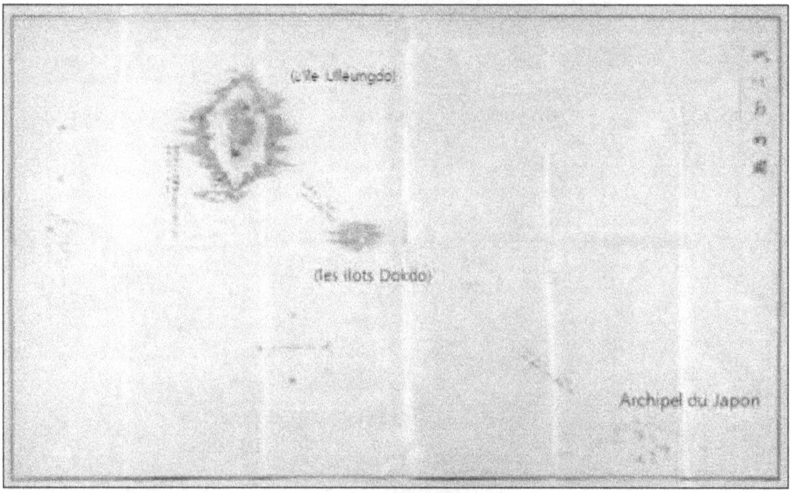

Source : 磯竹島略圖, 1877, en dépôt aux archives nationales au Japon.

Aujourd'hui, le Japon en revendiquant le droit sur les îlots Dokdo, fait remarquer que les îlots n'appartenaient pas à la Corée durant l'époque du Royaume de Joseon. Selon les japonais, si ces îlot appartenaient réellement au royaume de Joseon, elle aurait dû figuré sur ce qui était considéré comme l'une des meilleur carte de cette période « Daedongyo-jido (대동여지도) », réalisée par « Jeong-Ho Kim (김정호) » en 1861.

Toutefois, le Royaume de Joseon reconnaissait bien les îlots Dokdo ainsi que l'île d'Ulleungdo. L'archipel d'Ulleungdo était représenté depuis le début du 18ème siècle jusqu'au milieu du 19ème siècle. On peut donc prouver que le Royaume de Joseon possédait les droits sur les îlots en observant ces deux cartes typiques (figure 6.8 et 6.9). Si on essaie

354 Takeshima correspond à l'île d'Ulleungdo et une autre île correspond aux îlots Dokdo actuel.

de comparer ces deux cartes faites environ entre le début du 18ème siècle et le milieu du 19ème siècle, avec celle de nos jours (figure 6.10), on peut penser que la revendication du Japon dépasse l'entendement.

Figure n°6.8 Représentation de l'archipel d'Ulleungdo au début du 18ème siècle

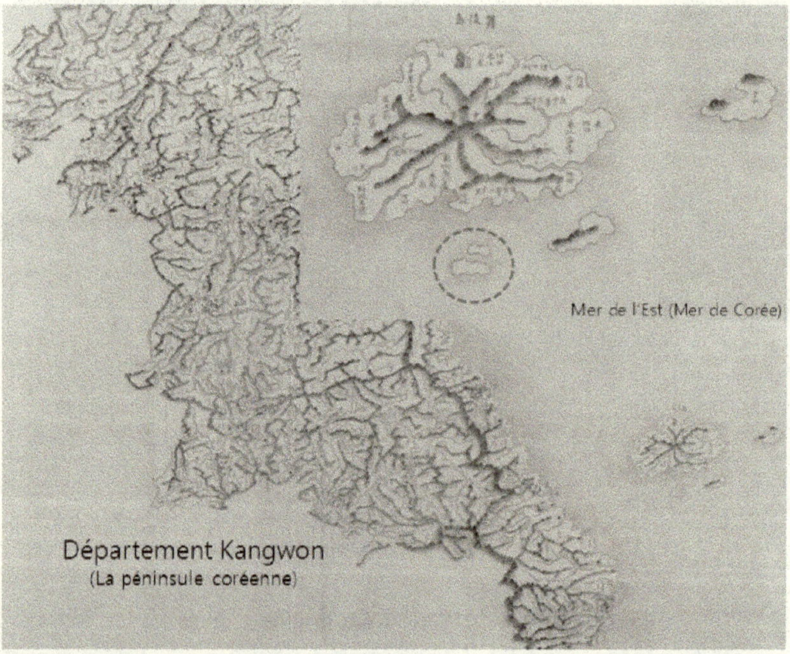

Source : Carte du département Gangwon, vers 1700, en dépôt au musée de Hey-jeong, à Suwon en Corée.

Figure n°6.9 Représentation de l'archipel d'Ulleungdo au milieu du 19ème siècle

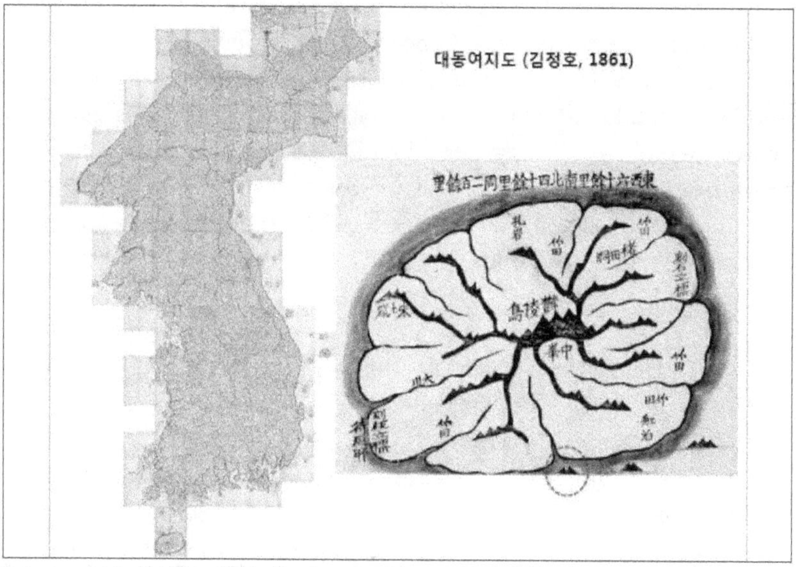

Source : Jeong-Ho Kim, 1861, Daedongyeo-jido, en dépôt à l'Institut pour la recherche coréenne, Université de Séoul.

Figure n°6.10 Représentation de l'archipel d'Ulleungdo à nos jours

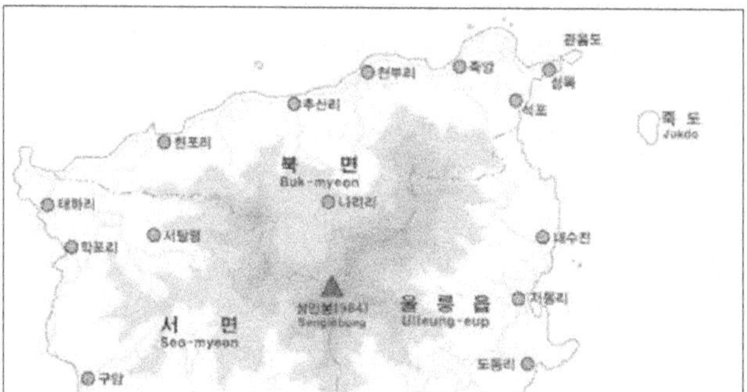

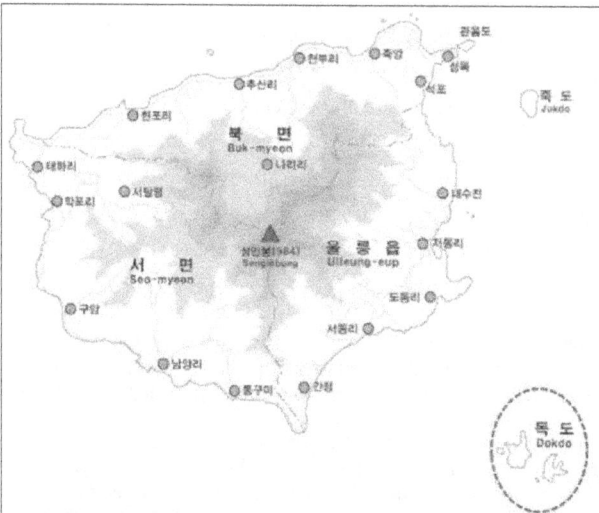

Source : Sous-préfecture d'Ulleung, 2012, Carte touristique de l'archipel d'Ulleungdo.

Ainsi, le Royaume de Joseon par ses diverses représentations cartographiques reconnaissait bien l'existence des îlots Dokdo et de l'île d'Ulleungdo. Cette hégémonie fut caractérisée par l'envoi régulier de fonctionnaire sur ces îles. Cependant, les Japonais de façon illégal et frauduleuse volaient les produits locaux des îles d'Ulleungdo. Aussi le droit international actuel ainsi que les sources historiques que nous venons de présenter (faisant des îlots Dokdo une partie intégrante du territoire coréen) ne peuvent en aucun cas concourir à rendre possible la revendication du Japon sur ces îlots. Sauf si cette dernière se considère bel et bien sorti de sa période coloniale.

6.1.2 Deuxième exemple : le problème de la désignation de la Mer de Corée / Mer du Japon

Nous allons ici évoquer le débat relatif à la désignation de la mer qui sépare la Corée du Japon. Vers le XVIIIème siècle, les Occidentaux utilisaient les termes de « Mer de Corée (Sea of Korea) », « Mer orientale (Eastern Sea) » et « Mer du Japon ». Chaque éditeur et gouvernements utilisaient sa propre appellation. L'ancienne génération coréenne la qualifient de « Mer de l'Est (동해) ». Avec l'occupation japonaise s'installa le terme de « Mer du Japon[355] ». Celui-ci resta en vigueur de nos jours, même si le gouvernement et certains groupes de pression sud-coréens tentent de trouver le moyen de faire ré-accepter le terme de « Mer de Corée[356] » . Ainsi l'emploi d'une double dénomination (Mer de Corée / Mer du Japon) est en train de se généraliser chez les éditeurs occidentaux.

Les figures 6.11, 6.12, 6.13 et 6.14 indiquent l'appellation qu'utilisaient les principaux pays occidentaux durant les XVIIIème et XIXème siècles. En général, les Japonais utilisait le terme de « Mer de Corée (朝鮮海) » sur ses cartes jusqu'au tout début du XXème siècle (figure 6.15). En

355 Sous l'occupation japonaise, le Japon avait enregistré la désignation de « la mer du Japon » de façon officielle auprès de l'Organisation Hydrographique Internationale en 1929. La Corée n'ayant aucun droit diplomatique étant sous domination japonaise. De par ce fait l'appellation « la mer de Corée » fut perdue pendant la colonisation japonaise.

356 Alex Jo, ressortissant coréen aux Etats-Unis, a tenté dès juillet 2010 d'attirer l'attention sur le problème des îlots Dokdo par le biais de l'humour. Au moyen d'une fausse affiche publicitaire visible par les automobilistes de Los Angeles. Le chanteur Jang-Hun Kim a fait de même dans l'édition du 1ermars 2012 du New York Times.

fait, le terme de Mer du Japon plus précisément « Mer du Grand Japon (대일본해) » (sous-entendu du Japon en tant que puissance coloniale) désignait initialement la partie de l'Océan Pacifique voisine de l'archipel nippon. Ce n'est qu'avec l'occupation de la Corée que le terme de Mer du Japon s'est substitué à celui de Mer de Corée.

Figure n°6.11 Mode de désignation de la « Mer de Corée » sur les cartes occidentales (1)

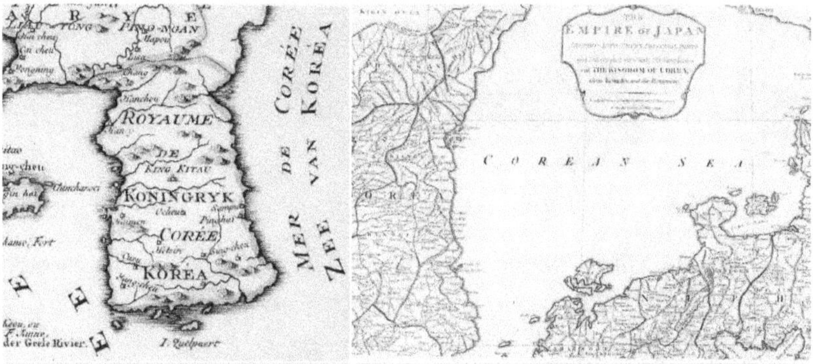

Jacques Nicolas Bellin, 1748, France

Robert Laurie et James Whittle, 1794, Angleterre

Figure n°6.12 Mode de désignation de la « Mer de Corée » sur les cartes occidentales (2)

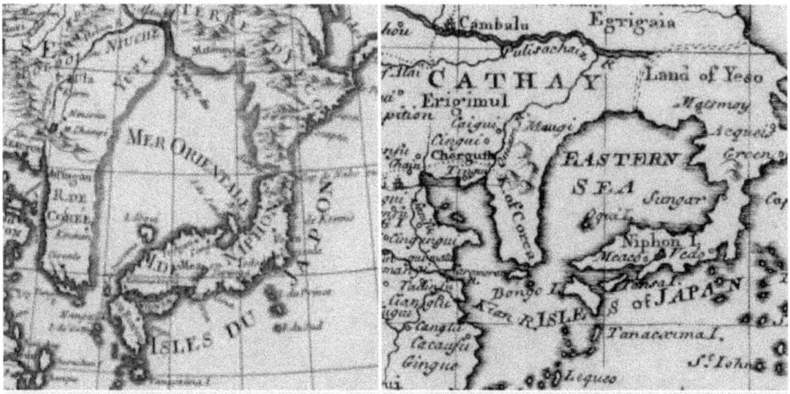

Guillaume Delisle, 1700, France

Emanuel Bowen, 1744, England

Figure n°6.13 Mode de désignation de la « Mer de Corée » sur les cartes occidentales (3)

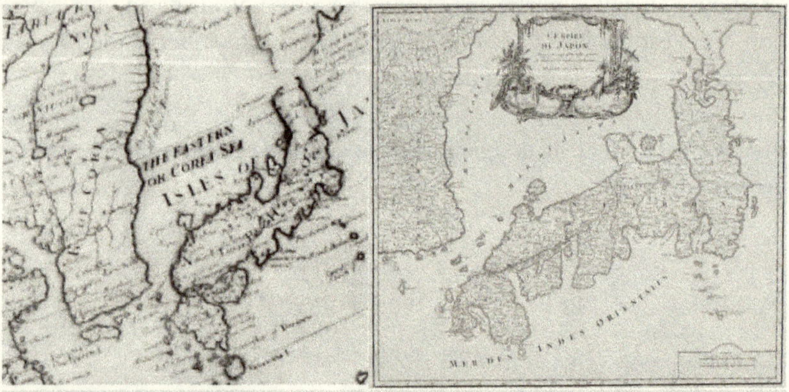

John Senex, 1725, Angleterre | Robert de Vaugondy, 1750, France

Figure n°6.14 Mode de désignation de la « Mer de Corée » sur les cartes occidentales (4)

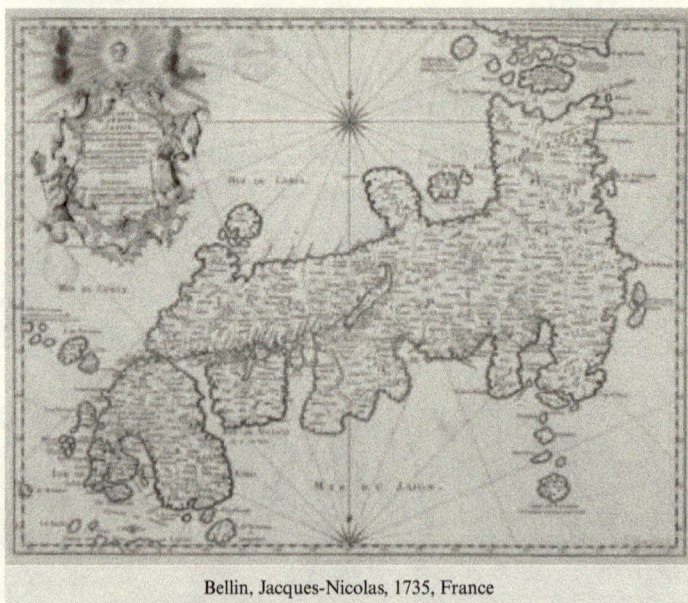

Bellin, Jacques-Nicolas, 1735, France

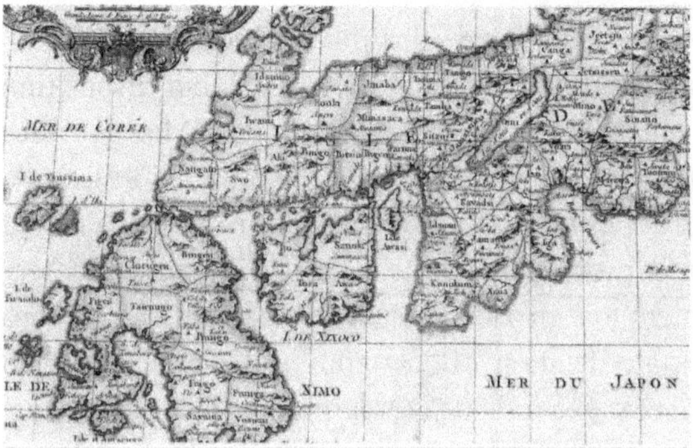

Jacques Nicolas Bellin, 1752, France

Figure n°6.15 Mode de désignation de la « Mer de Corée » sur les cartes japonaises

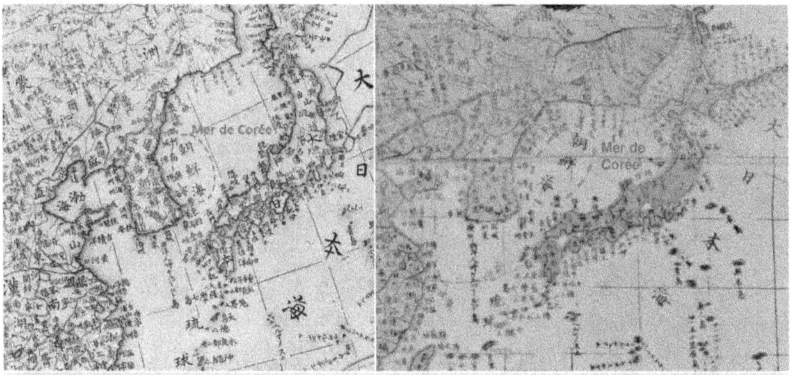

Takahashi Kageyasu, 1810, Japon

Anonyme, 1871, Japon

Tableau n°6.1 Evolution de la mode de désignation de la Mer de Corée

Période	Jusqu'au 19ème siècle	La 1ère moitié du 20ème siècle (domination japonaise)	La 2ème moitié du 20ème siècle (jusqu'à nos jours)
Mode de Désigna-tion de la Mer de Corée	**Mer de Corée** (Sea of Korea)	**Mer orientale** (Eastern Sea)	**+ Mer orientale** (Eastern Sea)
	Mer orientale (Eastern Sea)		**+ Mer du Japon** (Sea of Japon)
	Mer du Japon (Sea of Japon)	**Mer du Japon** (Sea of Japon)	**+ Double dénomination** (Mer de Corée / Mer du Japon)
	Double dénomination (mer de Corée et de Japon ; mer orientale et de Corée)		

Auteur : Saangkyun Yi

Le gouvernement sud-coréen ainsi que les membres de la société civile sud-coréenne usent de tous les moyens mis à leur disposition afin de promouvoir le retour à l'utilisation du terme de « Mer de Corée ». Par exemple par le biais de la simple recherche d'archives à l'utilisation de l'arme humoristique et par l'utilisation la presse nord-américaine. La Corée du Sud présenta la problématique de la dénomination de la Mer de Corée pour la première fois en 1992 à l'UNCSGN : United Nations Conference on the Standardization of Geographical Names. Puis en 1997, auprès de l'Assemblée générale de l'Organisation hydrographique internationale à laquelle elle adhéra en 1957. Suite à ces requêtes, depuis 2005 certains organes de presse (The Times) et maisons d'édition (National Geographic) de même que certains cartographes (Rand McNally) et géographes majeurs (comme Harm de Blij, professeur à l'Université de Michigan, avec son livre intitulé « Geography of the world » adoptèrent la double dénomination Mer de Corée / Mer du Japon.

Figure n°6.16 Exemples d'emploi récent d'une double dénomination

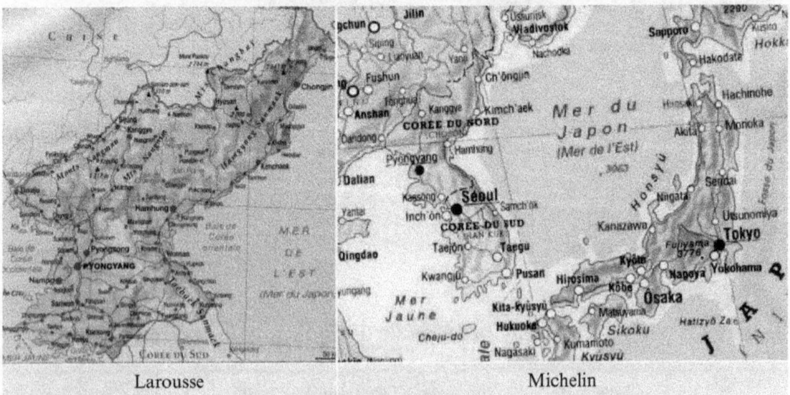

Larousse Michelin

Source : à partir du Journal télévisé de la chaîne YTN, Corée du Sud, 20 février 2012.

Après un siècle d'utilisation exclusive du terme de « Mer du Japon » sur les cartes de la plupart des pays. On commence à réemployer celui de « Mer de Corée ». La figure 6.16 montre un exemple de double dénomination.[357] Nous pouvons supposer que Larousse et Michelin, les

357 Le terme de « Mer de l'Est (동해) » est parfois utilisé quelques éditeurs étrangers à côté de celui de « Mer du Japon (일본해) ». Or, l'utilisation du premier terme sur une carte

deux premiers éditeurs français à procéder à ce changement (en 2012), vont faire des émules en Europe ainsi que dans le reste du monde francophone.

6.1.3 Troisième exemple : le projet de recherche historique sur les Provinces du Nord-Est en Chine dans le contexte de conflit territorial opposant Chine et Corée du Sud

La Chine abrite 56 minorités ethniques aux côtés d'un groupe dominant Han regroupant plus de 90 % des citoyens; identités et histoires respectives des différentes minorités ethniques y sont relativement ignorées par un gouvernement dont l'essentiel de la politique déployée à leur égard relève de l'assimilation. La Chine a conquis par la force d'immenses territoires qui abritent des minorités qui représentent aujourd'hui des forces centrifuges, des menaces potentielles pour la cohésion d'ensemble du pays. Deux districts autonomes se signalent particulièrement par le fait que l'indépendantisme y rencontre un puissant écho : le Xinjiang (des Ouïgours) et le Tibet.

Le gouvernement chinois n'a jamais vraiment cessé de tenter de dissoudre l'identité de ses minorités ethniques dans une culture Han qu'il voudrait commune et unique: en témoignent l'appui du gouvernement au début de colonisation des districts autonomes du grand Ouest par les Han, ainsi que la modification de la manière d'aborder l'histoire des minorités chinoises dans les manuels scolaires (vers un unique point de vue, celui des Han).

Nous allons nous focaliser dans cette section sur la « querelle historique » qui oppose Chine et Corée du Sud au sujet des « provinces du Nord-Est ». Ces provinces, aujourd'hui chinoises ont, en tant que territoires propres du Royaume de Gokuryo (et du Royaume de Balhae, son successeur), longtemps fait partie de l'espace culturel coréen, et abritent

---

internationale ou mondiale est impropre. Car elle ne prend pas pour référence un point de vue « absolu », mais seulement le point de vue coréen valable uniquement à l'intérieur du pays. D'autre part, il est possible de confondre la Mer de l'Est utilisé pour la séparation entre la Corée le Japon avec celle de la Mer de l'Est Chinoise (East China Sea).

aujourd'hui plus de deux millions de Chinois de culture coréenne.

Au lancement par le gouvernement chinois d'un « projet de recherche sur l'histoire des provinces du Nord-Est[358] » correspond la volonté d'inclure l'histoire du Royaume de Goguryo dans un cadre « chinois », c'est à dire centré sur le peuple Han. Face à la « mosaïque » ethnique chinoise la Corée fait figure de nation remarquablement homogène[359], ce qui explique les protestations du gouvernement et des historiens coréens face à l'entreprise chinoise de « réécriture » de l'histoire du Royaume de Koguryo. En guise de réponse le gouvernement chinois n'a

358 Le maître d'oeuvre de ce « projet de recherche historique sur les trois provinces du Nord-Est » a été, de 2002 à 2007, le Centre de recherche sur l'histoire des régions périphériques (邊疆史地研究中心), organe affilié au Centre de recherche sur le Nord-Est (sciences sociales). L'intitulé même du projet (東北邊疆歷史與現狀系列研究工程) renvoie implicitement à la volonté d'aborder l'histoire des trois provinces sous un éclairage nouveau. Nous pouvons y voir un acte de prudence du gouvernement chinois, plus précisément l'anticipation d'un conflit territorial face à une Corée réunifiée: tout le discours élaboré depuis (sur l'histoire des minorités, notamment de la minorité coréenne) semble devoir être à considérer comme une parade à cette éventualité (en fait il ne s'agit au fond que de légitimer l'affirmation selon laquelle la Chine est un « tout » cohérent historiquement, et non un agrégat disparate... ce qu'elle est pourtant sous un certain angle.) Ce discours, qui fait de la Corée une entité historique disloquée, est évidemment une cible toute désignée du gouvernement coréen, qui juge que recréer les conditions de l'épanouissement d'un sentiment national fort est un impératif absolu actuellement. La représentation dominante en Corée fait de la Mandchourie un ancien territoire coréen, ramenant l'histoire de ce territoire à celle des royaumes coréens anciens (Kojoseon, Buyeo, Koguryeo, Balhae), en faisant du même coup une des racines de la Corée actuelle. La Chine au contraire, essaie d'occulter la présence historique des Coréens en Mandchourie, conformément au cadre idéologique qu'elle souhaite promouvoir, en s'appuyant sur la caution de certains scientifiques à travers le lancement d'une recherche dont les découvertes ont déjà été fixées, à savoir que l'histoire de la Mandchourie, comme celles des entités politiques qu'étaient Kojoseon, Buyeo, Koguryeo et Balhae, s'inscrivent « naturellement » dans un cadre qui ne peut être que l'histoire de la Chine.

359 Jusque dans les années 1980, le gouvernement coréen a fait en sorte, par le biais de l'Ecole, que chacun tire de son appartenance à cette nation ethniquement homogène un sentiment de fierté; puis dans les années 1970 et 1980, sous l'effet conjugué de l'industrialisation et de l'urbanisation, l'exode rural s'est accompagné d'une importante asymétrie migratoire, avec un départ particulièrement massif des jeunes femmes vers les villes, faisant de la question du mariage des jeunes hommes des campagnes un réel problème social. On constate enfin depuis les années 90 une multiplication des mariages mixtes, leur nombre étant passé de 13 494 (3.4%) en 1995, et 43 121 (13.6%) en 2005. D'autre part, le nombre d'étrangers en Corée du Sud s'élevait en 2011 à 1 265 000 personnes (pour 50 millions de citoyens coréens) : travailleurs (43,7%), nouveaux-venus au titre du regroupement familial (11,2%) et étudiants (6,9%) (Bureau sud-coréen des statistiques, http://kostat.go.kr). Il n'est donc plus question aujourd'hui en Corée de « pays ethniquement homogène » et dans le discours officiel comme dans la société civile on parle désormais de « société multiculturelle » de « famille multiculturelle » et « d'éducation multiculturelle », comme des outils d'insertion sociale à destination des enfants métis et des étrangers).

pas choisi de faire avorter le projet, se contentant d'annoncer un « rapprochement prochain avec le gouvernement coréen ». La figure 6.12 superpose territoire chinois actuel et aire culturelle coréenne traditionnelle, faisant apparaître la zone de chevauchement que sont les trois provinces chinoises du Nord-Est.

Figure n°6.12 Territoire chinois et aire culturelle coréenne

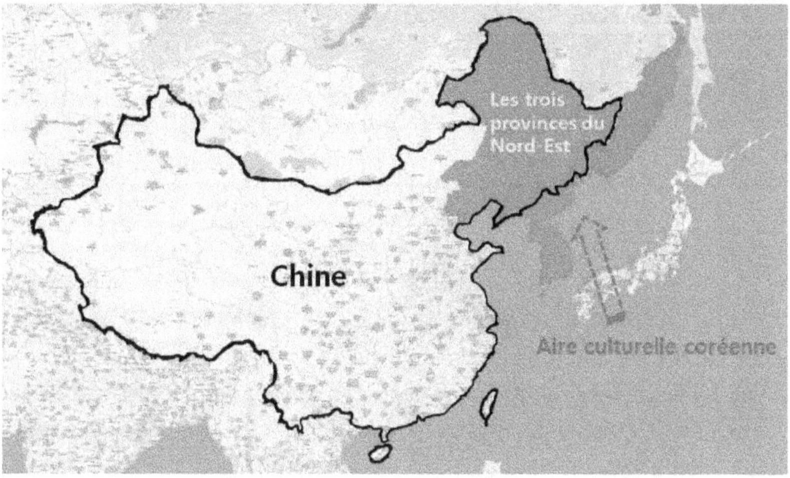

Source : Bang, Su-Ok, 1998, La politique du gouvernement chinois à destination des minorités ethniques : le cas des Chinois d'origine coréenne à Yanbian, Revue de la recherche sur la diaspora coréenne, No. 8, p. 394.

Deux éléments présents dans les trois provinces chinoises du Nord-Est sont considérés par les chercheurs coréens comme des spécificités culturelles coréennes sous cette latitude, à savoir « le système de chauffage par le sol[360] » et « la culture du riz[361] ». Nous notons cependant un recul démographique permanent des Coréens au profit du groupe

360 Choe, Oun, 2011, *Le développement du système de chauffage par le sol dans la région du Nord-Est en Chine*, Mémoire, Université de Oulsan, 68 p.

361 Bak, Jin-Hwan, 1995, « Immigrés coréens et culture du riz dans la province chinoise de Heilongjiang », Revue de recherche sur l'économie agricole, Vol. 36, No. 2, p. 2197-2236 ; Kim, Yeong, 2009, « La culture du riz dans les communautés immigrées coréennes dans la région chinoise de Liaoning : 1875-1931 », *Revue de recherche sur les études coréennes*, No. 21, p. 71-98 ; Jeong, Hee-Suk, 2010, « Evolution culturelle et identitaire des coréens », *Revue de recherche historique et culturelle*, No. 35, pp. 555-580 ; Kang, Yong-Chan, 2001, « Transferts de fonds et vie des immigrés coréens en Chine », *Revue de la recherche en science sociale,* No. 5, p. 65-107.

Han, en relation avec la politique d'intégration des minorités ethniques dans la région du Nord-Est en Chine, dont on peut déduire qu'elle fera probablement disparaître à terme l'identité culturelle coréenne de la région (tableau 6.2).

Tableau n°6.2 Evolution de la composition interne de la population dans le « District autonome des Chinois d'origine coréenne » (Yanbian)

Période	Population totale	Groupe Han (%)	Minorité coréenne (%)	Autres minorités
1953	926,202	346,427 (37,4)	557,279 (60,2)	22,501 (2,4)
1964	1,294,629	643,855 (49,8)	623,136 (48,1)	27,638 (2,1)
1982	1,294,629	1,073,979 (57,4)	754,706 (40,3)	42,823 (2,3)
1990	1,871,508	1,187,262 (58,1)	821,479 (39,5)	71,161 (3,4)
1994	2,154,703	1,236,459 (57,39)	854,850 (39,6)	63,384 (2,9)
1995	2,175,888	1,252,471 (57,56)	858,308 (39,4)	65,109 (2,9)

Source : Bang, Su-Ok, 1998, La politique du gouvernement chinois à destination des minorités ethniques : le cas des Chinois d'origine coréenne à Yanbian, Revue de la recherche sur la diaspora coréenne, No. 8, p. 394.

Venons-en maintenant à la question de la région de Kando, c'est-à-dire au district autonome de la minorité coréenne (Mandchourie méridionale). La figure 6.13 montre l'aire culturelle coréenne telle qu'elle est représentée dans les atlas sud-coréens et le déplacement des frontières étatiques.

Figure n°6.13 Aire culturelle coréenne et déplacement des frontières

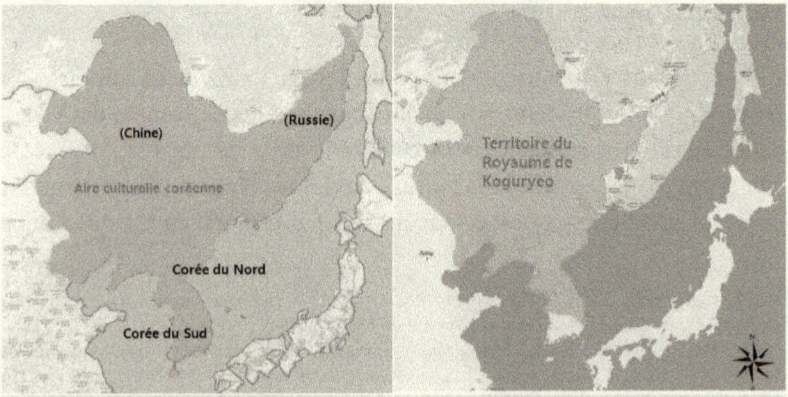

(a) Aire culturelle coréenne et frontières internes actuelles de l'Asie de l'Est.

(b) Le Royaume de Koguryeo (de 37 avant J.-C. à 668)

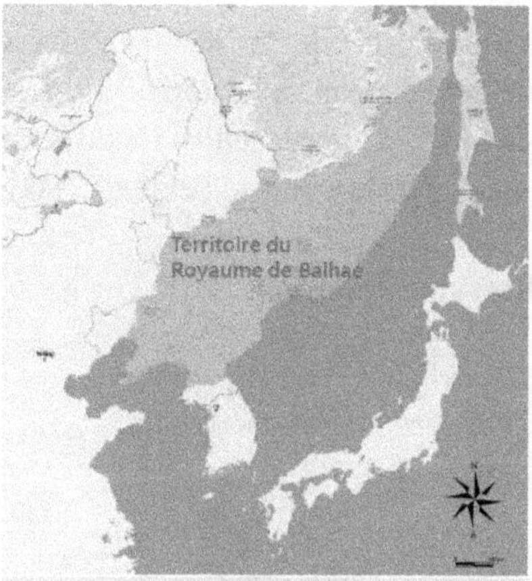

(c) Le Royaume de Balhae (de 698 à 926)

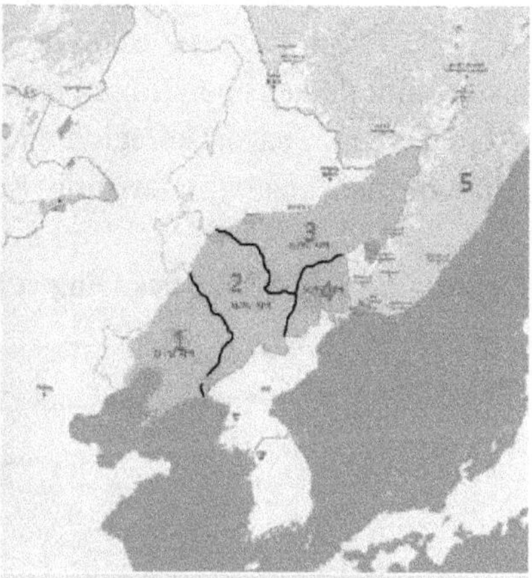

(d) La région de Kando
(principal foyer des populations immigrées d'origine coréenne en Chine)

Sources : Cartes réactualisées à partir des données de Kim, Deuk-Hwang (Kim, 2005, p. 67) et de la Commission pour la réintégration de la région de Kando, http://cafe.naver.com/coreagando.

Sous les Koguryeo, c'est-à-dire de 37 avant J.C. à 668, la région chinoise du Nord-Est se trouve incluse dans l'aire culturelle coréenne. Après l'effondrement de la dynastie, le Royaume voit son territoire se réduire considérablement et il faut attendre l'avènement de la dynastie des Balhae (698 à 926), pour voir la Corée dominer à nouveau la Mandchourie du Sud. Puis, en 926, la région est délaissée par le pouvoir coréen pour plusieurs siècles. La frontière entre Royaume de Joseon et territoire administré par la dynastie des Qing date de 1712. Une stèle commémore cet accord dans la montagne de Bakdu (백두산) entre les deux pays suite à quoi la région a été délaissée jusqu'à ce que le Japon « cède » « ses » droits à la Chine en 1909 par la Convention de Kando. Cet abandon par la dynastie des Qing[362], de la Mandchourie, territoire d'origine de son fondateur, apparaît comme une conséquence de l'éloignement de celle-ci vis-à-vis du siège effectif du pouvoir central, ce qui la rendait difficilement défendable face aux fréquentes attaques venues du Nord. La figure 6.14 met en regard les territoires contrôlés par les Qing et ceux contrôlés par les Joseon à la fin du XVIIIème : la muraille édifiée par les Qing s'arrête à la Mandchourie occidentale.

362 La dynastie des Ming, au pouvoir depuis 1368, s'en voit exclue en 1644 par Nurhaci, fondateur en 1636 de la dynastie mandchoue des Qing, dynastie qui va se maintenir au pouvoir jusqu'en 1912.

Enfin, la partie « d » de la figure 6.13 montre les deux foyers historiques de la population coréenne actuellement à l'extérieur du territoire coréen, à savoir la région de Kando[363] (1-4)[364] et le PrimorskyKrai (Примо´рский край) (5), territoire russe depuis le traité de Pékin de 1860.

Figure n°6.14 Territoire des Qing et Royaume de Joseon

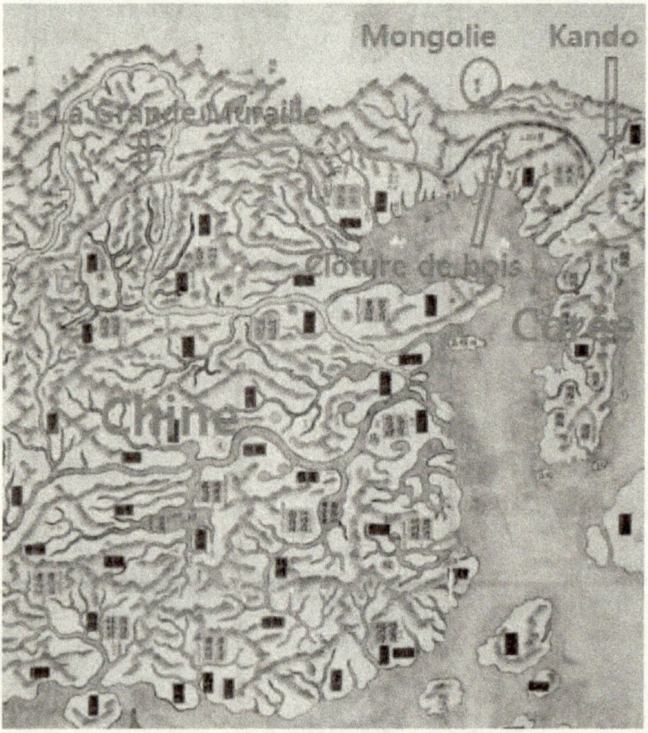

Source : Famille royale de Joseon, fin du XVIIIème siècle, Dynastie des Qing et Royaume de Joseon, en dépôt au Centre de recherche des Études coréennes à l'Université de Séoul.

---

363 Le terme de Kando semble provenir du fait que la région a joué longtemps (du XVIIIème aux alentours de 900) le rôle de zone neutre entre Corée et Chine (Kim, Deuk-Hwang, 2005, p. 236.) La région appartient aujourd'hui à la Chine tandis que la présence d'un pays tiers (Corée du Nord) réduit durablement le gouvernement sud-coréen à la passivité, ce qui n'empêche pas les associations de civiles de revendiquer la région. (Kim, Jong-Keon, 2007, p.92-94.)

364 Sur la carte de Yanji et Changbai établie en 1918 par l'état-major de l'armée chinoise, on a dénommé « Seokando » (Kando occidental) la région située au Nord du fleuve Aplok (압록강), (correspondant au 2 sur la carte (d) de la figure 6.13), et « Dongkando » (Kando oriental) la région située au Nord du fleuve Duman (두만강) (correspondant au 3 sur la carte (d)) (Bak, Seon-Yeong, 2007).

Durant le XVIIIème siècle comme au cours du siècle suivant, des Coréens, et notamment les plus septentrionaux d'entre eux, émigrent dans la région de Kando pour en exploiter la terre. Parallèlement, étant donné la très forte ponction dans les finances publiques qu'aura occasionné la Guerre de l'opium d'une part, et d'autre part les nouvelles ambitions russes sur la région chinoise du Nord-Est, une réaction pragmatique du pouvoir Qing va consister à inciter les Han à migrer vers cette même région dès 1870[365] (avant d'y autoriser, dès 1885, l'installation de populations en provenance directe du Royaume de Joseon, tout en maintenant la région sous administration chinoise). Nous estimons qu'environ 250,000 personnes ont émigré de la région la plus septentrionale du Royaume de Joseon vers la région de Kando. Depuis 1910, date du début de l'occupation japonaise, donc des confiscations des terres et de l'arrivée en masse des colons japonais, de nombreux ruraux ont dû quitter leur pays natal pour Kando.[366] Kim a montré en 1997 que le Japon, suite à l'invasion la Mandchourie en 1931 et l'établissement l'année suivante du Mandchouguo(滿洲國 ; 만주국)[367], gouvernement fantoche au service du Japon, a procédé à la déportation pure et simple d'un million et demi de Coréens en vue de la réalisation du défrichage des landes de Mandchourie. Le tableau 6.2 montre l'évolution du nombre d'immigrés en provenance de Joseon sur le territoire chinois (notamment dans le Nord-Est)[368]. Selon les cartes reproduites ici, la dynastie des Qing ne contrôle

365 Im, Gye-Sun, 2001, La Chine gouvernée par une des tribus nomades mandchoues, Editions Sinseowon, p.437.

366 Kim, Byeong-Ho, 1999, « Législation chinoise à l'égard des minorités ethniques et statut des Chinois d'origine coréenne à Yanbian », *Revue de recherche sur la paix*, No. 8, p. 123-127.

367 Ce gouvernement fantoche ne sera dissout qu'avec la défaite des Japonais à la fin de la deuxième guerre mondiale.

368 Un exemple concret de la situation d'une famille d'immigrés d'origine coréenne parmi d'autres nous a été offert par le témoignage d'une Chinoise d'origine coréenne, Jeong Hyang-Ja, née en 1952 à Yanbian et rencontré pour la première fois en Chine lors d'un de nos voyages. Ses ancêtres ont vécu jusqu'en 1910 à Jinju au sud de la péninsule coréenne, son arrière-grand-père, Jeong Kil-Chun (1881-1962), a quitté la Corée avec ses frères et leurs familles pour Oungki dans l'actuelle Corée du Nord. C'est apparemment grâce à des indications fournies par des missionnaires catholiques que cette famille a entrepris un voyage par bateau, atteignant une première destination, Oungki, au nord de la péninsule, où ils se fixeront 18 ans, avant un voyage final pour Yanbian (c'est-à-dire, en 1928, Kando) pour une partie d'entre eux. A cette époque, qui correspond à la fin du Royaume de Joseon et au début de l'occupation japonaise, ces gens sont déjà convertis au catholicisme -rappelons que le premier chrétien coréen, Yi Seong-Hun, s'est fait baptiser à Pékin en 1784. Le fils et le petit-fils de Jeong Kil-Chun (Jeong Ju-Seon, 1908-1987, et Jeong Seok-Hyeon, 1928-1999), sont restés sur place, tandis que son arrière petite fille,

donc la région de Kando que depuis la deuxième moitié du XIXème siècle, après l'avoir abandonnée durant deux à trois siècles.

Tableau n°6.2 Evolution du nombre d'immigrés d'origine coréenne en Chine

Année	Membres de la minorité coréenne	Année	Membres de la minorité coréenne
1910	105,600	1953	1,120,405
1912	238,403	1964	1,339,569
1915	282,070	1982	1,765,204
1918	361,772	1990	1,920,597
1922	515,865	1995	1,940,398
1930	607,119	1997	1,985,503
1936	854,411	1999	2,043,578
1944	2,165,857	2001	1,887,558

Sources: Tableau réactualisé à partir des données deAhn, Hwa-Chun (Ahn, 2000, p. 113) ; Kim, Byeong-Ho (Kim, 1997, p. 214) et des statistiques démographiques du Ministère des Affaires étrangères de Corée du Sud, http://www.mofat.go.kr/

Sur une autre carte, réalisée au Royaume de Joseon en 1750, et intitulée « Frontière entre le Royaume de Joseon et le peuple Yeojin[369] », la région de Kando figure en tant que zone neutre, jouant le rôle d'espace de transition (figure 6.15), ce que confirme la consultation d'archives telles que les chroniques des Rois de Joseon. Dans la quatrième chronique du 24 février 1884, on peut notamment lire qu'un haut fonctionnaire envoyé de Séoul a « procédé à des aménagements constructifs dans les régions septentrionales de Hamkyeong et de Kando, y confiant un vaste terrain à des populations modestes[370] ». De même dans la première chronique du 11 août 1903, on peut lire que «la région de Kando est une zone limite entre Royaume de Joseon et dynastie de Qing, zone qui a été abandonnée pendant plusieurs siècles. (…) Nous avons suggéré l'envoi d'un fonctionnaire sur place pour y relayer le pouvoir royal, et veiller à la protection de nos ressortissants locaux, régulièrement victimes des Chinois. […] Nous avons reçu l'aval du Roi[371] ».

---

notre témoin, s'est établie à Shanghai en 1992. Madame Jeong confirme que la culture du riz dans les actuelles régions chinoises du Nord-Est est un héritage coréen. La plupart des immigrants coréens en Chine du Nord-Est se sont en effet engagés dans la culture du riz.

369 Nurhaci (奴兒哈赤, 1559-1626), fondateur de la dynastie des Qing, est issu de la tribu nomade mandchoue des Yeojin (女眞).

370 咸鏡道幼學李冕厚等疏略: “在昨年春, 特遣經略使臣魚允中, 來本道, 矯巨瘼者, 凡十有五。(...) 七曰, 六鎭、«間島»田數百結, 屬之貧民.

371 內部大臣臨時署理議政府参政金奎弘奏: “«北間島»卽韓、淸交界, 而因爲空曠, 于今數百年矣。粵自數十年以來, 北邊沿邊各郡我民之移住該地、耕食居生者, 今爲數萬戶十餘萬生靈, 而酷被淸人之侵漁。故上年自臣部派遣視察李範允, 使之宣布皇化, 調査戶口矣。今接該視察李範允報告內, 槪淸人之虐待我民, 難以枚陳。另加下燭, 卽爲移照

Les chroniques des Rois de Joseon que ceux-ci admettent donc la région de Kando pour zone de transition entre leur territoire et celui des Qing. La carte établie par Bellin en 1720 (figure 6.16) montre le territoire de Kandocomme partie intégrante du Royaume de Joseon. Deux siècles plus tard, la carte établie par le Vatican en 1924, c'est à dire durant l'occupation japonaise, indique l'inclusion de Kando à la région administrative septentrionale de la Corée coloniale : le statut de Kando comme « région coréenne » est donc admis (figure 6.16). Entre temps, la région abandonnée par le pouvoir central Qing voit l'arrivée sur place d'un groupe exogène capable d'en mettre les terres en culture. Si les Coréens sont établis depuis longtemps en Mandchourie, ils n'en sont pas le peuple autochtone, lequel était exclusivement composé de tribus nomades. Néanmoins, ils ont imprimé la marque cacatéristique d'un paysage culturel coréen.

Figure n°6.15 Tracé de la frontière entre Royaume de Joseon et « peuple Yeojin »

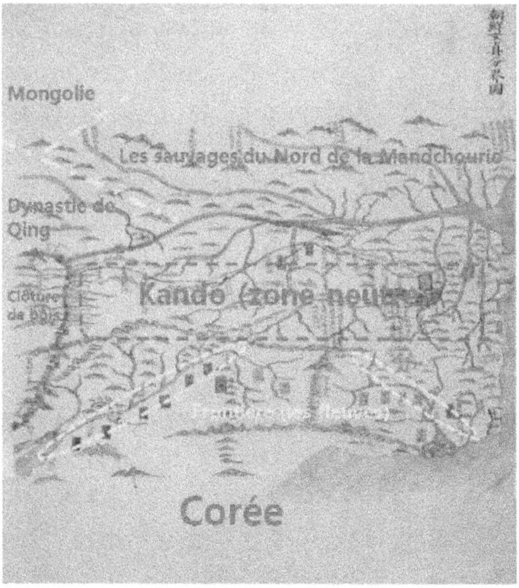

Source : Famille royale de Joseon, 1750, Carte de la frontière séparant le Royaume de Joseon du peuple mandchou « Yeojin », en dépôt au Centre de recherche d'Études coréennes, Université de Séoul.

外部, 與淸公使詰辦, 以防淸員之虐待。亦爲建官設兵, 以慰萬民感化樂生等因, 而爲先編籍修報者, 爲一萬三千餘戶矣。據此査報, 則我國寓民之居生此土者, 已爲數十年之久, 而尙未設官保護, 許多生靈, 無所依賴, 一任淸員之凌踏, 其在綏遠之道, 未免疎忽。先自外部與淸公使商辦後, 文移該地方附近官員, 俾勿得勒加薙髮、法外虐待。至於疆界論之, 在前分水嶺定界碑以下土門江以南區域, 固當確定我國界限, 執結定稅, 而數百年空曠之地, 遽爾妥定, 似涉張大。則不可不姑先特置保護官, 亦依該島民等請願, 仍使視察李範允特差管理駐箚該島, 專管事務, 俾保生命財産, 以示朝家懷保之意何如?" 允之.

Figure n°6.16 Cartes couvrant la région de Kando

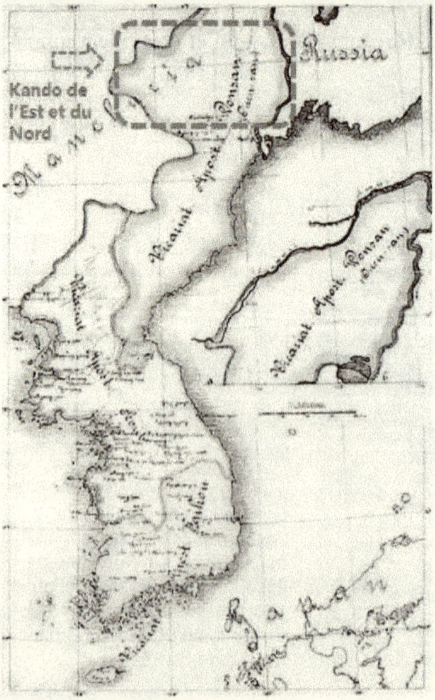

Source : Bellin J. N., 1720, La Chine avec la Corée et les Parties de la Tartarie les Plus Voisines, Paris. (↑) / Le Vatican, 1924, Carte du diocèse de Corée.(←)

Comme le signale l'extension combinée de la culture du riz et du système de chauffage par le sol, le territoire d'épanouissement de la culture coréenne sur les cinq derniers millénaires correspond à l'ensemble Mandchourie-Péninsule coréenne. La figure 6.17 montre un paysage agricole et un village coréens. Culture du riz et construction d'habitations en paille de riz sont de très anciennes traditions coréennes. Le cliché de gauche a été pris dans la région centrale de la Corée du Sud, celui de droite dans la région de Kando. Si la culture du riz est toujours d'actualité, l'industrialisation a évidemment rendu obsolète l'utilisation de la paille de riz pour la construction des habitations.

Figure n°6. 17 Visages de la Corée rurale.

Sources : A gauche: La découverte de la Corée, 1983, Editions Bburikipeun-namu (littéralement : « un arbre bien enraciné »), p.118-119 ; A droite : photographie personnelle d'une Chinoise d'origine coréenne prise en 1983 à Yanbian en Chine.

Figure n°6.18 Le bilinguisme, une donnée culturelle et identitaire fondamentale du district autonome des Chinois d'origine coréenne[372]

Vue de la gare de Yanji, Chine | Vue du quartier commerçant de Yanbian

Source : Communauté des Chinois d'origine coréenne, http://cafe.daum.net/cnyanbianliu

La figure 6.18 montre quelques unes des manifestations les plus visibles du bilinguisme dans le Yanbian (dont le système scolaire est propre). Le passage de la nationalité coréenne à la nationalité chinoise n'a pas induit de changement en parallèle sur les plans de la culture et des pratiques quotidiennes.

372 조선족 자치구.

Comme nous venons de le voir, des conflits territoriaux opposent la Corée du Sud à la Chine et au Japon. Signalons cependant, même si c'est en dehors de notre objet d'étude, que Chine et Japon[373] d'une part et Russie et Japon[374] d'autre part s'opposent actuellement dans d'autres conflits qui contribuent au contexte géopolitique tendu prévalant en Asie du Nord-Est. La collision survenue entre un bateau pêcheur chinois et un bateau de surveillance japonais en 2010 a ainsi rapidement débouché sur une crise diplomatique entre ces deux puissances.

6.2 Sursaut identitaire et anticipation de conflits territoriaux en Corée du Sud

Le gouvernement sud-coréen a fondé l'Institut d'Études Coréennes (The Academy of Korean Studies) en 1978 afin de lancer un programme de recherche dans le domaine des Études coréennes et de faire de la culture coréenne traditionnelle un héritage officiellement assumé de la Corée du Sud actuelle. Des recherches sur la conception traditionnelle de la géographie et sur les cartes anciennes ont été réalisées dans ce cadre. Des résultats de la recherche sur la conception traditionnelle de la géographie (notamment l'idée de Pung-Su) sont entrés dès la fin des années 1980 dans les contenus de géographie scolaire et figurent dans les manuels.

D'autre part, comme le Japon réclame des droits territoriaux sur les îlots Dokdo et que la Chine tente aujourd'hui de construire un discours officiel propre sur l'histoire de l'Asie du Nord-Est, On a créé la fondation d'histoire de l'Asie du Nord-Est en 2006, afin de mener une contre-offensive face à la production chez ses voisins de discours politique à prétention historique et d'anticiper ainsi, sur le plan rhétorique

373 On parle de « Senkaku (尖閣列島) » au Japon, de « Dyaoyudyao (釣魚島) » en Chine. La Chine considère que c'est illégitimement que le Japon a pris le contrôle de ces îles et en réclame la restitution.

374 Les « îles Kouriles » en Russie appelées « Territoire du Nord (北方領土) » au Japon sont quatre îles situées entre Russie et Japon, au Nord-Ouest de Hokkaido. Les Russes se sont assurés la mainmise sur cet espace à l'issue de la Seconde Guerre mondiale grâce à leur statut de vainqueur, mais le Japon en demande régulièrement la restitution. Ce que le président russe ne semble pas disposé à négocier, réaffirmant à plusieurs reprises au contraire le statut de territoire russe par des visites officielles.

et scientifique, tout conflit territorial. Dans cette section nous examinons donc la politique déployée par le gouvernement sud-coréen face au risque de conflit territorial avec les voisins, riposte dont on comprend qu'elle passe dans le domaine scolaire par le renforcement de l'histoire dans le programme national.

6.2.1 Activité de recherche associée aux « Etudes coréennes » et création de la Fondation d'Histoire de l'Asie du Nord-Est

proclamation par le gouvernement coréen d'une Charte de l'Éducation nationale censée créer les conditions de l'émergence d'une identité nationale forte, reposant sur l'affirmation d'une continuité entre la culture coréenne traditionnelle et celle qui découle de son récent développement. La mise sur pied d'un Institut d'Etudes coréennes en 1978 représente une étape clé dans ce processus de réappropriation identitaire, avec la systématisation de travaux axés sur la civilisation, l'histoire et la culture coréennes traditionnelles, ainsi que la réaffirmation de leur héritage. Parmi les missions de l'institut, on trouve, entre autres, la recherche fondamentale, mais aussi une activité de publication de livres dirigés vers un plus vaste public, dont une Encyclopédie de la culture nationale et l'organisation d'événements associés à la coopération internationale. D'autres instituts d'études coréennes sont ouverts dans les années 1970 et 1980 dans des universités un peu partout dans le pays.

Après une longue période d'évolution relativement sereine dans le cadre du Royaume de Joseon, nous pouvons considérer l'influence des grandes puissances depuis l'époque de l'ouverture au monde -et notamment le joug colonial japonais- comme une atteinte presque fatale à la culture coréenne traditionnelle (et, par suite, au sentiment d'appartenance à une communauté et à l'image de soi de chaque Coréen). Si on tient compte également du trouble identitaire profond qu'a occasionné la guerre de Corée, et de l'influence des États-Unis dès la libération du pays vis à vis de l'occupant japonais, et que l'on y ajoute les profondes transformations sociales et culturelles qu'ont induit dès les années 1970 l'industrialisation et l'urbanisation d'une Corée quasi-exclusivement rurale initialement (tableau 6.3), la volonté gouvernementale d'impulser un mouvement global d'introspection identitaire par le lancement de travaux de recherche sur la Corée ancienne et ses limites dans l'espace devient aisément compréhensible.

Tableau n°6.3 De la Corée moderne à la Corée contemporaine : une évolution par ruptures successives

	1876 - 1910	1910 - 1945	1945 - 1950	1950-1953	Les années 60-80	
Société coréenne traditionnelle	L'époque d'ouverture au monde	L'occupation japonaise	Gouvernement sud-coréen	Guerre de Corée	Industrialisation et urbanisation	**Société coréenne contemporaine**
(Royaume de Joseon)	(période de bouillonnement fécond)	(période de stagnation, voire de recul)	(mise en place d'un nouveau cadre)	(période de troubles)	(période de développement accéléré)	**(Corée du Sud)**
	← modernisation du pays, avec en parallèle une certaine acculturation →					

Auteur : Saangkyun Yi.

Les Instituts d'Études coréennes sont chargés de plusieurs responsabilités : une mission de diffusion de l'étude coréenne dans le monde entier, mais aussi, en amont, la numérisation systématique des données relatives à la culture traditionnelle (celle du Royaume de Joseon) afin de les rendre accessibles à tous. Les études coréennes, lancées à la fin des années 1970, ont,pour l'essentiel -c'est à dire en ce qui concerne la numérisation des données-atteint leurs objectifs de départ au bout d'une dizaine d'années. L'insertion de résultats de ces recherches dans les contenus de la géographie scolaire est effective depuis la fin des années 1990.

D'autre part la Fondation de l'Histoire de l'Asie du Nord-Est s'est vu chargé des travaux de recherche sur toutes les questions soulevées par la Mer de Corée (Mer de l'Est), les îlots Dokdo, et l'histoire de l'Asie du Nord-Est. Sont régulièrement organisées dans ce centre des manifestations à destination du grand public, qui traduisent une ambition de vulgarisation des résultats de ces recherches. Il s'agit concrètement de rectifier des informations erronées dans le monde entier[375]. Rentre dans ce cadre par exemple la publication en 2010 d'un recueil de données inti-

375 Fondation d'histoire de l'Asie du Nord-Est, http://www.historyfoundation.or.kr/

tulé : La mer de l'Est et les îlots Dokdo dans les cartes anciennes. L'opération a déjà commencé à porter ses fruits comme en témoignent les dénominations employées dans les cartes du monde Michelin en France, où figurent à la fois les termes de Mer du Japon et de Mer de l'Est, alors que seul le premier des deux termes était utilisé durant le XXème siècle.

6.2.2 La réforme du programme national et ses effets

Dans ce contexte de conflits territoriaux et de production de nouveaux discours officiels chinois et japonais sur l'histoire de la région,comment évolue le programme national sud-coréen ? Par quelle logique aboutit-on au renforcement de la place de l'histoire dans les programmes scolaires tandis que la géographie scolaire reste confinée à un statut secondaire? Pour préciser cela, nous abordons successivement trois réformes du programme national qui n'entrent pas dans ce cadre (réformes de 1987, 1992 et 1997) avant de présenter le programme national de 2005, publié, lui,avec l'ambition de s'adapter au contexte de conflits territoriaux et de modification des discours étrangers sur le passé régional.

6.2.2.1 Les décennies 1980 et 1990 : trois réformes successives des programmes

Nous nous focalisons ici sur les études sociales :le tableau 6.4 donne un aperçu de la modification du programme du secondaire induite par la réforme de 1987 (une simple modification de l'ordre selon lequel les différentes matières sont abordées tout au long des trois années du collège). Même si les noms de disciplines ont été modifiés avec la réforme, il n'en a rien été en ce qui concerne les contenus eux-mêmes.

Tableau n°6.4 Evolution du programme d'étude sociale des collèges

	1ère année	2ème année	3ème année
Avant la réforme de 1987	Géographie/ Education civique	Géographie/Histoire	Histoire/ Education civique
Après 1987	Géographie/Histoire	Histoire/ Education civique	Géographie/ Education civique

Source : programmes de 1981 et de1987.

Parmi les changements introduits par la réforme suivante, celle de 1992, on notera la déclinaison des contenus d'étude sociale de 4ème année du primaire en fonction des caractéristiques locales de chaque collectivité (département ou ville).[376] Autre fait important : l'incorporation de l'histoire (auparavant indépendante depuis 1973) au sein des études sociales. Il faut signaler, en ce qui concerne les classes de lycée, la création d'une discipline dite « Société commune », comprenant l'étude sociale générale et la géographie de la Corée.[377]

Les études sociales sont marquées avec la réforme de 1992 par un renforcement de la place de l'éducation civique ; par le recours à une logique d'investigation, donc la volonté de stimuler l'activité de réflexion des élèves ; par une mise en liaison plus étroite des apprentissages en études sociales du primaire avec ceux du secondaire ; par la réduction globale du volume des contenus, leur plus rigoureuse sélection en amont ; enfin par un rapprochement desdits contenus vis à vis de la vie réelle.[378]

Nous pouvons retenir du programme réformé d'étude sociale du collège les éléments suivants : des contenus de 1ère année construits autour de la géographie et de l'histoire régionales (Corée-Asie), des conte-

376 Depuis la réforme, les contenus de 4ème année sont organisés de la manière suivante : 1. Caractéristiques actuelles et passées de notre département/de notre ville ; 2. Aspects de la vie quotidienne dans notre département/dans notre ville ; 3. Aperçu de la vie quotidienne dans les différentes régions de Corée ; 4. Vie sociale et familiale. D'autre part, on a substitué en 5ème année la discipline Etudes sociales à la discipline Nation et vie du peuple. Cette réforme apparaît comme un tournant sur le plan idéologique, du moins le reflet d'une atténuation du point de vue nationaliste au profit d'un point de vue citoyen.

377 La discipline Société commune se compose de deux sous-domaines, l'étude sociale générale et la géographie de la Corée, chacune d'entre elles faisant l'objet d'un manuel distinct. Créée en 1992, cette discipline fait partie des éléments supprimés par la réforme de 2009.

378 Kwon Oh-Jeong et Kim Yeong-Seok 2006, *op. cit.*, p. 190-191.

nus de 2ème année axés sur la géographie et l'histoire mondiales (sur les plans politique, économique et social), des contenus de 3ème année focalisés sur les questions sociales contemporaines.

Le tableau 6.5 donne un aperçu du mode d'organisation du programme d'étude sociale du lycée après la réforme de 1992. Perspectives politiques et économiques y ont été dissociées (et la place des premières réduite au profit des secondes). Ce renforcement du domaine économique correspond à une demande sociale favorable au soutien du développement de l'économie nationale. De même on peut considérer que la substitution de la morale à la discipline : éthique nationale reflète une atténuation sensible de l'imprégnation des programmes sud-coréens par les valeurs nationalistes.

Tableau n°6.5 Structure du programme d'étude sociale du lycée de 1992

	Disciplines et subdivisions	Coefficient	Statut
La société	« Société commune » (étude sociale générale et géographie de la Corée)	8	Obligatoire
	Histoire de Corée	6	Obligatoire
	Politique	4	Optionnel
	Economie	4	Optionnel
	Culture et société	4	Optionnel
	Histoire du monde	6	Optionnel
	Géographie du monde	6	Optionnel
	Morale	6	Obligatoire

Source : Ministère de l'éducation nationale, 1992, programme des lycées.

Avec les programmes de 1997, les programmes respectifs du primaire et du secondaire sont repensés dans un cadre unique, pour viser le renforcement de la continuité des apprentissages d'une année sur l'autre sans toutefois remettre en cause les contenus eux-mêmes.

Certaines des subdivisions de l'étude sociale du lycée sont renommées:ainsi ce que l'on appelait « société commune » devient simplement « société ». La géographie de la Corée/du monde et la géographie économique[379] se voient reléguées au rang d'options. Enfin, la place réservée à la géographie est sensiblement réduite. Le tableau 6.6 montre ce qu'est devenue la trame du programme d'étude sociale sous l'effet de la réforme de 1997.

Tableau n°6.6 Organisation du programme d'étude sociale du lycée en 1997

Discipline	Matières obligatoires et coefficient	Matières optionnelles et coefficient	
		Options obligatoires	Options facultatives (approfondissement)
Société	Société (10) Histoire (4)	Sociétéshu-maines et environne-ment (4)	**Géographie de la Corée (8), géographie du monde (8), géographie économique** (6), Histoire moderne et contemporaine de la Corée (8), histoire du monde (8), loi et société (6), politique (8), économie (6), culture et société(8)

Source : Ministère de l'éducation nationale, 1997, programme des lycées.

De ce tableau ressort la création d'une subdivision « Sociétés humaines et environnement[380]» en tant que matière optionnelle obligatoire : cette nouvelle matière joue le rôle d'un cadre général pour le champ de connaissances que constituent les études sociales. Un manuel paru en 2001 en présente de la manière suivante la finalité dans son avant-propos :

Cette matière est conçue de manière à permettre l'acquisition d'une compréhension synthétique, d'une conscience globale de la vie des hommes, dans un cadre mixte mêlant point de vue social et point de vue écologique, en vue de former des citoyens aptes à réagir de façon responsable aux changements qui se dessinent.[381]

De l'organisation générale du programme d'étude sociale et de cette définition préalable d'un manuel scolaire, on retient que la matière « Sociétés humaines et environnement » ne relève pas d'une approche proprement géographique. Les auteurs du manuel ne sont d'ailleurs pas des didacticiens de la géographie mais des professeurs de sciences de l'éduca-

379 La géographie économique, introduite en tant que matière optionnelle par la réforme de 1997, disparaît sous l'effet de la réforme de 2009.
380 Cette matière disparaît du programme avec la réforme de 2007.
381 Jo, Yeong-Dal, et al., 2001, *Sociétés humaines et environnement,* Editions Dusandonga.

tion des Universités et des professeurs du secondaire. Par ailleurs, si l'intention de donner aux élèves un point de vue embrassant la totalité du réel (avec une société replacée dans le cadre plus large des écosystèmes) est louable, elle n'a sans doute pas rendu plus facile pour eux comme pour les enseignants, l'identification des apports de chaque matière à la discipline « Société ».

6.2.2.2 A partir de la réforme de 2005 : le renforcement de la place de l'histoire dans les programmes

Le gouvernement japonais réclame le droit sur les îlots Dokdo depuis 1957[382], sans pour autant provoquer de réactions vives chez son homologue sud-coréen (qui, de fait, en est le « propriétaire ») : il faudra attendre 2002 et l'entreprise révisionniste chinoise relative à l'histoire des « provinces du Nord-Est » pour voir le gouvernement sud-coréen prendre véritablement position face à ce qui apparaît comme des provocations de la Chine et du Japon.

Tant la création en 2006 d'une « Fondation de l'Histoire de l'Asie du Nord-Est » que la réforme des programmes scolaires de 2005 (et la mise en avant conséquente de l'histoire au sein de ces programmes) sont à mettre au compte des conflits territoriaux qui opposent la Corée du Sud à ces deux voisins.[383]

La réforme suivante de 2007 s'inscrit dans la ligne droite du mouvement déjà amorcé en 2005 en renforçant à nouveau l'histoire.[384] Il suffit pour s'en convaincre de consulter le nouveau programme, notamment le chapitre des généralités. Nous pouvons y lire, à propos des motifs de lancement de la réforme, que celle-ci « répond à une double demande

---

382 Joseon-Ilbo (le quotidien coréen au plus fort tirage) : article datant du 8 février 1964.

383 Pour comprendre le renforcement de la place de l'histoire dans les programmes (et le faire comprendre aux enseignants), on peut citer cette phrase sans équivoque extraite des programmes du lycée (2007) : «L'introduction de contenus d'histoire moderne et contemporaine dans le programme de seconde répond à la nécessité de combattre le révisionnisme chinois » (Ministère de l'éducation nationale, 2007, Commentaire du programme des lycées, p. 109.)

384 Sous l'effet de la réforme de 2007, l'histoire est sortie de son cadre initial (l'étude sociale) pour devenir une discipline à part entière.

: une volonté politique, mais aussi une exigence du corps social lui-même »[385]. Nous noterons également la structuration de l'étude sociale (au collège) et de la « société » (en seconde) sous une forme bipartite associant société et histoire[386], ainsi que le regroupement de l'histoire de la Corée et de l'histoire du monde au sein d'une discipline unique (tableau 6.7).[387]

Tableau n°6.7 Structure du programme des classes de seconde en 2007

	Catégorie des disciplines	volume horaire annuel et coefficient
Matières	coréen	136 (8)
	morale	34 (2)
	société (société et **histoire**)	société 102 (6)
		histoire 102 (6)
	mathématiques	136 (8)
	sciences	136 (8)
	technologie (garçons) / tâches domestiques (filles)	102 (6)
	éducation physique	68 (4)
	musique	34 (2)
	arts plastiques	34 (2)
	anglais	136 (8)
créneaux horaires librement utilisables (pour enseignements ou non)		102 (6)
ateliers (activités périscolaires)		68 (4)
volume horaire total		1,190 (70)

Source : Ministère de l'éducation nationale, 2007, programme des lycées.

Tableau n°6.8 Structure du programme d'étude sociale de seconde en 2007

Discipline	Options et coefficient
société	Géographie de la Corée(6), géographie du monde (6), géographie économique (6), histoire culturelle de la Corée (6), « comprendre de l'histoire du monde » (6), histoire de l'Asie de l'Est (6), loi et société (6), politique (6), économie (6), culture et société (6)

Source : Ministère de l'éducation nationale, 2007, programme des lycées.

Le tableau 6.8 montre l'éventail d'options proposé aux lycéens

385 Ministère de l'éducation nationale, 2007, commentaire du programme des lycées, p. 139.

386 On notera que le poids relatif affecté à l'histoire de la Corée a été majoré de 50% en l'espace de dix ans (c'est à dire entre la réforme de 1997 et celle de 2007), passant d'un coefficient 4 à un coefficient 6.

387 Ministère de l'éducation nationale, 2007, commentaire du programme des lycées, p.139-140.

dans le cadre de l'étude sociale à partir de 2007. Notons l'introduction de l'histoire de l'Asie de l'Est, reflet de la volonté gouvernementale de faire face aux situations de conflit territorial effectif ou potentiel. Nous allons maintenant examiner les contenus d'histoire de l'Asie de l'Est depuis la réforme de 2009 (tableau 6.9).

Tableau n°6.9 Contenus d'histoire de l'Asie de l'Est des classes de seconde (10ème année dans le système sud-coréen) en 2009

Discipline	Options et coefficient
1, situation initiale	1, l'environnement naturel de l'Asie de l'Est, 2, cultures de l'âge préhistorique, 3, la « révolution néolithique », 4, formation et développement d'une structure étatique
2, migrations et échanges culturels	1, guerres claniques et migrations, 2, les principes bouddhistes et la loi, caractère fondamentalement confucianiste du système de gouvernement 3, relations « internationales » en Asie de l'Est
3, augmentation des capacités de production et transformation des élites	1, peuples du Nord (origine des tribus mandchoues) 2, augmentation des capacités de production et petits paysans propriétaires, 3, hauts fonctionnaires et officiers de l'armée, 4, place du confucianisme
4, modification des relations internationales et stabilisation (émergence d'aires culturelles distinctes)	1, guerres du XVIIème siècle, 2, échanges commerciaux et circulation des monnaies , 3, croissance démographique, économie et société, 4, cultures populaires et traditions propres à chaque pays
5, vers la fondation d'Etats modernes fondés en Asie	1, ouverture de ports et fondation d'Etats modernes,, 2,impérialismes et invasions , 3, les nationalismes et leurs mouvements, 4, vers la paix, 5, acceptation de la civilisation occidentale et conséquences
6, l'Asie de l'Est aujourd'hui	1, règlement du 2nd conflit mondial 2, partition de la Corée et guerre de Corée, 3, niveau de croissance économique et développement politique dans chaque pays, 4, conflits d'intérêt et résolution

Source : Ministère de l'éducation nationale, 2009, programme des lycées.

La rapidité de réaction du gouvernement sud-coréen, décidant l'introduction d'une matière, l'histoire de l'Asie de l'Est, est le reflet de l'importance que ce gouvernement accorde aux conflits dans la région et à leurs enjeux. Ce comportement est à rapprocher de la réaction de la France où l'on a, juste après la défaite face à la Prusse en 1870, installé durablement le couple scolaire histoire-géographie à l'école élémentaire et dans le secondaire. A la différence de la France cependant, en Corée du Sud, seule la place de l'histoire est renforcée dans le programme national : il faut y voir une manifestation de l'influence américaine, notamment à travers l'exportation en Corée de l'étude sociale, au sein de laquelle la géographie n'occupe traditionnellement qu'une place mineure. On peut aussi y voir, sans que cela soit contradictoire avec l'éclairage précédent, un effet de l'autonomie préalablement acquise par l'histoire en 1973, pour être le véhicule des idées anticommunistes autant qu'un moyen d'inculcation d'une conscience nationale.

Figure n°6.19 Traitement des îlots Dokdo dans un manuel de géographie

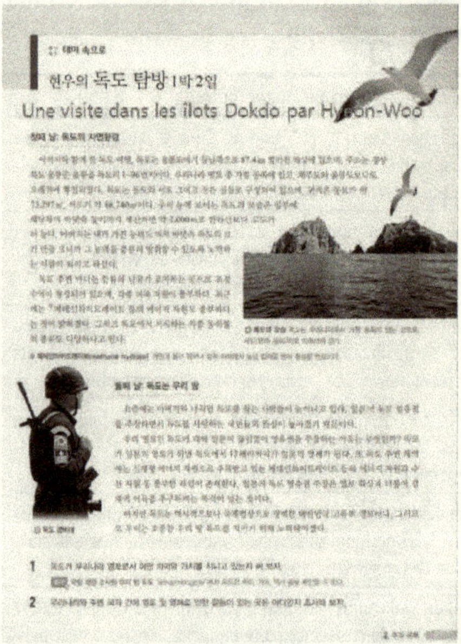

Source : Yi, Yeong-Min et al, 2011, *Société, lycées*, Editions Bisangkyoyuk, p. 21.

Cependant, si la géographie n'apparaît pas comme une discipline essentielle dans les programmes scolaires sud-coréens depuis 2000, il faut remarquer l'insertion de contenus relatifs aux conflits territoriaux dans les manuels de géographie, qu'illustre la figure 6.19 en donnant un aperçu des contenus relatifs aux îlots Dokdo. Les îlots sont mis en scène sous la forme d'un récit de lycéen, Hyeon-Woo : une manière parmi d'autre de montrer dans quelle mesure les îlots Dokdo font partie de la Corée, géographiquement et historiquement.

Des contenus relatifs au Territoire du Nord (notamment la région de Kando) ont aussi été subitement introduits dans la matière de la géographie de Corée sous l'effet de la réforme de 2007. Si auparavant, quelques auteurs évoquaient superficiellement le problème des îlots Dokdo dans les manuels de géographie, le terme même de conflit territorial en était absent. Il faut attendre 2002 et le lancement par le gouvernement chinois d'un « projet de recherche historique sur les trois provinces du Nord-Est » pour voir le thème des conflits territoriaux faire l'objet d'un traitement spécifique dans la géographie scolaire. Le tableau 6.10 donne un aperçu des contenus relatifs à cette question dans le programme de 2007.

Tableau n°6.10 Contenus relatifs aux conflits territoriaux dans le programme de géographie de 2007

Thèmes	penser le territoire national à l'heure de la mondialisation 1, la reconnaissance du territoire national dans la mondialisation, 2, signification de l'idée de « territoire national », et nature de ce territoire.
Sous-thèmes	faire découvrir l'origine des conflits territoriaux avec les pays voisins (et leurs enjeux) à travers les cas des **îlots Dokdo** et de **la région de Kando**.
Orientation en détail	Faire aboutir à la conclusion que **les îlots Dokdo** appartiennent à la Corée à partir de données géographiques et historiques. Localisation de la région de **Kando** et conséquences historiques.

Source : Ministère de l'éducation nationale, 2007, Commentaire du programme des lycées, p. 116-118.

Bien que le programme national(primaire et secondaire confondus) ait été refondu à deux reprises en deux ans (réformes de 2007 et de 2009), les contenus relatifs aux conflits territoriaux semblent n'avoir pas été réellement modifiés sur cette période. Les programmes de 2007 incluent des contenus relatifs aux conflits territoriaux avec les pays voisins. La figure 6.20 donne un aperçu des contenus relatifs à la région de Kandodans un manuel de géographie de 2012. Après un siècle de quasi-relégation dans l'oubli, la région réapparaît dans les consciences grâce à l'Ecole. C'est en tout cas l'objectif de ces changements de programme.

Figure n°6.20 Traitement de la région de Kando dans un manuel de géographie

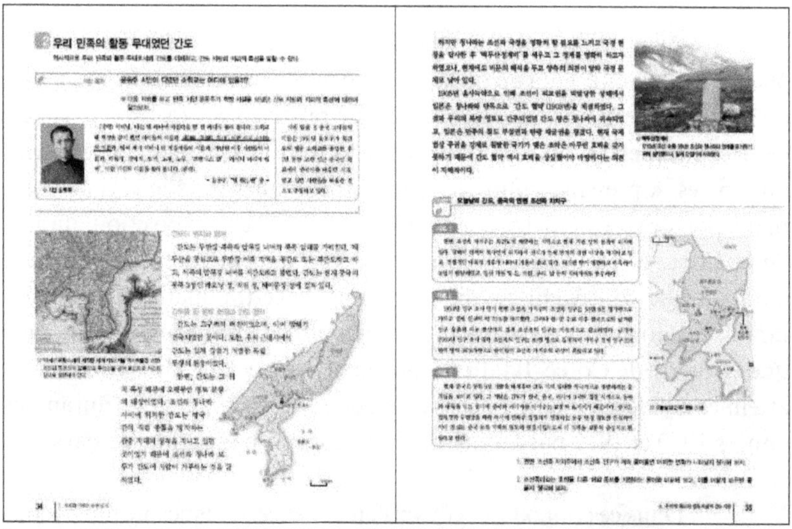

Source : Ki, Keun-Do et al, 2012, *Géographie de la Corée,* Editions Kyohakdoseo, p. 34-35.

Titre : la région de Kando, un domaine du peuple coréen. L'homme sur la photo en haut à gauche, Dong-Ju Yun, est un ancien poète qui a fait ses études à l'école primaire dans la région de Kando vers 1930. Dans cette double-page, quelques documents concernant la région de Kando sont présentés : une carte du monde, y compris la région de Kando, faite par des Français ; le conflit territorial entre la Chine et la Corée ; la convention de la région de Kando entre la Chine et le Japon, et la perte d'un territoire ; la région de Kando actuelle et les territoires autonomes des Chinois d'origine coréenne.

6.3 La recherche en géographie appliquée aux Études coréennes et la référence à l'ancienne philosophie coréenne de la géographie dans les contenus de géographie scolaire

Il s'agit dans cette troisième section de mettre en évidence l'implication des géographes qui se sont consacrés aux recherches sur les conceptions traditionnelles de la géographie en Corée dans le renouvellement de la géographie scolaire observable durant les années 1980-1990. Ce sera aussi l'occasion d'examiner les contenus de géographie du collège -et pour les lycées les contenus de géographie du monde-sur la même période.

6.3.1 L'implication de géographes dans le renouvellement récent de la géographie scolaire

Avant la fin du XIXème, la nation coréenne, héritière théorique de 5000 ans d'histoire, était en quelque sorte consciente de son propre passé, de sa culture, bref jouissait d'une identité relativement forte. A partir de cette époque, elle subit une influence croissante de la part des puissances impériales, « pression culturelle » qui va culminer sous le régime colonial japonais (première moitié du XXème siècle) : cette exposition durable de la Corée aux puissances étrangères en a largement érodé l'identité, d'autant que vont venir s'y ajouter l'expérience traumatisante pour les familles et non encore achevée que représente la partition du pays, ainsi que la guerre de Corée. Il faut encore incorporer à cette énumération des atteintes à l'identité nationale les changements sociaux induits durant les années 1960 et 1970 par l'industrialisation et l'urbanisation du pays.

Dans ce contexte, le gouvernement et certains scientifiques sud-coréens sont devenus dans les années 1970-1980 les partenaires d'une entreprise de « restauration » culturelle et historique du pays via la recherche (Etudes coréennes). En ce qui concerne la géographie, un groupe de spécialistes a pris pour objet de recherche la conception traditionnelle de la géographie en Corée, avec deux axes de travail principaux : le travail sur les cartes anciennes d'une part, le Pung-Su d'autre part.

En 1987, un symposium est organisé par des professeurs de géographie de la faculté de pédagogie de l'Université de Séoul, ainsi que d'autres professeurs (par exemple, Hyeok-Jae Kwon, Université de Koryo ; Ki-Ju Hyeong, Université de Dongkuk) ; Intitulé « Pour une géographie appliquée aux Etudes coréennes », son objet est de déterminer en quoi la recherche en géographie pourrait contribuer au développement de la recherche dans les Études coréennes. Dans ce symposium, il est également question d'une « renaissance » possible de la géographie scolaire. Ce symposium aboutit à la mise en avant de la notion de territoire comme support privilégié de la réaffirmation de la conscience nationale. L'objet de la recherche en « géographie appliquée aux études coréennes » est donc le territoire national du peuple coréen.[388] Territoire n'a donc pas le même sens, ni exactement la même fonction dans la géographie scolaire de Corée du Sud et dans la géographie scolaire française.[389] Au niveau de l'école primaire et du collège où cette notion n'existe pas, ce sont les termes d'espace, d'environnement géographique, d'environnement naturel et de base ou de siège de la vie qui s'en rapprochent. Et dans la matière de « géographie de la Corée » au niveau du lycée, on utilise plus souvent « le territoire national » que « le territoire ». Ici, l'usage de la notion de territoire suppose que l'on met l'accent sur l'amour du territoire national et qu'on y inclut les idées de la géographie traditionnelle. Il s'agit d'inspirer la conscience nationale au-delà de la notion objective du territoire.

Dès l'avènement de leur dynastie, les Joseon ont ordonné la

388 Bak, Yeong-Han, 1987, « La géographie appliquée aux Etudes coréennes : données actuelles et méthodes de recherche », *Revue de géographie*, No. 35, p. 1. On y lira notamment que Hwang Jae-Ki (« La géographie appliquée aux Etudes coréennes : état des lieux et problématiques actuelles en didactique de la géographie ») et Hyeong Ki-Ju (« La géographie appliquée aux Etudes coréennes : axes de recherche et applications ») aussi ont publié dans le même symposium.

389 Voir à ce sujet : Thémines, J.-F., 2011, *Savoir et savoir enseigner le territoire.* Toulouse, Presses Universitaires du Mirail.

réorganisation des contenus des ouvrages géographiques traitant du territoire royal selon une trame reflétant la subdivision administrative du royaume. La consultation de ces ouvrages donne un bon aperçu de la vie et de la philosophie traditionnelle de la géographie dans la Corée ancienne. Cette philosophie se fonde sur l'idée d'une « relation entre la nature et l'homme[390] », que traduit le termede Pung-Su. Le Pung-Su fait l'objet d'un travail de recherche de la part de Choe Chang-Jo[391] dans les années 1980 ; les travaux de recherche sur les cartes anciennes sont quant à eux essentiellement l'oeuvre de Yi Chan, auquel Yang Bo-Kyeong[392] succède.

L'essentiel des travaux de mise à jour des données disponibles sur l'ancienne philosophie coréenne de la géographie sont entrepris dans les années 1980 et 1990, mettant à la disposition des spécialistes des Études coréennes un précieux outil. D'autre part les objectifs de la recherche en géographie appliquée aux Etudes coréennes ne se sont pas limités à la seule recherche sur la philosophie traditionnelle de la géographie : on s'est ensuite rapidement tourné vers une application dans le domaine didactique. Il s'agissait d'introduire un outil à destination des élèves dans leur découverte des conceptions des anciens Coréens.[393]

6. 3.2 L'enseignement de la géographie au collège dans les années 1990 : l'environnement et la mondialisation font leur entrée.

390 La Corée du Sud est couverte de montagnes sur plus de 70% de sa superficie : le respect mêlé de crainte qu'éprouvent les anciens coréens à l'égard de la montagne date des temps les plus reculés. Ils croyaient en l'existence d'un « l'Esprit de la montagne », et priaient cet Esprit de la montagne pour obtenir sécurité et bonheur (les anciens Coréens étaient animistes en plus d'être bouddhiste). On trouvera une intéressante évocation des paysages montagneux coréens et des anciennes croyances animistes dans le récit de voyage d'Emile Bourdaret de 1904. (Coll., 2007, p. 67-70.)

391 Choe, Chang-Jo, 1986, *L'idée de Pung-Su*, Editions Mineumsa ; Choe, Chang-Jo, 1993, *Recherche de sites remarquables : théorie et pratique du Pung-Su en Corée*, Editions Seohae-munjib.

392 Yang, Bo-Kyeong, 1987, *Apports de la chronique d'une ville du Royaume de Joseon en vue de la reconstitution du territoire du Royaume,* Thèse à l'Université de Séoul.

393 Kwon, Hyeok-Jae, 1991, « Pourquoi une géographie du territoire national ? », *Revue de l'association de la géographie en Corée du Sud*, Vol. 26, No. 3, p. 253-258 ; Ryu, Woo-Ik, 1991, « Enseigner la géographie du territoire national », *Revue de l'Association coréenne de géographie,* Vol. 26, No. 3, p. 259-264.

Le programme de géographie a été réformé par trois fois durant les années 1980 et 1990. Dans le cas des collèges et pour ce qui relève de l'étude sociale, le changement s'est limité à une simple modification de l'organisation des trois sous-domaines (histoire, géographie, étude sociale générale). Nous avons fait le choix de n'étudier dans cette section que la réforme de 1992. En effet, si la réforme de 1987 marque le moment de l'insertion des résultats des travaux des recherches sur la géographie traditionnelle dans les manuels de géographie du lycée, la réforme de 1992 a, elle, permis d'organiser ces résultats sous la forme d'un système cohérent, que nous allons examiner. Le tableau 6.10 montre de quelle manière l'organisation du programme national d'étude sociale secondaire a changé entre la réforme de 1987 et celle de 2009.

Tableau n°6.11 Réorganisation du programme d'étude sociale dans le secondaire

Date de la réforme	Collège			Lycée	
	1ère année	2ème année	3ème année	Tronc commun	Options
1987	société 1 : géographie / histoire du monde	société 2 : histoire du monde/étude sociale générale	société 3 : étude sociale générale / géographie	géographie de la Corée	géographie du monde
1992	société 1 : géographie / histoire du monde	société 2 : histoire de la Corée/ géographie/ histoire du monde	société 3 : histoire de la Corée/ géographie/ étude sociale générale)	société commune 1 (géographie de la Corée) société commune 2 (étude sociale générale)	géographie du monde
1997	société 1 : géographie/ histoire du monde	société 2 : histoire de Corée/ histoire du monde/ étude sociale générale	société 3 : histoire de la Corée/ géographie/ étude sociale générale	société (homme et territoire / homme et société)	sociétés humaines et environnement (option obligatoire) géographie de la Corée, géographie du monde, géographie économique (options d'approfondissement)
2007	société 1, géographie / histoire du monde	société 2, histoire du monde/étude sociale générale histoire comme discipline indépendante depuis 2007	société 3, géographie/étude sociale générale	Aucun changement	suppression de l'option obligatoire / Géographie de Corée, géographie du monde, géographie économique (options)
2009	société 1 : géographie / étude sociale générale	société 2 : histoire	société 3 : histoire/ géographie/ étude sociale générale	La « société » devient une matière optionnelle	suppression de la géographie économique

Auteur : Saangkyun Yi.

Le tableau 6.11 montre de quelle manière les contenus de géographie du collège sont organisés. Nous observons quelques évolutions. Tout d'abord, l'adoption du terme de « communauté locale » (지역사회) au lieu de l'expression « pays natal » (향토) que contenaient les manuels des années 1980. Comme nous l'avons vu au chapitre 3, le terme de « pays natal » apparaît en 1946 dans les manuels sud-coréens de géographie par importation de l'allemand « Heimat » avec une déformation liée au transit par la langue japonaise, à partir de laquelle les Coréens se sont contentés d'une traduction littérale. Il faut attendre les années 1980 pour que lui soit substituée une traduction plus fidèle à son origine anglaise (littéralement : « communauté locale »). Ensuite, on observe une structuration des savoirs par thème, et non plus par région comme en 1984 (on associe par exemple le thème du relief à la région centrale de la Corée du Sud : « une plus haute altitude à l'Est qu'à l'ouest »).

Un de ces thèmes montre un changement *historique* survenu entre les années 1980 et 1990 pour la section de la région du Nord. On voit apparaître dans le manuel de 1995 le terme de « zone de libre-échange » ainsi que le thème intitulé « industrie touristique et exploitation du site de Keumkang ». D'après ce manuel, une situation économique nationale catastrophique a poussé le gouvernement nord-coréen à autoriser d'une part l'ouverture de quelques ports (Najin et Seonbong entre autres), et d'autre part la mise en place d'une infrastructure adaptée à l'exploitation touristique de la montagne Baekdou et du massif de Keumkang, ce que le manuel décrit ainsi: « une collaboration entre les deux Corées en vue de l'aménagement d'un itinéraire touristique reliant le massif de Keumkang au massif de Seol-ak (Corée du Sud) a été prévue », collaboration économique intercoréenne qui est devenue effective sous le gouvernement sud-coréen Kim Dae-Jung (김대중).[394]

En prenant cette fois le cas de Kando, le manuel paru en 1984 donne de la région la présentation suivante dans une section consacrée à la région du Nord de la province Ham-kyeong (Corée du Nord) : « Les invasions des tribus mandchoues dans la vallée du Douman [...] ont été

---

394 Kim Dae-Jung (1924-2009) : ancien président de la République de Corée du Sud (1998-2003). Lauréat du prix Nobel en 2000, il a organisé un sommet avec Kim Jeong-Il (1942-2011), l'ancien dictateur nord-coréen, à Pyeong-Yang (juin 2000).

fréquentes et remontent très loin dans le passé local. Beaucoup de nos compatriotes ont migré dans la région de Kando, et ont cultivé la terre ; malgré cela c'est le Japon qui, de fait, a officiellement cédé la région à la Chine, qui la possède toujours. On compte encore plus de 700,000 de nos compatriotes sur place, ils sont de culture coréenne et vivent dans le District autonome des Chinois d'origine coréenne[395] ». Néanmoins, depuis les années 1990, les manuels de géographie sud-coréens ne traitent plus de ce sujet, l'histoire se chargeant de ce type de contenus.

Tableau n°6.12 Contenus d'étude sociale de 1ère année de collège pour 1995

Société 1 (1ère année)
I, comprendre la communauté locale
1, comprendre la communauté locale
1, la communauté locale et nous, 2, étude de la communauté locale, 3, lecture de carte
2, l'environnement de la communauté locale
1, environnement naturel, 2, environnement humain
3, changement et développement de la communauté locale
1, changement de la communauté locale, 2, patrimoine culturel de la communauté locale
4, activité des habitants de la communauté locale
1, les institutions publiques et l'activité des habitants de la communauté locale, 2, problèmes de la communauté locale et tentatives de résolution
II, la vie dans la région centrale
1, la partie centrale de la péninsule coréenne
1, localisation centrale, 2, un relief haut à l'Est et bas à l'Ouest, 3, la différence climatique entre la côte de l'Ouest et la côte de l'Est
2, l'agglomération de Séoul (zone de concentration de la population et des industries)
1, croissance démographique et développement urbain, 2, développement d'industries variées 3, changement du milieu de vie
3, la région montagneuse de Kwandong
1, richesse des ressources du sous-sol et industrie, 2, agriculture, sylviculture, industrie des produits de la mer et industrie touristique
4, la région de Chungcheong, une région en évolution
1, transformation de la région de Daejeon, 2, richesse du patrimoine culturel et des ressources touristiques, 3, poldérisation
III, la vie dans la région Sud
1, une tête de pont sur la mer
1, une position avantageuse, 2, grande plaine, 3, un climat chaud
2, la région de Honam, au moment du « tout-littoral »
1, le grenier à céréales de la Corée, 2, naissance d'industries sur le littoral, 3, la mer du Sud de la Corée, un foyer de développement pour l'industrie des produits de la mer
3, la région de Yeongnam où l'industrie côtière s'est bien développée

395 Ministère coréen de l'éducation, 1984, *Société* 1, Institut du développement éducatif en Corée du Sud, p.126-127. Le manuel de géographie de lycée (Kim, In et al., 1989, *Géographie de la Corée,* Editions Donga, pp. 276-277) traitement le sujet de façon similaire.

Société 1 (1ère année)
1, la région industrielle côtière du Sud-Est, 2, l'agriculture de la vallée du fleuve Nakdong, 3, le développement de l'industrie des produits de la mer et la réserve naturelle marine
4, l'île de Jeju, un site touristique de dimension internationale
1, un environnement naturel particulier, 2, adaptation de la vie des habitants à cet environnement
IV, la vie dans la région Nord
1, notre territoire qui s'est séparé
1, une porte vers le continent, 2, une haute montagne et climat froid, 3, changement de la région
2, la région de Kwanseo, au centre de la région Nord
1, Pyeong-Yang, centre administratif et nœud de voies de communication, 2, une agriculture collectivisée, 3, richesse des ressources du sous-sol et industrie
3, la région de Kwanbuk, une région riche en ressources minières
1, richesse du sous-sol et développement industriel, 2, l'exploitation de la vallée du fleuve Douman et la zone économique spéciale, 3, l'industrie touristique et l'exploitation de la montagne Keumkang
V, naissance des civilisations antiques
1, apparition de l'homme et naissance des civilisations, 2, civilisations antiques en Chine et en l'Inde, 3, civilisation antique en l'Orient
VI, le développement de la société en Asie et la formation de l'aire de civilisation
1, évolution des structures de la société en Asie de l'Est, 2, formation et développement d'une aire de civilisation en Asie de l'Est, 3, changements de la société en Asie de l'Est et formation d'un groupe social populaire, 4, formation d'une aire de civilisation en Inde et en Asie de Sud-Est, 5, changements en Asie du Sud-Ouest et échanges culturels entre Orient et Occident
VII, évolution de la société traditionnelle en Asie
1, le développement de la société traditionnelle en Asie de l'Est, 2, le changement de la société traditionnelle en Asie de l'Est, 3, le changement de la société traditionnelle en Inde et en Asie du Sud-Est, 4, l'Asie de l'Ouest et le changement de la société islamique
VIII, la vie en Asie de l'Est et en Asie du Sud-Est
1, la Chine, dont le développement s'appuie sur une population nombreuse et de bonnes ressources naturelles
1, environnement naturel et contexte culturel, 2, richesse des ressources et industrie, 3, régions voisines de la Chine
2, le Japon, une grande puissance économique
1, environnement naturel et contexte culturel, 2, agriculture moderne et industrie des produits de la mer, 3, industries de pointe et commerce extérieur
3, une Asie du Sud-Est en cours de développement
1, environnement naturel, 2, mélange culturel, 3, culture du riz et plantations de canne à sucre, 4, richesse des ressources et développement industriel
IX, la vie en Asie du Sud, en Asie du Sud-Ouest, et en Afrique
1, diversité culturelle de l'Asie du Sud
1, environnement naturel, 2, diversité culturelle, 3, croissance démographique
2, l'Asie du Sud-Ouest et l'Afrique du Nord dans l'aire de civilisation islamique
1, environnement naturel, 2, contexte culturel, 3, agriculture et vie humaine, 4, ressources pétrolières et changement des méthodes de vie
3, l'Afrique centrale et l'Afrique du Sud où le développement s'est prévu
1, environnement naturel et contexte culturel, 2, ressources et activité industrielles, 3, famine et destruction de l'environnement naturel

Source : Ministère coréen de l'éducation, 1995, La société 1, Institut du développement éducatif en Corée du Sud.

L'examen des contenus de géographie de 2ème année de collège pour 1996 montre un souci de mise en relation, à la fin de chaque section, de la région étudiée avec « notre pays » (tableau 6.12).

Tableau n°6.13 Contenus d'étude sociale de 2ème année de collège pour 1996

Société 2 (2ème année)
I, formation de l'aire de civilisation européenne
1, la Méditerranée antique, 2, formation du monde européen, 3, société et culture de l'Europe médiévale, 4, évolution de l'Europe au Moyen Age
II, développement de la société moderne occidentale
1, naissance de la société moderne occidentale, 2, l'époque de l'absolutisme, 3, la révolution bourgeoise et le développement de la société des citoyens, 4, la révolution industrielle et le développement du capitalisme
III, la vie en Europe
1, l'Europe du Nord-Ouest, une région d'industrialisation précoce
1, environnement naturel, 2, contexte culturel, 3, ressources et industries, 4, relations de l'Europe avec notre pays
2, l'Europe du Sud où l'agriculture des arbres se développe (la vigne, l'olivier etc.)
1, l'environnement naturel, 2, le contexte culturel, 3, les ressources et les industries, 4, les relations avec notre pays
3, l'Europe de l'Est et la Russie, mosaïques ethniques et culturelles
1, l'environnement naturel, 2, le contexte culturel, 3, les ressources et les industries, 4, les relations avec notre pays
IV, la vie en Amérique et en Océanie
1, l'Amérique anglo-saxonne, une région développée du monde
1, l'environnement naturel, 2, le contexte culturel, 3, les ressources et les industries, 4, l'urbanisation et le problème urbain, 5, l'union régionale et les relations avec notre pays
2, une Amérique latine où le développement reste à venir
1, l'environnement naturel, 2, le contexte culturel, 3, les ressources et les industries, 4, la croissance démographique et le problème l'aménagement régional, 5, relations avec notre pays
3, l'Océanie et les régions polaires ou l'exploitation à venir
1, l'Océanie, 2, les deux régions polaires
V, avènements du libéralisme et du nationalisme
1, développement du libéralisme et du nationalisme dans le monde occidental, 2, mouvement de modernisation en Asie de l'Est, 3, mouvement de modernisation en l'Inde et en Asie du Sud-Est, 4, mouvement de modernisation en Asie du Sud-Ouest
VI, déploiement du monde contemporain
1, la 1ère Guerre mondiale et le monde après la guerre, 2, la 2ème guerre mondiale et le monde après la guerre, 3, changement de la société contemporaine
VII, politique et économie du monde contemporain
1, changement de la communauté internationale, 2, comprendre le système politique international, 3, comprendre le système économique international
VIII, la société contemporaine et la vie des citoyens
1, visage de la société contemporaine, société contemporaine et vie individuelle, 3, la vie culturelle à l'époque de la mondialisation

Source : Ministère coréen de l'éducation, 1996, Société 2, Institut du développement éducatif en Corée du Sud.

L'examen des contenus de géographie compris dans un manuel « Société 3 », paru en 1997 (3ème année au collège), montre l'apparition de l'expression « époque de mondialisation » et la montée des préoccupations environnementales au regard des manuels des années 1980. De même les contenus relatifs à l'urbanisation et aux problèmes qu'elle induit ainsi quela question démographique font l'objet d'une mise en valeur plus poussée qu'auparavant (tableau 6.13).

Tableau n°6.14 Contenus d'étude sociale de 3ème année de collège pour 1997

Société 3 du collège (3ème année)
I, hommes et vie sociale
1, individu et vie sociale, 2, hommes et structure de la société, 3, culture et vie humaine
II, démocratie et vie des citoyens
1, la démocratie et le régime démocratique, 2, structure et fonction du gouvernement, 3, régime démocratique et bien-être collectif
III, l'économie et la vie des citoyens
1, homme et activité économique, 2, comprendre l'économie contemporaine, 3, économie de notre pays et vie du peuple
IV, la vie du peuple et la loi
1, la vie individuelle et la loi, 2, la démocratie et la loi, 3, l'Etat-providence contemporain et la loi
V, l'industrialisation, la population et les problèmes liés à l'urbanisation
1, le développement industriel et la formation de régions industrielles
1, l'industrialisation et le développement industriel, 2, les principales régions industrielles, 3, l'industrialisation et les questions environnementales
2, population et problèmes démographiques
1, croissance démographique et répartition de la population, 2, migrations, 3, problèmes démographiques et mesures
3, urbanisation et problèmes urbains
1, exode rural et urbanisation, 2, agglomérations et problèmes urbains
VI, ressources naturelles, aménagement régional et problèmes environnementaux
1, ressources et problèmes
1, répartition des ressources et échanges internationaux, 2, problèmes de ressources et mesures
2, l'aménagement régional en vue d'une utilisation efficace des ressources
1, notion d'aménagement régional, 2, l'aménagement régional dans notre pays, 3, principaux aménagements régionaux dans le monde
3, les problèmes environnementaux dans le monde
1, désertification et destruction de la forêt tropicale, 2, destruction de la couche d'ozone et réchauffement du globe, 3, diffusion de la pollution marine, 4, mouvements pour la protection de la planète
VII, s'adapter à la mondialisation
1, un problème apparu avec la mondialisation
1, irruption de la mondialisation, 2, problèmes liés à la mondialisation
2, les conflits internationaux et la paix
1, relations et conflits entre nations et régions, 2, collaboration internationale pour la paix

Société 3 du collège (3ème année)
3, la Corée du Sud à l'heure de la mondialisation
1, un développement accéléré, 2, la place la Corée du Sud dans le monde, 3, initiatives présentes et société coréenne de demain

Source : Ministère coréen de l'éducation, 1997, Société 3, Institut du développement éducatif en Corée du Sud.

En somme, dans une géographie orientée selon une perspective économique, allant de la nature aux ressources exploitées par les économies régionales et nationales, les seules nouveautés sont l'étude de problèmes environnementaux liés au développement économique et l'arrivée de la mondialisation envisagée dans ses rapports économiques et géopolitiques contemporains.

6.3.3 La géographie du monde au lycée durant les années 1990 : des contenus organisés selon les rubriques de la géographie générale

Comme évoqué plus haut, les trois réformes successives du programme (1987, 1992 et 1997) ont eu un effet limité sur les contenus de géographie du lycée et nous nous contenterons donc de l'examen d'un manuel paru en 1992 représentatif des nouvelles parutions.

Pendant les années 1980, un même manuel associant géographie générale et géographie régionale regroupe géographie de la Corée et géographie du monde. A partir des années 1990, géographie de Corée et géographie du monde font l'objet de manuels distincts, abandonnant d'une certaine manière la combinaison des deux grilles de lecture caractéristique de la décennie précédente dans la mesure où le point de vue de la géographie générale prédomine largement.

Le tableau 6.14 présente les contenus de géographie du monde au lycée pour 1995. Nous pouvons observer l'inclusion de l'Océanie dans une section « Asie-Pacifique » (et non plus dans la section « Amérique » comme dans les manuels des années 1980.) D'autre part cet extrait de manuel de 1995 nous donne l'occasion de voir concrètement que la dissociation opérée entre géographie de la Corée et géographie du monde permet la rédaction de contenus plus détaillés.

Tableau n°6.15 Contenus de géographie du monde au lycée en 1995

Géographie du monde au lycée (matière optionnelle)
I, l'environnement naturel dans le monde
1, la géographie et l'information géographique 1, l'information géographique du monde, 2, les fuseaux horaires du monde, 3, les types de cartes et leur utilisation **2, le climat et la végétation** 1, la circulation atmosphérique, 2, température et précipitations, 3, diversité régionale du climat, 4, sol et végétation **3, la topographie et l'océan** 1, la répartition continents/océans, 2, la ceinture de feu du Pacifique, 3, les changements du relief, 4, l'océan et les reliefs du fond marin
II, le milieu humain dans le monde
1, l'espèce humaine et les différentes cultures 1, espèce humaine et groupes ethniques, 2, langues, 3, religions, 4, aires de civilisation **2, répartition des ressources et échanges commerciaux** 1, les ressources alimentaires, 2, les ressources énergétiques, 3, les ressources du sous-sol, 4, les ressources et les problèmes posés
III, les pays du Pacifique Ouest
1, une région où un nouvel axe économique est à venir 1, le domaine et l'environnement naturel, 2, les relations avec notre pays **2, la Chine** 1, découpage régional, 2, population et agriculture, 3, extension des zones économiques spéciales et industrialisation, 4, Taiwan et Hong-Kong **3, le Japon** 1, le processus de modernisation, 2, industrie et commerce extérieur, 3, urbanisation **4, l'Australie** 1, l'histoire du défrichement et les habitants, 2, culture (et élevage) à grande échelle 3, répartition et exploitation des ressources, 4, la Nouvelle-Zélande
IV, l'Asie du Sud-Est et l'Asie du Sud
1, diversité culturelle 1, le domaine et l'environnement naturel, 2, la diversité culturelle, 3, les relations avec notre pays **2, l'union d'Etats en Asie du Sud-Est** 1, la culture du riz et la plantation de cannes à sucre, 2, l'exploitation des ressources, 3, l'industrialisation et la collaboration économique **3, la péninsule indienne** 1, groupes ethniques et religions, 2, l'agriculture, la population et la nourriture, 3, les ressources et l'industrie
V, l'Asie du Sud-Ouest et Afrique
1, une région siège de conflits ethniques et religieux 1, le domaine et l'environnement naturel, 2, le contexte historique, 3, les relations avec notre pays **2, l'Asie du Sud-Ouest et Afrique du Nord**

Géographie du monde au lycée (matière optionnelle)

1, le nomadisme et la modernisation, 2, l'agriculture d'irrigation, 3, l'exploitation pétrolière et la nationalisation des ressources

3, l'Afrique centrale et l'Afrique du Sud

1, la végétation, 2, le Sahel et la désertification, 3, la plantation de canne à sucre, 4, les ressources minières

VI, l'Europe

1, une région à la recherche de son unité, non exempte de forces centrifuges

1, le domaine et l'environnement naturel, 2, l'unification politique et économique via l'Union Européenne, 3, évolution de l'Europe de l'Est et de la Russie, 4, relation avec notre pays

2, l'Europe de l'Ouest

1, l'agriculture, 2, l'extraction minière et l'industrie, 3, l'urbanisation et les questions environnementales, 4, le vieillissement de la population

3, l'Europe du Sud

1, l'agriculture, 2, l'industrie, 3, l'industrie touristique

4, l'Europe de l'Est

1, l'agriculture et l'industrie, 2, la démocratisation, 3, les conflits entre groupes ethniques

5, la Russie et ses voisins

1, l'agriculture, 2, les ressources et l'industrie, 3, l'exploitation de la Sibérie, 4, nationalisme et ressortissants coréens

VII, l'Amérique et les pôles

1, une région fortement influencé par la culture européenne

1, les domaines et l'environnement naturels, 2, le processus du défrichement, 3, la diversité ethnique, 4, relations avec notre pays

2, l'Amérique anglo-saxonne

1, agriculture et élevage à grande échelle, 2, les ressources et l'industrie, 3, la population et l'urbanisation

3, l'Amérique latine

1, le climat de haute montagne, 2, l'agriculture pampéenne, 3, les ressources du sous-sol et l'industrialisation, 4, l'exploitation du bassin amazonien

4, les pôles

1, le processus d'exploration, 2, l'orthodromie, 3, ressources et bases scientifiques

VIII, problèmes globaux et avenir

1, l'homme et les problèmes environnementaux

1, la destruction des écosystèmes, 2, la question démographique, 3, l'urbanisation et les problèmes environnementaux, 4, l'industrialisation et les problèmes environnementaux

2, les inégalités régionales du niveau de développement économique

1, le pays développé et le pays en développement, 2, les frictions commerciales

3, la coopération interrégionale

1, la coopération politique, 2, la coopération économique

4, le monde futur et la contribution de la géographie

1, le monde futur, 2, la contribution de la géographie

Source : Hyeong, Ki-Ju et al, 1995, Géographie du monde, Editions Bojinjae.

6.3.4 Contenus de géographie de la Corée au lycée pendant les années 1980-1990 : l'apparition de contenus de géographie traditionnelle

Nous nous pencherons pour terminer sur les contenus de géographie de la Corée au lycée pendant les années 1980 et 1990. Nous avons évoqué dans la première section de ce chapitre les retombées sur la géographie scolaire, de la recherche dans le domaine des études coréennes et de la géographie traditionnelle durant les années 1970 et 1980. Il sera question dans cette dernière section de la manière dont les résultats de la recherche de la géographie traditionnelle ont pu être intégrés aux contenus de la géographie scolaire. Le tableau 6.15 montre que des contenus relatifs à la géographie traditionnelle sont déjà visibles dans le programme des lycées de 1987: le thème de « l'évolution de la conception de la géographie » est en effet apparu dans la section de « la vie et la géographie ».

Tableau n°6.16 Première section du programme de géographie de la Corée au lycée de 1987

I, la vie et la géographie
1, la vie et l'étude de la géographie
1, qu'est-ce que la géographie ? 2, comment utiliser les connaissances géographiques ?
2, évolution de la conception traditionnelle de la géographie
1, évolution de la conception de la géographie, 2, développement de la cartographie
3, l'utilisation de la carte
1, distinguer les différents types de carte, 2, utilisation d'une carte

Source : Bak, Yeong-Han, et al, 1989, *Géographie de la Corée*, Editions Donga.

En1992 (tableau 6.16), il apparaît que le nom même de la 1ère section est modifié : de « la vie et la géographie », on passe à une « compréhension du territoire national[396] ». Ainsi, le contenu relatif à

396 Comme il a déjà été dit plus haut, un symposium intitulé « la géographie appliquée aux études coréennes » a été organisé en 1987, symposium d'où la valeur de la notion de territoire et la nécessité d'un travail de recherche sur cette notion de territoire ont émergé. Or le concept de territoire national est ensuite inséré dans le programme national. Par ailleurs, sous l'effet de la réforme de 1997, la géographie de Corée devient une option et une nouvelle matière intitulée « la société (l'homme et l'espace, et l'homme et la société) », pour la 1ère année au lycée, est créée. Dès lors, le contenu relatif au territoire national apparaît dans cette nouvelle matière. Par la suite, en 2009, la « société », matière pour la 1ère année au lycée, devient optionnelle. Néanmoins, les contenus relatifs à la géographie traditionnelle restent bien installés dans les manuels de cette matière (dans une section relative à la géographie).

la géographie traditionnelle, s'installe explicitement dans la perspective de développer une conscience nationale coréenne, par le truchement de l'idée d'un territoire construit dans la longue durée. Si ces contenus sont durant les années 1980 exclusivement centrés sur la notion de Pung-Su, des ajouts -notamment de cartes- sont ensuite opérés pour témoigner de ce qu'était l'ancienne conception coréenne du monde, ou encore, par des documents permettant de comparer régions actuelles et représentations passées de ces régions, de rendre sensible la pérennité des constructions territoriales coréennes (figure 6.21).[397]

Figure n°6.21 Agencement des contenus relatifs au territoire national autour des cartes anciennes

Source : Hwang, Man-Ik, et al., 2009, La société au lycée, Editions Jihaksa, pp. 14-15. Traduction du titre des figures et des paragraphes : Connaissances du territoire national et la vision du monde dans une carte ancienne ; La vision du monde de nos ancêtres ; Connaissances du territoire national dans les archives.

---

397 En fait l'apparition des cartes anciennes dans les manuels de géographie humaine remonte à 1979 (Association des rédacteurs de manuel de l'université de Séoul, p. 11-12), Tant les « Cheonhado » (un type de carte du monde) queles « Daedongyeo-jido » (un type de carte de Corée) » sont représentés dans ce manuel. Cependant cette insertion de quelques cartes anciennes répondait uniquement à la fonction de présenter aux élèves différents types de cartes.

Tableau n°6.17 Contenus de géographie de la Corée au lycée en 1995

Géographie de la Corée au lycée (matière obligatoire)
I, appréhender le territoire national
1, la valeur du territoire national 1, le territoire national et notre vie, 2, l'importance de l'étude du territoire national **2, reconnaître le territoire national** 1, la vision traditionnelle du territoire, 2, l'évolution dans la manière de concevoir le territoire national **3, l'information géographique sur le territoire national** 1, comprendre l'information géographique, 2, étude de terrain et utilisation de cartes
II, l'environnement naturel et la vie
1, localisation, longitudes et latitudes, limites 1, importance d'une localisation rigoureuse, 2, relation avec les régions voisines, 3, longitudes et latitudes, limites **2, climat** 1, comprendre l'environnement climatique, 2, température et les précipitation, 3, masse d'air et vents, 4, les différentes régions climatiques **3, la végétation et le sol** 1, végétation, 2, sol **4, topographie** 1, opposition région montagneuse plateau, 2, système rivière/plaine, 3, littoral et archipel(s) **5, océan** 1, zone côtière et courants marins, 2, plateau continental
III, modification de l'espace de la vie quotidienne
1, formation de l'espace de la vie quotidienne 1, emplacement du domicile, 2, maison, 3, développement du village, 4, configuration spatiale er fonctions du village **2, le village d'agriculture et de pêche** 1, évolution, 2, problèmes spécifiques **3, la ville** 1, développement de la ville, 2, configuration et fonctions de la ville, 3, structuration de la ville, 4, urbanisation et problèmes générés **4, la population** 1, croissance démographique et structure démographique, 2, répartition démographique et mouvement démographique, 3, projections démographiques et contrôle de la natalité
IV, structure de l'activité économique régionale
1, modification de la structure de l'économie 1, développement économique, 2, évolution de la structure de l'économie, 3, estimation quantitative des besoins et mise en adéquation de l'offre avec ces besoins **2, agriculture, sylviculture et industrie des produits de la mer** 1, développement et caractéristiques actuelles de l'agriculture et de l'élevage, 2, sites agricoles et régions agricoles, 3, sylviculture, 4, industrie des produits de la mer **3, ressources énergétiques et ressources du sous-sol** 1, ressources énergétiques, 2, ressources du sous-sol

Géographie de la Corée au lycée (matière obligatoire)
4, l'industrie
1, développement de l'industrie et caractéristiques actuelles, 2, localisation des sites industriels, 3, formation et évolution des régions industrielles, 4, problèmes allant de pair avec l'industrialisation, degrés d'industrialisation
5, commerce et secteur des services
1, commerce et commerce extérieur, 2, transports, 3, communication et systèmes d'information, 4, tourisme
V, **exploitation du territoire et protection de l'environnement**
1, l'état du territoire national
1, ressources non exploitées du territoire, 2, problèmes liés à la notion de territoire et de région
2, l'exploitation du territoire national
1, buts et moyens de l'exploitation régionale, 2, résultat de l'exploitation du territoire et problèmes induits
3, la protection de l'environnement
1, la question environnementale, 2, les indicateurs associés à la protection de l'environnement
VI, **la vie dans chaque région**
1, l'agglomération de Séoul-Incheon
1, aperçu régional, 2, position de la capitale sur le territoire national, 3, industrie, puissance économique et concentration de la population dans l'espace urbain, 4, le problème du surpeuplement
2, la région de Kunsan-Janghang
1, aperçu régional, 2, poldérisation du littoral occidental (côte de la mer Jaune) et développement industriel, 3, augmentation du volume des échanges extérieurs via la mer Jaune au tournant du 21e siècle, 4, le changement de fonction du fleuve Keumkang
3, la région montagneuse de Yeong-Nam, au Nord
1, aperçu régional, 2, une agriculture non rizicole, 3, retard relatif en matière de transports et d'industrie et exode rural 4, planification du développement régional
4, la région de Pyeongyang-Nampo
1, aperçu régional, 2, un rôle de centre politique et économique pour toute la Corée du Nord, 3, industrie légère et industrie lourde, 4, une ouverture économique progressive
VII, **bipartition et réunification**
1, unité du territoire national
1, un seul territoire national, 2,la partition
2, développement des échanges entre les deux Corées
1, échanges de ressources et de matières premières, 2, élargissement systématique des routes
3, opportunité d'une réunification
1, efforts déployés en vue d'une réunification, 2, la réunification comme meilleure option pour l'avenir
VIII, **la Corée du Sud dans la mondialisation**
1, collaboration inter-régionale
1, coopération internationale , 2, délocalisations et échanges internationaux, 3, réactivité et marge de maneuvre offerte par une économie mondialisée
2, visage et place de la Corée du Sud du 21ème siècle
1, la Corée du Sud dans l'espace Pacifique, 2, la Corée du Sud dans le monde

Source : Bak, Yeong-Han, et al., 1995, Société commune, (2) : *Géographie de la Corée*, Editions Seongji-munhwasa.

Il ressort du tableau 6.16 que le traitement des questions liées à la bipartition / réunification en fait un thème majeur dans le programme : la rupture avec les années 1980 est très nette. Cette évolution sensible est le reflet de celle qui caractérise la relation entre les deux Corées au début des années 1990, avec notamment la signature (en 1992) d'une Convention intercoréenne[398] évoquant la possibilité d'ouvrir à la demande d'un des deux gouvernements une route maritime temporaire, ainsi que la reconstruction d'une route terrestre entre les deux Corées.[399]

398 Cette Convention intercoréenne conclue le 13 décembre 1991 à Séoul proclame la « réconciliation définitive » des deux Corées. Mais le retrait de la Corée du Nord du Traité de non prolifération nucléaire rendce texte caduc et fait des deux Corées deux pays hermétiques l'un à l'autre dès 1993, et pour plusieurs années. Ce n'est qu'avec l'élection de Kim Dae-Jung à la présidence de la Corée du Sud en 1998 et son déplacement à Pyeongyang en 2000 que la relation intercoréenne retrouve une tonalité plus « amicale ». Cependant la coopération économique est de fait bloquée, et la tension militaire,à son comble, depuis l'essai nucléaire nordcoréen effectué en 2006, et la mort d'une touriste sud-coréenne en 2008.

399 Comme nous allons le voir en détail dans le chapitre 7, la reconstruction d'une voie de communication terrestre entre les deux Corées est effective dès 2004. De même l'exploitation touristique de la montagne nordcoréenne de Keumkang est le fait du géant industriel sud-coréen Hyundai pendant dix années, qui correspondent à des présidents de gauche en exercice en Corée du Sud.

Conclusion

Les années 1990-2005 montrent que les gouvernements sud-coréens réagissent aux initiatives géopolitiques de leurs voisins (Chine, Japon), sur le terrain du discours à prétention historique comme sur celui des manoeuvres militaires ou encore des démonstrations de force ou de détermination des chefs d'Etat, par des innovations dans le domaine de la recherche et des changements dans le domaine scolaire.

Pour la géographie scolaire, l'évolution est paradoxale. En effet, elle contribue à la diffusion par l'Ecole d'un sentiment national coréen en réaction au révisionnisme japonais et à la volonté de l'Etat chinois d'écrire une histoire chinoise de l'Asie du Nord-Est. Elle se situe ainsi en aval d'une recherche universitaire soutenue par l'Etat sud-coréen. Les Études coréennes développées à partir des années 1970 et 1980 dans le but de reconstruire une identité nationale ébranlée depuis la colonisation japonaise, ont permis à des géographes de participer de manière originale à ce programme interdisciplinaire, avec notamment un travail sur la conception traditionnelle de la géographie dans la Corée ancienne et les cartes anciennes. Ce travail permet d'attester une présence culturelle « coréenne » sur un espace s'étendant de la péninsule coréenne au futur territoire mandchou[400] depuis cinq millénaires. Cet effort de recherche n'empêche cependant pas que la place accordée à la géographie dans le programme national ne soit réduite.

En effet, les conséquences les plus visibles des tensions diplomatiques régionales sur le programme national sud-coréen concernent

400 L'histoire de la Corée débute avec la fondation du Royaume de Kojoseon, premier Etat antique, par Dankun-Wangkeom,en 2333 avant J. C. (date considérée comme l'an « 1 » de l'« ère de Dankun », et qui constituera la référence de repérage temporel jusqu'en 1962, en concurrence avec l'« ère chrétienne »). Aujourd'hui c'est principalement l'« ère chrétienne » qui est employée.

l'histoire, matière devenue discipline à part entière en 2007 et support d'une option orientée spécifiquement vers la connaissance de l'histoire de l'Asie du Nord-Est, en filiation directe avec la création en 2006 de la fondation d'Histoire de l'Asie du Nord-Est, chargé de contrer l'entreprise révisionniste chinoise (Projet de recherche sur l'histoire des trois provinces chinoises du Nord-Est lancé en 2002, en vue de reconstruire l'histoire des Chinois –minorité coréenne incluse- autour de celle du peuple Han) ainsi que les questions territoriales soulevées par le Japon sur fond là-aussi de révisionnisme, voire de négationnisme relativement aux actes commis par les armées japonaises sur le continent asiatique pendant la Guerre du Pacifique.

L'histoire scolaire paraît alors certainement mieux armée que la géographie pour répondre aux exigences de construction ou de restauration d'une conscience nationale et d'une identité culturelle propre. D'une part, cette matière bénéficie déjà de l'expérience acquise pendant la dictature, d'être un média scolaire de diffusion d'une vision du monde (il s'agissait alors d'éducation anticommuniste). D'autre part, la matrice[401] naturaliste et économiste de la géographie scolaire sud-coréenne, se prête difficilement à des réaménagements permettant d'intégrer des contenus de géographie culturelle et/ou de géopolitique. Il faudrait imaginer un changement de matrice disciplinaire, changement qui irait certainement à l'encontre de choix fondamentaux opérés au moment de la présence étatsunienne. Ces choix avaient, rappelons-le, fait prévaloir les sciences sociales par rapport à la géographie et à l'histoire suspectées a priori d'oeuvrer à nationaliste. Dans ce cadre contraint, la géographie scolaire répercute le travail de géographes qui apportent les preuves cartographiques et paysagères d'une permanence culturelle coréenne contributive à la géographie et à l'histoire de la région et pas seulement du territoire sud-coréen dans ses limites actuelles.

---

401 Une matrice disciplinaire est « le point de vue qui, à un moment donné, est porté sur un contenu disciplinaire et en permet la mise en cohérence. Ce point de vue est constitué par le choix d'une identité pour la discipline [à un niveau donné]. Il entraîne à privilégier de fait, certains concepts, certaines méthodes, certaines techniques, certaines théories, certaines valeurs et amène en dernier ressort à privilégier certains objets d'enseignement » (Develay, 1992, p.46-47).

Chapitre 7

GÉOGRAPHIES SCOLAIRES EN MIROIR DANS LE CONTEXTE D'UNE GUERRE NON CLOSE ENTRE LES DEUX CORÉES

La Corée est aujourd'hui le dernier pays encore bipartite dans le monde. Cette situation qui, vue de la moitié nord ou de la moitié sud de la péninsule, ne se conçoit que comme un état d'incomplétude, temporaire, donc générant une tension relativement à l'avenir, est alourdie par le risque de conflit militaire entre les deux états coréens. Le rôle de la géographie scolaire dans les deux pays ne peut être véritablement compris qu'au regard de la situation politique intercoréenne que nous détaillerons depuis la fin des années 1990.

Les deux géographies scolaires, sud-coréenne et nord-coréenne, l'une marquée par le modèle états-unien des études sociales et l'autre par le modèle russe adopté après la fin de la Guerre de Corée, répondent à des finalités différentes tout en partageant des motifs communs en ce qui concerne un territoire coréen. L'étude comparée des programmes et des manuels de géographie des deux côtés de la frontière inter-coréenne va permettre de montrer ce en quoi la géographie scolaire témoigne principalement de l'état de différence et de conflit actuel entre les Corées, mais aussi, secondairement, de l'articulation d'un discours partagé sur la péninsule.

Après une actualisation des connaissances sur l'évolution et l'état des relations entre les deux régimes depuis une quinzaine d'années, c'est donc le statut des énoncés de la géographie scolaire qui est discuté.

Par quels procédés les textes de géographies scolaires, dans le contexte coréen,remplissent-ils la fonction de dire non ce qui est, mais ce qui devra être ; c'est-à-dire comment suggèrent-ils un futur déjà à l'oeuvre ?

7.1 La péninsule coréenne depuis la fin des années 1990 : une situation de conflit latent

7.1.1 De 1998 à 2007 : une Corée du Nord à l'offensive, une Corée du Sud conciliante.

Un coup d'oeil rétrospectif sur l'histoire politique sud-coréenne montre que dans le contexte de la Guerre froide, et notamment de la Guerre de Corée, le principal parti de gauche est purement et simplement assimilé au communisme : cette image négative explique au moins en partie le succès des conservateurs pro-américains en Corée du Sud jusqu'à ce que la crise de la dette[402] mette l'économie nationale en grande difficulté dès 1998, date à laquelle la gauche accède au pouvoir pour la première fois dans l'histoire de la Corée du Sud. Dans ce contexte, Kim Dae-Jung[403] accède, par la voie du suffrage universel direct, à la présidence de la république : son voeu de rapprochement des deux Corées peut se traduire par le terme de « politique d'ensoleillement », terme qu'il a proposé pour désigner la politique d'ouverture au Nord qu'il a impulsée.[404] C'est également sous le mandat de Kim Dae-Jung qu'une collecte publique d'or[405] est décidée pour surmonter la crise de la dette. Du 13 au

402 La Corée du Sud, enlisée dans la crise, conclut le 3 décembre 1997 un protocole d'entente avec le FMI qui lui accorde une aide financière.

403 Kim Dae-Jung (1924-2009) est originaire d'une région qui faisait figure de bastion des pro-communistes en Corée, la région Jeolla. Dans cette région traditionnellement délaissée par l'urbanisation et l'industrialisation (plus précisément dans les hauteurs de la montagne Jirisan), l'armée communiste avait trouvé refuge après la Guerre de Corée, d'où son image négative, et sa perception comme un foyer de propagation d'idées d'extrême gauche par les Coréens. Notons qu'après la libération (départ de l'occupant japonais), la plupart des présidents de la république sud-coréens sont originaires de la région de Kyeongsang, c'est à dire de la région sud-est.

404 Politique d'ouverture en direction du voisin nord-coréen en vue de sa réforme. Le président Kim Dae-Jung a lui-même qualifié de « politique d'ensoleillement (햇볕정책)» l'effort global sud-coréen pour une coopération entre les deux Corées, terme qu'il a proposé lors de son discours à l'Université de Londres le 3 avril 1998.

405 Initiative civile basée sur le volontariat qui a consisté à ce que chacun offre son or à

15 juin 2000, se tient à Pyeong-Yang un sommet « intercoréen »[406] qui va aboutir en décembre de la même année à l'obtention du prix Nobel de la paix[407] par le président Kim Dae-Jung.

A l'arrière plan de la situation nord-coréenne dans les années 1990, on trouve une souffrance économique extrême, et c'est légitimement que le gouvernement sud-coréen apparaît comme le sauveur du régime de son voisin du nord. L'ancien chercheur nord-coréen Hwang Jang-Yeob,[408] en exil en Corée du Sud depuis 1997, a depuis confirmé que l'existence même de l'Etat nord-coréen était alors compromise.

Cette situation dramatique est perçue par le gouvernement sud-coréen comme une aubaine à moyen terme, même si sur le moment l'aide rapidement apportée au voisin du Nord est substantielle. On peut citer le cas de Jeong Ju-Yeong,[409] alors président de Hyundai, qui décide l'achat

l'Etat, en vue du remboursement de la dette extérieure (30,4 milliards de dollars). Trois millions et demi de Coréens ont participé à cette action, pour aboutir à la collection de 227 tonnes d'or, dont la vente au profit de l'Etat a permis en partie de surmonter la crise de la dette.

406 Suite à cette action du Président Kim en 2000, un deuxième « sommet intercoréen » s'est tenu à Pyeong-Yang du 2 au 4 octobre 2007, sous la direction du Président Roh Mu-Hyeon.

407 Kim Ki-Sam, agent des Renseignements Généraux sud-coréens sous le gouvernement Kim Dae-Jung, aujourd'hui exilé aux Etats-Unis, a dénoncé ce qu'il considère comme un crime dans un ouvrage paru en 2010 et intitulé « *Kim Dae-Jung et la Corée du Sud* » : « J'ai vu de mes yeux le Président Kim trahir sa patrie et son peuple par ambition » Kim Ki-Sam explique notamment que l'acceptation par Kim Jeong-Il de la tenue d'un premier sommet intercoréen, longtemps perçue comme un authentique moment de détente dans la péninsule coréenne, et l'aboutissement la volonté politique constructive et contagieuse de Kim Dae-Jung, était en fait essentiellement la contrepartie du versement d'un pot-de-vin d'1,5 milliard de dollars au deuxième dictateur nord-coréen (avec, pour Kim Dae-Jung, l'obtention du prix Nobel comme point de mire). Autrement dit « la Corée du Nord a répondu au gouvernement sud-coréen par un simulacre de paix, aide qui, en échange de contreparties financières, a permis au Président Kim Dae-Jung de remporter le prix Nobel » (Korean Times du 25 janvier 2012). Signalons par ailleurs qu'une importante quantité d'argent offerte par le gouvernement sud-coréen à la Corée du Nord, avec l'aide financière de l'entreprise Hyundai, fut en fait utilisée par Pyeon-Yang, a priori à l'insu du gouvernement sud-coréen, pour l'importation d'une centrale nucléaire d'origine mixte (Pakistan/Kazakhstan) en vue de la production d'une première bombe atomique nord-coréenne.

408 Hwang Jang-Yeob (1923-2010), docteur de l'Université de Moscou, était haut fonctionnaire, la dictature nord-coréenne lui doit la théorisation de l'idéologie du « Juche », idéologie qui va irriguer toute la société, manuels scolaires inclus, au service exclusif du premier dictateur, Kim Il-Seong. Jugeant l'avenir de son pays sans espoir, Hwang Jang-Yeob finit par s'exiler en Corée du Sud en 1997, avec le projet de jouer un rôle entre les deux Corées (en fait il vit sous la surveillance permanente du gouvernement sud-coréen à partir de 1998).

409 Jeong Ju-Yeong (1915-2001), ancien président de Hyundai, et originaire de la région de Kangwon (actuelle Corée du Nord), fut un des hommes-clés du soutien sud-coréen au

et l'envoi de mille boeufs en Corée du Nord le 16 juin 1998. L'entreprise sud-coréenne Hyundai est l'unique maître d'oeuvre, hors emprise du pouvoir nord-coréen,[410] de l'exploitation touristique du massif montagneux nord-coréen du Keumkangsan. L'arrivée des premiers touristes sud-coréens par bateau a lieu le 18 novembre 1998 et depuis 2004, une double voie de communication terrestre associant route et chemin de fer rend localement la frontière intercoréenne perméable aux touristes sud-coréens se rendant sur le site.[411] Plus d'un million de touristes sud-coréens se sont déjà rendussur place en juin 2005, générant évidemment d'importantes recettes pour le régime nord-coréen. Néanmoins, le 11 juillet 2008, une touriste sud-coréenne est abattue dans le massif de Keumkangsan par un soldat de l'armée nord-coréenne. Le gouvernement réagit en interdisant l'accès au site et donc, au territoire nord-coréen, à ses ressortissants. Il semble que la mort de cette touriste ne relève pas d'un accident et serait bien plutôt la manifestation concrète d'une stratégie du pouvoir nord-coréen visant à rompre toute relation avec le gouvernement sud-coréen : l'entreprise Hyundai, principal investisseur de l'exploitation touristique des monts Keumkangsan, semble ainsi s'être retrouvée piégée.

---

développement de la Corée du Nord lorsque la gauche était au pouvoir en Corée du Sud.

410 Le massif montagneux des Keumkangsan offre un des paysages les plus pittoresques de la péninsule, d'où sa renommée qui remonte à la dynastie des Joseon, et son attractivité actuelle par-delà la frontière intercoréenne. Point culminant : 1638 mètres.

411 Ce chemin de fer relie Séoul à Sinuiju (figure 7.1). Le niveau actuel de tension dans les relations intercoréennes explique la fermeture de ces voies de communication.

Figure n°7.1 Interconnexion des deux réseaux routiers de la péninsule depuis l'exploitation touristique des monts Keumkangsan

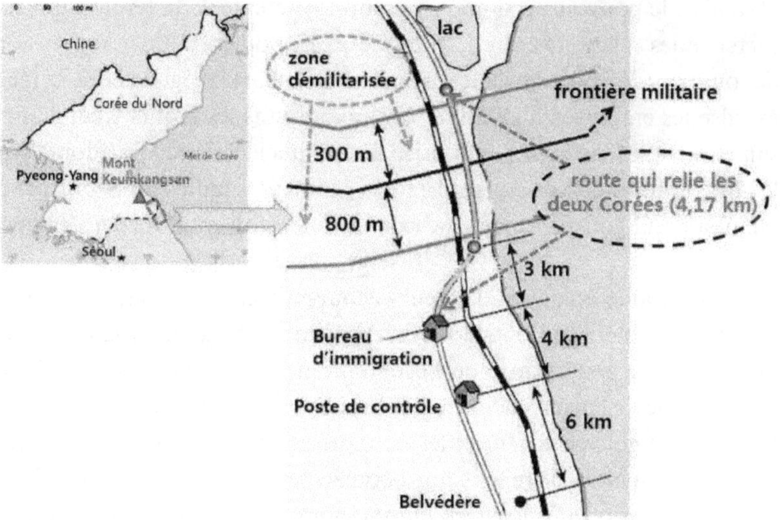

Auteur : Saangkyun Yi

La détente relative entre les deux Corées explique la facilité avec laquelle Roh Mu-Hyeon,[412] deuxième président de gauche, a pu être élu, succédant à Kim Dae-Jung. A ce moment-là en effet, les citoyens sud-coréens croient que les deux Corées peuvent être prochainement réunifiées. Le deuxième gouvernement de gauche a entretenu aussi des rapports étroits avec la Corée du Nord. Notamment, de la fin du mandat de Kim Dae-Jung au milieu du mandat de Roh Mu-Hyeon, c'est à dire dans un contexte de rapprochement intercoréen impulsé par le soutien du Sud à la dictature du Nord, Hyundai, l'entreprise sudcoréenne, a pu se poser en interlocuteur de Kim Jeong-Il, deuxième dictateur de Corée du Nord, et négocier directement avec lui la création d'une zone de libre-échange à Kaeseong (Corée du Nord, à proximité de la frontière inter-coréenne). L'application concrète de cette décision est cependant restée délicate, comme le montrent les problèmes rencontrés dans la direction de la production, notamment celui de la sécurité des travailleurs sud-co-

412 Roh Mu-Hyeon (1946-2009) est devenu le deuxième président de la république de gauche en 2003. Il se suicide peu de temps après son départ en retraite à la suite d'une affaire de corruption qui a fait scandale et qui impliquait son entourage.

réens, étant donné le caractère instable de la paix entre les deux Corées. Ignorant purement et simplement l'importance des sommes investies par Hyundai, le pouvoir nord-coréen prend le prétexte de la tension qui caractérise les relations entre les deux Corées, pour ordonner l'expulsion des ouvriers de Hyundai et de ses cadres. De même le régime nord-coréen expulse les employés d'Hyundai travaillant dans les monts Keumkangsan et saisit les biens de l'entreprise. En parallèle, le discours adopté par le pouvoir nord-coréen consiste à rejeter toutes les fautes sur Séoul, attribuant au seul gouvernement sud-coréen la tension entre les deux pays.

L'aide émanant d'acteurs économiques privés sud-coréens et les revenus générés par l'exploitation du site des Keumkangsan ont rendu possible la renaissance de l'économie nord-coréenne[413] et la détention actuelle de l'arme nucléaire par le pouvoir nord-coréen. Au moment même où le gouvernement et les entreprises sud-coréennes soutenaient leur voisin du Nord, le régime nord-coréen perce des tunnels sous la frontière en prévision d'offensives militaires ultérieures sur Séoul. Malgré l'accumulation d'indices en ce sens (plusieurs découvertes témoignant de l'existence de tunnels sous la « région métropolitaine » durant les deux présidences de gauche), les gouvernements n'ont, étrangement, jamais voulu les voir.[414] Signalons que deux civils[415] qui s'étaient lancés dans la localisation de ces tunnels sont morts dans des circonstances probléma-

---

413 Selon l'ancien agent des Renseignements Généraux Kim Ki-Hwan, le coût total supporté par l'entreprise Hyundai pour l'exploitation touristique en Corée du Nord s'élève à 3 milliards de dollars.

414 L'existence d'un premier tunnel est découverte à Hwaseong, à moins de 100 km de Séoul, dans la « région métropolitaine ». De même, des bruits correspondant à des activités souterraines de l'armée nord-coréenne ont été enregistrés. Deux documentaires -respectivement diffusés au Royaume Uni le 22 avril 2003 par la BBC et au Japon le 22 mai 2003 par la chaîne ASAHI- ont été consacrés à cette question, les média sudcoréens n'ayant, eux, pas jugé opportun de couvrir le sujet. Le documentaire japonais offre le témoignage direct d'un ancien soldat nord-coréen, Cha Do-Su, ayant travaillé dix années durant à la réalisation de ces tunnels: l'ancien soldat donne notamment une description complète du réseau creusé par l'armée nordcoréenne sous la surface du territoire sud-coréen.

415 L'ouverture d'un service confidentiel, interne au ministère de la défense, spécialement chargé de la détection de ces tunnels n'a abouti à aucun progrès véritable, le degré de négligence atteint dans leurs fonctions laissant même penser que les fonctionnaires chargés de la détection de ces tunnels auraient cédé aux tentatives de corruption nord-coréennes. Cela explique l'existence d'une association de civils s'étant fixée pour but la mise à jour des tunnels sans l'aide du gouvernement. Leur site internet est le suivant: http://www.ddanggul.com/

tiques[416], tandis que d'autres ont fait l'objet de menaces directes de la part du gouvernement sud-coréen et que différents indices de l'existence des tunnels ont été délibérément cachés par le pouvoir.[417]

Sur la base du témoignage de réfugiés nord-coréens en Corée du Sud, nous pouvons esquisser la chronologie suivante: le régime nord-coréen aurait commencé ses forages de tunnels en vue d'une attaque sur le Sud en 1954, important durant les années 1980 une foreuse européenne qui permettait de progresser de 30 km annuellement. En se basant sur le seul témoignage d'ex-soldats nord-coréens, on suppose que la Corée du Nord a foré plus de 600 km de tunnels sous le territoire sud-coréen. Par ailleurs, selon le témoignage de Hwang Jang-Yeob, ancien haut fonctionnaire nord-coréen en exil en Corée du Sud depuis 1997, les tunnels que perce l'armée nord-coréenne sont de grand diamètre parce qu'ils doivent permettre à des véhicules comme des camions et des tanks de circuler à double sens. D'autre part ces tunnels sont difficilement détectables de par leur profondeur : elle serait à l'image de celle du réseau du chemin de fer métropolitain de Pyeong-Yang, située cent mètres sous terre.

A noter que, selon un ancien soldat nord-coréen ayant fait défection en 1979, des uniformes militaires sud-coréens ont été utilisés par les soldats nord-coréens (de même ils ont appris à employer des expressions sud-coréennes typiques). Kim Yeong-Hwan, chercheur à l'Office

---

416 Dans le département de Kyeongki, soit à moins de 100 km de Séoul, un tunnel est découvert en 2002-2003 dans le village de Hwaseong. Suite au signalement de bruits entendus dans une église et rendant manifeste l'activité desoldats de l'armée nord-coréenne dans un tunnel d'une part, et d'autre part celui d'une famille se plaignant d'une coupure d'eau dans le même village, les autorités administratives et militaires ont dans un premier temps fait preuve d'une inertie qui a contrasté avec la promptitude et la fermeté de leur réaction face à l'organisation, par les mêmes civils déçus par les pouvoirs publics, d'une association visant à mettre à jour les tunnels par des forages de prospection. Cette activité a débouché rapidement sur la découverte d'un tunnel et l'extraction d'objets ayant appartenu aux soldats nord-coréens qui l'ont creusé. L'association s'est vue interdire toute activité, ce qui ne peut s'expliquer que la volonté gouvernementale de maintenir une certaine qualité de relation avec la Corée du Nord. Deux des responsables de l'association sont décédés dans des circonstances non élucidées.

417 Selon le témoignage de l'ancien diplomate nord-coréen Kim Tae-San, l'armée nord-coréenne a déjà foré un réseau complet de tunnels sous la région métropolitaine (agglomération de Séoul) dans l'objectif de pouvoir prendre possession du territoire en moins d'une heure au moyen d'une liaison du réseau des tunnels avec celui du métro. Un employé du métro soudoyé par la Corée du Nord a été arrêté pour en avoir transmis les plans ; son interrogatoire a eu lieu le 28 mars 2011.

des Renseignements généraux sud-coréens », a déjà émis l'hypothèse de l'existence de tunnels nord-coréens « un peu partout en Corée du Sud » et a déjà alerté les autorités sudcoréennes sur l'imminence d'une attaque nord-coréenne.[418]

Selon les experts militaires, l'armée nord-coréenne est potentiellement en mesure de se rendre maître de la Corée du Sud sur un laps de temps extrêmement court. Selon les explications de Hwang Jang-Yeob, ancien haut fonctionnaire nord-coréen, « [...] l'armée nord-coréenne doit pouvoir faire décoller des chasseurs depuis les tunnels », de même que « 150 000 soldats des brigades spéciales nord-coréennes sont susceptibles d'apparaître simultanément sur le territoire sud-coréen grâce aux tunnels».[419] Lee Cheol-Su, ancien capitaine de l'armée nord-coréenne, a rapporté de Kim Jeong-Il les propos suivants: « L'attaque de Séoul doit se faire en pleine nuit, par les tunnels, l'occupation de la capitale doit être immédiatement annoncée au peuple nord-coréen». Kim Chung-Kuk, soldat ayant fait défection en 1994, a révélé dans un ouvrage paru au Japon et intitulé : « L'arme nucléaire et l'armée de Kim Jeong-Il », l'intention du régime nord-coréen en rapportant la phrase suivante : « si la guerre éclate, les 40 millions d'habitants sud-coréens doivent être massacrés[420] ».

Ainsi les dix années d'aide financière concédée par la Corée du Sud (aide qui, comme nous l'avons vu plus haut, a émané des deux présidences de gauche sud-coréennes, avec l'appui du géant industriel Hyundai) n'ont pas empêché le pouvoir nord-coréen de poursuivre ses forages en vue de la conquête militaire du reste de la péninsule, tout en profitant de ces revenus supplémentaires pour se doter de l'arme nucléaire et se poser ainsi en rival potentiel des Etats-Unis dans la région.

Il est remarquable que même si des preuves concrètes du forage de tunnels par les nord-coréens ont été collectées un peu partout autour de Séoul (« région métropolitaine »), les présidences de gauche ont feint de ne pas percevoir la nature véritable des intentions nord-coréenne

418 Chaîne YTN, journal télévisé du 27 juin 2009.
419 Interview avec HwangJang-Yeob à l'occasion d'un discours sur la sécurité nationale prononcé à l'église de Saemunan le 14 juin 2004.
420 http://www.ddanggul.com/

concernant la moitié sud de la péninsule. De même il est remarquable que même si des traces du forage de tunnels sont encore régulièrement mises à jour et que les témoignages d'anciens soldats de l'armée nord-coréenne abondent maintenant, ces éléments ne font jamais l'objet d'un traitement à la mesure de leur gravité dans les médias. Cet état de fait nous paraît indiquer la présence d'éléments « pro-nord-coréens » au coeur même des institutions sudcoréennes, mais aussi dans les organes de presse ainsi que dans les associations de civils.

7.1.2 La situation politique actuelle entre les deux Corées : la Corée du Sud face aux essais nucléaires nord-coréens et à la succession dynastique.

En pleine crise économique au milieu des années 1990, la Corée du Nord se relève assez rapidement -et peut même se lancer dans l'acquisition d'un armement nucléaire- grâce à des circonstances exceptionnellement favorables combinant l'intervention du gouvernement sudcoréen et de Hyundai qui va générer d'importants profits. Finalement, l'essai nucléaire entrepris en 2006 par le régime nord-coréen, suscitant un certain effroi en Corée du Sud et dans la communauté internationale, change la donne, provoquant indirectement l'élection à la présidence de la République de Lee Myeong Bak et avec lui, le retour des conservateurs au pouvoir en Corée du Sud en février 2008. Lee Myeong Bak imprime à la politique sudcoréenne une réorientation complète, tandis qu'au même moment le pouvoir nord-coréen décide de prendre ses distances vis à vis de la Corée du Sud.

Un deuxième essai nucléaire nord-coréen en 2009 complique les relations entre les deux Corées d'une part, la Corée du Nord et les Etats-Unis d'autre part, entre la Chine et les Etats-Unis enfin. Face à une Corée du Nord soucieuse de se montrer étanche aux recommandations émanant de l'extérieur, l'action de médiation des états voisins de la péninsule semble avoir été vaine. Elle n'a débouché en tout cas sur aucune négociation entre les deux Corées. En dehors de l'action de médiation, la Chine semble détenir une capacité d'influence sur la Corée du Nord grâce à l'attitude « protectrice » dont elle fait preuve, mais aussi par l'aide économique apportée au pouvoir en place. Dans ce contexte, un patrouilleur sud-coréen est coulé en Mer Jaune par des tirs de torpilles le 26 mars 2010, face à l'île sudcoréenne de Baekryeongdo, c'est à dire à proximité de la frontière militaire (figure 7.2, a). L'armée nord-coréenne attaque encore sans motif apparent, l'île sud-coréenne de Yeonpyeongdo, ce tir de lance-roquette faisant plusieurs victimes, morts et blessés (figure 7.2, b). Nous pouvons raisonnablement considérer ces deux agressions comme une simple opération de communication à destination du peuple nord-coréen dans un contexte de transmission du pouvoir en Corée du Nord, Kim Jeong-Il, deuxième dictateur, ayant officiellement désigné son successeur en la personne de son troisième fils, Kim Jeong-Eun. S'il on ajoute qu'au même moment le nombre de désertions (presque systématiquement suivi d'un exil en Corée du Sud) augmente en permanence en Corée du Nord, les provocations militaires nord-coréennes évoquées plus haut apparaissent comme une simple réaction d'un pouvoir conscient de l'instabilité du régime qu'il a lui-même mis en place.

Figure n°7.2 Attaque contre un patrouilleur et tir d'artillerie sur l'île de Yeonpyeongdo

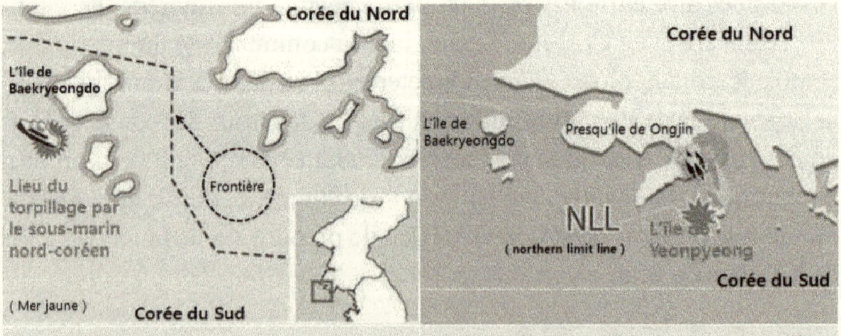

Attaque contre un patrouilleur sud-coréen (a) | Tir d'artillerie sur l'île de Yeonpyeongdo (b)

Auteur : Saangkyun Yi

A la mort soudaine de Kim Jeong-Il, le deuxième dictateur le 17 décembre 2011, Kim Jeong-Eun est désigné pour lui succéder.

En 2012, année du centenaire de la naissance (le 15 avril) de Kim Il-Seong, le régime nord-coréen s'est explicitement donné pour objectif à moyen terme d'être en mesure de peser sur la scène internationale, suscitant un regain d'attention des pays voisins, forcés de se prémunir contre une éventuelle menace.[421] C'est donc au moment même où les ministères de la défense des pays voisins l'observent avec méfiance que le régime nord-coréen lance un missile balistique intercontinental le 16 avril 2012, malgré la tentative de dissuasion des pays intéressés (mais l'opération de lancement elle-même échoue au dernier moment) et au grand dam des Etats-Unis.[422]

D'autre part Kim Jeong-Eun, le nouveau dictateur, semble animé du souhait de prendre le contre-pied de ses prédécesseurs sur certains points. Il a eu accès à l'enseignement supérieur suisse dans sa jeunesse et semble avoir eu l'occasion de s'acclimater à l'économie mondialisée. Son discours du 15 avril 2012[423] a semblé refléter une réelle volonté de résoudre les problèmes d'ordre économique, et notamment la question alimentaire, selon ses propres mots, « opérer le décollage industriel nécessaire au développement économique ». Par ailleurs, Kim Jeong-Eun a, le 28 janvier 2012, mentionné pour la première fois le terme de capitalisme dans un discours, mot qui reste un tabou en Corée du Nord, employant

421 On notera que, depuis le 28 avril 2012, le régime nord-coréen a brouillé les communications dans la région par des ondes perturbatrices. Le 9 mai 2012, 658 avions de passagers civils qui étaient en train de décoller et atterrir d'aéroports de Corée du Sud, et nombre de bateaux qui croisaient sur la Mer Jaune, ont eu des difficultés à trouver leur direction (journaux quotidiens du 9 mai 2012). D'après Asie libre, une chaîne télévisée américaine, le régime nord-coréen perturbe aussi les émissions radio 18 heures par jour afin que les habitants nord-coréens ne puissent pas s'informer à partir de sources sud-coréennes et américaine (http://www.rfa.org/korean/, 11 mai 2012).

422 Selon Foreign Policy, magazine américain spécialisé dans les relations internationales, la commission militaire de la Chambre des Representants a adopté un amendement du National Defense Authorization Act 2013, autorisant une redistribution des armes nucléaires tactiques pour le Pacifique Ouest, donc entre autres pour la Corée du Sud. En 1991, le gouvernement américain avait en effet retiré ses armes nucléaires tactiques de Corée du Sud en vertu du Traite de non-prolifération des armements nucléaires, mais suite au lancement récent d'un missile balistique intercontinental par la Corée du Nord et face à l'eventualite d'un essai nucléaire, les Etats- Unis ont réagi par cet amendement. Barney Frank, député américain, justifie cette decision ainsi : « les Etats-Unis ont sollicité pendant plusieurs années l'aide chinoise dans nos négociations avec la Corée du Nord, mais la Chine s'est plutôt appliquée à vendre des pièces détachées (pour armes nucléaires) à la Corée du Nord. Il est donc temps de nous redonner une force de dissuasion -augmenter la force de frappe- en vue de nous défendre nous-mêmes [contre une attaque nord-coreenne], et de coopérer avec nos alliés (http://www.foreignpolicy.com/le 11 mai 2012) ». Bref dans la situation politique actuelle en Corée, on ne peut guère prévoir la situation à venir.

423 En Corée du Nord, le 15 avril est férié ; on y commémore la naissance du premier dictateur Kim Il-Seong. La journée est qualifiée de « fête du soleil ».

la formulation suivante : « Les expert économiques auraient dû émettre l'idée d'une réforme, mais ont probablement reculé devant le risque de se voir blâmés. On ne peut pas construire une économie en se contentant de critiquer dogmatiquement le capitalisme[424] ».

Le pouvoir nord-coréen diffuse depuis son origine l'idée selon laquelle l'influence des Etats-Unis sur la péninsule est illégitime, car relevant seulement de l'impérialisme, et que ses soldats doivent définitivement la quitter. Les pratiques terroristes de la Corée du Nord apparaissent finalement comme une constante depuis la fin de la Guerre de Corée (désintégration en vol d'un avion de ligne sud-coréen piégé, assassinat de grandes figures publiques, enlèvements, agressions militaires en territoire sud-coréen). Les essais nucléaires, de même que le lancement d'un missile balistique intercontinental, ont été autant de « pieds de nez » à destination de l'Amérique et, de manière générale, les manifestations de violence, effective ou potentielle, de la Corée du Nord ont évidemment fini par altérer durablement ses relations avec la Corée du Sud et les Etats-Unis. Face aux agissements nordcoréens, les Etats-Unis ont réagi, utilisant par exemple l'arme de la sanction économique. Mais la Corée du Nord peut compter sur le soutien économique et diplomatique de la Chine, qui souhaite le maintien de cette zone tampon, et continue à importer les ressources du soussol de la Corée du Nord ainsi qu'à emprunter une partie de terre nord-coréenne frontalière.[425] Après l'expérience d'une relation gelée avec son voisin du sud, le régime nord-coréen a montré, chaque fois que le besoin d'une aide économique s'est fait sentir, des signes de bonne volonté envers le gouvernement sud-coréen ; et le gouvernement sud-coréen a systématiquement répondu favorablement, dans l'intention de commencer une « nouvelle » relation avec le régime nord-coréen. Par ailleurs il faut signaler ici la présence, sur tout le territoire, de citoyens sud-coréens soutenant le Nord, que nous appellerons ici « forces pronord-coréennes ». Il existe des groupuscules organisés et

---

424 Journal japonais Mainichi, reportage consacré au discours employé par Kim Jeong-Eun, le 16 avril 2012.

425 Kim Jeong-Il, deuxième dictateur parlait ainsi de la Chine deux mois avant sa mort, le 8 octobre 2011 : « Historiquement, la Chine est l'ancien bourreau de notre pays, quelle que soit la qualité de nos relations actuelles : il faut que nous prenions nos précautions contre la Chine, notamment veiller à ne pas devenir son outil » (Journal coréen Dailian du 16 avril 2012).

même des partis politiques, sorte de forces diffuses, qui même s'ils ne fonctionnement pas comme un lobby centralisé, exercent une pression sur le gouvernement sud-coréen pour qu'il soutienne la Corée du Nord. Le gouvernement sud-coréen a finalement pris le parti d'aider la Corée du Nord et de dissuader les Etats-Unis d'appliquer des sanctions économiques contre la Corée du Nord. En fait le comportement du gouvernement sud-coréen est dicté par l'opinion selon laquelle en l'absence d'initiative de sa part, le pays serait rapidement mis à l'écart et réduit à la position d'observateur d'une relation triangulaire associant Etats-Unis, Corée du Nord et Chine.

En 2012 se seront déroulées deux élections en Corée du Sud : législatives en avril, et présidentielles en décembre. De fait la droite vient de remporter la majorité des sièges à l'Assemblée nationale, et concrètement aucune personnalité en vue à gauche de l'échiquier politique n'est susceptible d'accéder à la présidence l'hiver prochain, tandis qu'une femme, Bak Keun-Hye[426], se détache parmi les personnalités de droite. Etant donné que la conjoncture actuelle, dans un contexte de réelles inquiétudes quant au voisin nord-coréen (tentative récente de lancement d'un missile et forte probabilité de voir la Corée du Nord procéder à de nouveaux essais nucléaires) est clairement favorable au parti de droite, on peut raisonnablement s'attendre à ce que Bak Keun-Hye soit élue relativement facilement en décembre.

7.1.3 De multiples scénarii pour la péninsule

Les états étrangers actuellement en mesure de peser sur la situation politique péninsulaire sont moins nombreux qu'ils ne l'étaient au tournant du vingtième siècle, où Russie, Chine, Etats-Unis et Japon jouissaient d'un réel pouvoir d'influence. Aujourd'hui, Etats-Unis et Chine jouent le rôle d'intervenants extérieurs antagonistes sur les deux Corées. Notons que du point de vue du gouvernement chinois, l'existence de la Corée du Nord est très utile : c'est un espace tampon efficace sur le

426 Bak Keun-Hye (1952-) : fille de l'ancien président de la République Bak Jeong-Hee (1971 - 1979), assassiné en cours de mandat par un membre de son propre service de sécurité.

plan idéologique, entre aire d'influence chinoise et aire d'influence américaine. Cela explique l'attitude protectrice manifestée par la Chine vis à vis de la Corée du Nord au moment où celle-ci est la cible de sanctions économiques. Cela n'empêche pas les dirigeants chinois d'exprimer un jugement critique sur la manière dont le dictateur nord-coréen conduit son pays. Hu Jintao, chef du parti communiste chinois, s'est par exemple exprimé ainsi à l'occasion de la mort de Kim Jeong-Il, deuxième dictateur nord-coréen: « le pouvoir nord-coréen ferait mieux de se consacrer à l'amélioration de la situation alimentaire de son peuple au lieu de tout investir dans l'armement[427]». Mais la Chine n'a pas intérêt à ce que la réunification des deux Corées se réalise : en promouvant le maintien du statu quo, elle se ménage la possibilité d'annexer ultérieurement la Corée du Nord si la dictature venait à s'effondrer.

D'autre part, Barack Obama a blâmé le régime nord-coréen pour son attaque armée et s'est exprimé le 26 mars 2012 en faveur de sanctions fermes dans son discours à l'Université des langues étrangères de Séoul (s'adressant à la Corée du nord) : « L'attaque armée et le nucléaire militaire menacent la sécurité de la Corée du Nord plus qu'ils ne la garantissent, parce que leur emploi induira inévitablement l'application de sanctions économiques ». Les Etats-Unis considèrent la Corée du Sud comme leur tête de pont en Asie autant qu'un point stratégique, et souhaitent évidement maintenir leur influence en Asie de l'Est. Le Japon n'est quant à lui guère favorable à une réunification, par simple crainte de voir son voisin devenir plus puissant que lui.

La situation actuelle de pénurie alimentaire en Corée du Nord est telle que les habitants font de plus en plus le choix de quitter le pays, et que le dictateur et ses partisans devraient à l'avenir avoir des difficultés à sauvegarder son régime. Etant donné le climat intérieur de la Corée du Nord (surveillance des habitants, atteintes aux droits de l'homme, etc.), on peut penser que si la question alimentaire n'est pas résolue, une insurrection populaire est probable. Au sein du pouvoir nord-coréen, règne un climat d'intrigues de sérail générant de multiples possibilités de coup d'état : l'extrême jeunesse du dictateur actuel fait de lui une personne vulnérable, et le couple de régents (la propre tante du dictateur et son

427 Dailian (quotidien sud-coréen) du 16 avril 2012.

mari) qui l'entoure possède de fait plus de pouvoir que le dictateur lui-même, et pourrait très bien songer à prendre le pouvoir.

La figure 7.3 montre deux types de scénarii possibles pour la situation à venir dans la péninsule coréenne, avec pour chacun d'eux trois modalités plus fines.

Selon la première hypothèse, le régime nord-coréen s'effondrera soit de lui-même, faute de trouver une voie de résolution au problème économique, soit par la voie d'un coup d'Etat. Des forces armées chinoises sont déjà massées le long de la frontière avec la Corée du Nord pour intervenir en cas d'urgence. Selon la deuxième hypothèse, le régime actuel serait aboli à la suite d'une émeute ou d'un coup d'Etat, mais cette abolition déboucherait sur l'adoption transitoire d'un système « mixte » sur le modèle chinois de Deng Xiaoping, avant transition définitive vers le modèle sud-coréen : ce cas de figure autoriserait un redressement économique rapide, une coopération économique intercoréenne deviendrait possible, de même qu'une intensification des échanges culturels entre les deux Corées, rendant envisageable l'engagement de négociations en vue du lancement d'un processus long de réunification, sur le modèle allemand.

Figure n°7.3 Situation politique à venir dans la péninsule coréenne : deux scénarii

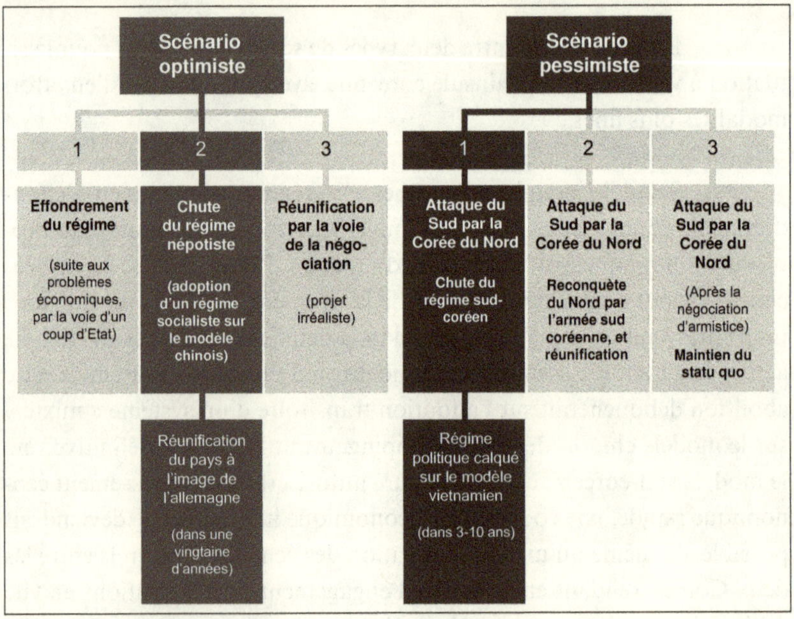

Auteur : Saangkyun Yi.

La troisième hypothèse du scénario « optimiste » est peu crédible parce que l'on peut difficilement imaginer un régime népotiste nord-coréen à la fois capable de se maintenir au pouvoir et acceptant de le « céder ».

Examinons maintenant le scénario « pessimiste » : le forage d'un réseau complet de tunnels en territoire sud-coréen par l'armée nord-coréenne, déjà été évoqué plus haut, serait utilisé pour envahir la Corée du Sud en cas de départ des troupes américaines stationnées en Corée du Sud, ou de crise du régime nord-coréen; d'autre part les forces pronord-coréennes et leurs sympathisants, qui n'attendraient plus que les instructions du pouvoir nord-coréen pour agir, ont peu à peu noyauté la société sud-coréenne, s'installant même à des postes haut placés dans ses institutions.[428]

428 Le Quartier Général américano-coréen » a été créé en 1978 afin de coordonner des opérations militaires en cas d'urgence, le contrôle des opérations revenant, en temps de

Nous envisageons ici le pire cas de figure possible pour l'avenir, c'est à dire la prise de Séoul par les troupes nord-coréennes en une nuit, via les tunnels, immédiatement après le retrait des troupes américaines, avec le soutien éventuel de la Chine (suivie par exemple de la prise en otage des étrangers résidant en Corée du Sud pour faire obstacle à une intervention des armées étrangères). Ce scénario correspond au projet nord-coréen révélé par les soldats nord-coréens qui ont rejoint la Corée du Sud, mais que le gouvernement sudcoréen ne prend pas en considération. La première hypothèse du scénario pessimiste correspond donc au passage de la Corée du Sud au communisme par invasion nord-coréenne, sur le modèle vietnamien.[429]

Avec la deuxième hypothèse du scénario pessimiste, nous envisageons aussi une invasion nord-coréenne facilitée par les tunnels immédiatement après le retrait des troupes américaines, avec occupation de l'agglomération de Séoul. Mais cette fois-ci l'invasion, quelque meurtrière qu'elle puisse être, est suivie de la reconquête de toute la péninsule par l'armée américano-coréenne (mais on pourrait très bien envisager une intervention chinoise par analogie avec ce qui a se produire en 1950 (Guerre de Corée), où le nombre de soldats engagé par la Chine était tel que les alliés ont dû se résoudre au retrait du Nord.

La société sud-coréenne actuelle présente des clivages internes, avec notamment une opposition gauche/droite exacerbée par le contexte géopolitique. A partir de la libération, l'influence américaine a été suffisamment forte pour que tous les présidents sud-coréens successifs (à

---

guerre, à l'armée américaine. Le président sud-coréen a officiellement demandé en 2006 (deuxième présidence de gauche) au gouvernement américain le transfert de cette responsabilité opérationnelle, requête qui a débouché sur l'accord suivant : « Le Quartier Général américano-coréen sera détruit en 2015, laissant le contrôle des opérations militaires à l'armée sudcoréenne ». De fait le rôle et l'importance numérique de l'armée américaine en Corée du Sud sont en réduction: le gouvernement américain a en fait déjà pris la décision de regrouper au Japon toutes ses forces de défense de l'Asie-Pacifique. Ce retrait des forces armées américaines basées en Corée du Sud (qui sera effectif en 2015) induira une très forte disproportion militaire dans la péninsule, que le pouvoir nord-coréen a très longtemps attendue.

429 Le cas vietnamien peut schématiquement se résumer ainsi: avec l'armistice de 1973 les forces alliées américano-coréennes se retirent, opportunité qu'exploitent les militants de plusieurs dizaines d'« associations de gauche » pour faire basculer la société nord-vietnamienne dans le communisme, avant l'invasion du Sud par le Nord en 1975 et le passage du Vietnam Sud au communisme.

l'exception des années 1990) soient conservateurs. Le caractère anticommuniste qui accompagne la droitisation de l'opinion publique a même été amplifié après la fin de la Guerre de Corée, et nous pouvons considérer que si dans la société coréenne une majorité des citoyens semble actuellement percevoir l'anticommunisme comme une nécessité pour la sécurité nationale, le remplacement des générations -ayant fait l'expérience de la Guerre de Corée- crée une dynamique qui tend à déplacer progressivement le centre de gravité politique coréen vers la gauche, « forces diffuses pro-Corée du Nord » incluses. Il faut signaler que l'armée américaine suscite en Corée des réactions de rejet dans une bonne partie de la population. Les anti-conservateurs sont favorables à une autonomie complète de la Corée du Sud sur le plan défensif, donc au retrait des troupes américaines basées sur son sol, alors même qu'un passage ultérieur au communisme d'Etat sur le modèle vietnamien n'a rien d'irréaliste et que le stationnement de troupes américaines en garnison en Corée du Sud semble nécessaire au maintien de l'équilibre géopolitique en Asie du Nord-Est.

7.2 Le système éducatif et le programme national en Corée du Nord

La division politique de la Corée affecte l'organisation des systèmes éducatifs ainsi que le statut et la place de la géographie scolaire dans l'enseignement des faits sociaux et de l'environnement. Tandis que la Corée du Sud opère, comme nous le voyons depuis la fin de la Guerre de Corée, par rectification à partir d'un modèle « initial » états-unien, la Corée du Nord élabore un programme sous influence soviétique, ce qui a pour effet d'accorder une place importante à la géographie en tant que discipline scolaire distincte des enseignements à caractère historique.

7.2.1 Le système éducatif en Corée du Nord et l'influence russe

Dès la libération, le régime nord-coréen semble avoir importé le modèle du système éducatif soviétique dans son ensemble, tout en créant son propre programme : ce qui va suivre a pour but de vérifier cette hypothèse. La figure 7.4 donne un aperçu schématique de l'organisation du système éducatif nord-coréen.

Figure n°7.4 Le système éducatif en Corée du Nord

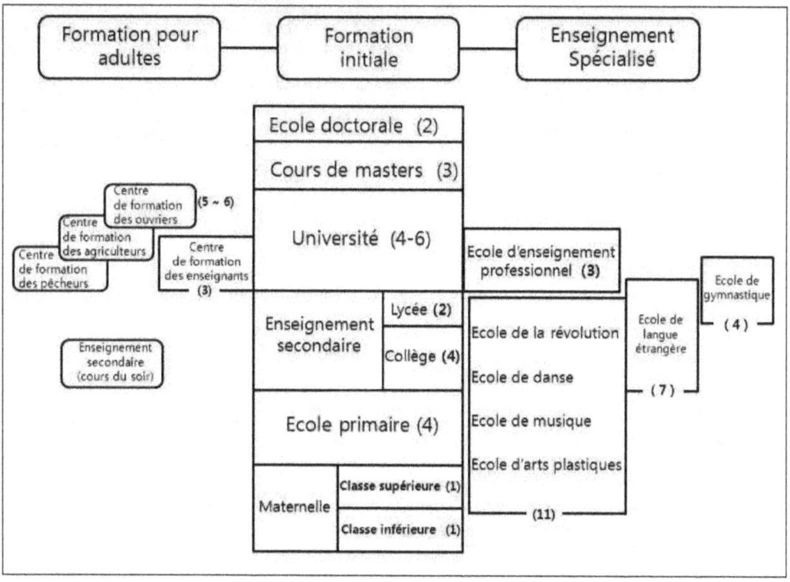

Source : Centre d'études sur la réunification (1989, p.170). Les chiffres entre parenthèses correspondent aux nombres d'années d'études.

La filière générale est bâtie de telle manière qu'un élève nord-coréen commence par passer deux ans en maternelle, puis effectue quatre années de primaire, puis six années de secondaire, puis pour certains de quatre à six années d'un cursus de base à l'université, éventuellement suivies de cinq années correspondant à un master/doctorat. Le système éducatif nord-coréen est donc calqué sur celui de la Russie comme le montre le tableau 7.1.[430]

430 Le système éducatif russe juxtapose deux filières d'enseignement primaire de durées différentes (trois ou quatre ans) : les élèves y sont répartis selon leur niveau de développement intellectuel, physique et émotionnel, sur l'avis des parents ou des professeurs.

Tableau n°7.1 Horaires hebdomadaires prescrits par le programme national russe (2000)

Domaine	Discipline	Volume horaire hebdomadaire			
		Ecole primaire (3 ans)	**Ecole primaire (4 ans)**	**Collège (5 ans)**	**Lycée (2 ans)**
		1-2-3	**1-2-3-4**	**1-2-3-4-5**	**1-2**
Russe	Langue russe, Littérature russe	3 3 3 6 5 5	3 3 3 3 6 6 5 5	3 3 3 3 3 8 7 7 5 5	4 4
Mathématiques	Mathématiques-Informatique	5 5 5	4 4 4 4	5 5 5 5 5	4 4
Sciences sociales	Histoire Education sociale **Géographie**	-	-	2 4 4 5 6	5 5
	Environnement	- 1 1	1 1 2 2	-	-
Sciences	Biologie Physique Chimie	-	-	2 2 4 6 6	6 6
Art	Musique Education artistique	2 2 2	2 2 2 2	2 2 2 2 -	
Education physique	Education physique	2 2 2	2 2 2 2	2 2 2 2 2	3 3
Technologie	Technique, stage, cartographie	2 2 2	2 2 2 2	2 2 2 2 2	2 2
Matières à option (variables selon la région/ l'ethnie/ l'établissement d'appartenance) dans le cadre d'une semaine de 6 jours		5 5 5	2 5 5 5	5 5 5 5 5	12 12
Volume horaire total sur 6 jours		25 25 25	25 25 25 25	31 32 34 35 35	36 36
Matières à option (variables selon la région/ l'ethnie / l'établissement d'appartenance) dans le cadre d'une semaine de 5 jours)		2 2 2	- 2 2 2	2 2 2 2 2	9 9
Volume horaire total sur 5 jours		22 22 22	20 22 22 22	28 29 31 32 32	33 33

Source : Oh, Man-seok et al. (2006, p.48).

Contrairement à ce que nous pouvons observer en Corée du Sud (2 mars) ou au Japon (début avril), la rentrée scolaire a lieu le 1ersep-tembre en Corée du Nord (avec une fin de 1er semestre fin décembre, le 2ème semestre débutant en février et terminant en juin/juillet) (tableau 7.2) : le calendrier scolaire nord-coréen ressemble donc bien plus à ceux des pays européens, en particulier de la Russie ou de la France. Bref ni le système éducatif ni le programme national de la Corée du Nord ne peuvent être rapprochés de ceux de ses voisins asiatiques, alors que l'apparentement au modèle russe est évident.

Tableau n°7.2 Le calendrier scolaire nord-coréen

Type d'école	Semestre	Début	Fin
École primaire	1	1er septembre	29 décembre
	2	15 février	24 juillet
École secondaire	1	1er septembre	29 décembre
	2	1er février	11 août

Source : Commission éducative nord-coréenne (1983, p.135).

Le tableau 7.3 montre quelle hiérarchie s'établit entre les disciplines scolaires du secondaire en Corée du Nord : ce document montre, en cohérence avec le tableau 7.1, que cette hiérarchie correspond à celle qui prévaut en Russie, pour les 9 premiers items au moins.

Tableau n°7.3 Hiérarchie entre les disciplines scolaires dans le secondaire en Corée du Nord sur la seule base du coefficient

Rang	Discipline	%	Rang	Discipline	%
1	Mathématiques	18,4	14	Activité révolutionnaire de M. KIM	2,8
2	Langue et littérature coréennes	11,6	15	Stage technique (5-6)	2,7
3	Physique	8,3	16	Musique	2,1
4	Langue étrangère	7,5	17	Politique communiste actuelle	1,5
5	Chimie	5,8	18	Morale communiste	1,3
6	Biologie	5,6	19	Environnement	1,0
7	**Géographie**	**5,1**	20	Hygiène	1,0
8	Education physique	4,5	21	Art	1,0
9	Histoire	4,2	22	Dessin industriel	0,9
10	Littérature chinoise classique	3,7	23	Mécanique	0,8
11	Histoire de la révolution opérée par M. KIM	3,0	24	Électricité et agriculture	0,8
12	Cours spécial	2,9	-	-	-
13	Stage et fabrication	2,8	-	-	-

Source : Mun, Yong-lin (1987, p.181)

Afin de mieux comprendre le système éducatif et le programme national nordcoréen, nous allons maintenant examiner le système éducatif et le programme national russes (puisqu'ils ont beaucoup influencé leurs équivalents nord-coréens). Il y a dans l'enseignement supérieur russe un rapport très étroit entre enseignement de la géographie et enseignement environnemental, et ce depuis la fin des années 1950. Le thème central abordé dans le cadre de la géographie en Russie est celui du paysage, vu comme une interface évolutive entre données physiques (géologie, biogéographie, climatologie) et données sociales et économiques. La géographie russe est donc, contrairement à son équivalent sudcoréen, un domaine apparenté à la fois aux sciences sociales et aux sciences naturelles. En conformité avec ce positionnement scientifique, la géographie scolaire russe paraît complète en ce que l'éventail des perspectives adoptées va de la géographie économique, à l'observation par satellite (pour laquelle la Russie fut une pionnière), en passant par l'aspect quantitatif, les dimensions géochimique et géophysique ainsi queles systèmes d'information géographique (Kasimov et al., 1996). Les figures 7.5 et 7.6 donnent une idée des contenus de formation des géographes en Russie et de la structure de l'enseignement environnemental au niveau universitaire.

Figure n°7.5 Architecture de la formation des géographes en Russie

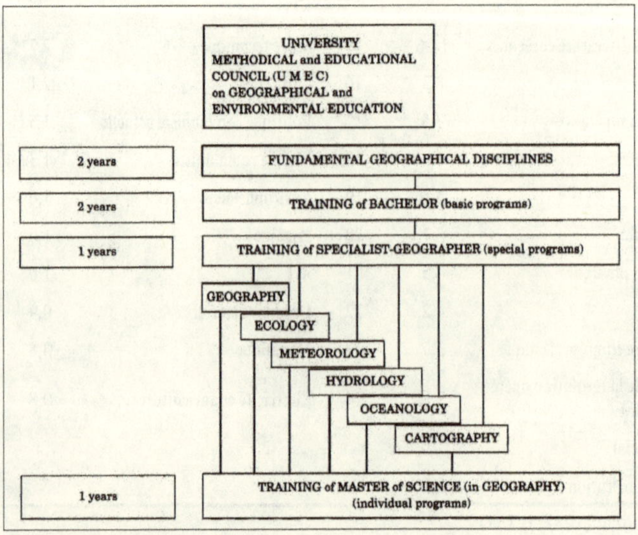

Source : N.S. Kasimov et al. (1996, p. 79).

Figure n°7.6 Architecture de la formation des enseignants de « géographie environnement » en Russie

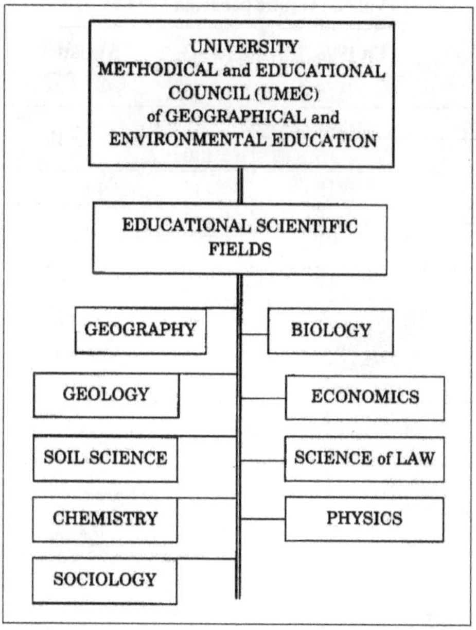

Source : N.S. Kasimov et al. (1996, p.80).

Dans l'enseignement secondaire russe, les durées d'études sont les suivantes : trois à quatre ans pour l'école primaire, cinq ans pour le collège et deux ans pour le lycée. Durant les années 1990, après la perestroïka, la Russie a lancé une réforme des programmes scolaires accordant aux différentes disciplines relevant du domaine des sciences sociales –et notamment la géographie et l'histoire-une place prépondérante. Cette place a légèrement diminué avec la réforme de 1998, tandis que celle accordée à l'éducation sociale (regroupant la science politique, l'économie,le droit, etc.) augmentait dans le même temps, mais la géographie scolaire apparaît toujours comme une discipline scolaire essentielle dans le programme scolaire russe.

La géographie fait l'objet de cinq années d'enseignement au secondaire à raison de six heures par semaine depuis la réforme de 2003,contre huit heures hebdomadaires auparavant (cf tableau 7.4), y compris les enseignements à dominante environnementale.

Tableau n°7.4 Evolution des volumes horaires du collège en Russie

Domaine	Discipline	Volume horaire hebdomadaire		
		En 1998	En 2003	Variation
Langue(s)	Langue russe	15	15	
	Langue maternelle (minorités)	32	23	+ 1h
	Littérature russe		10	
	Langue étrangère	15	15	
Mathématique	Mathématique	25	23	+ 3h
Informatique	Informatique		5	
Sciences sociales	Histoire	11	10	- 1h
	Education sociale	2	4	+ 2h
	Géographie	**8**	**6**	**- 2h**
Sciences	Environnement	2	2	
	Physique	6	6	
	Chimie	4	4	
	Biologie	8	6	- 2h
Art	Musique, éducation artistique	8	8	
Technique	Technique	11	7	- 4h
Education physique	Education physique	10	10	
Sécurité	Sécurité quotidienne	0	1	+ 1h
volume horaire hebdomadaire global		142	132	- 10h
en fonction de l'établissement, de la région, ou de l'ethnie d'appartenance (semaine de 6 jours)		25	35	+ 10h
volume horaire maximal sur les 6 jours		167	167	
en fonction de l'établissement, de la région, ou de l'ethnie d'appartenance (semaine de 5 jours)		10	20	+ 10h
volume horaire maximal sur les 5 jours		152	152	

Source : Oh, Man-Seok et al. (2004, p. 195).

C'est sur ce modèle que le régime nord-coréen a édifié un système éducatif et un programme national qui lui sont propres et que nous allons décrire maintenant.

7.2.2 Le programme national en Corée du Nord

En Corée du Nord, la géographie est une discipline importante, puisqu'elle y occupe la septième place en volume horaire, indépendamment de l'histoire (tableau 7.5). Par ailleurs, des matières comme la « politique communiste actuelle », l'« activité révolutionnaire de M. Kim Il-Seong », l'« histoire de la révolution de M. Kim Il-Seong » et la « morale communiste » sont jugées prioritaires dans le programme du secondaire nord-coréen. Cet accent mis sur la révolution et sur l'idéologie communiste, c'est à dire cette combinaison d'un véritable culte construit autour de la personne du dictateur et de sa famille et d'une référence exclusive à l'idéologie communiste, ne se retrouve nulle part ailleurs dans le monde actuel.

Tableau n°7.5 Volume horaire par discipline dans le secondaire en Corée du Nord

Discipline	Volume horaire	Volume horaire hebdomadaire dans le secondaire					
		1ère année	2ème année	3ème année	4ème année	5ème année	6ème année
		1er semestre 16 semaines / 2ème 20 s	1er 16 s / 2ème 20 s	1er 16 s / 2ème 20 s	1er 14 s / 2ème 18 s	1er 14 s / 2ème 15 s	1er 13 s / 2èm 12 s
Politique communiste actuelle	102	-	-	-	(34)	(34)	(34)
Activité révolutionnaire de M. KIM	184	2	1/2	1/2	-	-	-
Histoire de la révolution opérée par M. KIM	197	-	-	-	2	2	3
Cours spécial	194	1	1	1	1	1	1
Morale communiste	88	1	1	1	-	-	-
Langue et littérature coréennes	769	5	5	4	4	3	2
Littérature chinoise classique	246	2	2/1	1	1	1	1
Langue étrangère	496	3	2	2	2	2	2
Histoire	280	-	1	2	2	2	2
Géographie	**338**	**2**	**2**	**2**	**2**	**2**	**-**
Mathématiques	1225	7	6	6	6	6	7
Physique	549	-	2	3	4	4	5
Chimie	384	-	-	2	3	4	4
Biologie	370	-	2	2	2	3	3
Environnement	72	2	-	-	-	-	-
Hygiène	72	1	1	-	-	-	-
Education physique	302	2	2	2	1	1	1
Musique	140	1	1	1	1	-	-
Art	72	1	1	-	-	-	-
Stage et fabrication	194	1	1	1	1	1	1
Dessin industriel	64	-	-	-	2	-	-
Mécanique (pour la ville / le monde rural)	58	-	-	-	-	2	-
Électricité et l'agriculture	50	-	-	-	-	2	2
Stage	180	-	-	-	-	(72)	(108)
volume horaire global	6626	31	32	32	34	34	34
Nombre de matières présentées aux examens		4	5	6	6/7	6/7	6

Source : Institut du développement éducatif en Corée du Sud (1988, p. 179).Les examens évo qués dans ce document sont les examens semestriels.

Le programme national nord-coréen a été modifié par deux fois, respectivement en 1960 et 1983. Le tableau 7.6 met en regard les deux versions. Nous observons que les programmes du primaire de 1960 incluent des apprentissages en histoire et géographie que la réforme de 1983 va faire disparaître alors même qu'apparaît la matière environnement ainsi que les matières « révolutionnaires ». Nous observons ainsi une évolution strictement parallèle en Corée du Nord à celle qui a lieu en Russie.

Tableau n°7.6 Evolution des coefficients par discipline à l'école primaire en Corée du Nord

Rang selon le coefficient	Disciplines en 1960	%	Disciplines en 1983	%
1	Langue coréenne	47,6	Langue coréenne	32
2	# Calcul	23,8	Mathématiques	23
3	Education physique	7,6	Education physique	8,4
4	Musique	3,8	Musique	8,4
5	Dessin	3,8	Dessin et fabrication	8,4
6	Fabrication	3,8	Environnement	6,2
7	Hygiène	3,8	L'enfance de M. KIM	4,2
8	# Histoire	1,9	Cours spécial	4,2
9	**# Géographie**	**1,9**	Morale communiste	4,2
10	Environnement	1,9	Hygiène	1,0
Au total	10 disciplines et 3603 heures	100	10 disciplines et 3570 heures	100

Source : Mun, Yong-lin, (1987, p. 177). Les disciplines de 1960 signalées par un « # » sont modifiées ou disparaissent dans le programme de 1983.

Dans les programmes du secondaire jusqu'en1983, la géographie scolaire est répartie en trois matières distinctes: géographie physique, géographie du monde et géographie de Joseon.[431] Ce mode de subdivision apparaît comme un héritage direct de l'époque de l'ouverture au monde, au début du XXème siècle. A partir de 1983, tous les contenus sont regroupés en une discipline géographique unique. On dénombre actuellement 24 disciplines dans le programme scolaire nord-coréen. La 7ème position occupée par la géographie, si l'on prend pour référence les coefficients (l'histoire serait alors en 9ème position, cf tableau 7.7), est à comparer avec son statut optionnel en Corée du Sud.

431 La dénomination employée par le régime nord-coréen suggère que le pays est l'héritier légitime du passé de la nation coréenne toute entière.

Tableau n°7.7 Hiérarchie entre les disciplines scolaires du secondaire en Corée du Nord, sur la base des coefficients

Rang	Disciplines en 1960	Poids relatif, en % du total des coefficients	Disciplines en 1983	Poids relatif, en % du total des coefficients
1	Littérature	12,6	Mathématiques	18,4
2	Education physique	11,1	Langue et littérature coréennes	11,6
3	Calcul	9,1	Physique	8,3
4	Langue russe	9,1	Langue étrangère	7,5
5	Langue coréenne	8,0	Chimie	5,8
6	Algèbre	6,1	Biologie	5,6
7	Stage	6,1	Géographie	5,1
8	Histoire de Joseon (Corée)	5,5	Education physique	4,5
9	Physique	5,0	Histoire	4,2
10	Botanique	4,0	# Littérature chinoise classique	3,7
11	Géométrie	4,0	# Activité révolutionnaire de Kim Il-Seong	3,0
12	Géographie physique	3,0	# Cours spécial	2,9
13	Géographie du monde	3,0	# Stage (fabrication)	2,8
14	Zoologie	3,0	# Activité révolutionnaire de Kim Jeong-Il	2,7
15	Hygiène	3,0	# Stage technique (5, 6)	2,7
16	Histoire du monde	2,6	Musique	2,1
17	Chimie	2,0	# Politique communiste actuelle	1,5
18	Géographie de Joseon (Corée)	2,0	# Morale communiste	1,3
19	Musique	2,0	# Environnement	1,0
20	Dessin	2,0	Hygiène	1,0
21	Couture	1,0	Art	1,0
22	Dessin industriel	1,0	Dessin industriel (4, 5, 6)	0,9
23			Technologie mécanique (5)	0,8
24			Électricité et l'agriculture (4-6)	0,8

Source : Mun, Yong-lin 1987, p.31-32). Les disciplines marquées d'un « # » n'existaient pas dans le programme de 1960.

A la différence de la Russie cependant, la géographie en Corée du Nord se voit accorder une primauté par rapport à l'histoire. Il est vrai quand dans ce pays, l'histoire semble être plus conçue comme un soubassement du culte voué au dictateur, à sa famille et à la révolution qu'elle a opérée, que comme un domaine de savoir relatif au passé national dans son ensemble.

7.3 Analyse du programme nord-coréen de géographie

En Corée du Nord comme en Russie, on enseigne la géographie pendant cinq ans dans l'enseignement secondaire. Globalement, les manuels scolaires fabriqués en Corée du Nord apparaissent d'une qualité médiocre, proche de celle des manuels parus pendant les années 1950 en Corée du Sud. Les manuels sont conçus dans le but de servir de support à l'idolâtrie de la famille de Kim Il-Seong et la seule véritable exigence vis-à-vis de leurs contenus est de traduire fidèlement l'idéologie construite par Kim Il-Seong. Ressort de ces manuels une forte hostilité à l'égard de pays comme la Corée du Sud ou les Etats-Unis. Nous analysons dans cette section les avant-propos de ces manuels pour appréhender la finalité de la géographie scolaire en Corée du Nord, avant d'essayer de caractériser le mode d'organisation de ses contenus.

7.3.1 Une géographie scolaire nord-coréenne au service de l'idéologie de la Révolution et du culte de la famille de Kim Il-Seong

Les avant-propos des manuels nord-coréens sont essentiels pour nous puisque leurs auteurs[432] y expliquent la signification et l'importance que revêt la géographie scolaire en Corée du Nord. Ces avant-propos sont restitués sous une forme « compacte » dans le tableau 7.8.

Tableau n°7.8 Résumé des avant-propos des manuels de géographie, par niveau

Niveau	Avant-propos condensé
1ère année	Kim Jeong-Il, notre leader et chef d'Etat, s'est exprimé ainsi : « Ignorer la géographie, c'est se priver de la beauté et de la richesse de notre pays. » (…) Apporter sa contribution personnelle à l'édification d'une grande puissance, dont notre dirigeant veut faire un paradis pour son peuple, implique la connaissance de la géographie. »
2ème année	Notre cher chef suprême Monsieur Kim Il-Seong a dit: « L'essor économique national suppose une exploitation des resources naturelles de notre pays, et donc l'acquisition d'une perception objective de notre environnement naturel (…) » De l'étude de la géographie, on tire la fierté d'habiter un beau pays aux ressources abondantes, donc l'énergie de hisser haut l'étendard de la révolution nationale accomplie par notre cher Kim Il-Seong.

432 Les concepteurs des manuels sont des professeurs des universités. Les grades de chacun d'eux sont précisés en fin d'ouvrage.

Niveau	Avant-propos condensé
3ème année	Notre grand leader et chef d'Etat Monsieur Kim Jeong-Il, a parlé de la manière suivante : « savoir de quelles ressources naturelles disposent les pays étrangers, de quoi se compose leur économie, et quelle niveau de croissance ils en tirent, est essentiel. » (...) L'étude de la géographie doit découler directement de la volonté de servir fidèlement notre cher commandant suprême, Monsieur Kim Il-Seong. Il faut être fier d'habiter dans un beau pays révolutionnaire, sous l'égide de notre cher Kim Jeong-Il, et apprendre, encore et toujours, la géographie, qui regroupe des connaissances indispensables à l'accomplissement de la révolution comme à celui de notre patrie sur le plan international.
4ème année	Monsieur Kim Jeong-Il, notre grand leader et chef d'Etat, s'est exprimé ainsi : « Notre pays renferme des beaux paysages (...) l'apprentisage de la géographie autorise une utilisation judicieuse de environnepment naturel, social et économique de chacune de nos régions. »
5ème année	Monsieur Kim Jeong-Il, notre chef d'Etat et grand leader, a parlé ainsi : « La géographie est une science nécessaire à la révolution de Joseon. (...) » Acquérir correctement les connaissances géographiques donne les moyens de contribuer à l'édification d'une grande puissance, sous l'égide de notre cher Kim Jeong-Il.

Auteur : Saangkyun Yi.

Figure n°7.7 Finalité de la géographie scolaire en Corée du Nord[433]

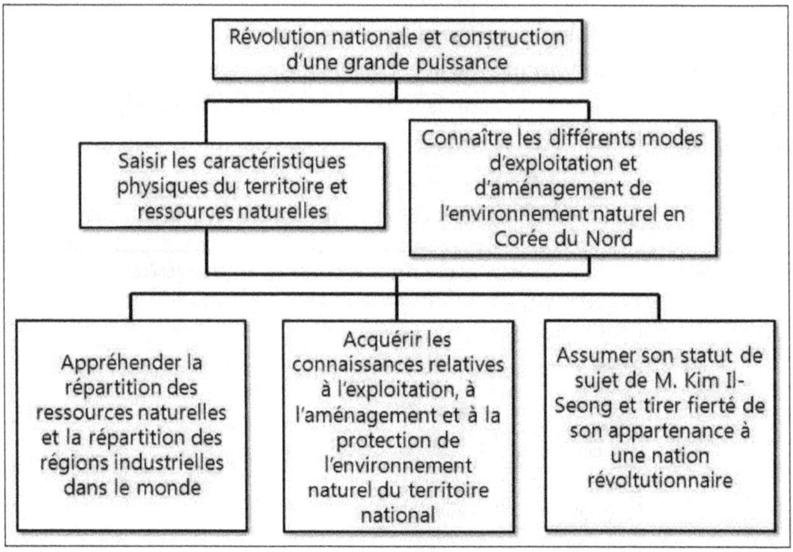

Auteur : Saangkyun Yi.

Les avant-propos expriment sous une forme condensée la fina-

433 Sangjun Nam a analysé les manuels de géographie nord-coréens parus en 1991. Selon lui, la finalité de la géographie scolaire nord-coréenne est la construction d'un Etat socialiste et communiste. Pourtant, l'analyse des manuels de géographie parus en 2005, soulignent l'instrumentalisation de la discipline au service du culte de la personnalité d'un dictateur.

lité de la géographie scolaire en Corée du Nord, qui est de mettre en valeur à travers l'image de la révolution nationale, l'idée d'un effort collectif de construction de la future grande puissance coréenne sous l'égide d'une dynastie communiste (figure 7.7).

7.3.2 La première année de collège: géosciences et géographie générale guidée par les rubriques de la géographie physique

Nous allons maintenant tenter de caractériser le mode d'organisation des contenus de géographie du secondaire année par année : Le tableau 7.9 donne, pour chaque manuel correspondant, un aperçu de ce mode d'organisation ainsi que des contenus eux-mêmes. La logique d'ensemble est similaire à celle de la Russie : l'organisation des contenus semble avoir été pensée dans le cadre de la géographie physique (géosciences[434]) et de la géographie écologique. Par ailleurs, ces contenus sont répartis selon le double système de rubriques de la géographie générale et de la géographie régionale. Enfin, ils sont organisés selon trois échelles de description : celle de Joseon, celle des grandes régions du monde, celle de la planète enfin.

Tableau n°7.9 Mode de répartition des contenus et thème général, par niveau

Niveau	Mode de répartition des contenus et thème général
1ère année	géographie générale (géosciences et la géographie physique)
2ème année	double système de rubriques, associant géographie régionale et géographie générale (géographie de Joseon)
3ème année	géographie régionale (géographie du monde)
4ème année	géographie régionale (géographie régionale et géographie économique)
5ème année	géographie générale (géosciences et géographie environnementale)

Auteur : Saangkyun Yi.

434 Comme nous l'avons vu au chapitre 4, jusqu'au milieu des années 1950, la géographie est enseignée en Corée du Sud selon trois domaines distincts: géographie physique, géographie humaine, et géographie économique. Dès le milieu des années 1950, les contenus relatifs à la géographie physique et aux sciences de la Terre disparaissent des contenus de la géographie scolaire avec la création des géosciences.

Le tableau 7.10 donne un aperçu des contenus de géographie de 1ère année de collège. L'échelle qui y est adoptée (celle de la planète) permet d'aborder l'étude de l'environnement naturel. La présentation de ces contenus est exempte de couleur.[435] L'image de paysage est dans l'ensemble des manuels utilisée de façon très parcimonieuse. D'autre part les cartes insérées sont de qualité médiocre.

Tableau n°7.10 Contenus de géographie de première année de collège

Géographie, 1ère année de collège
Avant-propos
Chapitre 1. la planète où nous vivons 1. forme de la planète, 2. les dimensions et le mouvement de la planète, 3. continents et océan
Chapitre 2. temps météorologique et climat 1. le temps et ses variations, 2. le bulletin météorologique, 3. le climat
Chapitre 3. l'eau de la planète 1. cours d'eau, 2. lacs, 3. eau souterraine
Chapitre 4. forme et « plasticité » de la surface terrestre 1. forme de la surface terrestre, 2. modification de la surface terrestre due à l'érosion, 3. modification de la surface terrestre par le biais de la tectonique, 4. échelle géologique de lecture du temps
Chapitre 5. les grandes zones naturelles 1. forêt tropicale, 2. prairie tropicale, 3. désert et prairie tempérée, 4. forêt tempérée, 5. terres gelées (permafrost)
Chapitre 6. les cartes 1. connaissances de base sur les cartes, 2. types de cartes, 3. lire une carte

Source : Bak, Hong-Jun (2005)

7.3.3 La deuxième année de collège : une seule Corée traitée selon les rubriques de la géographie générale

Les contenus de 2ème année de collège traitent la Corée comme un seul pays selon les rubriques de la géographie générale (tableau 7.11), c'est-à-dire sans proposer de découpage régional. C'est bien sûr une façon d'insister sur l'unité organique du territoire d'une seule nation. Les dénominations employées pour désigner les mers qui encadrent la péninsule sont les suivantes : « Mer orientale de Joseon », « Mer méridionale de Joseon », « Mer occidentale de Joseon », à la différence des usages

435 Le format d'un manuel de géographie nord-coréen est de 15.5 sur 22.3 cm (c'est à dire à peu près le format des manuels sud-coréens d'avant 2000.

sud-coréens, où l'on parle de « Mer de l'Est », « Mer du Sud » et « Mer Jaune ».

Tableau n°7.11 Contenus de géographie de deuxième année de collège

Géographie pour la 2ème année au collège
Avant-propos
Chapitre 1. le territoire national 1. contrastes internes, dimensions, et localisation du territoire, 2. la capitale, 3. division administrative et population
Chapitre 2. topographie 1. les caractéristiques topographiques globales de notre pays, 2. topographie des massifs montagneux, 3. plateaux et bassins, 4. plaines 5. topographie du littoral
Chapitre 3. le climat de notre pays 1. la caractéristique climatique, 2. le climat printanier, 3. le climat d'été, 4. le climat d'automne, 5. le climat d'hiver
Chapitre 4. les cours d'eau, les lacs et l'eau souterraine de notre pays 1. les cours d'eau 2. les lacs, 3. l'eau souterraine
Chapitre 5. les mers qui entourent notre pays 1. les trois façades littorales, 2. la mer orientale de Joseon, 3. la mer occidentale de Joseon, 4. la mer méridionale de Joseon
Chapitre 6. flore et faune nationales 1. diversité des espèces animales et végétales, 2. répartition de la flore, 3. répartition de la faune, 4. protection de la faune et de la flore
Chapitre 7. ressources du sous-sol 1. géologie, 2. ressources métalliques, 3. ressources non métalliques, 4. charbon

Source : Bak, Hong-Jun (2005)

7.3.4 Une géographie du monde issu de la Guerre froide pour la troisième année de collège

L'agencement des contenus de géographie du monde qui correspondent à la troisième année du collège diffère beaucoup de celui qui prévaut en Corée du Sud (tableau 7.12). Au sujet du continent européen par exemple, on traite dans l'ordre, l'Europe de l'Est, l'Europe du Nord, l'Europe de l'Ouest puis l'Europe du Sud. La bipolarité du monde instaurée par la Guerre froide explique évidemment la primauté de l'Europe de l'Est dans cette liste. Les contenus sont souvent obsolètes, par exemple, la description qui est faite de la France est celle d'un pays s'appuyant exclusivement sur l'agriculture et l'industrie.

La géographie du monde semble ici avoir été toute entière construite autour des personnes de Kim Il-Seong (premier dictateur et fondateur du régime nord-coréen actuel) et de Kim Jeong-Il (le deuxième dictateur) : en ce qui concerne le continent asiatique par exemple, on peut lire ceci à propos du lac Baïkal : En août 2001, lors d'une visite en Russie, le grand dirigeant Mr Kim s'est exprimé de cette façon : « j'ai pu découvrir le lac Baïkal de manière concrète pendant ma scolarité, grâce au cours de géographie du monde[436] ».

Nous pouvons également lire ceci sur le Japon : « Mr Kim Jeong-Il, grand dirigeant de la Nation, a parlé ainsi du pays militariste qu'est le Japon: ce pays, qui vient de revenir à la vie, est déjà en train de manoeuvrer en vue d'une nouvelle invasion de l'Asie, avec l'aide des Etats-Unis. Le Japon est notre ennemi juré, il a fait du mal à notre nation pendant presque un demi-siècle, piétinant les vies de nos concitoyens et pillant nos ressources[437] durant l'occupation ».

L'Amérique du nord est traitée de telle façon que les rubriques associées aux Etats-Unis et au Canada n'apparaissent pas : seul émerge le point de vue de la géographie physique. Négliger ainsi l'existence politique des Etats-Unis et du Canada est une manière parmi d'autres de ne pas reconnaître la légitimité de leurs régimes. Cette « négligence » mise à part, les Etats-Unis sont décrits de manière très polarisée, et l'on peut lire par exemple ceci :

> Au XVème siècle, les colons européens ont envahi l'Amérique du Nord, massacrant les Amérindiens de la pire manière. [...] Les Etats-Unis sont le pays du monde où la ségrégation est la plus forte. [...] Les Noirs du Sud y ont subi l'expérience de l'esclavage, et leur émigration dans les régions du Nord et de l'Ouest n'a pas empêché la précarité spécifique de leur situation, ni leur ghettoïsation jusqu'à aujourd'hui. La plupart des Noirs américains se retrouvent aujourd'hui sans emploi, et font toujours l'objet de discriminations, tandis que les amérindiens sont parqués dans des réserves.[438]

---

436 La géographie pour la 3ème année au collège, p.8.
437 Manuel de géographie de la 3ème année de collège, p. 13-14.
438 Manuel de géographie de la 3ème année de collège, p. 97.

Ce mode de traitement des contenus relatifs aux Etats-Unis est évidemment destiné à marquer l'esprit des élèves.

Tableau n°7.12 Contenus de géographie de troisième année de collège

Géographie pour la 3ème année de collège
Avant-propos
Chapitre 1, le continent asiatique 1, Caractéristiques physiques, 2, Population et économie, 3, Asie de l'Est, 4, Asie du Sud-est, 5, Asie centrale, 6, Asie du Sud, 7, Asie du Sud-ouest
Chapitre 2, le continent européen 1, Caractéristiques physiques, 2, Population et économie, 3, Europe de l'Est, 4, Europe du Nord, 5, Europe de l'Ouest, 6, Europe du Sud
Chapitre 3, le continent africain 1, Caractéristiques physiques, 2, Population et économie, 3, Afrique du Nord, 4, Afrique de l'Est, 5, Afrique de l'Ouest, 6, Afrique centrale, 7, Afrique du Sud
Chapitre 4, « l'Amérique du Nord » 1, Caractéristiques physiques, 2, population et économie, 3, Amérique centrale et Antilles, 4, « la région du Nord »
Chapitre 5, l'Amérique du Sud 1, Caractéristiques physiques, 2, population et économie, 3, le système andin, 4, l'Est de l'Amérique du Sud
Chapitre 6, L'Océanie et les régions polaires 1, L'Océanie, 2, les régions polaires

Source : Myeong, Eung-Bum (2005).

7.3.5 Une géographie régionale de Joseon qui ignore la frontière intre-coréenne en 4ème année de collège.

Le manuel de géographie de 4ème année de collège propose une géographie de Joseon organisée selon le double point de vue de la géographie régionale et de la géographie économique (tableau 7.13). Dans la 1ère section est opéré un découpage en cinq régions : la région du Nord-Ouest (autrement dit le département de Pyeongando, ou « région capitale »), la région du Nord-Est (département de Hamkyeong), la région centrale (départements de Hwanghaedo, Kyeongkido et Kangwondo), la région du Sud-Est (département de Kyeongsangdo) et la région du Sud-Ouest (départements de Chungcheongdo et de Jeollado), dans cet ordre, c'est à dire en commençant par la « région-capitale », puis en parcourant les autres régions en progressant dans le sens des aiguilles d'une montre. Dans les manuels de géographie sud-coréens, le découpage régional du territoire national traduit avant toute autre chose la frontière Nord-Sud alors qu'ici, cette distinction est totalement ignorée puisqu'on y traite les trois régions frontalières (Hwanghaedo, Kyeongkido et Kangwondo) ensemble, dans le cadre d'une « région centrale ».

Pour ce qui est des contenus de géographie économique, nous remarquons qu'une grande place est accordée à l'industrie. Nous pouvons lire ceci concernant Séoul :

> Monsieur Kim Jeong-Il, notre chef d'Etat et grand dirigeant, a parlé de Séoul ainsi : « C'est entre Séoul et le grand port d'In-Cheon que se concentre la majorité des industries mécaniques sudcoréennes. [...] Cette région est un foyer notoire de pollution atmosphérique : il est très difficile de respirer à Séoul et il est impossible de conserver en l'état des vêtements blancs, à cause des fumées industrielles, des gaz d'échappement et des eaux polluées par les usines [...] Séoul est un nid de vipères où l'envahisseur américain et l'organe de gouvernement fasciste du régime fantoche sudcoréen sont rassemblés comme dans la tour centrale d'administration coloniale.[439]

Cette image de Séoul que le manuel véhicule n'aurait été fidèle au réel, pour la description de l'environnement urbain, que durant les années 1970 : il s'agit d'ancrer dans l'esprit des élèves une image exécrable de la capitale de la Corée du Sud.

Tableau n°7.13 Contenus de géographie de quatrième année de collège

Géographie pour la quatrième année de collège
Avant-propos
1ère partie : les régions de notre pays
chapitre 1, la région du Nord-Ouest
1, localisation et longitudes et latitudes limites, 2, environnement naturel et ressources, 3, Pyeong-Yang, capitale de la révolution, 4, Nampo et Kangseo, 5, Suncheon et Deokcheon, 6, Sinuiju et Kuseong, 7, la vallée du fleuve Cheongcheonkang, 8, Kangkye et Supung
chapitre 2, la région du Nord-Est

439 Manuel de géographie pour la 4ème année du collège, p. 59-60.

Géographie pour la quatrième année de collège
1, localisation et longitudes et latitudes limites, 2, environnement naturel et ressources, 3, les plateaux du Nord, 4, Cheongjin et Kimchaek, 5, Hamheung, 6, Dancheon et Sinpo
chapitre 3, la « région centrale »
1, localisation et longitudes et latitudes limites, 2, environnement naturel et ressources, 3, la région de Wonsan, 4, la montagne de Keumkang, un site à l'attractivité internationale, 5, la région de Haeju et Sariwon, 6, la région de Séoul et Incheon, 7, la région de Samcheok et Yeongwol
chapitre 4, la région du Sud-Est
1, localisation et longitudes et latitudes limites, 2, environnement naturel et ressources, 3, la région côtière du Sud-est, 4, la région intérieure de Yeongnam, 5, la zone de libre-échange de Masan, 6, Busan, ville portuaire, 7, l'île d'Ulleungdo et les îlots Dokdo
chapitre 5, la région du Sud-Ouest
1, localisation et longitudes et latitudes limites, 2, environnement naturel et ressources, 3, la plaine de Honam et l'agriculture, 4, l'industrie, 5, l'industrie des produits de la mer et la pisciculture, 6, la région littorale Sud, 7, l'île de Jeju
2ème partie : répartition spatiale des activités économiques de notre pays
chapitre 1, répartition des activités industrielles
1, répartition de l'activité d'extraction, 2, répartition de la production d'énergie, 3, répartition de la métallurgie, 4, répartition de l'industrie mécanique, 5, répartition de l'industrie chimique, 6, répartition de l'industrie des matériaux de construction, 7, répartion de l'industrie légère
chapitre 2, répartition des activités agricoles
1, la répartition agricole, 2, la répartition de l'élevage, 3, la répartition de la culture fruitière, 4, la répartition de la sériciculture
chapitre 3, localisation des voies de communication
1, le réseau ferré, 2, le réseau routier, 3, le transport par voie d'eau
chapitre 4, le commerce extérieur
1, évolution des échanges commerciaux extérieurs, 2, croissance du marché international

Source : Kim, Do-Seong (2005)

7.3.6 Une géographie environnementale pour la cinquième année de collège.

La marque de l'influence russe est forte pour les contenus de cinquième année avec la présence des géosciences et de la géographie environnementale (tableau 7.14). Nous pouvons aussi observer des différences de transcriptions qui indiquent les affiliations distinctes des géographies coréennes scientifiques et scolaires. En Corée du Sud, le mot forgé pour nommer l'énergie est la transcription phonétique directe de l'anglais energy (에너지), alors que dans le manuel de géographie nord-coréen, la prononciation adoptée est la prononciation allemande (에네르기 : Energie).

Tableau n°7.14 Contenus de géographie de la cinquième année de collège

Géographie pour la cinquième année de collège
Avant-propos
Chapitre 1, formation et évolution de la planète 1, formation de la planète, 2, temps géologique et évolution de la planète
Chapitre 2, structure et mouvement de la planète 1, forme et taille de la planète, 2, géologie, 3, mouvement terestre
Chapitre 3, évolution de la surface terrestre 1, modifications d'origine tectonique, 2, érosion
Chapitre 4, l'atmosphère et le « temps » (météologique) 1, rayonnement solaire et température, 2, pression atmosphérique et changements atmosphériques 3, précipitations, 4, temps « météorologique » et climat
Chapitre 5, mer et courants marins 1, l'océan et les caractéristiques de l'eau de mer, 2, les courants marins
Chapitre 6, protection de l'environnement 1, question environnementale et protection de l'environnement, 2, fonction d'épuration de l'environnement et pollution, 3, pollution atmosphérique et protection de l'environnement, 4, la pollution de l'eau et la préservation de sa qualité, 5, la pollution des sols et leur préservation
Chapitre 7, les ressources de la planète et leur conservation 1, ressources minérales exploitables, 2, ressources énergétiques, 3, ressources agricoles, 4, ressources forestières et maritimes
Chapitre 8, les cartes 1, carreau-modules et coordonnées géographiques, 2, lecture des cartes, 3, le cas de la carte topographique

Source :Mun, Yeong-Bin et Bae, In-Yeong (2005)

En Corée du Nord, la finalité de la géographie scolaire est de servir le culte de la personnalité du dictateur et de justifier l'orientation idéologique et politique du régime. Le traitement qui y est fait des pays étrangers montre un très fort marquage idéologique : les contenus de géographie nord-coréens n'ont pas été rédigés selon une logique d'investigation ou selon une théorie nouvelle de l'apprentissage, mais dans le but d'amener les élèves à adhérer à une vision du monde dictée par les deux anciens dictateurs.[440]

440 Le décès brutal de Kim Jeong-Il, le deuxième dictateur, en 2011, laisse prévoir une réforme en vue de protéger le pouvoir du troisième dictateur, le très jeune Kim Jeong-Eun, notamment vis-à-vis de l'armée. Des références à celui-ci devraient être introduites dans les manuels de géographie.

7.4 Nature de l'interface entre les deux Corées sur le plan de la géographie scolaire

Dans cette quatrième section, nous allons comparer les contenus des manuels des deux pays et examiner pour chacun d'eux le traitement des contenus associés au pays voisin. Nous commencerons par les contenus relatifs à la Corée du Nord présents dans les manuels de géographie sud-coréens.

7.4.1 La Corée du Nord vue dans les manuels sud-coréens

Les contenus relatifs à la Corée du Nord sont essentiellement concentrés dans le manuel sud-coréen de « Société, 3 » du collège et dans celui de géographie de la Corée du lycée.

Dans le manuel de collège (tableau 7.15), le traitement est focalisé sur les thèmes suivants : les régions nord-coréennes d'ouverture à l'étranger, la montagne de Baekdusan, la réunification, et enfin le développement du « peuple coréen». Juste après l'effondrement des pays de l'Europe de l'Est, la Corée du Nord s'est trouvée face à des difficultés économiques telles qu'une ouverture économique a été décidée dès le milieu des années 1990 avec la création de la zone économique spéciale de Najin-Seonbong. Cette ouverture s'est poursuivie en 2002 par la création des zones économiques spéciales de Sinuiju, Kaeseong et du massif des Keumkangsan (figure 7.9, c). Les manuels sud-coréens accordent une place importante à cette politique d'ouverture et aux zones économiques spéciales dont la Corée du Sud est le financeur. D'autre part la montagne de Baekdusan est traitée comme un symbole de l'unification nationale et la zone démilitarisée est décrite comme un symbole de la disjonction du territoire. La réunification y est enfin mise en valeur en tant que facteur de développement à part entière du« peuple coréen ».

Tableau n°7.15 Contenus relatifs à la Corée du Nord dans les manuels sud-coréens de « Société 3 » (collège)

V. La Corée réunifiée de demain
1. les régions d'ouverture en Corée du Nord 1, contexte de l'ouverture de la Corée du Nord, 2, caractéristiques géographiques de la région dite d'ouverture
2. la montagne de Baekdusan et la zone démilitarisée 1, la montagne de Baekdusan, symbole de l'unité coréenne , 2, la zone démilitarisée, symbole de la partition
3. réunification et développement du peuple coréen 1, conséquences de la position géographique de notre pays et nécessité d'une réunification, 2, la réunification et notre futur territoire national

Source : Choe, Seongkil et al. (2012)

Les contenus du manuel de géographie de lycée montrent une forte similitude avec ceux des manuels de collège, mais l'organisation est plus systématique et la présentation, plus précise. Les contenus sont organisés selon les rubriques suivantes : géographie physique de la Corée du Nord, géographie humaine de la Corée du Nord, zones d'ouverture économique locale, échanges entre les deux Corées, et enfin anticipation d'une réunification éventuelle (tableau 7.16). Ces contenus semblent objectifs, du moins leur traitement semble-t-il exempt de tout marquage idéologique.

Tableau n°7.16 Contenus relatifs à la Corée du Nord dans les manuels sud-coréens de géographie du lycée

VI. Comprendre les régions de notre pays (1)
1, le concept de région et l'étude des régions
1, concept de région et découpage régional, 2, information géographique et étude des régions
2, l'environnement naturel de la Corée du Nord
1, environnement naturel et vie des habitants 1, topographie montagneuse et climat (climat froid), 2, abondance des ressources naturelles, 3, influence de l'environnement naturel sur la vie des habitants 2, répartition de la population et industrie 1, l'agglomération des plaines de l'Ouest, 2, les voies de communication interurbaines, 3, une agriculture faiblement productive, 4, une industrie axée sur l'armement
3, ouverture économique partielle de la Corée du Nord et anticipation de la réunification

VI. Comprendre les régions de notre pays (1)
1, les zones d'ouverture économique en Corée du Nord
1, nécessité d'une ouverture économique, 2, localisation des régions d'ouverture économique, 3, le principal site d'ouverture économique
2, les échanges entre les deux Corées et la préparation à la réunification du pays
1, Augmentation du volume des échanges entre les deux Corées, 2, évolution souhaitée du statut de la zone démilitarisée (vers un authentique espace de paix), 3, préparation de la réunification : (re)construction de voies de communication entre les deux Corées

Source : Ki, Keun-Do et al., (à paraître courant 2013)

La figure 7.8 montre des images de la Corée du Nord extraites d'un manuel sudcoréen de géographie paru en 2009 : ces images évoquent respectivement la charge affective qu'a pu concrètement revêtir la partition de la Corée, et l'espoir que peut susciter l'éventualité d'une réunification.

Figure n°7.8 Deux images relatives à la Corée du Nord extraites d'un manuel sud-coréen de géographie

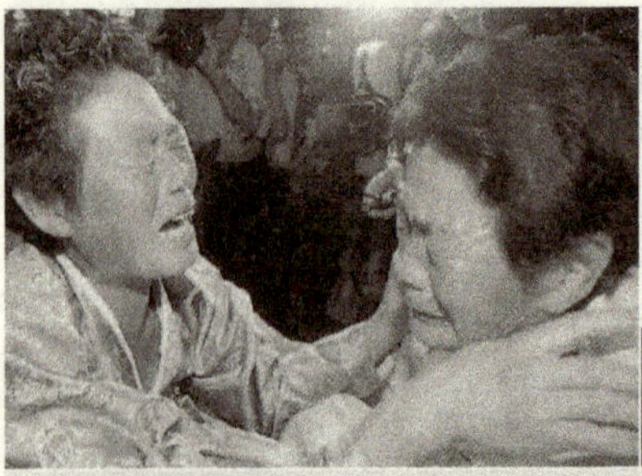

Retrouvailles de membres d'une même famille, séparés par la partition de la Corée (a)

Le sommet intercoréen de 2000 (b)

Le village de Panmunjeom, site retenu pour la signature de l'armistice en 1953 (fin de la guerre de Corée) (c)

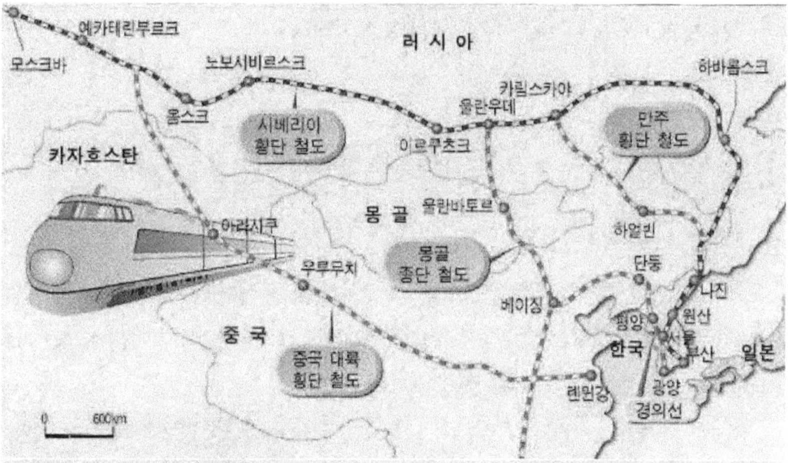

le réseau ferré reliant la péninsule coréenne au continent eurasiatique (liaison intercoréenne coupée actuellement) (d)

Source : Jo, Hwa-Lyeong et al. (2009, pp. 239, 241, 244 et 245).

La figure 7.9 montre d'autres images de la Corée du Nord (extraites d'un manuel de géographie à paraître en 2013). Les auteurs du manuel ont voulu donner de la Corée du Nord l'éventail de représentations le plus large possible, abordant successivement la topographie, les ressources naturelles, les zones économiques spéciales, le site touristique du massif des Keumkangsan, et même l'alimentation.

Figure n°7.9 Images de la Corée du Nord extraites d'un autre manuel sud-coréen de géographie

Topographie et ressources naturelles (a) | Le site touristique des monts Keumkangsan (b)

Les zones économiques spéciales (c)

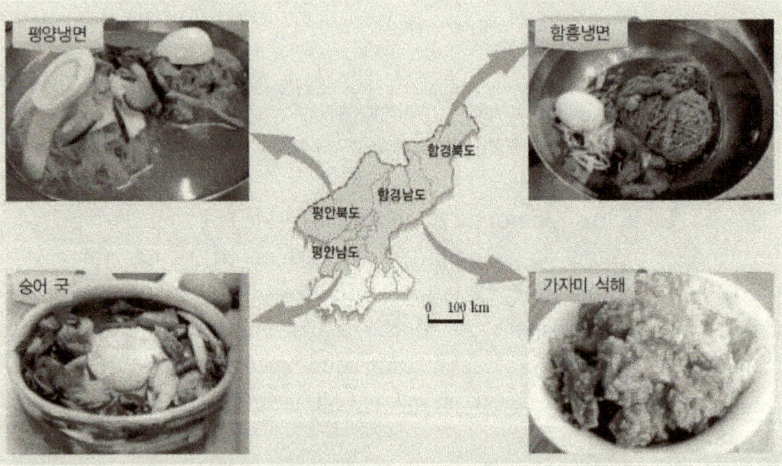

Le contraste entre Nord-Ouest et Nord-Est sur le plan alimentaire (d)

Source : Ki, Keun-Do et al. (à paraître, 2013, pp. 193, 194, 202 et 204).

Si nous nous penchons sur le traitement qui est fait de Pyeong-Yang, la capitale, on observe que les angles suivants ont été successivement adoptés : l'environnement naturel, les ruines et autres vestiges de l'Histoire, le mode de structuration de l'espace urbain, les habitants, l'activité industrielle (figure 7.10). Bref les manuels sud-coréens de géographie ne servent pas à véhiculer une image négative de la Corée du Nord, ni à blâmer son régime politique : seuls y sont traités, à l'aide d'une « grille de lecture » classique dans cette géographie scolaire, des contenus positifs, d'où émerge une vision optimiste de l'avenir, à travers une partition surmontée.

Figure n°7.10 Images de Pyeong-Yang extraites d'un manuel de géographie sud-coréen

Source : Ki, Keun-Do et al. (2013, p. 197).
Traduction des titres des figures :Parc de loisirs du fleuve Botong ; La porte Dae-dong du château de Pyeong-Yang ; le nouveau quartier résidentiel dans le Pyeong-Yang de l'ouest ; le tombeau royal de Dong-Myeong ; le fleuve Dae-Dong.

7.4.2 La Corée du Sud dans les manuels de géographie nord-coréens

Les contenus relatifs à la Corée du Sud dans les manuels de géographie nordcoréens se répartissent entre les manuels de 2ème et 4ème année du collège. Les contenus de 2ème année sont développés selon les rubriques de la géographie générale, en abordant dans l'ordre: territoire, relief, climat, hydrosphère, mers, flore et faune, et ressources du sous-sol. Les descriptions géographiques le plus souvent factuellement exactes sont cependant l'occasion de livrer une lecture négative de la présence américaine et japonaise en Corée du Sud et dans son voisinage. Voici quelques-uns des commentaires concernant les particularités américaines et japonaises :

> La région Sud de la République[441] est actuellement sous le joug de l'impérialisme américain, qui s'emploie activement à faire mourir notre pays

441 Ce manuel présente la Corée du Sud comme une partie de la Corée du Nord, qualifiée de « République populaire ».

> en l'asphyxiant (p. 5). L'intrus américain effectue chaque année des manoeuvres militaires en mer de l'Est qui, jointes à la violation régulière de la zone de pêche exclusive par les navires japonais, font largement obstacle au travail quotidien des pêcheurs sud-coréens (p. 75).

> A cause de perpétuelles manoeuvres militaires américaines, très nocives pour l'environnement, et du rejet combiné d'eaux usées et d'huile de vidange à hauteur des zones industrielles, la pollution qui affecte la mer du Sud atteint aujourd'hui un niveau tout à fait alarmant. [...] Cette pollution marine a causé la perte des acteurs de la pêche côtière du littoral sud,qui n'ont eu d'autre choix que de se tourner vers la haute mer et voir leurs revenus progressivement anéantis par la concurrence japonaise [...] Durant la « guerre libératrice de la patrie »[442], l'envahisseur américain a ouvert pendant plusieurs années au château de Kohyeon un camp de prisonniers où il s'est livré aux pires atrocités, massacrant les prisonniers de guerre en les utilisant comme cobayes pour expérimenter ses armements nucléaires et bactériologiques. Notre peuple ne peut oublier la barbarie dont l'envahisseur américain s'est montré coupable, et c'est légitimement qu'il considère que la souffrance endurée à tant de reprises mérite vengeance (p. 79-80).

> Si les reliefs spectaculaires de la région méridionale de la République, notamment les montagnes de Seolasan, de Jilisan, de Hanlasan et de Soklisan, ont suscité l'ouverture de parcs nationaux, d'autres endroits célèbres, tels la presqu'île de Byeonsan ou la plage de Haeoundae, font l'objet d'une zone de protection environnementale qui n'a en rien empêché la construction d'une base militaire américaine très nocive pour l'environnement, de par les manoeuvres militaires qui y sont effectuées quotidiennement. D'autre part la pollution générée par les rejets d'eau contaminée dans les cours d'eau ou directement en mer entraîne la disparition progressive de certaines espèces animales (p. 87-88).

C'est donc une Corée du Sud maintenue sous l'emprise de l'impérialisme des Etats-Unis et souffrant de l'agressivité économique japonaise qui est décrite ici, permettant ainsi de construire un récit unique pour une Corée en proie aux difficultés d'accès à la réunification.

En quatrième année de collège en Corée du Nord, les contenus relatifs à la Corée du Sud sont structurés par région, abordant successivement la région centrale, la région du Sud-Est, et la région du Sud-Ouest (tableau 7.17). A noter que la « région centrale » mêle des territoires nord-coréens et sud-coréens, conformément à une conception faisant de

442 C'est ainsi qu'est dénommée en Corée du Nord, La Guerre de Corée (1950 à 1953).

la Corée du Sud une simple partie de la Corée du Nord.

Tableau n°7.17 Contenus relatifs à la Corée du Sud au sein du manuel de géographie nord-coréen de quatrième année

Chapitre trois : la région centrale	
	1, position relative et latitudes et longitudes limites, 2, environnement naturel et ressources naturelles, 3, la région de Wonsan, 4, la montagne de Keumkang, une montagne à la visibilité mondiale, 5, la région de Haeju et Sariwon, 6, la région de Séoul et Incheon, 7, la région de Samcheok et Yeongwol
Chapitre quatre : la région du Sud-Est	
	1, position relative et latitudes et longitudes limites, 2, environnement naturel et ressources naturelles, 3, le littoral Sud-Est, 4, la région intérieure de Yeongnam, 5, la zone de libre-échange de Masan, 6, Busan, ville portuaire, 7, l'île d'Ulleungdo et les îlots Dokdo
Chapitre cinq : la région du Sud-Ouest	
	1, position relative et latitudes et longitudes limites, 2, environnement naturel et ressources naturelles, 3, la plaine agricole de Honam, 4, la région industrielle Sud-Ouest, 5, l'industrie des produits de la mer et la pisciculture, 6, le littoral Sud, 7, l'île de Jeju

Source : Kim, Do-Seong (2005).

Nous observons alors une description de la société sud-coréenne, bien plus conforme à certaines réalités des années 1970-1980 qu'à la Corée actuelle et donc à des contenus inexacts soulignant des aspects négatifs de la vie dans ce pays. Comme évoqué précédemment, ce manuel reflète une forme d'hostilité à l'égard de la Corée du Sud, et son contenu découle directement d'une volonté d'en diffuser une représentation négative auprès des élèves. On peut par exemple lire dans ce manuel que les autoroutes sud-coréennes sont, de même que l'appareil industriel sud-coréen dans son ensemble, nées de la seule volonté d'envahir le Nord. Nous pouvons également y lire que le peuple sud-coréen a été, dans une large mesure, appauvri par l'action de l'« Amérique impérialiste », assimilée à une véritable entreprise d'extorsion : voici quelques exemples de phrases tirées de ce manuel.

Au sujet de la région de Séoul et d'Incheon :

> Il y a plusieurs zones industrielles à Séoul,où sont implantées des usines qui ont été rendues totalement dépendantes de l'importation de matières brutes en provenance soit des Etats-Unis, soit du Japon. [...] Le niveau de pollution atmosphérique est notoirement très élevé à Séoul et Incheon [...] Séoul est le centre d'une véritable administration coloniale ; Séoul

regroupe l'envahisseur américain et le gouvernement fasciste d'une clique de fantoches sud-coréens,comme le ferait la tour centrale d'une administration coloniale [...] Au port d'Incheon, on importe du matériel militaire, tandis que l'envahisseur impérialiste pille les ressources locales (p.59-60).

Au sujet de la région de Samcheok et d'Yeongwol :

Dans la région des mines de charbon, le vieillissement de l'outillage accroît la fréquence des accidents du travail (écroulement de galeries, chute de herches, explosion, incendie. [...] Le tungstène extrait de la mine de Sangdong est connu dans le monde entier, mais l'Amérique impérialiste a opéré une telle ponction sur les ressources que la capacité productive de la mine a déjà beaucoup diminué,faisant naître un risque de fermeture du site (p. 62).

Au sujet de la région du Sud-Est :

La région côtière du Sud-Est est la première pour l'industrie chimique lourde dans le sud de Joseon. Attiré par l'équipement portuaire de la région, le groupe fantoche sud-coréen y a édifié une zone industrielle dédiée au commerce des produits manufacturés. [...] Masan est une ville du littoral sud,c'est une ville d'importance historique,dans la mesure où un soulèvement populaire dirigé contre l'administration coloniale de l'impérialiste américain (et le gouvernement fasciste du sud-coréen)s'y est produit le 19 avril 1960. [...] Le groupe fantoche sud-coréen a ouvert dans la ville portuaire de Masan une zone de libre-échange, confiant la zone aux capitalistes monopolistiques étrangers, et les laissant détruire tout ce qui faisait la beauté de la ville. [...] Les capitalistes étrangers se sont installés dans cette ville comme s'ils en étaient les patrons, exploitant des ouvriers coréens pour s'y enrichir à outrance. [...] Les ouvriers, rongés par la pauvreté, le mépris, l'oppression et l'extorsion, ont dû y effectuer quotidiennement plus de douze heures d'un travail harassant (p. 63-69).

Les rubriques de la deuxième moitié du manuel sont celles de la géographie économique. L'auteur y traite principalement de la Corée du Nord. Quant aux contenus associés à la Corée du Sud, ils en véhiculent une image qui relève soit du passé lointain, soit de la fiction pure et simple. Voici quelques exemples relatifs à la Corée du Sud ou aux Etats-Unis.

Sur la distribution de l'énergie thermique :

L'Amérique impérialiste a bridé l'effort de construction de centrales thermiques et hydroélectriques pour mieux contrôler la distribution de l'électricité en Corée du Sud: L'Amérique impérialiste a usé illégitimement de son influence pour faire du pétrole une source d'énergie préférentielle en Corée du Sud, dans le simple but de vendre ses hydrocarbures au régime fantoche sud-coréen (p. 87).

Sur l'industrie mécanique et la métallurgie :

La métallurgie sud-coréenne repose sur des capitaux étrangers, par conséquent les usines sidérurgiques et l'industrie de l'acier sont nécessairement inféodées aux capitalistes monopolistiques américains et japonais. [...] L'industrie mécanique sud-coréenne est axée sur la production d'équipements pour véhicules automobiles et la production d'armes en vue de la guerre d'agression (p. 88-91).

Sur l'industrie des matériaux de construction :

Le régime fantoche sud-coréen s'est doté –avec l'aide de capitaux étrangers- d'usines de production de matériaux de construction dans le seul but de construire les infrastructures qu'exige la guerre d'agression sur le Nord (p. 93-94).

Relativement à l'industrie légère :

L'industrie légère sud-coréenne est dans une large mesure destinée à l'exportation : elle n'alimente pas réellement le marché intérieur (p. 94-96).

A propos du secteur agricole :

L'ensemble du secteur agricole sud-coréen souffre de l'importation massive de produits en provenance des Etats-Unis et un exode rural marqué s'ensuit. (p. 97-99).

Sur le secteur des transports :

Le réseau ferré sud-coréen est un moyen de transport clé pour la future guerre d'agression sur le Nord, et le pillage de ses ressources minières. [...]

> L'impérialiste américain et le régime fantoche sudcoréen s'emploient activement à construire des autoroutes reliant les différents ports du Sud à la ligne de démarcation, qui représentent autant de gages de manoeuvrabilité dans une future guerre d'agression [...] Le réseau autoroutier sud-coréen actuel se compose des axes suivants: Séoul-Incheon, Séoul-Busan, Nonsan-Suncheon, Busan-Yeongam, Séoul-Kangleung, Daeku-Masan, Yangpyeong-Changwon. Deux d'entre eux (Séoul-Busan et Nonsan-Suncheon) doivent leur existence à la préparation de la guerre d'agression sur le Nord (p. 102-106).

Au sujet du commerce extérieur :

> Le commerce extérieur sud-coréen a été détourné de sa fonction naturelle sous l'influence de l'impérialisme américain, pour devenir un simple outil de pillage des ressources locales. Le régime fantoche sud-coréen est actuellement endetté de plusieurs dizaines de milliards de dollars (p. 106-108).

7.4.3 Quelle « interface » entre les géographies scolaires des deux Corées ?

Nous venons d'examiner, dans chacune des deux Corées, les contenus de géographie scolaire relatifs au pays voisin ; la perspective adoptée dans ces contenus pour décrire le « pays adverse » s'écarte sensiblement de ce que nous avions imaginé puisque pour une poignée de thèmes apparaît en fait une nette convergence de point de vue. L'objet de la présente section va être d'extraire des manuels l'ensemble des préoccupations communes aux deux Corées. Ces points communs constituent ce que l'on peut appeler une interface entre les contenus des deux géographies scolaires, c'est-à-dire un périmètre dans lequel des discours géographiques appartenant à des univers différents, seraient entendables de part et d'autre, en éventuelle anticipation d'un possible récit commun inenvisageable pour l'instant.

Les parties « position relative et longitudes et latitudes limites » des manuels de géographie montrent tout d'abord que chacune des deux Corées considère la péninsule coréenne dans son ensemble comme sa « propriété. Deuxièmement nous voyons dans ces manuels que Corée du nord et Corée du Sud considèrent toutes deux les réclamations japonaises relatives au droit sur les îlots Dokdo comme illégitimes et traitent ces îlots comme un territoire propre. Troisièmement, les deux Corées soulignent l'homogénéité ethnique et l'épaisseur historique de la « nation coréenne ». Enfin, même si leurs logiques diffèrent, les deux Corées se montrent déterminées dans le souhait de voir à terme la péninsule réunifiée. Nous allons vérifier successivement ces quatre éléments.

7.4.3.1 Un territoire national assimilé à la péninsule

La figure 7.11 est constituée de deux cartes extraites de manuels de géographie des deux Corées. Ces cartes montrent que de chaque côté de la « ligne de démarcation », le territoire national est étendu à toute la péninsule : au delà des différences sur un plan purement cartographique, les messages véhiculés par ces deux cartes semblent très similaires.

Figure n°7.11 Limites du « territoire national » d'après les manuels scolaires

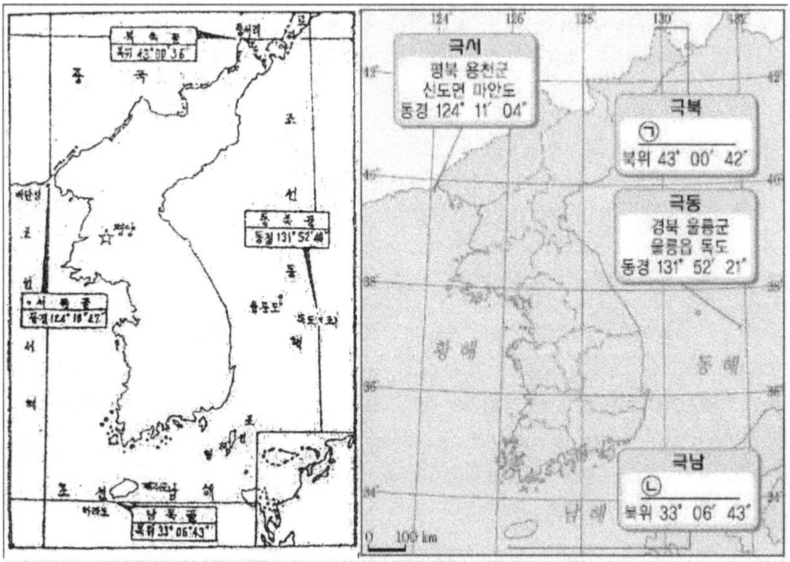

(a) Corée du Nord, 2005 (b) Corée du Sud, 2011

Sources : Bak, Hong-Jun (2005, p.6) et Yeongmin Lee et al., (2011, p. 15).

7.4.3.2 Le problème du droit sur les îlots Dokdo

Voici quelques passages extraits des manuels nord-coréens de géographie de 2ème et 4ème années de collège.

> Monsieur Kim Jeong-Il, notre grand dirigeant, s'est exprimé ainsi sur les îlots Dokdo: « le territoire des îlots Dokdo revêt un caractère sacré et inviolable ». [...] Le droit sur les îlots Dokdo revient au Royaume de Joseon puisqu'il les a découverts et conquis : c'est avec cynisme que le Japon militariste revendique son droit sur les îlots et s'agite de manière insensée pour les acquérir à nos dépends, allant ainsi historiquement, géographiquement et juridiquement à l'encontre de l'évidence qui fait des îlots notre propriété. Dans tous les cas il est certain que, sur ce point, les projets expansionnistes japonais en resteront au stade des velléités (manuel de deuxième année, p.4).

> Les îlots Dokdo situés en Mer de l'Est, sont le territoire le plus excentré de notre pays. Ces îlots appartiennent administrativement à la commune d'Ulleung-Kun, dans le département du « Kyeongsangdo du Nord ». [...] En tant qu'héritage de nos ancêtres, ces îlots font partie intégrante de notre territoire, et nous pouvons donc légitimement en revendiquer la souveraineté (manuel de deuxième année, p.75).

> Le site des îlots Dokdo est connu des pêcheurs coréens depuis les temps les plus reculés : que le Japon militariste tente ou non de prendre aujourd'hui ces îlots Dokdo à notre pays, l'ambition illégitime d'une clique incompétente est vouée à rester vaine, car l'appartenance des îlots Dokdo à notre pays relève de l'évidence (manuel de quatrième année, p 69).

Dans les manuels sud-coréens de géographie de troisième année de collège et de première année de lycée (tableaux 7.18 et 7.19), les îlots Dokdo sont mis en valeur dans des chapitres traitant du territoire et donc en relevant de droit. Les contenus plus concrets sont exempts du discours véhément contre le Japon.

Tableau n°7.18 L'angle d'approche des îlots Dokdo au collège

IV. **Place de notre pays dans le monde**
1, un pays allant à la rencontre du monde extérieur, 2, diversité naturelle et culturelle de notre pays, 3, **les îlots Dokdo**

Source : Choe, Seongkil et al., (2012).

Tableau n°7.19 L'angle d'approche des îlots Dokdo au lycée

I. **Territoire national et information géographique**
1, Place de notre pays dans le monde, 2, **Notre territoire**, 3, Evolution de notre conception de notre propre territoire, 4, Notion de région et étude des régions, 5, diversité de l'information géographique

Source : Woopyeong Lee et al., (2012).

7.4.3.3 Une nation construite sur une ethnie unique et cinq mille ans d'histoire

La fierté suscitée par l'identité culturelle coréenne chez les auteurs des manuels apparaît de part et d'autre de la « ligne de démarcation ». Les extraits mettent en avant la permanence dans la longue durée d'une identité collective et d'une histoire coréenne en propre.

> A la nation coréenne correspondent, sur une période longue,une communauté d'appartenance linguistique, culturelle et ethnique, ainsi qu'un territoire aux limites stables dans le temps :notre nation est formée d'une ethnie unique, elle est riche de cinq mille ans d'histoire, dont elle tire une identité culturelle forte (manuel nord-coréen de deuxième année de collège, p.11) Beaucoup de villes renferment des ruines qui témoignent de ces cinq mille ans d'histoire. (manuel sud-coréen de troisième année de collège, p.95-96).

7.4.3.4 Une volonté partagée de réunification

Malgré de fortes divergences nationales dans ses motifs et ses modalités, les manuels de géographie des deux Corées promeuvent la réunification. En voici quelques extraits :

> Après avoir subi le pillage de la part des anciennes puissances impérialistes, la Corée doit maintenant subir l'agressivité de l'Amérique impérialiste au Sud, son entreprise de colonisation, et ses tentatives répétées de destruction du Nord : cela justifie que nous défendions notre patrie au péril de notre vie (manuel nord-coréen de deuxième année de collège, p.5).

> La partition de la Corée a brisé l'équilibre de la disponibilité des ressources naturelles, tout en désagrégeant progressivement la nation. La blessure que représente la séparation des familles n'est toujours pas cicatrisée, et la distance qui s'est immiscée entre les deux Corées sur les plans de la culture et du niveau de vie va croissant. La partition a également généré de chaque côté l'engloutissement d'une partie très importante du budget dans les seules dépenses militaires. D'autre part l'exploitation du nucléaire à dimension militaire par le pouvoir nord-coréen hypothèque la paix construite en Asie et dans le monde. Le bond en avant réalisé depuis la Guerre de Corée par la Corée du Sud grâce à sa seule croissance économique n'a pas compensé l'image généralement associée aux pays « disloqués » et à ceux qui risquent de se voir impliqués dans un conflit armé. La résolution de tous ces problèmes nous impose le défi de la réunification : réunifier la Corée signifie, avant tout, arracher notre peuple à la guerre, ensuite recouvrer une identité nationale forte sur les plans politique, économique, social et culturel, responsabilité de maintien de la paix dans le monde incluse (manuel sud-coréen de troisième année de collège, p 124).

L'interface entre les deux géographies scolaires coréennes est un discours de préparation des esprits et de mobilisation en vue d'une réunification coréenne. Celle-ci serait la traduction dans le domaine politique d'une identité culturelle aujourd'hui encore fragilisée, écornée par la division territoriale et la confrontation guerrière.

Conclusion

En quoi la géographie scolaire porte-t-elle la marque des situations géopolitiques et reflète-t-elle les projets en présence ? Dans le cas coréen, la réponse est à la mesure d'une situation héritée de la Guerre froide et marquée par les impérialismes régionaux (Japon, Chine). Une fois libérée de l'occupant japonais, la Corée du Nord a importé le modèle soviétique de système éducatif et de géographie scolaire. Une différence notable réside dans une moindre part de la géographie par rapport aux enseignements historiques en Corée du Nord, relativement à la Russie actuelle, parce que l'histoire « révolutionnaire », c'est à dire celle de Kim Il-Seong, prend une place importante à l'école où elle sert à légitimer le culte voué aux membres de la famille du dictateur. De fait les contenus de géographie scolaire nord-coréens sont tout entier pensés en vue de l'établissement de ce culte. D'où la présence diffuse dans ces contenus d'éléments tirés de l'idéologie communiste, d'autres éléments se rapportant directement à la personne du dictateur, et la présence de représentations négatives de la Corée du Sud, des Etats-Unis et du Japon, ou de commentaires hostiles. La géographie scolaire a, en Corée du Nord, essentiellement été pensée comme un outil au service de la « révolution de la patrie » et de la construction d'une grande puissance communiste de reconquête de la péninsule. Si les contenus relatifs à la Corée du Nord montrent un traitement actualisé du sujet dans les manuels de géographie sud-coréens, il n'en est pas de même des contenus associés à la Corée du Sud dans les manuels de géographie nord-coréens, d'où émerge une représentation proche de ce que pouvait être la Corée du Sud dans les années 1970 ou 1980, qui plus est chargée d'images négatives et d'informations erronées, voire de mensonges grossiers. Autoroutes et équipement industriel sud-coréens sont ainsi décrits comme construits en vue d'une invasion du Nord, idée qui nous apparaît comme un élément de justification parmi d'autres de la stratégie de « libération de la Corée du

Sud par la révolution et l'attaque armée » mise en avant par le régime nord-coréen.

Pourtant, on a pu observer une intersection entre les deux géographies scolaires concernant les contenus d'enseignement relatifs à la Corée : c'est ce que nous avons appelé une interface. Alors, quel statut donner à cette interface ? S'agit-il du recouvrement logique de deux projets géopolitiques inculqués aux enfants de part et d'autre de la frontière intercoréenne, chacun se posant en leader de la réunification d'une nation coréenne dans la péninsule ainsi reconstituée ? Les deux géographies scolaires utilisent en effet des ressorts identiques pour installer l'idée d'une nation coréenne qui construirait sur un temps long (cinq millénaires) une aire culturelle marquée par des paysages spécifiques, s'étendant sur la péninsule toute entière ainsi que sur des franges insulaires ou continentales au contact des puissances chinoise et japonaise. Les cartes de la péninsule et les formules qui mettent en avant la longue durée d'une histoire coréenne spécifique,dans les deux univers scolaires, constituent cette rhétorique.

Le cas coréen serait alors un cas (unique ?) de géographies scolaires clairement distinctes, mais dont une partie des discours respectifs sur le monde, celle qui prend en charge la description de la Corée, installerait un lieu d'énonciation unique (la péninsule coréenne et son histoire). C'est la coexistence dans les manuels de géographie, d'une part de deux discours de différence (deux Corées), l'un de dénonciation (Corée du Nord), l'autre tourné vers le développement économique (Corée du Sud) et d'autre part, d'unité (une Corée péninsulaire et archipélagique, ethnique, historique et paysagère) qui permet de lire le futur qui devra advenir, selon chaque Etat. Les géographies scolaires sont ainsi partie prenante des scénarii géopolitiques envisagés, qu'ils soient optimistes ou pessimistes d'un point de vue sud-coréen.

Chapitre 8

LA CRISE DE LA GÉOGRAPHIE SCOLAIRE SUD-CORÉENNE :

empêchement disciplinaire et opportunités

Pourquoi parler d'une crise de la géographie scolaire sud-coréenne ? Si la crise est un état provisoire et indéterminé par lequel un système (ici la géographie scolaire) passe d'un état stabilisé à un autre, on peut se demander depuis quand la géographie scolaire sudcoréenne est en crise. Quels en sont les symptômes ? Quels en sont les facteurs déterminants ? Quels sont aussi les ressorts qui permettraient de parvenir à ce nouvel état, que nous souhaitons, où elle serait plus structurée et mieux assurée de sa stabilité ?

Le symptôme le plus évident d'une crise est le recul du statut de la matière dans un contexte politique intercoréen et régional qui, d'un point de vue ouest-européen, passe pour favorable à son développement scolaire. On ne peut qu'être surpris du contraste entre la vigueur des enjeux territoriaux et politiques d'une part, et la faiblesse d'une matière a priori capable de donner à lire ces enjeux d'autre part.

Mais au-delà de la surprise, il s'agit de comprendre cet état de fait et de cerner les facteurs de cette crise. Pour cela, nous explorerons deux pistes, l'une historique qui restitue le contexte géopolitique et la façon dont les gouvernements réagissent dans le domaine scolaire à ces évolutions, l'autre « sociologique » au sens où une partie de l'explication réside dans l'inertie du système de formation mis en place après la Seconde Guerre mondiale, dans le modèle d'évaluation des études secondaires en Corée du Sud et dans la façon dont les jeunes Coréens s'engagent dans des études supérieures. De part en part, nous sommes donc amenés à travailler à plusieurs échelles : non seulement, celle du programme national et des contenus qui y ont trait aux sociétés, mais aussi celle de la formation des enseignants, celle de l'Université et celle de la société sud-coréenne.

Enfin, la situation difficile de cette matière n'a pas été sans susciter des réactions, notamment d'acteurs de la géographie et de son enseignement. Nous nous attachons à en rendre compte, comme de ressorts d'un changement positif d'état à venir. C'est là aussi un des éléments de description d'une crise, en l'absence duquel nous devrions parler non de crise, mais d'effacement de la géographie dans le système scolaire sud-coréen.

8.1 Une situation de crise combinant plusieurs échelles temporelles et sociales

8.1.1 La géographie en fin de lycée : des pratiques d'apprentissage par coeur pour une discipline optionnelle dans une société de concurrence entre les individus ainsi que les établissements scolaires et universitaires

En Corée du Sud, les parents d'élèves sont généralement prêts à un consentir un effort financier très important pour faire entrer leurs enfants dans une des universités les plus réputées -et plus particulièrement à l'université de Séoul. Dans ces conditions, les établissements scolaires privés, tout comme les instituts parascolaires de préparation aux concours se sont développés. On peut dire que le Coréen moyen fait plus confiance à l'enseignement privé qu'à l'enseignement public. La publication de taux de réussite élevés aux tests d'entrée des universités suffit à garantir le succès d'un « institut de préparation » privé ; il en est de même pour les lycées. Ce mode de fonctionnement qui fait primer le résultat sur les moyens qui permettent de l'obtenir,touche les futurs enseignants, nombreux étant ceux qui peaufinent leur préparation aux concours d'enseignement dans une institution privée. Le nombre des établissements privés est élevé (tableau 8.1). La plupart de ces établissements sont tenus par des religieux, et les droits d'inscription pratiqués, plus élevés que dans leurs homologues publics[443]; l'enseignement supérieur est dans une situation similaire. Cette configuration ne favorise pas l'application uniforme des politiques éducatives nationales : les universités privées refusent régulièrement, malgré les incitations du ministère coréen de l'éducation, de modifier le « climat » des apprentissages, dans un pays de culture scolaire privilégiant l'apprentissage par coeur au détriment de la compréhension proprement dite. Cette attitude est d'ailleurs plutôt en adéquation avec la nature des épreuves et les enjeux sociaux pour les familles, de la préparation du concours d'entrée à l'Université.

Tableau n°8.1 Les établissements d'enseignement primaire, secondaire et supérieur en Corée du Sud : privé et public

	Etablissements publics à rayonnement national	Etablissements publics à rayonnement régional	Etablissements privés	Total tous types confondus
Ecoles primaires	17	5789	75	5882
Collèges	9	2497	647	3153
Lycées	19	1316	947	2282
Universités	28	2	153	183
Au total	73	9 604	1 822	11 500

Source : Statistiques éducatives sud-coréennes, http://cesi.kedi.re.kr/index.jsp

La nature des épreuves du concours d'entrée à l'Université a fait l'objet de plusieurs modifications successives par les responsables de la gestion des examens et de l'institution chargée de la sélection des élèves :la nature du concours d'entrée à l'Université a changé plusieurs fois, selon que le choix du processus de sélection fut confié au gouvernement[444] ou aux universités. Lorsqu'il revenait aux universités la tâche de sélectionner les futurs étudiants, le concours d'entrée était propre à chaque université, en vertu de leur statut d'autonomie ; au contraire, dans la période où le caractère public de la sélection à l'entrée de l'enseignement

443 Les droits d'inscription annuels s'élèvent dans les universités coréennes à 6 000 à 7 000 euros.

444 Par le biais de l'Institut Coréen du Curriculum et de l'Evaluation, http://www.kice.re.kr/

supérieur était privilégié, un concours unique à portée nationale a été organisé. Actuellement, une forme d'équilibre entre les deux éléments a été trouvée. La sélection à l'entrée des universités relève globalement de l'autorité de l'Institut coréen du curriculum et de l'évaluation, un organe gouvernemental, mais l'autonomie propre à chaque université est respectée. Le concours d'entrée à l'Université repose aujourd'hui sur trois éléments : un examen préparatoire à l'entrée à l'Université, à considérer comme l'équivalent coréen du baccalauréat français, le dossier scolaire et un examen propre à chaque université.[445]

Tableau n°8.2 Le baccalauréat français et l'EPEU sud-coréen : essai de comparaison

Critère de comparaison	Baccalauréat	Examen préparatoire à l'entrée à l'Université
Autorité(s) compétente(s)	Ministère de l'éducation et autorité éducative locale (Académie)	Ministère de l'éducation
Rédacteurs des questions et l'évaluation	Enseignants de Terminale et inspecteurs pédagogiques régionaux (disciplinaires)	Institut Coréen du Curriculum et de l'Evaluation
Moment de présentation à l'examen	Application par section, après la seconde ou la troisième année de lycée	Application uniforme, à l'issue de la dernière année de lycée
Mode d'évaluation	Questions ouvertes ; notation absolue	Q.C.M. ; notation relative
Durée de l'évaluation	Environ une semaine	Une unique journée
Composition du comité des examens	Des professeurs de lycées soumettent des sujets d'examen et des propositions d'évaluation sous la direction des inspecteurs et le contrôle local des académies	Les propositions de sujets d'examen émanent de professeurs des universités ; ces sujets sont soumis à des professeurs de lycée pour validation, sous le contrôle global de l'Institut Coréen pour le Curriculum et l'Evaluation
Prise en compte du dossier scolaire (lycée) à l'entrée à l'université	Pris en compte au moment des épreuves orales de la seconde session	Grande importance

Source: Han, 2005, p. 115.

Le tableau 8.2 permet de pointer quelques différences essentielles entre baccalauréat et l'EPEU sud-coréen, pour lequel le dossier

445 Cet examen préparatoire à l'entrée à l'Université est l'élément commun à tous les concours d'entrée à l'Université. Il est national et se présente sous la forme de Q.C.M ; l'impartialité de ce mode de sélection des candidats est mise en avant par le gouvernement. En parallèle chaque université se voit confier la responsabilité de faire passer une épreuve de dissertation, ainsi qu'un examen oral et un test d'aptitude. Cette situation n'est effective que depuis 2008,suite à une lente évolution impulsée en 1994, année du premier examen préparatoire à l'entrée à l'Université.

scolaire revêt une importance décisive dans le cadre du concours d'entrée à l'Université. Le caractère relatif de l'évaluation nuit à la qualité des relations entre pairs durant la dernière période de la scolarité des élèves, où tous deviennent des concurrents de fait. Enfin, soulignons que, dans de nombreux lycées, les équipes éducatives ont la possibilité d'orienter largement le contenu des dossiers scolaires en fonction du projet des élèves. L'objectivité de ces dossiers scolaires est donc toute relative.

Le système du concours d'entrée à l'université influe sur le mode d'apprentissage de la géographie en Corée du Sud. Coréen, anglais et mathématiques sont les disciplines principales dans le cadre de ce concours. L'étude sociale et les sciences n'y figurent que comme des matières secondaires, tandis que la géographie fait partie des disciplines optionnelles du lycée[446] : c'est aussi le cas lors du concours d'entrée à l'université. La plupart des élèves considèrent par conséquent la géographie comme une matière sans importance.

Comme nous l'avons dit plus haut, le concours d'entrée à l'université a pour support des Q.C.M., forme qui influence la nature des enseignements dispensés en amont. Les enseignements du secondaire étant conçus comme une préparation au concours d'entrée à l'université, les élèves apprennent ainsi essentiellement et au moyen du « par coeur », les informations et les notions qui sont le plus souvent mobilisées par les questions du concours.

Dans le cas de la géographie au lycée, on commence généralement par utiliser durant trois ou quatre mois un manuel ciblé sur les informations et notions susceptibles de faire l'objet de questions, avant de s'entraîner durant les six derniers mois au moyen d'annales, en plus des cours ; des procédés qui tendent à supprimer toute stimulation du

---

446 Avec la réforme, le nombre de matières optionnelles a augmenté. Nous pouvons lire dans le programme le commentaire suivant: « Dans la plupart des pays le programme du lycée est structuré en disciplines obligatoires et optionnelles, avec un accent mis sur l'un ou l'autre (...) Le programme des lycées finlandais repose par exemple sur un tronc commun élargi de disciplines obligatoires, au contraire des programmes suédois et américains, qui reposent sur un très large éventail d'options. Avec la réforme de 2007, notre intention est d'axer le programme de première année de lycée sur un tronc commun fort, avant de laisser une grande place aux options en 2ème et 3ème années » (Ministère sud-coréen de l'éducation, 2007, *Commentaires du programme de lycée*, p. 127).

raisonnement et d'une certaine créativité (dans la façon personnelle de construire et résoudre un problème) géographique.

8.1.2 Une crise ancienne du statut de la géographie scolaire sud-coréenne

En Corée, la géographie scolaire s'est successivement organisée à partir de deux modèles extérieurs. Après une courte période d'indépendance, de 1876 date de l'ouverture du Royaume de Joseon au protectorat japonais (Traité d'Eulsa, 1905), période pendant laquelle s'institutionnalise une géographie scolaire autonome dans le secondaire, la Corée se voit tout d'abord imposer l'organisation des disciplines en vigueur au Japon. A l'enseignement de la géographie, succède alors celui de l'histoire-géographie, modèle japonais élaboré à l'image du modèle français. A partir de 1945, l'occupation américaine puis le maintien de sa présence dans la partie Sud de la péninsule après la Guerre de Corée, se sont traduites par l'imposition du modèle américain des social studies. Ce modèle fournit encore aujourd'hui le cadre dans lequel prennent place des programmes de géographie.

La comparaison avec la France permet de saisir l'importance de la différence entre une discipline scolaire et une matière non institutionnalisée comme discipline. Le cas de la Corée est différent de celui de la France par le découplage entre création scolaire et création universitaire de la géographie. En France, le développement progressif de chaires de géographie dans les universités après la Guerre de 1870 répond à l'objectif de former en géographie les instituteurs et les professeurs du secondaire. Les versants scolaire et universitaire de la géographie sont même solidement liés intellectuellement durant les années 1900-1950. C'est la période de la géographie vidalienne à l'école (Lefort, 1992). Cette configuration est typiquement disciplinaire : elle installe au moins discursivement et institutionnellement, une continuité ou une solidarité entre niveaux d'enseignement, de la maternelle à l'université, via un corps d'enseignants spécialisés et/ou formés par des spécialistes (Bruter, 2001). Une discipline scolaire ne se définit pas seulement par « une cohérence établie entre plusieurs traits d'ordre différent : […] des contenus […] des exercices [...] des méthodes d'évaluation [et] des finalités » (Prost, 1998, p.58) ; elle se caractérise par le lien qu'elle affiche dans la définition et la mise en oeuvre de cet ensemble de traits, avec une spécialité de recherche scientifique. Outre l'existence de traits constitutifs qui identifie un corpus spécifique dans le monde de l'école, la notion de discipline implique ainsi une certaine « verticalité » des manifestations de ces traits dans les différents niveaux du primaire, du secondaire et du supérieur.

L'intervention japonaise n'a pas rendu possible cette construction disciplinaire en Corée. En effet, la géographie ne peut se développer dans l'université coréenne qu'au sortir de l'occupation japonaise. Le nombre de départements augmente de façon très progressive alors même que l'enseignement de la géographie est déjà largement développé. Il en résulte la mise en place d'un examen d'aptitude à l'enseignement de la géographie, destiné à des professeurs spécialistes d'autres matières, ce qui a réduit d'autant les besoins en professeurs spécialistes de géographie. D'autre part, à de rares exceptions près, les enseignants sudcoréens du supérieur en géographie n'obtiennent de doctorats qu'à partir des années 1970, en Corée du Sud, aux Etats-Unis, au Japon et en France. Bref, la subordination de la géographie à l'étude sociale a été renforcée par le statut universitaire inférieur de la géographie, relativement aux sciences de l'éducation plus précocement installées.

Du point de vue de la structuration scolaire et universitaire ainsi que de la connexion (ou déconnexion) entre l'une et l'autre, on pourrait dire que la crise de la géographie scolaire sud-coréenne commence avec l'occupation japonaise et connaît un prolongement sous des formes différentes avec la réforme de 1946 sous influence étatsunienne (figure 8.1).

Figure n°8.1 L'évolution du statut de la géographie scolaire sud-coréenne en relation avec le contexte géopolitique

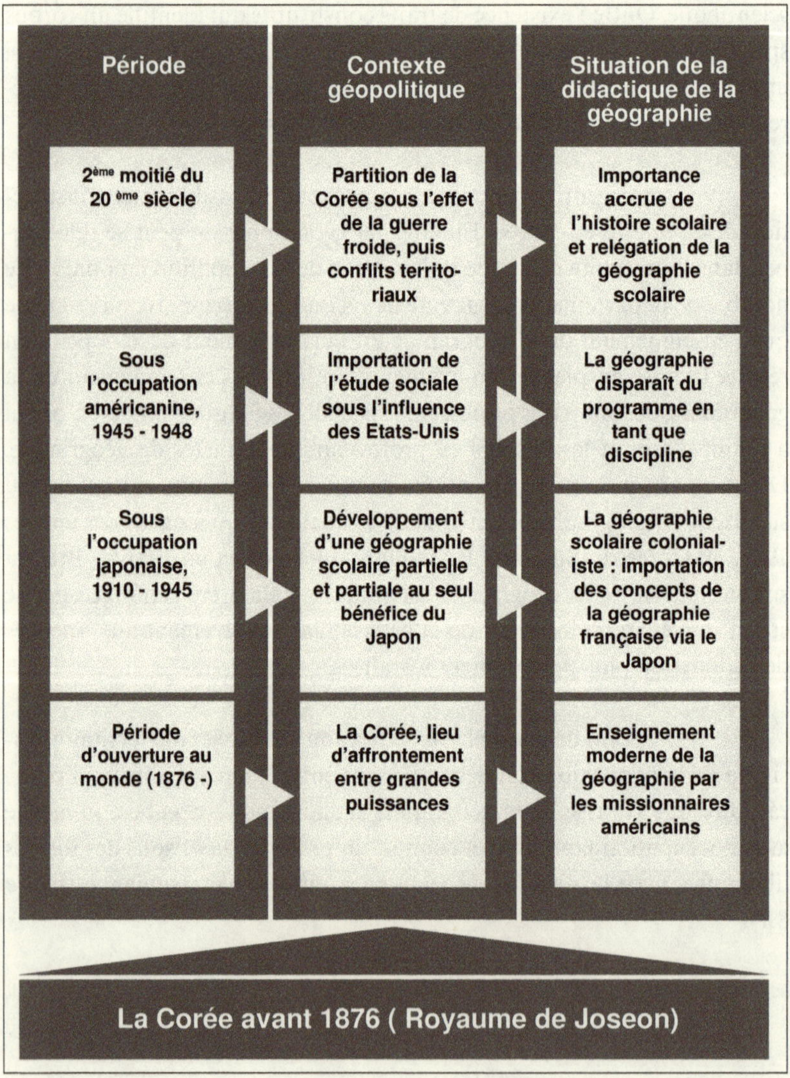
Période
Contexte géopolitique
Situation de la didactique de la géographie
2ème moitié du 20 ème siècle
Partition de la Corée sous l'effet de la guerre froide, puis conflits territoriaux
Importance accrue de l'histoire scolaire et relégation de la géographie scolaire
Sous l'occupation américanine, 1945 - 1948
Importation de l'étude sociale sous l'influence des Etats-Unis
La géographie disparaît du programme en tant que discipline
Sous l'occupation japonaise, 1910 - 1945
Développement d'une géographie scolaire partielle et partiale au seul bénéfice du Japon
La géographie scolaire colonialiste : importation des concepts de la géographie française via le Japon
Période d'ouverture au monde (1876 -)
La Corée, lieu d'affrontement entre grandes puissances
Enseignement moderne de la géographie par les missionnaires américains
La Corée avant 1876 (Royaume de Joseon)

Auteur : Saangkyun Yi.

Figure n°8.2. Représentation graphique d'une géographie scolaire sud-coréenne en crise

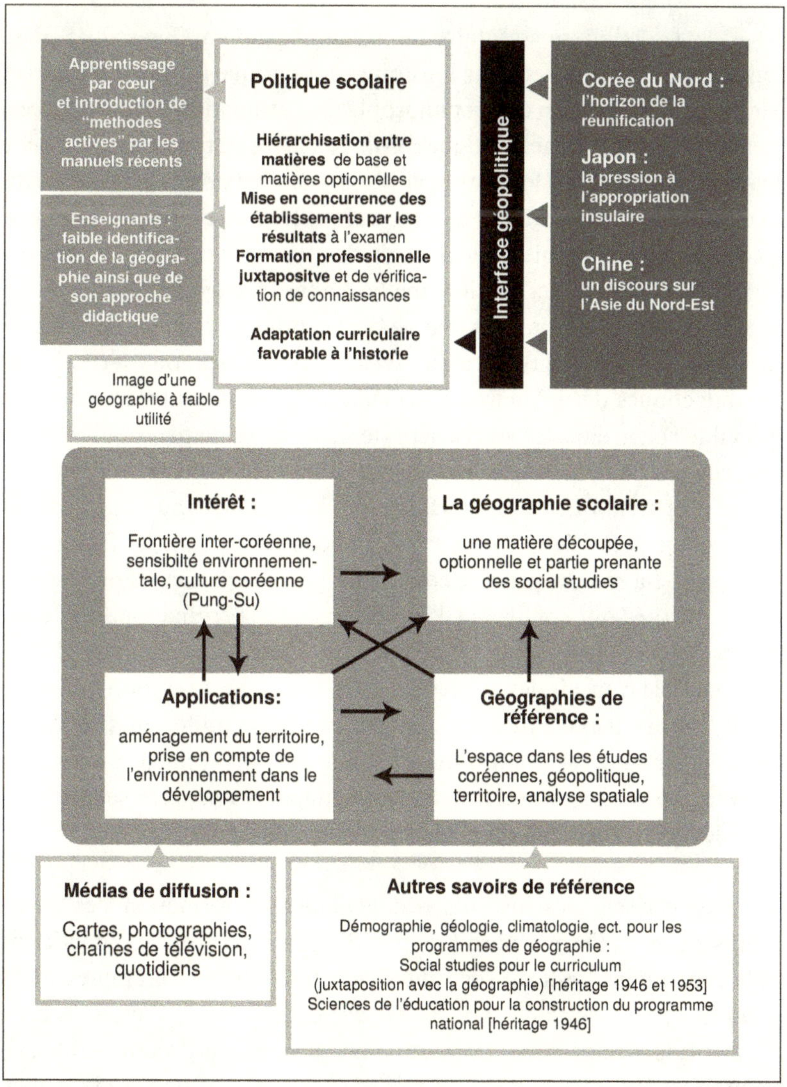

Auteur : Saangkyun Yi.

8.1.3 Un mode de formation des enseignants inefficace

La faiblesse statutaire de la géographie en Corée du Sud se comprend non seulement par l'histoire géopolitique du siècle dernier et par l'organisation ainsi que la philosophe de l'évaluation à la fin du lycée, mais aussi par des caractéristiques propres à la formation professionnelle de ses enseignants. La formation des enseignants du primaire comme du secondaire s'étale sur quatre années, durant lesquelles sont associés une spécialité (la géographie par exemple), des éléments transversaux de pédagogie (sciences de l'éducation, méthodologie pédagogique) et un stage pédagogique.[447] Dans le domaine de l'éducation, les facultés de pédagogie accordent une large place aux sciences de l'éducation au détriment des didactiques disciplinaires. L'articulation manque entre les cours de spécialité suivis dans les autres départements et les matières qui relèvent des sciences de l'éducation. Les quatre années de formation à l'université ne préparent que très imparfaitement les étudiants au stage pédagogique, étant donné le faible nombre de didacticiens dans les facultés de pédagogie. La récente prise de conscience par une partie des professeurs des universités-qui soulignent l'insuffisance de la formation des enseignants-a débouché sur une proposition alternative de création d'IUFM sur le modèle français des années 1991-2010. Cette proposition qui existe depuis des dizaines d'années, grâce à une partie des professeurs des facultés pédagogiques, est aujourd'hui réactualisée avec l'appui de professeurs du domaine géographique, notamment Sangjun Nam, professeur de géographie à l'Université nationale pédagogique de Corée,

Au sein des instituts pédagogiques, la formation des enseignants du primaire mobilise très peu de géographes et de didacticiens de la géographie. Les trois spécialités de l'étude sociale sont représentées parmi les professeurs des universités des départements d'étude sociale des instituts pédagogiques (formation des enseignants du primaire) dans les proportions suivantes : la moitié sont spécialistes de l'étude sociale générale, un tiers sont des historiens, et donc moins de 20% sont géo-

447 Ce stage dure quatre semaines dans le cas des facultés de pédagogie (formation des enseignants du secondaire), et le double dans le cas des instituts pédagogiques (formation des enseignants du primaire).

graphes. L'origine de ce déséquilibre est à chercher dans l'histoire récente :au moment de la création des instituts pédagogiques pour la formation des enseignants du primaire, les recrutements opérés par les départements d'étude sociale ont concerné beaucoup de spécialistes de l'étude sociale générale et très peu de géographes de toute façon très peu nombreux en Corée à ce moment-là.

En ce qui concerne les concours et la formation continue, l'enseignement de la géographie est traité comme les autres enseignements disciplinaires, selon des modalités qui accordent peu d'importance à la dimension didactique, c'est-à-dire à la conception et réalisation de séquences permettant des apprentissages disciplinaires clairement identifiés comme tels.

> Nous avons appris l'étude sociale de manière globale, aucun cours n'était focalisé sur l'histoire ou la géographie ; en ce qui concerne l'étude sociale elle-même, rien n'était clair de toute façon, que ce soit du point de vue méthodologique ou sur le plan des contenus.
> Etant donné qu'on n'avait pas réellement appris la géographie, ni son enseignement à l'Institut, seuls étaient exploitables les matériaux que nous nous étions données en guise de préparation du concours [de recrutement des professeurs] ; on pouvait aussi se tourner, éventuellement, vers les savoirs géographiques appris au lycée. Parmi nos obstacles les plus importants, il faut citer l'utilisation de l'outil graphique, schémas, etc. Concrètement, en l'absence de livre du maître dans le domaine de la géographie, les enseignements nécessitaient pratiquement une demi-journée de travail, le plus souvent à effectuer la veille.[448]

Le processus de recrutement des enseignants du secondaire est une succession de trois étapes éliminatoires. A une première épreuve associant, sous la forme d'un QCM, géographie et sciences de l'éducation,succède une deuxième étape consistant en une dissertation de géographie ; la dernière étape se présente sous la forme d'un oral, au cours duquel les candidats se voient imposer un sujet partir duquel ils doivent concevoir un cours. Le système sud-coréen de formation conti-

448 Le point de vue recueilli ici est celui d'un enseignant âgé de 36 ans, ayant dix années d'enseignement dans le primaire et que nous avons interviewé en mai 2012. Cet entretien n'a pas été réalisé dans l'intention d'une enquête systématique sur les contenus et les effets de la formation initiale des enseignants du primaire en Corée du Sud, mais les propos tenus reflètent un point de vue que nous pensons partagé par ce public.

nue des enseignants (primaire et secondaire confondus) est construit de telle manière que tout enseignant en poste a obligation de se « remettre à jour » après une première période de trois à cinq ans. Dans le cas des enseignants du primaire, cette première session de formation représente un volume global de 180 heures, réparties sur un mois (durant les vacances d'été). Ces heures comprennent des cours de culture générale, une formation pédagogique disciplinaire, et une formation aux tâches nonpédagogiques quotidiennes inhérentes à la tenue d'une classe. Détachée des contextes de classe, cette première session de formation ne permet pas de mettre en oeuvre un début de réflexivité sur les pratiques et paraît très peu efficace, selon le point de vue des intéressés.

De la crise de la géographie scolaire, l'aspect de déstabilisation doit pour être compris, décrit selon trois échelles temporelles et sociales. Cette crise est une crise de longue durée qui commence avec l'occupation japonaise depuis laquelle il n'existe plus de discipline scolaire coréenne construite de façon indépendante ; elle comporte aussi depuis 1953 une composante particulière de conflit intercoréen et connaît des oscillations politiques ces dernières années au gré des majorités présidentielles et de leurs réformes éducatives. Cette crise de la géographie scolaire a une dimension sociale nationale et globale notamment en ce qui concerne le rapport des Coréens du Sud à l'école et à l'Université ; elle a une dimension purement universitaire dans laquelle jouent les rapports de légitimité entre disciplines dans l'enseignement et dans l'administration des enseignements primaire et secondaire ; enfin, l'échelle plus petite du système de formation à l'étude sociale permet de comprendre des inerties peu favorables à la reconnaissance d'une valeur éducative propre à l'enseignement de la géographie

8.2 Les réformes récentes (2007-2009) et la réaction des acteurs de la géographie scolaire sud-coréenne

Une crise comporte aussi une dimension d'opportunités que certains acteurs saisissent ou se créent, dans un contexte de déstabilisation, pour installer un nouvel état de l'institution ou de l'organisation qu'ils cherchent à refonder tout en la transformant. Dans le cas de la géographie scolaire en Corée du Sud, les décisions politiques prises ces dix dernières années ont provoqué une mobilisation qui est peut-être le signe d'une refondation possible.

8.2.1 La relégation de la géographie scolaire comme conséquence des réformes du programme national

Le fait que le programme national sud-coréen ait été réformé à deux reprises à deux ans d'intervalle (2007 et 2009) s'explique par l'alternance politique (arrivée au pouvoir de la droite en 2008). Le rythme de ces réformes sème la confusion chez les enseignants ; le tableau 8.3 permet de prendre la mesure de l'absurdité d'une situation : les manuels scolaires à peine publiés, sont caducs, ce qui décourage la publication de nouveaux manuels dont on sait qu'ils contribuent à faire évoluer les pratiques enseignantes.

Tableau n°8.3 Le problème de la non-concordance des manuels avec les programmes : date de dernière publication du manuel et du programme, par niveau et par année

		1re année de collège	2ème année de collège	3ème année de collège	1re année de lycée
2011	Programme	2009	2007	1997	2009
	Manuel	2007			2007
2012	Programme	2009	2009	2007	2009
	Manuel	2007	2007		2007
2013	Programme	2009	2009	2009	2009

Source : Ministère sud-coréen de l'éducation, 2007

Le ministre sud-coréen de l'éducation Ju-Ho Lee, qui a mené la dernière réforme, est un spécialiste de l'économie formé aux Etats-Unis : c'est en économiste qu'il a réformé l'éducation nationale, faisant preuve de méconnaissance et de mépris pour les travaux et les réflexions accumulés dans les sciences de l'enseignement et de l'éducation. Comme nous l'avons vu plus haut, cette réforme[449] a induit une augmentation du

449 L'objet officiel de la réforme de 2009 était d'une part de réduire le volume (jugé excessif) des enseignements, et d'autre part de diversifier l'offre d'enseignement. Cela ex-

nombre d'options au programme du lycée, à cause, notamment, de la rétrogradation des différentes sous-matières de la géographie au rang de matières optionnelles (de même que la « société 1 »toute entière).

Tableau n°8.4 Réforme de 2009 et évolution de la structure du programme

Programme du primaire et du collège		Programme du lycée			
Avant la réforme de 2009	Depuis la réforme	Avant la réforme de 2009		Depuis la réforme	
Coréen	Coréen	Homme et société	Coréen	Enseigne-ments fon-damentaux	Coréen
Morale	Morale et société		Morale		Anglais
Société			Société		Mathématiques
Mathématiques	Mathématiques	Sciences et tehniques	Mathématiques	« Investiga-tion »	Société (Histoire et Morale incluses)
Sciences	Science et cours pratiques		Sciences		
Cours pratiques			Techniques et activités tâches domestiques		Sciences
Langue étrangère	Langue étran-gère	Arts et éducation physique	Education physique	Arts et éducation physique	Education physique
Education phy-sique	Education physique		Musique		Arts (musique incluse)
Musique	Arts (musique incluse)		Arts visuels		
Arts visuels		Langues étrangères	Anglais	Vie pratique et culture générale	Techniques et tâches domestiques
			LV2		LV2
		Culture générale	Chinois classique		Chinois classique
			Culture générale		Culture générale
10 disciplines	7 disciplines	5 groupes disciplinaires		4 groupes disciplinaires	

Auteur : Saangkyun Yi.

La réforme de 2009 (tableau 8.4) a bouleversé la structure du programme,renforçant notamment la place de l'histoire, en réaction aux conflits territoriaux mettant aux prises la Corée du Sud avec ses voisins. En 2011, un groupe parlementaire composé d'une dizaine de députés, dont la plupart appartiennent au parti démocrate et dont Chang-Il Kim est le porteur de motion, a demandé une nouvelle réaction de la part de

plique entre autres la diminution du nombre de disciplines au programme du primaire et du secondaire (tableau 8.4), ainsi que l'augmentation de la marge de manoeuvre accordée aux établissements dans l'application des programmes.

l'Etat,par une accentuation du renforcement de la place de l'histoire induit par la réforme de 2009. Un projet de « sous-amendement » de la loi de 2009, a été déposé le 18 février 2011 ; il vise à réformer le programme du lycée dans le sens d'un renforcement de la présence de l'histoire, où l'histoire de Corée entrerait dans le noyau disciplinaire fondamental (qui comprend le coréen, l'anglais et les mathématiques). Spécialistes de l'histoire mis à part, cette proposition, qui va dans le sens d'un renforcement de la disproportion déjà existante, inquiète les acteurs du domaine de l'étude sociale, didacticiens, enseignants et chercheurs confondus (tableau 8.5).

Tableau n°8.5 La proposition de sous-amendement de la réforme de 2009

L'actuel éventail d'options	Histoire de Corée, histoire du monde, histoire moderne et contemporaine de la Corée, géographie de la Corée, géographie du monde, loi et politique, économie, culture et société, éthique et vie quotidienne, éthique et réflexion
L'éventail d'options prévu pour 2014 par la proposition de loi	Histoire de Corée, histoire du monde, histoire régionale de l'Asie de l'Est, géographie de la Corée, géographie du monde, loi et politique, économie, culture et société, éthique et vie quotidienne, éthique et réflexion
Les objectifs déclarés de la « proposition de loi pour le sous-amendement de la réforme de 2009 »	Adoption de l'histoire de Corée comme discipline obligatoire (au même titre que le coréen, l'anglais et les mathématiques) dans les programmes du primaire et du secondaire ainsi qu'à l'examen d'entrée à l'université

Auteur : Saangkyun Yi.

Avec la réforme de 2009 (tableau 8.5), l'histoire s'est libérée pour le collège du domaine de l'étude sociale, qui ne contient plus que la géographie et l'étude sociale générale. Les différentes matières géographiques (géographie de la Corée et géographie du monde) du lycée ont été intégrées au groupe des disciplines optionnelles lorsque la « société 1» (qui comprend en lycée les contenus relatifs à la question territoriale) a été exclue du groupe des disciplines obligatoires. Désormais les lycéens sud-coréens ne recoivent plus aucun enseignement obligatoire sur le territoire en Corée du Sud.

Tableau n°8.6 Evolution du programme d'étude sociale du collège

Structure du programme de 2007					Structure du programme de 2009			
Discipline	**1re année**	**2ème année**	**3ème année**		**Discipline**	**1re année**	**2ème année**	**3ème année**
Société	Géographie (2), histoire du monde (1)	Etude sociale générale (1), histoire du monde (1), histoire de Corée (1)	Géographie (1), étude sociale générale (1), histoire de Corée (2)	›	**Société**	Géographie (2), étude sociale générale (1)	-	Géographie (1), l'étude sociale générale (1)
					Histoire	-	Histoire de Corée (2), histoire du monde (1)	histoire de Corée (1), Histoire du monde (1)

Source : Ministère sud-coréen de l'éducation, 2009, p.270.

Face aux difficultés que représentent les conflits territoriaux qui opposent actuellement la Corée du Sud à ses voisins, les pouvoirs publics ont fait le choix de ne renforcer que la place de l'histoire dans les programmes, faisant preuve à l'égard de la géographie scolaire d'une relative indifférence. Le nombre de postes d'enseignants du secondaire ouverts en Corée du Sud au titre du concours de décembre 2012 confirme cette indifférence, avec une disproportion flagrante dans le domaine de l'étude sociale au détriment de la géographie. Or, pendant le même temps, au Japon, on assiste à l'insertion dans tous les manuels de géographie de collège (Editeurs : Tokyo Shoseki, 2012 ; Jiyushya, 2012 ; Husoshya, 2012 et Kyoik, 2012) de l'affirmation selon laquelle les îlots Dokdo sont la propriété de l'Etat japonais. On a certainement là les symptômes les plus manifestes, récents et profonds de la crise de la géographie scolaire en Corée du Sud : matière devenue optionnelle, elle ne s'est pas affranchie du périmètre de l'étude sociale, ce qui semble être la voie de l'institutionnalisation disciplinaire, celle qu'a suivie l'histoire scolaire ces dernières années.

Tableau n°8.7 Nombre de postes d'enseignants ouverts dans le secondaire au titre du concours de décembre 2012 en Corée du Sud

Disciplines	Postes prévus	Disciplines	Postes prévus	Disciplines	Postes prévus
Coréen	366	**Histoire**	**90**	Anglais	494
Mathématiques	366	Géographie	31	Chinois	51
Physique	93	Morale et éthique	44	Techniques	46
Chimie	104	Education physique	199	Tâches domes-tiques	19
Sciences de la vie	109	Musique	120	Divers	139
Sciences de la terre	97	Art	105	nombre total de postes	2527
Etude sociale générale	38	Chinois classique	16		

Source : Ministère sud-coréen de l'éducation, http://www.mest.go.kr/

8.2.2 L'effort conjugué d'acteurs de la géographie scolaire en vue de sa refondation

Face aux polémiques provoquées par la réforme du programme national, le Ministère sud-coréen de l'éducation a organisé plusieurs auditions publiques relatives à la réforme du programme d'étude sociale, afin de « sonder » l'opinion des principaux intéressés : le fait est que la présence conjointe à ces auditions de didacticiens de la géographie et de géographes professeurs d'universités ainsi que d'enseignants d'écoles secondaires de tous les domaines de l'étude sociale sauf celui de l'histoire et les objections qu'ils y ont exprimées quant au caractère arbitraire des réformes, n'ont pas suffi à enrayer le processus de réforme enclenché unilatéralement par le ministère. La figure 8.3 montre deux photographies prises lors de l'une de ces auditions publiques, tenue à Séoul le 19 août 2010 : didacticiens, enseignants, étudiants en géographie et géographes y sont présents pour manifester leur préoccupation quant à l'avenir de leur champ de spécialité en tant que champ disciplinaire.

Figure n°8.3 Une audition publique (août 2010)

Source : Yeonhap (chaîne télévisée sud-coréenne spécialisée dans l'information en continu), 20 août 2010.

Depuis la fin du XIXème siècle (soit, du point de vue coréen, l'époque de l'ouverture au monde)jusqu'à la mise en oeuvre récente de réformes, c'est à la géographie scolaire que revenait la responsabilité d'« enseigner le territoire » ; la géographie scolaire sudcoréenne traverse actuellement une crise qui appelle selon nous une nouvelle réforme du programme, dont l'objet devra être de le rééquilibrer, par une réorganisation complète du « tandem » géographie/histoire (sur le modèle français) et du « tandem » morale/étude sociale générale. Telle semble bien être là l'opportunité ouverte par l'état actuel de « dédisciplinarisation » de la géographie.

8.3 La crise comme opportunité : les ressources de la géographie scolaire sud-coréenne

Même si pour l'instant, l'équilibre des forces est défavorable à ceux qui cherchent à restaurer le statut disciplinaire de la géographie scolaire, ils peuvent faire valoir des qualités intrinsèques qui sont autant d'arguments au service de cette refondation. Nous en présentons trois : sa capacité de renouvellement de ses contenus en relation avec l'activité scientifique en géographie, la récente amélioration formelle de ses manuels et la montée en exigence des activités proposées dans ces manuels à rebours de l'apprentissage par coeur qui prévaut pour cette matière.

8.3.1 La capacité de rénovation de la géographie scolaire par transformation didactique de contenus scientifiques

La capacité de rénovation scientifique de la géographie scolaire s'observe sous deux aspects : d'une part, l'intégration depuis la sphère scientifique de contenus de nature à former le regard des élèves sur le monde en tant qu'il est un espace géographique ; d'autre part, la structuration à partir de concepts scientifiques d'un programme qui gagne alors en cohérence et en reconnaissance de son identité disciplinaire. Nous illustrons ces deux aspects à l'aide de manuels de géographie de lycée : le premier avec le thème « perception d'un lieu et traitement de ce lieu en conséquence » ; le second avec le programme de géographie de la Corée.

Le tableau 8.8 (a, b et c) montre les évolutions du traitement du thème « perception d'un lieu et traitement de ce lieu en conséquence » dans les éditions successives du manuel de 1996, 2003 et 2011.

Tableau n°8.8 L'évolution des contenus de géographie du lycée sur le thème de la perception des lieux : 1996-2011

a. 1996

III évolution de l'espace de vie
1, construction de l'espace de vie
1, l'emplacement des habitations, 2, la maison, 3, le développement des villages, 4, morphologie et fonctions d'un village
2, villages agricole, village de pêcheurs
1, évolution, 2, problèmes spécifiques
3, la ville
1, développement urbain, 2, morphologie et fonctions d'une ville, 3, structure interne d'une ville, 4, urbanisation et problèmes associés
4, la population
1, croissance démographique et pyramide des âges, 2, asymétrie de répartition de la population et mouvements de population, 3, les problèmes démographiques et leur quantification

b. 2003

III constitution et évolution de l'espace de vie
1, critères de perception d'un lieu et choix de l'emplacement d'une habitation
1, critères de perception d'un lieu et emplacement d'une habitation, 2, rationalité du choix d'emplacement d'une habitation, 3, critères d'emplacement des activités agricoles et industrielles et évolution de la structure spatiale des régions
2, système urbain et structure d'une ville
1, le système urbain, 2, les sous-fonctions d'une ville et sa segmentation interne, 3, problèmes urbains actuels et voies de résolution
3, constitution et évolution de l'espace de vie
1, effets du développement des transports, 2, développement des transports et modification de la nature de l'occupation des sols en région rurale, 3, changements démographiques affectant les régions rurales et urbaines et problèmes associés

C. 2011

III diversité du marquage culturel du paysage
1, le marquage culturel du paysage et sa variété régionale, 2, caractéristiques d'un paysage rural, 3, évolution du paysage rural sous l'effet de l'urbanisation, 4, la nature du paysage urbain, fonction du degré de développement
IV perception d'un lieu et traitement de ce lieu en conséquence
1, critères de perception d'un lieu , 2, effet de la perception d'un lieu sur le choix de l'emplacement des habitations, 3, facteurs de déplacement à l'échelle individuelle, 4, emplacement préférentiel des activités industrielles et de service, 5, évolution des critères de choix de ces emplacements et modification de la structuration spatiale

Sources : Bak et al., 1995 ; Heo et al., 2003 ; Yi et al., 2011.

Le thème qui en 1996, est intitulé « évolution de l'espace de vie » et qui s'organise autour des notions d'espace de vie, de village, de ville et de population (tableau 8.8) comprend un sous-thème intitulé « l'emplacement des habitations ». En 2003 ce sous-thème devient un thème à art entière, intitulé « critères de perception d'un lieu et choix de l'emplacement d'une habitation ». Ce développement est le résultat des travaux réalisés grâce à la création du domaine des études coréennes une dizaine d'années plus tôt.

Dans le manuel de 2011, le même thème devient un grand thème,dont l'intitulé se modifie et s'élargit en intégrant le « traitement de ce lieu en conséquence », les contenus associés au village et à la ville dans l'édition de 2003 étant rapportés à un grand thème : « diversité du marquage culturel du paysage ». Les contenus développés dans le grand thème « perception d'un lieu et traitement de ce lieu en conséquence » sont sensiblement différents de l'édition précédente : le thème « critères de déplacement à l'échelle individuelle » est consacré à la time-geography du géographie suédois Torsten Hägerstrand, tandis que les modalités de localisation des habitations et des activités sont évoquées selon une perspective d'évolution et non plus en séparant en thèmes distincts, des contenus de Pung Su et les logiques de spatialisation contemporaine. C'est ce que traite le thème « évolution des critères de choix de ces emplacements et modification de la structuration spatiale ».

> Plusieurs critères interviennent dans l'évaluation d'un site pour déterminer dans quelle mesure il convient à l'habitation.
> Nos ancêtres ont très tôt tenté, en vue de choisir l'emplacement de leurs habitations, d'acquérir une perception du territoire en cohérence avec leur conception globale du monde ; cette perception particulière du territoire, prenant en compte à la fois le relief, la direction préférentielle des vents et le tracé des cours d'eau, porte le nom de « Pung-Su » (feng shui). La place accordée autrefois à l'environnement physique dans le choix de domicile s'explique par le fait que son rôle dans la vie quotidienne n'était contrebalancé par rien d'autre, l'agriculture représentant alors l'essentiel de l'activité économique.
> Aujourd'hui, le progrès technique aidant, ces contraintes traditionnelles, artificielles, n'interviennent plus dans le choix de l'emplacement des habitations : entrent seulement en ligne de compte, à l'image de ce qui se passe en Occident, des éléments tels que le niveau de revenus et le prix du terrain, mais aussi la configuration des infrastructures des transports ou encore l'emplacement des sites de production industrielle (Yi et al., 2011, p.124).

Par ailleurs, les contenus de géographie de la Corée se sont restructurés selon deux axes, celui de la géographie physique et celui de géographie humaine, dans un cadre global qui est celui de la géographie générale, à l'exception des grands thèmes six et sept, conçus sous l'angle de la géographie régionale. L'innovation principale est la structuration de l'ensemble autour du concept de territoire, lequel permet de traiter la nation coréenne dans sa dimension spatiale (dont le thème de la réunification et la valorisation de l'appropriation des îlots Dokdo) et d'intégrer l'ensemble des apports de géographie environnementale ainsi que de géographie économique et humaine selon une perspective d'aménagement envisagé en relation avec le concept politique de développement durable. L'articulation des deux versants de la géographie est plus précisément opérée avec les concepts de ressource, de patrimoine ainsi qu'avec la géographie des risques. Il est à noter que dans le contexte coréen, le concept de patrimoine est davantage centré sur les formes immatérielles (rituels chamaniques), voire des personnes que sur de formes matérielles comme en France (Gelézeau, 2011).

L'identité disciplinaire de la géographie est ainsi clairement posée, dans un rapport étroit avec la discipline scientifique à laquelle elle emprunte le concept intégrateur de territoire.

Tableau n°8.9 Les contenus actuels de géographie de la Corée au lycée

La géographie de la Corée au lycée (programme de 2009)
I Le territoire national à l'heure de la mondialisation
1, le concept de territoire et son importance en Corée, 2, place de notre pays dans le monde, 3, l'importance de la concertation en Asie du Nord-Est, en vue d'une réunification acceptée, 4, les îlots Dokdo, une terre coréenne / la région de Kando, un lieu de vie de la nation coréenne
II Topographie et écosystème
1, mode de formation des reliefs de la péninsule coréenne et caractéristiques de la topographie montagneuse, 2, caractéristiques de la topographie des bassins fluviaux, 3, origine et caractéristiques de la topographie côtière, 4, le « paysage topographique » comme patrimoine naturel et ressource touristique
III Changement climatique
1, caractéristiques climatiques et vie quotidienne, 2, changement climatique 3, impact de l'action humaine sur un écosystème, 4, catastrophe naturelle
IV Habitat et lieux de loisir
1, formation et évolution d'un village traditionnel, 2, système urbain, 3, segmentation interne d'une ville et occupation du terrain, 4, rénovation urbaine, 5, formation et évolution d'une agglomération, 6, espace du loisir d'une ville et d'un village types
V Dimension spatiale de la production et de la consommation
1, notion de ressource ; répartition des ressources 2, structure agraire et évolution, 3, développement industriel et déplacement des implantations industrielles, 4, évolution de l'espace dédié aux activités commerciales et à la consommation, 5, société de l'information et développement des activités de service
VI Connaître les différentes régions de notre pays (1)
1, le concept de région et l'étude des régions, 2, l'environnement naturel de la Corée du Nord, 3, l'ouverture partielle de la Corée du Nord et la préparation à la réunification
VII Connaître les différentes régions de notre pays (2)

La géographie de la Corée au lycée (programme de 2009)
1, structure et caractéristiques de la région-capitale (agglomération de Séoul), 2, rôle des infrastructures de transport dans le développement de la région de Chungcheong , 3, contrastes entre Est et Ouest de la péninsule ; évolution des activités industrielles 4, patrimoine culturel de la région de Honam et évolution des activités industrielles, 5, la région industrielle de Yeongnam et le développement urbain associé, 6, l'île de Jeju, site touristique majeur
VIII Corée du Sud et développement durable
1, faiblesse de la fécondité et vieillissement de la population, 2, croissance numérique de la présence étrangère et diversification culturelle, 3, aménagement du territoire à l'échelle régionale et développement équilibré du territoire, 4, le développement durable comme mode possible d'aménagement de notre territoire

Source : Ki et al, 2013 (à paraître).

8.3.2 L'amélioration formelle des manuels de géographie

Le ministère sud-coréen de l'éducation a annoncé un projet de révision des manuels scolaires le 13 juillet 2009, abandonnant la responsabilité de la fixation du prix des manuels aux éditeurs. Alors que la qualité des manuels était confinée dans des standards médiocres conditionnés par la faiblesse du budget alloué à la production des manuels, les éditeurs, en décidant librement du niveau des prix, ont aussi produit une amélioration sensible des manuels, notamment de la présentation des contenus. De fait la mise en oeuvre du projet d'amélioration des manuels a débuté en 2011 (tableau 8.10).

Tableau n°8.10 Le projet d'amélioration des manuels

Année scolaire	Niveau et matière pour lesquels un changement de manuel est prévu
2011	deux premières années de lycée (matières optionnelles seulement)
2013	1re et 2ème années de primaire (toutes matières)
2014	3ème et 4ème années de primaire (toutes matières)
2015	5ème et 6ème années de primaire et 1re année de collège (toutes matières)
2016	2ème année de collège et 1re année de lycée (toutes matières)
2017	3ème année de collège (toutes matières)

Source : Ministère sud-coréen de l'éducation.

Du départ de l'occupant japonais jusqu'au milieu des années

1990, les manuels scolaires sud-coréens sont calqués sur leurs homologues japonais pour ce qui est du format (148 sur 210 mm) mais aussi quant au mode de présentation et d'organisation des contenus. Puis, au tournant du 21ème siècle, on emploie en Corée du Sud des manuels au format 188 sur 257mm. Le format est maintenant variable selon l'éditeur (en général 210 sur 270 ou 230 sur 290 mm). On peut penser que les éditeurs sud-coréens ont pris modèle sur les manuels français et anglais, donnant ainsi au « projet de l'amélioration des manuels scolaires » une application concrète et permettant surtout un emploi différent des documents (Figure 8.4).

Figure n°8.4 Evolution du format des manuels

Un manuel publié en 1995 (150×210 mm) Un manuel publié en 2009 (190×260 mm)

Source : Bak, et al., 1995 ; Jo, Hwa-Lyong et al., 2009.

Les types de documents insérés dans les manuels ont eux aussi changé. Jusque dans les années 1990, se trouvaient disséminés de petits clichés en noir et blanc, en faible quantité (figure 8.5). A partir des années 2000, on trouve des clichés en couleurs en grand nombre, fréquemment en grand format (figure 8.6). Une comparaison de l'emploi des documents dans deux manuels comparables montre, pour un même sujet, un écart important (tableau 8.11).

Figure n°8.5 Une double page type de manuel dans les années 1990

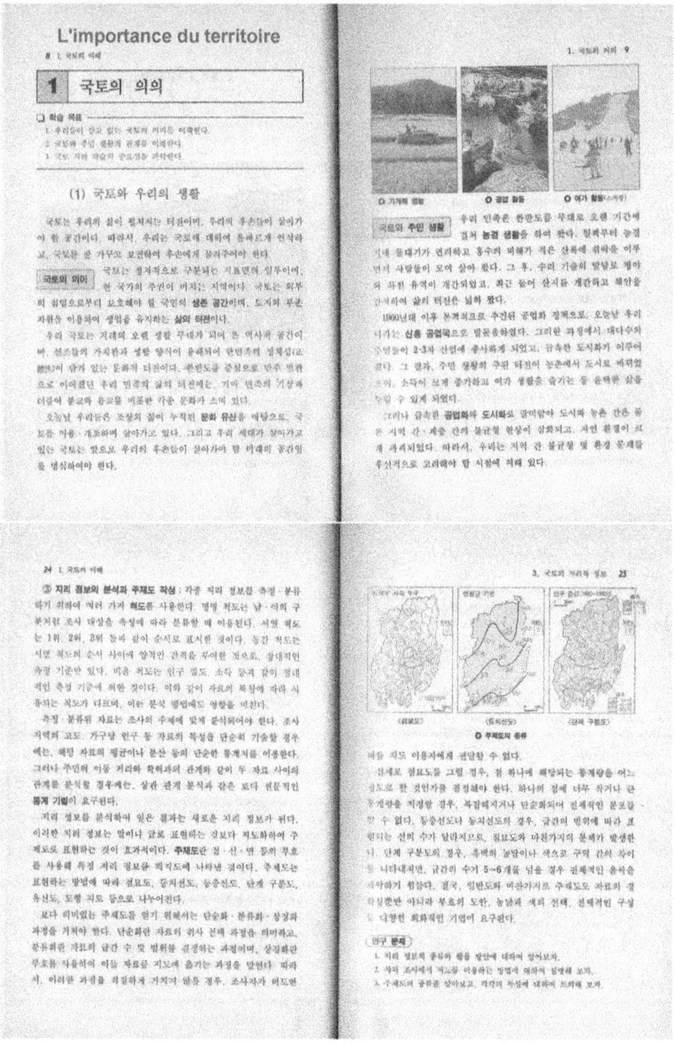

Source : Bak et al, 1995, p. 8-9 et p. 24-25.

Traduction des consignes :

1. Relevez les informations géographiques et d'utilisation du plan.
2. Expliquez comment peut-on utiliser la carte sur le terrain.
3. Pour chaque carte, déterminer son type et approfondir ses caractéristiques.

Figure n°8.6 Une double page type de manuel à la fin des années 2000

Source : Jo, et al., 2009, p. 24-25.
Traduction des questions

1. Quelle est la stratégie de développement économique associée à la situation particulière de notre pays ?
2. En quoi la situation de notre pays, au centre de la circulation de marchandises en Asie du Nord-est, est-elle bénéfique ?

Tableau n°8.11 Evolution des types de documents dans les manuels

Critère de comparaison	Manuel de 1995	Manuel de 2009
Pages concernées	p. 7-30.	p. 10-30.
Nombre de photos	4	18
Nombre de cartes	9	9
Nombre de figures (illustrations, diagrammes, etc.)	2	12
Nombre de tableaux statistiques	0	7
Nombre d'images satellitales ou photographies aériennes	1	7

Source : Bak et al., 1995 ; Jo, et al., 2009, tableau réalisé par Saangkyun Yi.

Outre les changements de nature (diversification des points de vue sur la surface de la terre, apparence de scientificité) et de qualité (couleur, taille, mise en page) des documents, lesquels induisent une nouvelle identification de la géographie, l'organisation du texte prend une orientation nouvelle. Alors que les années 1990 voient perdurer le modèle de la leçon magistrale (texte long suivi de quelques questions qui permettent de vérifier la compréhension du texte), est ensuite inaugurer un modèle à texte dédoublé répondant d'un côté à une logique de programmation (texte de leçon) et de l'autre, à une logique de progression (activités proposées) comme le montrent les documents

8.3.3 Des apprentissages géographiques de plus grande valeur proposés dans les manuels actuels

La légitimité de la géographie doit se conquérir aussi sur le terrain des apprentissages (valeur éducative et formatrice de l'enseignement). Dans ce domaine, les évolutions permises par les manuels sont intéressantes. Le nouveau mode d'organisation des contenus explicite l'orientation donnée aux leçons.

En géographie de la Corée, les contenus sont structurés par thèmes, selon trois niveaux (appelés ici « grands thèmes », « thèmes » et « sous-thèmes ») comme l'indique le tableau 8.12.

Tableau n°8.12 Mode de développement des contenus de « géographie de la Corée »

Géographie de la Corée	
Grand thème 1, (introduit par deux grandsclichés photo sur une double page de présentation)	
Thème 1, (finalités)	
Sous-thème 1, (finalités)	
Activités d'ouverture	Proposition d'une problématique Présentation des documents (images et textes)
Activités d'investigation	Présentation des documents (images et textes) Activités (analyse de document)
Activités d'approfondissement	Présentation des documents (images et textes) Activité des élèves (discussions et exposés oraux à partir de questions)
(paragraphes 2, 3, ...)	
(chapitre 2, 3 ...)	
Clôture du grand-thème (résumé et questions)	

Source : tableau réalisé par Saangkyun Yi, à partir de : Ki, et al., 2013.

Chaque « grand thème » débute par une double page de présentation (deux grands clichés photographiques, sur le modèle français). Au niveau inférieur, c'est à dire à l'échelle du thème, il est procédé à une présentation de l'ensemble, puis de chacun des sous-thèmes, successivement. Chaque thème (et de même pour chaque sous-thème) s'ouvre sur l'expression explicite d'une finalité. Des activités (activités d'ouverture, d'investigation et d'approfondissement) rythment chaque séquence. Chaque activité d'ouverture a pour objet de délivrer une problématique, à partir de laquelle les activités des élèves vont prendre sens : on peut dès lors leur soumettre une série de documents ayant trait au sujet étudié. Les activités d'investigation commencent par une présentation des documents, puis on propose aux élèves une série de questions, qui sont autant de jalons pour guider leur analyse. Les activités d'approfondissement commencent elles-aussi par une présentation des documents. Mais les élèves achèvent leurs activités par un moment d'exposés et de discussions. En clôture de chaque séquence, un résumé, suivi de questions, est systématiquement proposé.

En géographie du monde (tableau 8.13), chaque séquence est rythmée par trois étapes : leçon, activités d'investigation, et étude de cas (réinvestissement des acquis).

Tableau n°8.13 Mode de développement des contenus de géographie du monde

Géographie du monde	
Grand thème 1, deux grandsdocuments iconographiques (sur une double page complète)	
Thème 1, (proposition d'une problématique)	
Sous-thème 1, (finalités)	
« Leçon »	Texte pur (exposition des concepts et définitions)
Activités d'investigation	Présentation des documents Activités des élèves (questions pour l'analyse des documents)
Etude de cas	Présentation des documents Activités des élèves (discussion à partir de questions)
(chapitre 2, 3 ...)	
Clôture du grand-thème (par une série de questions)	

Source : tableau réalisé par Saangkyun Yi, à partir de : Kwon, et al., 2012.

Nous illustrons ces principes avec la reproduction de quelques pages de manuels (figures 8.7 et 8.8).

Figure n°8.7 Le mode de développement des contenus dans un manuel de géographie de la Corée (1)

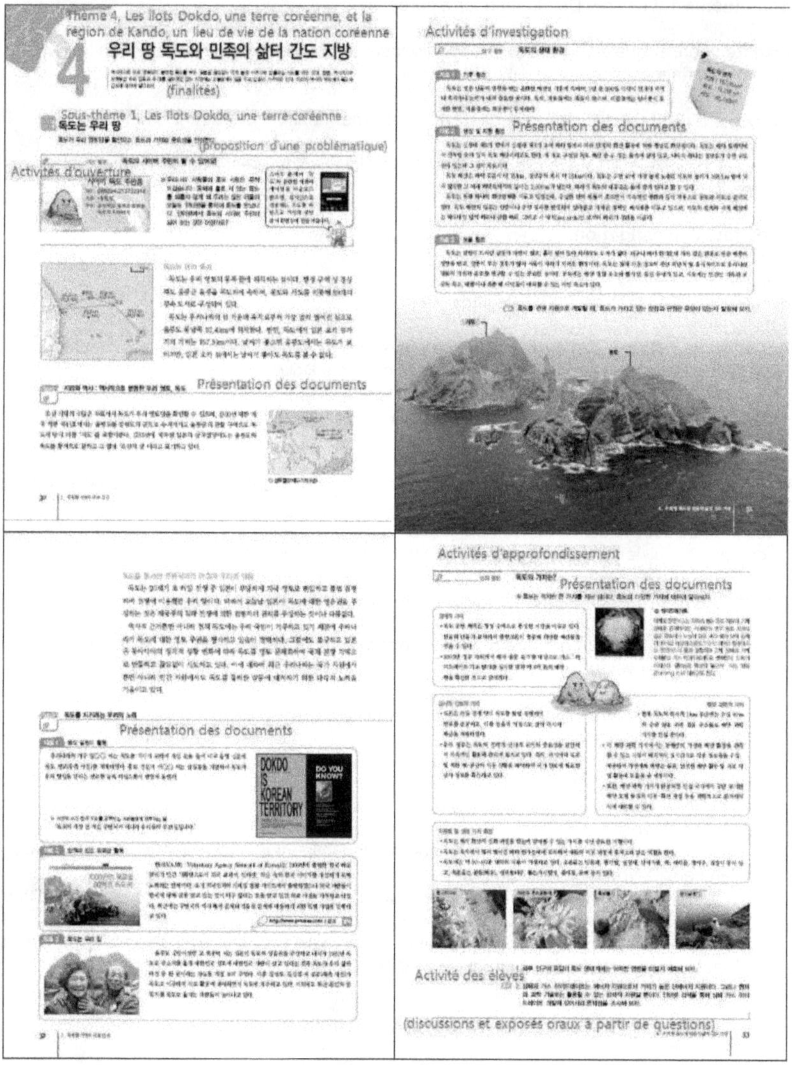

Source : Ki et al., 2013, pp.30-33.

Traduction :
Théme 4, Les îlots Dokdo, une terre coréenne, et la région de Kando, un lieu de vie de la nation coréenne

Finalité : Le Japon essaie de faire des îlots Dokdo un point chaud entre la Corée et le Japon, alors qu'historiquement ces îlots appartiennent évidemment à la Corée. Aujourd'hui, dans une région de Kando, qui était historiquement un lieu de vie de la nation coréenne, un grand nombre de personnes coréennes habitent. Nous allons nous informer sur la région de Kando et les îlots Dokdo dans une perspective géographique et historique.

Sous-thème 1, Les îlots Dokdo, une terre coréenne

Finalité : vérifier que les îlots Dokdo appartiennent à notre territoire, et reconnaître leur valeur et leur importance

Activités d'ouverture : vous pouvez devenir un cyber-habitant des îlots Dokdo !
1. la localisation des îlots Dokdo : carte
2. la géographie et l'histoire des îlots Dokdo : les îlots Dokdo, c'est évidemment et historiquement notre territoire ; document et carte

Activités d'investigation
document 1 : l'environnement climatique
document 2 : l'environnement topographique
document 3 : l'environnement biologique

Activités des élèves : si on fait valoir ces îlots Dokdo comme des ressources touristiques, expliquez quels sont des mérites et les défauts des îlots Dokdo.

Texte : le conflit territorial avec un voisin au sujet des îlots Dokdo, et notre réaction (mesurée)

Présentation des documents : notre effort pour défendre les îlots Dokdo
Document 1 : l'histoire d'un chanteur coréen qui a fait de la publicité aux îlots Dokdo sur un journal américain
Document 2 : activité diplomatique non gouvernementale ; Voluntary Agency Network of Korea
Document 3 : l'histoire d'une famille qui habite sur les îlots Dokdo

Activités d'approfondissement : quelle est la valeur des îlots Dokdo ?

Finalité : les îlots Dokdo ont une grande valeur alors qu'elles sont petites. Renseignez-vous sur les différentes valeurs des îlots Dokdo.

1. texte : valeur économique
2. texte : valeur militaire
3. texte : valeur scientifique océanographique
4. texte : valeur biologique

Activité des élèves
1. Est-ce que le débarquement sur les îlots Dokdoa influencé l'écosystème des îlots Dokdo, qu'en pensez-vous ?
2. il y a beaucoup d'hydrate de méthane, qui est une ressource énergétique future d'une grande valeur, dans les profondeurs de la mer sous les îlots Dokdo, Cependant, on ne peut pas l'exploiter immédiatement avec notre technologie acturelle. Renseignez-vous sur la difficulté d'exploitation de l'hydrate de méthane par une recherche internet.

Figure n°8.8 Le mode de développement des contenus dans un manuel de géographie de la Corée (2)

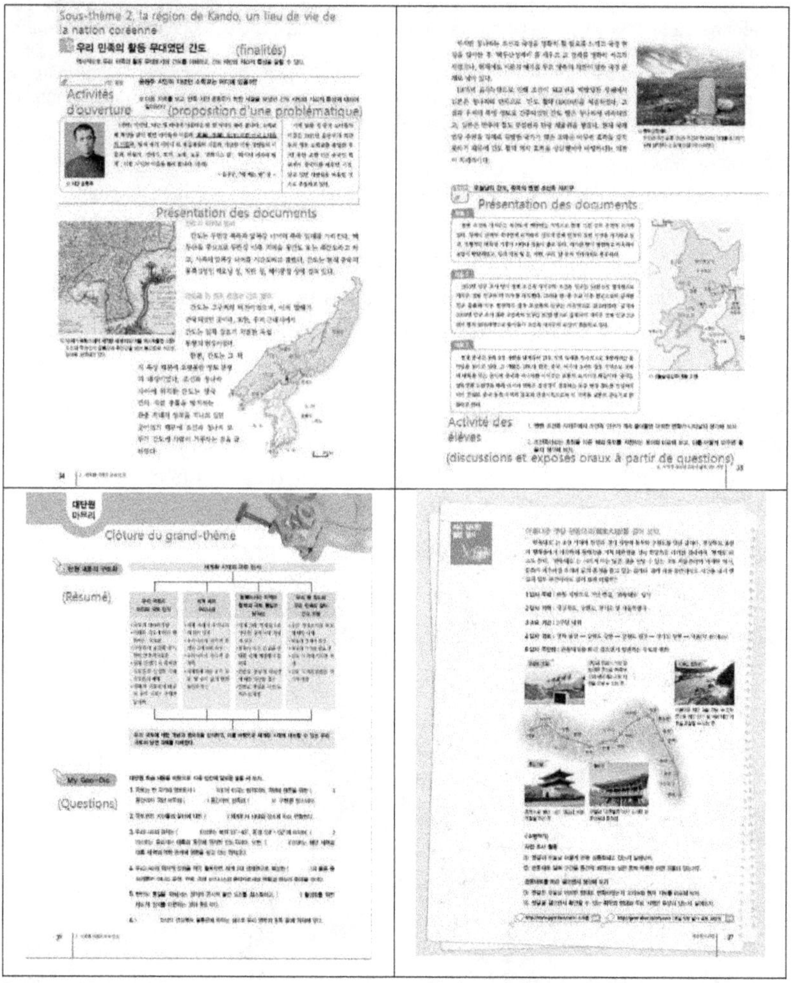

Source : Ki et al., 2013, p. 34-37.

Traduction :
Sous-thème 2, la région de Kando, un lieu de vie de la nation coréenne

Finalité : comprendre la région de Kando comme un lieu de vie du peuple coréen, et détailler les caractéristiques géographiques de celui-ci.

Activité d'ouverture : où est-ce que l'on peut trouver l'école primaire dans laquelle Dong-Ju Yun, un ancien poète coréen, a fait ses études ?
(Présentation des documents) : photos, carte, les textes etc.
(Présentation des documents) : l'explication de la localisation, du climat, de l'industrie, de la

population et la circulation du district autonome des Chinois d'origine coréenne avec les textes et la carte

Activité des élèves

1. imaginez-vous quel serait le changement du district autonome des Chinois d'origine coréenne, si la population des Chinois d'origine coréenne diminue continuellement dans le district autonome.
2. On nomme la nation coréenne comme les Chinois d'origine coréenne en Chine, mais on ne les appelle jamais comme cela ailleurs. Imaginez-vous comment peut-on changer la dénomination de la nation coréenne qui habite en Chine.

Clôture du grand-thème

Résumé / Questions / Plan pour une étude de terrain

La figure 8.9 montre une double page d'ouverture d'un « grand thème » de géographie du monde (présentation du sujet). L'éditeur a choisi d'évoquer deux temps de la mondialisation et de la communication, à travers l'image de la bouteille jetée à la mer et du satellite. Mais les images de route et d'autoroute urbaine proviennent sans doute des Etats-Unis qui demeurent pour la plupart des géographes coréens et auteurs (enseignants) des manuels de géographie, le pôle de référence de la science.

Figure n°8.9 Une double page d'ouverture d'un« grand thème »de manuel de géographie du monde

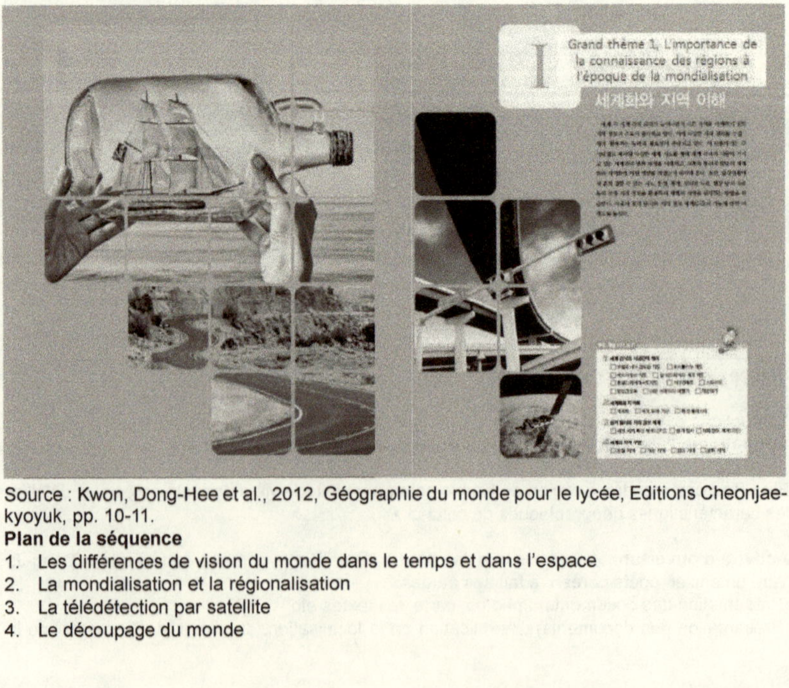

Source : Kwon, Dong-Hee et al., 2012, Géographie du monde pour le lycée, Editions Cheonjae-kyoyuk, pp. 10-11.

Plan de la séquence

1. Les différences de vision du monde dans le temps et dans l'espace
2. La mondialisation et la régionalisation
3. La télédétection par satellite
4. Le découpage du monde

Conclusion

La géographie scolaire sud-coréenne est indiscutablement en crise, au sens où elle est déstabilisée depuis l'occupation japonaise qui avait mis fin à une brève existence disciplinaire et nationale. Cette longue déstabilisation n'a pas permis de construire la dimension verticale caractéristique d'une discipline, celle par laquelle les liens entre les degrés primaire, secondaire et supérieure lui donnent une assise et une légitimité sociale et scolaire. L'impossibilité de voir une communauté de géographes naître en Corée sous domination japonaise a laissé place après la libération à un rattrapage qui s'est effectué cependant très progressivement souvent à l'étranger, tandis que les Etats-Unis amenaient avec eux le modèle des social studies soutenus par des spécialistes américains et coréens déjà formés aux Etats-Unis. La dimension « horizontale » de la discipline, celle par laquelle des traits de cohérence se dessinent entre finalités, contenus, exercices et modalités d'évaluation autour d'une identité disciplinaire clairement établie, n'a pu, en relation avec cette verticalité manquante, se constituer. Les finalités de la géographie scolaire sont définies par des nonspécialistes de géographie. Historiquement, dans le contexte de la modernisation du pays et de la massification de son enseignement, ce ne sont pas d'abord des géographes de formation qui ont enseigné la géographie, mais des enseignants de social studies. La tendance actuelle (qui est une tendance mondiale), à la hiérarchisation des matières, entre celles dites de base qui servent à l'évaluation internationale des systèmes éducatifs et les matières secondaires ou optionnelles, est défavorable aux matières les plus affaiblies, les moins structurées.

La géographie en pâtit, tandis qu'à la situation géopolitique tendue, les gouvernements réagissent en promouvant l'histoire jugée mieux à même de réagir aux discours officiels des régimes communistes voisins et japonais, sur l'Asie du Nord-Est et son histoire, plurimillénaire comme contemporaine.

Mais le contexte actuel est aussi un contexte d'opportunités. Sous l'effet des évolutions scientifiques, la géographie scolaire a gagné en cohérence conceptuelle et la libéralisation de la fabrication des manuels scolaires est susceptible de rehausser le niveau des apprentissages géographiques, même si la formation initiale des professeurs est encore très déficitaire en géographie et en didactique de la géographie. C'est dans cette perspective de saisir l'opportunité d'une adéquation entre d'un côté, un contexte qui exige des citoyens informés et responsabilisés face aux questions territoriales nationales, régionales et mondiales sous leurs différents aspects culturels, géopolitiques et environnementaux, et d'autre part la matrice intellectuelle de la discipline (au moins dans son versant universitaire et celui de nouveaux manuels), que nous esquissons dans notre conclusion un programme pour une sortie de crise.

CONCLUSION GÉNÉRALE

Quel modèle curriculaire pour la géographie scolaire sud- coréenne ?

La brève émergence de la géographie scolaire coréenne comme celle durable de la géographie scolaire française sont contemporaines, non seulement parce qu'elles ont lieu à la même période (fin XIXème siècle), mais parce qu'elles sont parties prenantes du même mouvement de construction d'un espace mondial. La « course au drapeau » et les réactions qu'elle suscite constituent un moment de la mondialisation que caractérise entre autres la diffusion de la géographie scolaire. Ce n'est pas seulement en Europe que « l'école primaire [à travers la géographie] exalte ces différentes manifestations de « grandeur » nationale » (Grataloup, 2009, p.162), mais aussi à l'autre extrémité de l'Eurasie, dans un Japon expansionniste et une Corée exposée à cet expansionnisme. Mais dès la fin de la Première Guerre mondiale, des pédagogues américains pensent que la géographie et l'histoire sont porteuses d'éléments incitant au nationalisme, d'où la création d'une nouvelle discipline, l'étude sociale, avec pour horizon l'espoir de contribuer au maintien de la paix dans le monde. Peu après la Seconde Guerre mondiale, des pays tels la Corée du Sud et le Japon, intègrent l'étude sociale sous l'influence -ou la pression- américaine.

Aujourd'hui la géographie scolaire sud-coréenne occupe une place dérisoire dans le programme national, alors que la Corée dans son ensemble se situe sur une ligne de fracture, au contact direct de deux puissances économiques non dénuées d'ambition régionale (Chine et Japon), sous l'influence croisée des deux anciennes superpuissances (Etats-Unis et Russie) et représente à ce titre un « point chaud » du globe.

Dans le contexte de crise de la géographie scolaire sud-coréenne que nous avons décrit au chapitre 8, il paraît souhaitable de proposer une géographie scolaire alternative aux contenus actuellement enseignés dans l'étude sociale. Aussi, apportons-nous avec cette conclusion une contribution qui s'appuie sur des cas de pays étrangers, tout particulièrement la Suède où la géographie a été réintroduite après une phase d'expérimentation de l'étude sociale. En contrepoint, nous rappellerons que le Japon a lui aussi réintroduit récemment de la géographie au lycée. Puis nous resituons ces deux cas de concurrence entre étude sociale et géographie (ainsi qu'histoire et éducation civique) par rapport à trois modèles de référence (les modèles français, anglais et états-unien) de manière à adosser notre proposition finale à l'expression claire de finalités éducatives, combinant formation intellectuelle, sociale et civique.

De l'étude sociale à la réintroduction de la géographie à l'école : la Suède et le Japon

Le cas Suèdois : de l'étude sociale à la réintroduction de la géographie en 1991

Si la Corée du Sud et le Japon voient le domaine de l'étude sociale s'installer sous l'influence directe des Etats-Unis, le cas de la Suède est différent puisque c'est sans pression extérieure qu'elle choisit cette structure de contenus dans le cadre d'une réforme de modernisation du système éducatif. La géographie figure dans les programmes scolaires suédois comme une des principales disciplines du programme jusqu'au milieu des années 1960, avant que le programme tout entier soit restructuré sur la base d'une différenciation étude sociale (samhällskunskap) / sciences (naturkunskap). Ce partage fait disparaître la géographie scolaire, dont les contenus s'étendaient sur le futur domaine de l'étude sociale (pour ce qui relève de la géographie humaine) et des sciences (pour ce qui est de la géographie physique et environnementale). Ce changement s'inscrit dans une réforme d'ensemble du système éducatif, perçue comme nécessaire dès les années 1950 dans la perspective de sa démocratisation.

Figure n°1 Importation de l'étude sociale et évolution du statut de la géographie dans les lycées Suédois

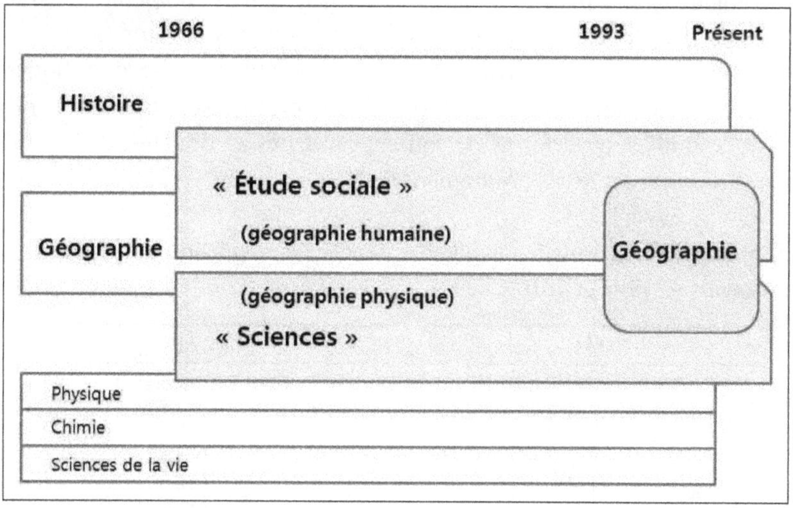

Source : Murayama, 1995, p. 67

La géographie fait partie intégrante des programmes scolaires suédois depuis 1741. Jusqu'aux années 1950, l'organisation des contenus de géographie repose sur les catégories de la géographie physique, et s'inscrit dans le cadre global de la géographie régionale: cette géographie scolaire ne permet donc pas de faire appréhender les problèmes sociaux contemporains. Le fait qu'au même moment, on observe en Suède d'une part l'apparition de critiques quant à l'utilité véritable de cette discipline, et d'autre part un développement rapide de la recherche en sciences sociales (politique, économie, etc.) -impliquant la volonté d'en diffuser les résultats dans les lycées - explique l'introduction du domaine de l'étude sociale dans les lycées pour structurer les contenus de sciences sociales et la disparition en conséquence de la géographie scolaire.

Au moment où la géographie disparaît en tant que discipline scolaire, géographie humaine et géographie physique sont déjà structurées en départements universitaires distincts. D'où l'absence de réaction des géographes face à la disparition de la géographie (la situation dans les lycées –distinction géographie humaine/géographie physique- ne faisant que prolonger celle qui a déjà cours dans les universités). Durant les années 1950 et 1960, la recherche suédoise en sciences sociales est reconnue à un niveau mondial, notamment dans le domaine géographique. Mais les changements scientifiques n'ont pas de retombées dans le domaine scolaire : l'inertie de la géographie scolaire attise les critiques de géographes universitaires qui souhaitent voir les résultats de leurs travaux traduits sous la forme de contenus intégrés au domaine de l'étude sociale, ce qui est le cas notamment de Hägerstrand.[450]

Tableau n°1 L' « école fondamentale » suédoise : répartitions des enseignements en 1993 et 2010

1994			2009-2010		
Disciplines et horaires			Disciplines et horaires		
Disciplines obligatoires en commun	Suédois	**200**	Disciplines obligatoires en commun	Suédois	200
	Anglais	150		Anglais	100
	Civics	**300**		Civics	100
	Religion	60		Religion	50
	Maths	200		Maths	100
	Sciences	100		Sciences	50
	Education physique	130		Education physique	100
	Arts	30		Arts	50
Disciplines obligatoire dans le domaine des sciences sociales	Histoire	190	Disciplines obligatoires par chaque section		1,450
	Philosophie	40			
	Psychologie	40			
	Géographie	140			
	2ème langue étrangère	190			
Disciplines optionnelles		410	Disciplines optionnelles		
Au total		2,180	Au total		

Source : European Commission, 2010, p. 16-17 ; Tomoko, 1996, p. 5.
Les volumes horaires indiqués correspondent à la totalité d'une scolarité en école fondamentale, soit les 9 premières années d'enseignement, avant le lycée.

---

450 Torsten Hägerstrand (1916-2004), géographe mondialement connu pour ses travaux sur les migrations, les phénomènes de diffusion et la time-geography, mécontent de la situation de la géographie scolaire avait accueilli avec enthousiasme l'intégration de la géographie soit compris dans le domaine d'étude sociale (Tomoko, op. cit., p.70-72).

Il est intéressant de comprendre comment cette réintroduction disciplinaire a pu avoir lieu. Tout d'abord, suite à la réforme de 1966, on constate que la formation des enseignants d'étude sociale pose problème ; que les différents sous-ensembles de l'étude sociale apparaissent sans liens les uns avec les autres. Les éléments de géographie ne sont alors guère enseignés dans les facultés suédoises de pédagogie, où la plupart des enseignants d'étude sociale ne sont pas géographes, ni didacticiens de la géographie. Par ailleurs, les enseignants d'étude sociale eux-mêmes montrent une connaissance approximative des contenus de géographie d'une part et un faible intérêt vis-à-vis des résultats récents de la recherche en géographie d'autre part, si bien que la géographie semble s'être effacée du paysage éducatif suédois, à la fois concrètement et statutairement.[451] Ces mêmes résultats produits par la recherche des géographes suédois vont par contre représenter un matériau précieux lors du retour de la géographie scolaire en 1994. Les innovations quantitatives des années 1950-1960 se sont ensuite diversifiées vers la géographie sociale, la géographie radicale, la géographie comportementale et bien sûr la time-geography. Ces travaux relaient les préoccupations politiques et sociales autour de l'environnement, des problèmes démographiques, des migrations et de l'économie mondiale, dont il est souhaité que le système éducatif national les traite, qui plus est dans un domaine qui ne scinde pas sciences sociales et sciences physiques et environnementales.

Le retour de la géographie au lycée est aussi le résultat d'une campagne de mobilisation d'acteurs du domaine (associations, didacticiens, professeurs d'universités). Cette mobilisation touche le grand public par l'organisation de débats concernant la sensibilisation scolaire à la protection de l'environnement ou à la mondialisation, diffusés dans le cadre d'émissions de télévision ou de radio. Elle touche aussi de façon plus ciblée les responsables régionaux de l'administration de l'éducation. Le retour de la géographie scolaire en tant que discipline indépendante dans le programme national est acté dès 1991 : la géographie scolaire est alors considérée comme une discipline susceptible de répondre à l'exigence nouvelle de formation aux questions environnementales, ainsi qu'à la mondialisation. Quatre éléments contribuent donc à la réintroduction de la géographie scolaire dans les lycées suédois:

451 Murayama, op. cit., p. 69-70.

- la vulgarisation des résultats de la recherche géographique fait que le grand public perçoit positivement le domaine géographique en général en Suède (réciproquement, la géographie réagit très rapidement à la demande sociale de changement de politique éducative, notamment par le développement des thèmes de la protection de l'environnement et de la mondialisation) ;

- la géographie scolaire bénéficie de l'appui de plusieurs personnalités dans l'administration et d'une perception globalement favorable au Parlement, suite à la campagne de mobilisation de 1990 ;
- en Suède plus qu'ailleurs, est perçu un lien étroit entre géographie scolaire et éducation à l'environnement[452] : on considère alors que l'enseignement de la géographie peut réellement contribuer à la résolution de problèmes environnementaux ;
- les acteurs suédois du domaine géographique font l'effort d'une vulgarisation médiatique qui suscite un intérêt de la part du grand public.

Signalons que l'apparition d'une importante demande émanant des lycées pour le recrutement d'enseignants spécialistes de géographie, a eu pour effet d'aménager les programmes de certaines universités. A l'université de Göteborg par exemple, où depuis 1961, cohabitaient un département de géographie humaine et un département de géographie physique, un programme est créé en 1994 à l'intention des futurs enseignants de géographie afin de leur permettre de bénéficier des cours des deux départements. La réapparition de la géographie scolaire au lycée a entraîné une hausse du nombre d'entrants dans les départements de géographie des universités.

452 En Corée du Sud, une discussion sur l'enseignement scolaire de l'environnement s'est déroulée au début des années 1990.Les spécialistes de l'environnement de plusieurs domaines (agronomes, biologistes etc.) se sont associés à quelques géographes pour créer la *Revue de l'enseignement géographique et environnemental.*

Le cas japonais : le retour partiel de la géographie-histoire dans les lycées depuis 1987

L'adoption d'un système éducatif sur le modèle occidental est proclamée dès 1872 au Japon ; deux premiers départements de géographie sont créés au sein des universités de Kyoto et de Tokyo, respectivement par Ogawa Taguchi en 1907 et par Yamazaki Naomasa, en 1911, tous deux élèves de Koto Bunjiro (小藤文次郎), premier géologue japonais. Les concepts des géographies française et allemande atteignent le Japon : les manuels de géographie japonais de la première moitié du XXème siècle portent déjà la marque des concepts de la géographie française (chapitre 2, section 2.2). La géographie fait partie de la discipline scolaire géographie-histoire au primaire comme au secondaire. Après 1945, le Japon se voit contraint d'importer l'étude sociale des Etats-Unis : la discipline « géographie-histoire » y est alors intégrée. Cependant, à la différence de la Corée du Sud, en 1987, le Japon réforme ses programmes de lycée, supprimant l'étude sociale et restaurant la géographie-histoire ainsi que l'étude civique. L'étude sociale est maintenue dans les programmes pour l'école primaire et pour le collège.

Pour l'école élémentaire et le collège, les contenus d'étude sociale japonais actuels pour le primaire et le collège sont organisés comme en Corée du Sud, c'est-à-dire subdivisés en trois sous-domaines (géographie, histoire et étude sociale générale). Pour le primaire, l'étude sociale du primaire est structurée selon trois axes : la vie quotidienne dans les différentes régions, les images du territoire, l'histoire et les traditions du Japon. Au collège ils sont abordés bloc par bloc, en distinguant la géographie (à laquelle se réduit l'étude sociale en première année), l'histoire (2ème année) et l'éducation civique (3ème année).

Au lycée, la place accordée à l'enseignement de l'histoire est plus importante que celle dédiée à l'enseignement de la géographie, puisque les élèves ont au choix deux matières, l'une parmi en histoire du monde, l'autre en géographie ou en histoire du Japon, tandis que l'éducation civique leur laisse le choix entre la société contemporaine, la morale et l'économie.

Cet abandon de l'étude sociale dans les lycées japonais et la restauration de la géographie-histoire dans le programme national en 1987 a suscité l'inquiétude de pédagogues japonais pour lesquels ce changement manifeste l'intention de restaurer l'idéologie nationaliste qui prévalait au moment de l'impérialisme japonais en Asie (Horio, 1989, p. 118-119). Ces manifestations d'inquiétude donnent à penser que dans un contexte de conflits territoriaux avec ses voisins, l'Etat japonais exploite la géographie et l'histoire scolaires, en vue de restaurer, éducation civique à l'appui (morale), un esprit militariste qui était de mise avant la Seconde Guerre mondiale en même temps que « la fidélité au Roi et l'amour de la patrie (충군애국 ; 忠君愛國)[453] ».

Histoire-géographie, éducation citoyenne et étude sociale : des modèles imprégnés de conception de la vie citoyenne

Les cas suédois et japonais d'oscillation entre étude sociale et histoire/géographie montrent que les modèles existants d'articulation des contenus d'enseignement correspondent à des conceptions et à des pratiques de la citoyenneté inséparables d'un contexte social d'émergence lui-même en évolution dans un cadre général global et régional. Trois modèles sont rappelés : l'histoire-géographie telle qu'elle s'institutionnalise à la fin du XIXème siècle en France, et dont le Japon a été proche, l'étude sociale d'origine états-unienne et l'éducation à la citoyenneté (intégrant des éléments de géographie et d'histoire) en Grande-Bretagne, dont la Suède actuelle semble proche.

L'histoire-géographie et le sentiment national

L'histoire et la géographie ont été et sont encore d'importants outils de construction du sentiment national à l'Ecole. Le regard national porté sur le monde par ces disciplines vise à créer une identité, un sentiment d'appartenance à une nation, en surmontant des facteurs d'hétérogénéité culturelle, linguistique, religieuse et/ou ethniques propres à un pays. Dans les cas de conflits géopolitique externes et/ou internes, histoire

453 Horio, op.cit, p. 82 et p.118-119.

et géographie scolaires sont considérées comme concourant, de façon déterminante, à éveiller ou cultiver chez les élèves un attachement à l'entité nationale ; la géographie y participant en construisant un regard partagé sur le territoire national et sur le reste du monde. Le retour de la géographie au Japon participe de cette logique, avec une tonalité particulière eu égard au passé régional de cette puissance et à la participation qui a été celle de la géographie scolaire au projet impérialiste japonais.

Mais les visions ainsi construites de la collectivité nationale et de ses rapports avec les pays voisins ainsi qu'avec les autres régions du monde sont fort diverses. En France, on sait que « *La défaite [contre la Prusse en 1870], et la valeur reconnue au modèle allemand en la matière, jouèrent un rôle fondamental dans la décision politique de rendre obligatoire cet enseignement* » (Lefort, 1998, p.147). Même si un des ressorts de la demande d'enseignement de la géographie demeure après le premier conflit mondial, l'importance des connaissances géographiques -et singulièrement cartographiques- pour vaincre militairement, il faut cependant rappeler que la géographie, discipline-clé pour la formation de citoyens patriotes en Angleterre et en France, a par la suite servi la formation de citoyens d'une autre fibre que le seul patriotisme. La finalité de développement d'une conscience nationale s'est infléchie vers la formation de citoyens relevant de plusieurs niveaux d'appartenance, de pratiques et d'expression, et capables non seulement d'adhérer à quelques idées et images simples relatives à leur nation, mais de construire et d'apporter un point de vue responsable sur des questions politiques relatives à différents niveaux, imbriqués ou articulés, du local au mondial. Bref, l'histoire- géographie, couple de disciplines scolaires consubstantiel à un projet politique de construction du sentiment national légitimé scientifiquement (seuls des spécialistes disciplinaires dans les universités peuvent valablement former, pense-t-on, des instituteurs et des professeurs du secondaire capables d'enseigner des questions géographiques auxquelles ils auront été ainsi formés) est capable de variations historiques importantes dans l'expression des finalités qu'il sert.

L'étude sociale états-unienne comme formation du citoyen

Au sortir de la Première Guerre mondiale, Royaume-Uni et Etats-Unis commencent à s'intéresser à l'éducation à la paix. Cette éducation revêt initialement une dimension chrétienne (elle repose directement sur la Bible). Si bon nombre de géographes et d'historiens anglais se font les défenseurs d'une éducation au patriotisme, d'autres s'intéressent à l'inculcation d'une forme internationalisée de perception du monde, visant à former de véritables citoyens du monde, par la géographie ; on croit alors fermement en l'efficacité de la transmission de savoirs, savoir-faire et attitudes en vue d'une résolution pacifique des conflits internationaux, grâce à l'éducation à la paix (Marsden, 2001, p. 157-164).

Aux Etats-Unis, cette éducation à la paix suscite un bel enthousiasme et la « campagne pour la paix » fait l'objet d'une forte mobilisation. Nous pouvons citer l'insistance du philosophe et pédagogue John Dewey, demandant que toute incitation au chauvinisme soit évacuée des manuels scolaires : selon lui, l'étude sociale doit servir de support de construction d'une « citoyenneté universelle » en vue d'atteindre la paix globale; géographie et histoire font donc alors figure de pierre angulaire de l'éducation à la compréhension internationale (Howlett, 1982).

L'étude sociale naît en tant que discipline scolaire aux Etats Unis en 1916, alors même qu'industrialisation, urbanisation et immigration bouleversent les Etats-Unis sur les plans politique, économique et social et qu'une réforme de l'enseignement scolaire est, en conséquence, jugée nécessaire. La commission chargée d'échafauder la nouvelle discipline scolaire (étude sociale) souhaite donner aux élèves la possibilité de devenir de bons citoyens par l'étude en premier lieu de l'histoire, volonté qui sous-tend le programme d'étude sociale jusqu'aux années 1960. La domination de l'histoire dans cette première période de l'étude sociale se situe dans la continuité de la fin du XIXeme siècle, où cette matière était la matrice d'une sorte de « discipline d'éveil ».[454]

---

454 A la charnière du XIXème et du XXème siècle, le programme de la « discipline d'éveil » dans le secondaire aux Etats-Unis était le suivant : l'histoire de l'époque ancienne (9ème année ; 3ème année au collège), l'histoire européenne du Moyen Age et l'histoire moderne (10ème année ; 1re année au lycée), l'histoire de l'Angleterre (11ème année ; 2ème année au lycée) et l'histoire des Etats-Unis (12ème année ; 3ème année au lycée), Robert Barr et al.,

Ensuite, les chercheurs en sciences sociales « prennent le contrôle » de l'étude sociale Américaine. Les sciences sociales bénéficient de fait d'une aide financière bien plus importante de la part du gouvernement que n'en reçoit le domaine historique : dès lors l'influence des historiens sur l'étude sociale va diminuer, tandis que les chercheurs en sciences sociales commencent à exploiter leurs travaux pour mettre sur pied une didactique de l'étude sociale. Aux Etats-Unis on pense alors que l'étude sociale est capable, en tant que discipline scolaire, de former des citoyens au sens complet du terme. C'est ce modèle que la Corée a emprunté en 1946.

L'éducation citoyenne par l'histoire et la géographie : le cas de l'Angleterre

En Angleterre, chaque école est traditionnellement libre de bâtir son programme propre et il faut attendre 1991 pour que soit édifié un programme au niveau national. Ce programme est la réponse à un scepticisme ambiant quant à l'efficacité de la politique éducative anglaise et une situation économique dégradée. Il s'appuie sur un noyau comprenant l'anglais, les mathématiques et les sciences, et sur un ensemble de disciplines dites fondamentales (comprenant l'histoire, la géographie, les techniques, les arts, la musique, l'éducation physique, et les langues vivantes).

Tableau n°2 Evolution des programmes en histoire, géographie et éducation civique en Angleterre

Programme en 1991		Programme en 1995		Programme en 2000	
Discipline	Niveau (Key Stage)	Discipline	Niveau (Key Stage)	Discipline	
Histoire	KS 1-4	Histoire	KS 1-3	Histoire	
Géographie	KS 1-4	Géographie	KS 1-3	Géographie	
				PSHE* / Education Civique	KS 1-2
				PSHE	KS 3-4

PSHE : Personal, Social and Health Education
Source : Cheol-Ki , 2006, p. 422.

(traduction Choe, Chung-Ok et al., 1993, p. 106).

Sous l'effet de la réforme de 2000, deux nouvelles disciplines sont introduites dans les programmes : Citizenship (Education Civique) et PSHE (Personal, Social and Health Education) (tableau 9.2). La discipline Education Civique devient une discipline obligatoire en 2002, avec des modalités propres à chaque établissement, où l'on choisit soit de l'enseigner comme un élément indépendant, soit de l'enseigner dans le cadre d'une autre discipline, par exemple, dans le cours de géographie.

Dès le début du XXème siècle, l'Association des Géographes Anglais s'était intéressée à la possibilité d'enseigner l'éducation civique (l'éducation à la citoyenneté) par le biais de la géographie. Cette association proposait déjà de concevoir la géographie scolaire comme explicitement tournée vers l'éducation civique : « former des citoyens » par la compréhension de l'interaction entre la topographie et l'activité humaine. Le tableau 3 donne un aperçu des contenus de géographie destinés à l'éducation « civique » en Angleterre : si certaines des compétences, des valeurs et des connaissances peuvent être considérées comme générales, bon nombre présentent un regard disciplinaire géographique sur les questions sociales posées, notamment autour de l'identité (concept de place), du bien-être et de la justice (inégalités spatiales).

Tableau n°3 Education civique dans le cadre de la géographie

Savoirs	Savoir-faire	Valeurs et attitudes
Idée d'interdépendance, transformation du milieu de vie, lieu et identité, diversité culturelle, antagonisme et collaboration, similitude et différence, notion de bienêtre, l'inégalité spatiale et ses enjeux, droits individuels et notion de responsabilité	Exercer un jugement critique, Exercer un jugement critique, construire son opinion, réfléchir et porter un regard introspectif, caractériser une région, mettre en oeuvre une démarche d'investigation ; lire avec un recul critique, compétence mathématique, compétence d'expression/illustration, collaborer avec ses pairs, étude collective, discussion et débat	Identité et respect de soi, valeurs de justice sociale et d'égalité, le sens – signification- des lieux (sense of place), conscience communautaire et participation, empathie, valeur/ respect de la diversité, respect de l'expérience et de l'opinion d'autrui, intérêt pour la culture et la question environnementale, intérêt et idée d'une responsabilité face aux problèmes environnementaux, préservation du paysage

Source : Cheol-Ki, 2006, p. 429.

L'Europe continentale, l'Angleterre et les Etats-Unis fournissent ainsi des repères, des « modèles », pour comprendre les enjeux liant organisation curriculaire et finalités de l'enseignement de contenus géographiques, cela en relation avec des conceptions de la citoyenneté. Le tableau 4 en donne une vue synthétique.

Tableau n°4 Présence de contenus géographiques dans les programmes nationaux et finalités de leur enseignement : trois modèles

Discipline	Histoire-Géographie	Citoyenneté dans le cadre de l'histoire et de la géographie	Etude sociale
Finalité	Développement d'une conscience territoriale nationale. Evolution vers une citoyenneté active et multiniveaux	Citizenship (for citizens of local community and of the world)	Universal citizenship (for world peace)
Contexte historique de création	Version colonialiste du libéralisme économique, impérialisme, guerre franco-prussienne	Immédiat après-guerre (Première Guerre mondiale)	Mutations économiques et sociales dans la société américaine, immédiat après-guerre (Première Guerre mondiale)
Etat(s)-source(s)	France, Angleterre, Allemagne	Angleterre	Etats-Unis
Importateurs	Japon, Chine, Russie, Corée du Nord	Canada	Corée du Sud, Japon, Singapour
Remarques	Nationalo-centrisme des programmes, degré variable suivant les périodes	La géographie contributrice à une éducation citoyenne attachée à la justice sociale, aux valeurs des lieux et au respect de la diversité	L'histoire et la géographie sont perçues comme des obstacles (idéologie nationaliste) à une bonne compréhension mutuelle dans la société américaine et vis-à-vis des autres pays et du monde

Auteur : Saangkyun Yi.

Pour un modèle de géographie scolaire alternatif en Corée du Sud

La Suède comme le Japon ont réintroduit de la géographie comme discipline scolaire, plusieurs dizaines d'années après l'avoir supprimée des programmes. La suppression comme la réintroduction s'y font dans des contextes géopolitiques et sociaux très différents, de telle sorte que la disparition partielle de l'étude sociale au Japon laisse penser, au Japon même, que des finalités nationalistes de réaffirmation de la puissance militaire (et de réappropriation territoriale d'archipels cédés en 1945) sont à l'oeuvre ; tandis qu'en Suède, cet effacement est profitable à une éducation environnementale et à une approche de la mondialisation que la géographie se propose d'assurer.

Dans le cas de la Corée du Sud, rappelons que l'ouverture du Royaume de Joseon (1876) est rapidement suivie de la fondation d'établissements scolaires « modernes », à l'initiative de missionnaires occidentaux, de telle manière que les élèves puissent s'affranchir de la vision traditionnelle du monde sino-centrique et avoir accès à des connaissances adaptées au monde tel qu'il se développe alors sous l'impulsion des Etats-Unis et de l'Europe. La période d'occupation japonaise est marquée une géographie véhiculant exclusivement le point de vue du colonisateur. La Libération voit l'étude sociale se substituer en 1946 à l'histoire et à la géographie en tant que discipline, tandis que la géographie scolaire devient un sous-domaine de cette même étude sociale. Le cadre d'inclusion actuel de la géographie scolaire sud-coréenne (c'est à dire le domaine de l'étude sociale) est présenté dans le tableau 5. La géographie enseignée en 1re année au lycée a été supprimée en tant que discipline obligatoire par la réforme de 2009. La place de l'histoire dans le programme est en parallèle renforcée, en réaction comme nous l'avons dit à un contexte marqué de conflits territoriaux.

Tableau n°5 Structure du domaine de l'étude sociale dans l'enseignement secondaire sud-coréen

Niveau scolaire	disci-plines	Année scolaire	
	-	1re année	2ème année
Collège	Société	La géographie / l'étude sociale générale	-
	Histoire	-	L'histoire de Corée / l'histoire du monde

Niveau scolaire	disci-plines	Année scolaire	
	-	1re année	2ème année
Lycée	Présent	La société 1 du lycée (regroupée pour une matière optionnelle par la réforme en 2009)	Les matières optionnelles : l'histoire de Corée, l'histoire du monde, l'histoire de l'Asie de l'Est, **la géographie de Corée, la géographie du monde,** la loi et la politique, l'économie, la société et la culture, la vie et l'éthique, l'éthique et la pensée
	Prévi-sion	L'histoire de Corée (prévue comme une discipline obligatoire)	Les matières optionnelles : l'histoire du monde, l'histoire de l'Asie de l'Est, **la géographie de Corée, la géographie du monde**, la loi et la politique, l'économie, la société et la culture, la vie et l'éthique, l'éthique et la pensée

Auteur : Saangkyun Yi.

Tableau n°9.6 Proposition d'une structure alternative pour le programme d'étude sociale du secondaire

Niveau scolaire	disciplines	Année scolaire	
	-	1re année	2ème année
Collège	Histoire/Géographie	Histoire, Géographie	Histoire, Géographie
	Etude sociale générale/Morale	Etude sociale générale/Morale	Etude sociale générale/Morale
	-	1re année	2ème année
Lycée	Histoire/Géographie	Histoire de Corée, Géographie de Corée (obligatoire)	Matières optionnelles : Histoire du monde, Histoire de l'Asie de l'Est, Géographie du monde, Géographie économique
	Etude sociale générale/Morale	Politique, Ethique et Pensée (obligatoire)	Matières optionnelles : l'économie, la loi et la société, la société et la culture, la vie et l'éthique

Auteur : Saangkyun Yi.

Nous proposons comme cadre alternatif au programme d'étude sociale du secondaire, la double structure suivante :

- Un regroupement histoire/géographie d'un côté, étude sociale/

morale de l'autre. Ce regroupement nous paraît justifié d'une part par le degré de corrélation de contenus entre les matières, d'autre part, par la cohérence que peut donner l'assignation de finalités différentes mais complémentaires à ces deux blocs. Le bloc histoire-géographie peut sur le modèle français contemporain assurer le développement d'une conscience territoriale (géographie) et d'une conscience historique (histoire) liant finalités de construction d'une identité collective et individuelle et finalités intellectuelles d'apprentissage de concepts, démarches et méthodologies. Le bloc étude sociale et morale peut s'attacher à l'étude de questions sociales ayant pour référents disciplinaires le droit, l'économie, la science politique, la sociologie et pour finalités de développer une conscience politique orientée vers la démocratisation de la vie sociale et le développement personnel des individus ;

- Une centration disciplinaire en géographie comme en histoire sur la Corée en début de lycée obtenue par le caractère obligatoire des domaines de l'histoire et de la géographie de la Corée. Cette centration ne correspond pas à la poursuite de finalités patriotiques ou nationalistes au sens où il s'agirait de préparer des guerres de revanche ou de construction agressive d'un territoire coréen unifié. Cet enseignement vise à faire connaître par chaque nouvelle génération, l'expérience historique et territoriale originale des Coréens, c'est-à-dire les diverses formes d'encadrement politique, territorial et culturel, qu'a connues cette aire de civilisation et ce que ces formes – d'un point de vue géographique, ont représenté et représentent comme contribution collective originale à la production d'espace humain (paysages, sens des lieux, organisation régionale, perception et politique de l'environnement). A la manière de la géographie coréenne de l'époque de l'ouverture au monde, il s'agit d'un projet de description et de compréhension du monde qui ne soit pas assujetti au sino-centrisme, à l'oeuvre aujourd'hui dans la tentative du régime communiste chinois d'écrire une histoire sinocentrée de l'Asie du Nord-Est, ou à une autre forme de vision centrée de l'étude de la Terre. L'étude de l'expérience historique et territoriale coréenne ne peut pas faire l'impasse sur le système des relations entre centres de puissance en Asie du Nord-Est et, s'agissant de géographie, sur les logiques d'appropriation spatiale de l'étendue terrestre (dénomination des lieux, représentations cartographiques, commémorations dans des lieux symboliques, discours sur le monde et sur la place du pays dans le monde, etc.). Il s'agit alors d'apprendre aux élèves à « lire » (au sens d'analyser et comprendre) des discours, des attitudes et des actes observables dans la région et dans le monde, pour pouvoir se comporter en citoyen autonome et responsable d'un pays démocratique placé dans une situation géopolitique complexe où des options politiques intérieures importantes sont à trancher collectivement ;

- Une représentation continue des matières à chaque cycle, pour garantir une progressivité des apprentissages et permettre une complémentarité disciplinaire et entre les deux blocs, qui actuellement n'existe pas ;

- Une complémentarité des approches entre les deux blocs pour traiter des problèmes qui peuvent relever de domaines identiques : les ressources et l'environnement, les évolutions économiques locales et globales, l'aménagement des territoires, mais construits didactiquement selon deux perspectives bien différentes mais qui peuvent se renforcer l'une l'autre : en géographie comme en histoire, il s'agit d'appréhender et de résoudre des problèmes « concrets » qui ont une dimension spatiale ou territoriale ; en étude sociale et morale, il s'agit d'étudier les fonctionnements sociaux et politiques, les fondements éthiques et moraux souhaitables de l'action mis en oeuvre dans les catégories de problèmes étudiés. Autrement dit, cette structuration en deux domaines complémentaires tendrait à rapprocher notre proposition du modèle suédois et anglais pour son caractère pragmatique de situations d'enseignement-apprentissage où la démarche d'investigation est préconisée (concepts, démarches et méthodologies disciplinaires, savoirs factuels) tout en intégrant une réflexion sur les formes d'organisation sociale permettant de faire fonctionner une société démocratique (systèmes d'acteurs, valeurs et régimes de justification, référentiels d'évaluation de l'action, etc.).

Un tel projet de regroupement disciplinaire et de reclassement de la géographie scolaire suppose :

- avant tout l'effort conjugué de tous les acteurs du domaine géographique (par exemple la médiatisation, par les géographes eux-mêmes, de résultats de travaux de recherche susceptibles d'intéresser le grand public, sur le modèle suédois), une participation de ces mêmes géographes aux débats relatifs aux questions environnementales et de manière générale à tous les thèmes concernant l'ensemble de la société d'aujourd'hui et mettant en jeu les savoirs et savoir-faire géographiques ;

- ensuite, la modification du point de vue des parlementaires et des pédagogues sur la géographie scolaire dans le sens d'une meilleure perception de son importance, ce qui suppose par exemple la diffusion auprès de ces personnes, de changements réalisés dans des systèmes éducatifs au profit de la géographie (les cas anglais et suédois étant certainement exemplaires) ;

- enfin la perception par les acteurs des autres domaines de l'étude sociale (histoire, étude sociale générale et morale), lesquels devraient logiquement refuser notre projet, de la valeur intrinsèque de la manière de penser le monde en géographie, en général et dans le contexte coréen contemporain. Faute d'une telle perception, ils n'accepteront pas de lui céder une partie de la place qu'ils occupent dans le programme national. Cette troisième condition de réalisation suppose vraisemblablement que les deux premières soient déjà remplies ou en cours d'obtention.

Nous ne pouvons donc que souhaiter qu'à la lumière des modèles que nous venons d'évoquer, tout particulièrement du cas suédois, les acteurs sud-coréens concernés (des hommes politiques aux pédagogues, en passant par les géographes et les didacticiens de la géographie) prennent la peine de considérer le contexte de crise de la géographie scolaire sud-coréenne pour parvenir, enfin, à percevoir l'urgence que représente la mise en place d'une géographie scolaire alternative à la situation actuelle. C'est-à-dire capable d'éclairer les décisions ordinaires ou extraordinaires de tout citoyen sud-coréen, lesquelles comportent une forte dimension géographique, c'est-à-dire spatiale ou territoriale : quel rapport à l'environnement dans un territoire considérablement transformé par la croissance économique ? Quel comportement relativement aux voisins japonais, chinois, à l'influent allié états-unien ? Quels choix d'action pour quelle Corée au futur ?

BIBLIOGRAPHIE

Articles et ouvrages

Abe Hiroshi, 1987, *La réforme de l'éducation en Corée du Sud, après la libération de l'occupation japonaise,* Centre de la recherche sur la Corée, 253 p.

Ahn Dong-Il et Hong Ki-Beom, 1960, *Le miracle et l'illusion, Editions Yeongshin-munhwasa,* 373 p.

Ahn Jong-Ouk, 2011, *L'origine historique du système des contenus de discipline géographique dans le programme national,* Thèse, Université de Koryo, 271 p.

Audigier, François, 1993, *Les représentations que les élèves ont de l'histoire et la géographie. A la recherche des modèles disciplinaires entre leur définition par l'institution et leur appropriation par les élèves.* Thèse. Université de Paris VII.

Baejae-hakdang, 1965, *L'histoire pour les 80 ans de Baejae,* Presses scolaires de Baejae-hakdang, 859 p.

Bak, Gwan-Seob, 1995, « Le Bulletin de la revue de la Société coréenne de géographie », *Revue de l'Association de la géographie en Corée du Sud,* pp. 1-3.

Bak, Jin-Hwan, 1995, « Immigrés coréens et culture du riz dans la province chinoise de Heilongjiang », *Revue de recherche sur l'économie agricole*, Vol. 36, No. 2, pp. 2197-2236.

Bak, Seon-Yeong, 2007, « Recherche sur les cartes d'état-major couvrant le Kando occidental et le Kando oriental », *Revue de recherche sur l'histoire de l'Orient*, No. 101, pp. 299-317.

Bak, Tae-Seong, 1991, *L'histoire de la Russie,* Éditions Yeokminsa, 429 p.

Bak, Won-Gon, 2010, « Le coup d'Etat du 12 décembre 1979 et la réaction du gouvernement des Etats-Unis », *Revue de politique internationale,* Vol. 50, n°4, p.82-102.

Bak, Yeong-Han, 1977, « La recherche de l'idée géographique de Jung-Hwan YI », *Revue de Nak-san-ji-li,* No. 4, pp. 25-40.

Bak Yeong-Han, 1987, « La géographie en tant qu'étude coréenne : l'état actuel et le tâtonnement de la méthode », *Revue de géographie*, No. 35, p. 1-9.

Bak, Yeong-Han, 1987, « La géographie appliquée aux études coréennes : données actuelles et méthodes de recherche », *Revue de géographie*, No. 35, pp. 1-9.

Bak, Yong-Ok et al., 1971, *Recueil de données du décret moderne dans la période de la fin de la dynastie Joseon,* Bibliothèque de l'Assemblée nationale, 587 p.

Bang, Su-Ok, 1998, « La politique du gouvernement chinois à destination des minorités ethniques : le cas des Chinois d'origine coréenne à Yanbian », *Revue de recherche sur la diaspora coréenne*, No. 8, pp. 379-404.

Bburikipeun-namu, 1983, *La découverte de la Corée*, Editions Bburikipeun-namu, 305 p.

Byeon Dong-Hyeon, 2000, « La recherche comparative des éditoriaux relatifs aux pourparlers d'armistice de la Corée du Sud et des Etats-Unis vers la fin de guerre de Corée », *Revue de la presse et de l'information de la Corée du Sud*, No. 14, pp. 182-210.

Centre d'études sur la réunification, 1989, *Théorie de la réunification par la voie démocratique,* 233 p.

Cha Sang-Cheol, 2008, « La reconnaissance des Etats-Unis par Seung-Man Yi », *Recherche d'histoire biographique en Corée*, No. 9, pp. 281-303.

Cha Sang-Cheol, 2009, « Seung-Man Yi, Etats-Unis et la fondation du gouvernement de la Corée », *Revue de recherche d'histoire des Etats-Unis,* No. 29, pp. 97-121.

Chae, Yeong-Taek, 2010, *Analyse d'éditoriaux des journaux sur le Mouvement des Nouvelles Communautés pendant les années 1970*, Thèse de l'Université de Yeong-Nam, 192 p.

Chevalier, Jean-Pierre, 2003, *Du côté de la géographie scolaire : matériaux pour une épistémologie et une histoire de l'enseignement de la géographie à l'école primaire en France,* thèse, Université de Paris 1 (Panthéon-Sorbonne), 422 p.

Chevalier, Jean-Pierre, 1997, « La géographie scolaire : un des quatre pôles géographiques ?», *Cybergeo, Revue europeenne de geographie,* cybergeo.presse.fr, article n°23.
Choe Byeong-Chil, 1957, *Le dictionnaire de la nouvelle éducation*, Edition Hong-Ji-Sa, 628 p.

Choe, Chang-Jo, 1984, *Idées de Pung-Su (Feng shui) en Corée*, Éditions Min-eum-sa, Séoul, 358 p.

Choe, Chang-Jo, 1993, *Recherche de sites remarquables : théorie et pratique du Pung-Su en Corée,* Editions Seohaemunjib, 505 p.

Choe, Deok-Su, 1986, « Le point de vue des Japonais sur la Corée après la guerre sino-japonaise », *Revue d'histoire générale,* No. 30, pp. 197-225.

Choe Hye-Wol, 1986, *La caractéristique idéologique d'une campagne contre l'unification universitaire nationale,* Mémoire, Université de Yeon-Se, 120 p.

Choe, Jun, 1960, *L'histoire du journal en Corée*, Éditions Iljogak, 1, pp. 445 p.

Choe, Mun-Hyeong, 1983, « Les causes et les circonstances de l'ouverture des hostilités sinojaponaises », *Revue d'histoire,* pp. 231-260.

Choe, Nam-Seon, 1907, « L'écriture géographique », *Journal universitaire de l'étudiant étranger au Japon,* N° 2, pp. 45-51.

Choe, Nam-Seon, 1910, *So-Nyeon*, Vol. 4, Éditions Sinmunkwan, Séoul, p. 5-11.

Choe, Oun, 2011, *Le développement du système de chauffage par le sol dans la région du Nord-Est en Chine*, Mémoire, Université de Oulsan, 68 p.

Choe Yong-Kyu, 2004, « L'évolution de l'étude sociale au niveau primaire : la réflexion et l'horizon », *Actes du symposium des 50 ans de l'enseignement scolaire,*Université nationale pédagogique de Corée, p. 184-221.

Collectif, 2007, *La Corée, le voyage vers l'Est*, Editions La Bibliothèque, 218 p.

Comité de rédaction de l'histoire d'Woo-Nam, 1976, *L'histoire événementielle d'Woo-Nam (1945-1948)*, Editions Yeolhwadang, 631 p.

Comité du travail commémoratif de la révolution du 15 mars, 2004, *L'histoire de la révolution du 15 mars*, Editions Huimun, 807 p.

Danaka, Keiji, 1970, « La recherche géographique dans ma vie pendant 60 ans », *Revue de géographie,* Tokyo Vol. 15, No. 1, pp. 11-19.

Develay, M., 1992, *De l'enseignement à l'apprentissage.* Paris : ESF Editeur

Eom, Seok-Jin, 2011, « Le second éclairage du Mouvement des Nouvelles Communautés dans les régions rurales pendant les années 1970 », *Recueil de données du Colloque de l'Administration de Séoul*, pp. 3-626.

Gelézeau, V., 2011, « La Corée : territoires et sociétés de la « longue partition », Séminaire d'études coréennes à l'Ecole des Hautes Etudes en Sciences Sociales, compte-rendu : http://crc.ehess.fr/document.php?id=544, consulté en septembre 2012

Grataloup, Christian, 2009, *Géohistoire de la mondialisation. Le temps long du Monde.* Paris : Armand Colin, 255 p.

Guyot, A., 1849, *The earth and man: lectures on comparative physical geography in its relation to the history of mankind,* Boston, Éditions Kessinger Publishing, 338 p.

Guyot, A., Carl Ritter, 1860, *An address to the American geographical and statistical society,* Princeton, N.J. privately printed, 39 p.

Han, Dae-Ho, 2005, Comparaison des modes de sélection à l'entrée de l'enseignement supérieur en France et en Corée du Sud, *Revue d'Histoire de l'Occident,* No° 13, pp. 55-130.

Han, Hwa-Chun, 2000, *Les Chinois d'origine coréenne au 21ème siècle : état des lieux démographique et projections,* Presses Universitaires de Yanbian, 261 p.

Han, Ki-An, 1963, *Histoire de l'éducation en Corée,* éditions Bak-yeong-sa, 588 p.

Han Yong-Won, 1984, La constitution d'une armée, Editions Bakyeongsa, 288 p.

Hong, I-Seob, 1949, 『*Jo-seon-gua-hak-sa*』, Éditions Jeong-eum-sa, 274 p.

Hong Jong-In, 1946, « L'essence du régime militaire américain et sa évolution », *Revue du Nouveau monde* (Shin-Cheon-Ji), Vol. 1, No. 11, p. 8-15.

Hong Seok-Lyul, 2010, La révolution d'avril et le processus d'écroulement de gouvernement de Seung-Man Yi, *Revue de la rechrche culturelle et historique,* No. 36, pp. 147-192.

Hong Yong-Pyo, 2006, Les pourparlers de Genève en 1954 et le tâtonnement de la fin de guerre de Corée, *Revue de l'histoire politique et diplomatique de la Corée du Sud,* Vol. 28, No. 1, pp. 35-55.

Horio, Teruhisa (traduction Sim, Seong-Bo et Yun, Jong-Hyeok), 1989, *L'éducation au Japon,* Éditions Iwanami Shoten, Tokyo, 241 p.

Hulbert, Homer Bezaleel, 1891, *Saminpilji* (사민필지), Séoul, 161 p.

Hwang, Jae-Ki, 1987, « La géographie appliquée aux Études coréennes : état des lieux et problématiques actuelles en didactique de la géographie », *Revue de géographie,* No. 35, pp. 15-20.

Hyeong, Ki-Ju, 1987, « La géographie appliquée aux Etudes coréennes : axes de recherche et applications », *Revue de géographie,* No. 35, pp. 26-33.

Im, Gye-Sun, 2001, *La Chine gouvernée par une des tribus nomades mandchoues,* Editions Sinseowon, 750 p.

Institut du développement éducatif en Corée du Sud, 1988, *Etude comparative des programmes scolaires chinois et nord-coréen,* 383 p.

Jang, Bo-oung, 1970, La géographie scolaire à l'époque de l'ouverture au monde, *Revue de géographie,* Vol. 5, pp. 41-58.

Jang, Bo-Oung, 1971, L'enseignement de la géographie sous l'occupation japonaise, *Revue de l'Université de Kunsan*, No. 4, pp. 83-117.

Jang Hye-Jeong et Kim Yeong-Ju, 2005, « Le flambeau de l'enseignement de la géographie : Chan Yi », *Revue de recherche sur l'enseignement de l'étude sociale,* Vol. 12, No. 1, p. 287-302.

Jang, Ji-Yeon, 1907, *Dae-Han-Sin-Ji-Ji,* Éditions Jungangseokwan, Séoul, 168 p.

Jang, Yeong-Jin, 2003, « Effet de la création d'un programme national sur le programme de géographie en Angleterre », *Revue de l'association des géographes sud-coréens,* Vol. 38, No° 4, p. 640-656.

Jeong Gab, 1949, *La vie de notre pays,* Editions Eulyu-Munhwasa, 196 p.

Jeong Gab, 1949, *La vie des pays voisins,* Editions Eulyu-Munhwasa, 172 p.

Jeong, Hye-Jeong, 2005, *Le système éducatif à l'école primaire sous l'occupation japonaise,* Éditions Durisinseo, 344 p.

Jeong, Mi-Ryeong, 2003, « Le programme national et le système de l'évaluation éducative en Angleterre », *Revue de recherche en éducation,* Vol 2, No° 1, p. 200-219.

Jeong, Yeong-Sun, 2004, « Du modèle européen d'utilisation de l'histoire scolaire en tant qu'outil de promotion de la paix », *Revue de l'enseignement de l'étude sociale,* Vol. 43, No. 2, pp. 167-199.

Jeong, Hee-Suk, 2010, « Evolution culturelle et identitaire des coréens », *Revue de recherche historique et culturelle,* No. 35, pp. 555-580.

Ji, Man-Won, 2008, « La vérité du 12 décembre au 18 mai », *Revue critique,* juillet 2008, p. 86-103.

Jo, Cheol-Ki, 2006, « L'apparition d'une discipline pour la citoyenneté (l'éducation civique) au programme et les concepts Anglais de la géographie », *Revue Sud-Coréenne de géographie régionale,* Vol. 12, No° 3, p. 421-435.

Jo Sun-Seung, 1983, *Histoire de division de la Corée*, éditions Hyeong-Seong-Sa, 266 p.

Jo, Yeong-Dal et al, 2001, *Sociétés humaines et environnement*, Editions Dusandonga, 183 p.

Ju, Jae-Jung, 1935, *Concepts et méthodes par discipline*, École primaire de Busan, 1935, 97 p.

Kang, Chang-Seok, 1997, La recherche sur la neutralité dans la période de la fin de la dynastie Joseon, *Revue de l'histoire et de la frontière*, Vol, 33, pp. 55-89.

Kang, Jae-An, 1982, *La recherche de l'histoire moderne en Corée,* Éditions Hanul, 417 p.

Kang Ji-Yeong, 2001, *La recherche de la politique éducative sous le régime militaire américain,* Mémoire, Université d'In-Cheon, 63 p.

Kang Myeong-Suk, 2004, La caractéristique idéologique d'importation du système scolaire de 6-3-3-4, *Revue de l'histore pédagogique de la Corée du Sud,* Vol. 26, No. 2, pp. 7-29.

Kang Seon-Ju, 2006, « L'enjeu autour de la réforme d'enseignement de l'histoire après la libération du Japon », *Revue d'enseignement de l'histoire,* No. 97, p. 91-125.

Kang Woo-Cheol, 1966, *La nouvelle société, éditions Tamgudang*, 282 p.

Kang Woo-Cheol, 1977, « Les 30 ans pour l'étude sociale en Corée du Sud », *Revue d'étude sociale*, No. 10, p. 4-7.

Kang Woo-Cheol, 1991, « Le défi de l'étude sociale », *Revue d'étude sociale*, No. 24, pp. 11-22.

Kang, Yong-Chan, 2001, « Transferts de fonds et vie des immigrés coréens en Chine », *Revue de sciences sociales*, No. 5, pp. 65-107.

Kasimov N. S. et al., 1996, « Higher Geographical and Ecological Education in Russian Universities », *Revue d'enseignement de la géographie,* Séoul, No. 35, pp. 77-84.

Kim, Byeong-Ho, 1997, *La situation du groupe des Chinois d'origine coréenne parmi les ethnies minoritaires en Chine,* Editions Hakobang, 284 p.

Kim, Byeong-Ho, 1999, « Législation chinoise à l'égard des minorités ethniques et statut des Chinois d'origine coréenne à Yanbian », *Revue de recherche sur la paix*, No. 8, pp. 123-204.

Kim Cheol-Su, 2001, *Le principes généraux du droit constitutionnel,* Editions Bakyeongsa, 1430 p.

Kim, Deuk-Hwang, 2005, *La question de Kando dans l'histoire de la Mandchourie, Editions Namkangkihuiek,* 364 p.

Kim Dong-Ku, 1992, « La politique éducative du régime militaire américain en Corée du Sud », *Revue de recherche en sciences de l'éducation,* vol. 30, no. 4, p. 119-135.

Kim Il-Seong, 1960, *L'anthologie de Kim Il-Seong 2*, Pyeong-Yang, Edition le parti communiste de Joseon, 431 p.

Kim, Jeong-Hun, 1999, *L'étude comparative du nationalisme des deux Corées,* Thèse de l'Université de Yeon-Se, 265 p.

Kim Jeong-Lyeol, 1993, Mémoires de Kim Jeong-Lyeol, Editions Eulyu-munhwasa, 492 p.

Kim, Jong-Keon, 2007, « Montagne de Bakdu et région de Kando, état des lieux et enjeux », *Revue d'histoire de l'Asie du Nord-Est*, No. 18, pp. 65-141.

Kim, Yeong, 2009, « La culture du riz dans les communautés immigrées coréennes dans la région chinoise de Liaoning : 1875-1931 », *Revue de recherche sur les études coréennes,* No. 21, pp. 71-98.

Kim, Yong-Ku, 1989, *L'histoire diplomatique du monde* (1), Presse universitaire de Séoul, 562 p.

Kim, Kyeong-Chang, 1975, Le renforcement de la suzeraineté sur la Corée par la Dynastie de Qing, et l'accord secret entre la Corée et la Russie, Revue de l'association du politique coréen, vol. 9, pp. 143-163.

Kim, Kyeong-Chang, 1982, *L'histoire diplomatique en Asie de l'Est,* Éditions Jipmun-dang, Séoul, 909 p.

Kim, Kyo-Sin, 1934, « Recherche sur la géographie de Joseon », *Magazine de la Bible en Joseon*, No. 62, Séoul, pp. 15-24.

Kim, Yeo-Chil, 1985, Les manuels historiques et la reconnaissance historique dans l'époque d'ouverture de la Corée au monde, Thèse de l'Université de Dan-kuk, 240 p.

Kim Yong-Il, 1995, « L'apparition de l'influence dominante dans le domaine éducatif sous le régime militaire américain », *Revue de l'administration de l'instruction publique,* vol. 13, no. 4, p. 25-54.

Kim, Yun-Sik, 1973, *La recherche en littérature moderne en Corée,* Éditions Il-ji-sa, 528 p.

Kim Shin-Yeong, 2007, La recherche de la direction du développement du système éducatif pour la garantie des droits fondamentaux, Le mémoire de l'institut pédagogique pour la formation des enseignants du primaire de Daegu, 81 p.

Knafou, Rémy, 2008, « Difficultés et principes de base d'un enseignement de la « géographie de la France », *L'Information géographique,* 2008/3 - Vol. 72, p.6-19.

Ko Jeong-Hyu, 2004, *Seung-Man et le mouvement de l'indépendance de la Corée,* La presse universitaire de Yeonse, 564 p.

Kwon Ja-Kyeong, 2011, La guerre de Corée, la reconstruction après la guerre et la mobilisation du volontariat, *Revue coréenne d'adminitration,* Vol. 18, No. 2, pp. 275-301.

Kwon, Hyeok-Jae, 1991, « Pourquoi une géographie du territoire national ? » *Revue de l'Association de la géographie en Corée du Sud*, Vol. 26, No. 3, pp. 253-258.

Kwon, Jung-Hwa, 1990, L'apport du premier ouvrage de Nam-Seon Choe, *Géographie appliquée*, N° 13, pp. 1-34.

Kwon, Jung-Hwa, 2005, *Histoire de la philosophie de la géographie*, Éditions Hanoul, 262 p.

Kwon Oh-Jeong et Kim Yeong-Seok, 2006, *La structure et l'enjeu de l'étude sociale,* Edition Kyo-Yuk-Kwa-Hak-Sa, 415 p.

Lauterbach Rechard E., 1983, *Histoire du Régime militaire américain en Corée du Sud,* Dol-Be-Gae, 144 p.

Lefort, Isabelle, 1992, *La lettre et l'esprit : géographie scolaire et géographie savante en France.* Paris, Éditions de CNRS, 257 p.

Lefort, Isabelle, 1998, « Deux siècles de géographie scolaire », *EspacesTemps*, n°66-67, p. 146-154.

Lesley Fox Lee, 2000, "The Dalton Plan and the loyal, capable intelligent citizen", *History of Education,* Vol. 29, No. 2, pp. 129-138.

Lewis, I. J. et al., 1942, *Course of Study for Elementary School,* Department of Education, State of Colorado.

Marsden, W. E., 2001, *The school textbook : Geography, History and Social studies,* Routledge, 305 p.

McCunem George M., 1986, *Korea Today*, Harvard University Press, 372 p.

Murayama, Tomoko, 1995, « La restauration de la géographie scolaire en Suède », *Revue de géographie humaine,* Vol. 47, No° 6, p. 65-79.

Murayama, Tomoko, 1996, « Structure et philosophie de la géographie scolaire en Suède : quelle finalité pour la géographie scolaire restaurée? », *Revue de la nouvelle géographie*, Vol. 44, No° 1, p. 1-15.

Nam, Byung-Hun, 1962, *Educational reorganisation in South Korea under the United States Army Military Government* : 1945-1948, Dissertation, University of Pittsburgh, 275 p.

Nam, Sang-Jun, 1988, Le système éducatif moderne de l'époque d'ouverture au monde, et la géographie scolaire, *Revue de l'enseignement de la géographie,* Vol. 19, pp. 99-111.

Nam Sang-Jun, 1986, La politique éducative coloniale japonaise et l'enseignement de la géographie, *Revue de l'enseignement de la géographie*, vol. 17, pp. 1-21.

Nam, Sang-Jun, 1999, *Méthodes pour la recherche sur l'enseignement de la géographie,* Editions Kyoyuk-Kwahaksa, 432 p.

Oh, Man-Seok et al., 2004, Programmes scolaires russes contemporains et politique de réforme des manuels, *Revue de recherche en éducation comparée* , Vol. 14, No. 1, pp. 185-209.

Oh, Man-Seok et al., 2006, « Analyse des contenus relatifs à la Corée dans les manuels d'histoire russes », *Revue de recherche en éducation comparée* , vol. 16 n. 3, pp. 43-69.

Noh, Pyeong-Ku, 1975, *Kim Kyo-Shin et la Corée : la vie religieuse, éducative et patriote*, Édition Kyeong-ji-sa, Séoul, 462 p.

Noh Yeong-Ki, 2001, L'analyse de l'autorité principale du coup d'Etat du 16 mai, *Revue de l'histoire critique,* No. 57, pp. 152-197.

Oh, Cheon-Seok, 1964, *Nouvelle histoire de l'éducation en Corée,* Éditions Hyeondae-kyogyuk-chongseo, 550 p.

Oh Jae-Kyeong, 1961, L'engagement pris en public et le slogan révolutionnaire, Le procèsverbal d'une séance, No. 1, pp. 120-123.

Oh, Ki-Pyeong, 1985, *L'histoire diplomatique du monde,* Éditions Bakyeongsa, 532 p.

Oh, Sang-Hak, 2009, La carte du monde en Royaume de Joseon et la vision du monde, R*evue de la recherche sur la carte ancienne en Corée du Sud*, Vol. 1 No. 1, pp. 5-18.

Oh, Yu-Seok, 2005, « La stratégie des deux Corées pour le développement national et la mobilisation de la main-d'oeuvre : le mouvement des nouvelles communautés et le mouvement du cheval très rapide », *Revue de la Tendance et la perspective*, n°64, p. 185-220.

Revue de l'histoire politique et diplomatique de la Corée du Sud (rédaction), 1997, « Le cessez-le-feu de la Guerre de Corée », *Revue de l'histoire politique et diplomatique de la Corée du Sud,* Vol. 16, No. 1, p.107-134.

Renouvin, Pierre,1988, *L'histoire de la diplomatie en Asie de l'Est*, Éditions Seomundang, 406 p.

Robert Barr et al., (traduction Choe, Chung-Ok et al.), 1993, *La compréhension de l'étude sociale*, Editions Seowon, 212 p.

Ross Harold Cole, 1975, *The Koreanisation of Elementary Citizenship Education in South Korea* : 1945-1947, Dissertation, Arizona State University, 449 p.

Rudolph, Philip, 1959, *North Korea's Political and Economic Structure*, New York, Institute of Pacific Relations, 72 p.

Ryu, Woo-Ik, 1991, « Enseigner la géographie du territoire national », *Revue de l'Association coréenne de géographie,* Vol. 26, No. 3, pp. 259-264.

Scalapino Robert A. et Chong Sik Lee, 1973, *Communism in Korea 1*, Berkerley, University of California Press, 685 p.

Se-Jin Kim, 1971, The politics of Military Revolution in Korea, Chapel Hill : The University on North Carolina Press, 239 p.

Seo Jung-Seok, 1991, *La recherche du mouvement nationaliste contemporain en Corée : le mouvement de fondation du pays constitué d'une seule ethnie après la libération du Japon et le front commun*, Etitions la critique historique, 678 p.

Seo, Su-In, 1963, L'introduction de l'étude sur *Taek-li-ji,* Revue de la géographie (Ji-li-hak) No. 1, pp. 83-90.

Shim, Jeong-Bo, 2005, Le débat autour de la question du découpage régional dans les années 1930 au Japon, *Revue de la recherche d'étude sociale,* Vol. 12, No. 1, pp. 155-178.

Shim Jeong-Bo, 2003, *La recherche de la comparaison de l'observation du pays natal et l'observation de l'environnement naturel compris dans le programme du primaire sous l'occupation japonaise*, Revue de la nouvelle géographie, Vol. 51, No. 2, pp. 1-19.

Shin Bok-Lyong, 1996, L'origine de la guerre de Corée, Revue de politique de la Corée du Sud, Vol. 30, No. 3, pp. 163-183.

Shin Myeong-Ae, 1998, *Recherche sur le Conseil sur l'éducation de Corée sous l'occupation américaine,* Mémoire, Université nationale pédagogique de Corée, 69 p.

Shin, Yong-Ha, 1980, La première l'école moderne en Corée, *L'histoire moderne et le changement social en Corée,* Éditions Munhakgwa-jiseongsa, 362 p.

Son, In-Su, 1980, *La recherche sur l'éducation à l'époque de l'ouverture au monde,* Éditions Iljisa, 450 p.

Son Ho-Cheol, 1991, Comment on peut évaluer le coup d'Etat du 16 mai, *Revue de la critique historique,* No. 13, pp. 161-177.

Son In-Su, 1991, « L'évaluation historique de l'éducation sous le régime militaire américain », *Revue de l'histoire éducative de la Corée*, vol. 13, pp. 9-97.

TakahashiTetsuya, 2009, « Le sanctuaire Yasukuni, ou la mémoire sélective », R*evue Manière de voir : Le Japon méconnu,* No. 105, 100 p.

Tamura, Momoyo, 1984, *Danaka Keiji et la géographie moderne du Japon,* Éditions Kokon Shoin, Tokyo, 180 p.

Thémines, Jean-François, 2011, Savoir et savoir enseigner le territoire. Toulouse : Presses universitaires du Mirail.

Truman Harry S. (traduction par Kwan-Suk Bak), 1971, *Mémoires de Truman*, édition Han-Lim, 504 p.

U.S. Army, 1988, *History of United States Armed Forces in Korea,* Edition Dol-begae, 527 p.

Vergnolle-Mainar, C., 2011, *La géographie dans l'enseignement. Une discipline en dialogue.*

Rennes : Presses Universitaires de Rennes, Coll. Didact géographie, 183 p.

Wedemeyer A.C.(Traduction par Kim Won-Deok), 1989, Rapport Wedemeyer sur la situation politique et militaire en Corée du Sud, *Revue de recherche de la Chine*, No. 8, pp. 211-253.

Vernet, Jacques, 1987, « La France et la guerre de Corée », *Revue de l'histoire politique et diplomatique en Corée du Sud,* No. 3, pp. 169-188.

Weber, Norbert 1925, Dans le pays du matin calme (film).

Woo, Cheol-Gu, 1999, *Vers le 19ème siècle, les grandes puissances et la péninsule coréenne,* Éditions Beop-mun-sa, Séoul, 234 p.

Yamakutsi, 1943, *L'histoire de la géographie du monde du point de vue nippocentrique,* Éditions Seibido Showa, Osaka, 265 p.

Yang, Bo-Kyeong, 1987, l'étude sur la caractéristique de la chronique d'une ville et les connaissances géographiques du Royaume de Joseon, *Revue de la géographie générale* (Jilihak-nonchong numéro spécial hors série 3), 174 p.

Yang, Bo-Kyeong, 1987, *Apports de la chronique d'une ville du Royaume de Joseon en vue de la reconstitution du territoire du Royaume,* Thèse à l'Université de Séoul, 174 p.

Yang Dae-Hyeon, 1992, La guerre de Corée et l'alliance militaire entre la Corée du Sud et les Etats-Unis, *Revue de politique de la Corée du Sud*, Vol. 26, No. 1, pp. 401-423.

Yang Min-Ho, 2004, *Du 38e parallèle à la ligne de cessez-le-feu,* Saengaui-namu, 503 p.

Yatsu, Shoei, 1902, *Les outils de la géographie,* Éditions Min-wou-sa, 306 p.

Yeh Kyeong-Hee, 1971, *L'évolution de la géographie scolaire du secondaire depuis la libération du Japon,* Mémoire, Université de Kyeong-buk, 59 p.

Yi, Chan, 1968, L'histoire de la géographie coréenne, *Revue de l'histoire de la culture coréenne 3,* 1147 p.

Yi, Chang-Hun, 1993, Après la guerre sino-japonaise, la relation internationale autour de la péninsule coréenne : 1895-1898, *Revue de l'histoire politique et diplomatique en Corée,* No. 9, pp. 259-286.

Yi, Eun-Suk, 2005, La vision de la géographie du Royaume de Joseon : pour surmonter la théorie de la stagnation de la péninsule, *Revue d'Ae-San,* N°. 31, p. 113-150.

Yi Jin-Seok, 1992, *L'importation de l'étude sociale et les caractéristiques de l'étude sociale après la libération du Japon*, Thèse, Université de Séoul, 178 p.

Yi Jin-Seok, 1998, « La signification de l'unification d'étude sociale et le processus du développement », *Revue d'enseignement de l'étude sociale,* No. 26, p. 167-183.

Yi Ki-Hu, 2008, *La recherche sur le processus de la division de péninsule coréenne,* Thèse, Université de Keonkuk, 231 p.

Yi Kang-Hyeon, 1960, *La trace de la révolution démocratique : les récits des représentants des étudiants aux établissements scolaires*, Editions Jeongeumsa, 282 p.

Yi Kang-Ju et al., 1957, *La géographie humaine, éditions Hongjisa*, 250 p.

Yi Kwang-Ho, 1983, *Recherche sur l'organisation du système éducatif en Corée du Sud sous l'occupation américaine*, Mémoire, Université de Yeon-Se, 105 p.

Yi, Kwang-Lin, 1969, *La recherche de l'histoire de l'ouverture au monde*, Éditions Iljogak, 295 p.

Yi, Kwang-Lin, 1973, *La recherche sur Gaehwa-dang (parti politique progressiste)*, Éditions Iljogak, 242 p.

Yi, Kwang-Lin, 1979, *La recherche de la pensée occidentale pour l'ouverture au monde en Corée*, Editions Iljogak, 298 p.

Yi, Man-Kyu, 1949, *Histoire de l'éducation en Joseon, vol.2,* Éditions Eul-yu-munhwa-sa, 892 p.

Yi, Min-Sik, 1992, L'apparition de la politique pro-japonaise pas les États-Unis en Corée, *Revue de l'histoire générale*, No. 40-41, pp. 79-110.

Yi Suk-Kyeong, 1982, *Caractéristiques de la démocratisation et limites de l'éducation démocratique pendant la période du régime militaire américain,* Mémoire, Université de Ihaw, 99 p.

Yi, Won-Sun, 1986, *La recherche sur l'histoire de la science occidentale en Corée,* Éditions Iljisa, 532 p.

Yim Deok-Sun, 1992, Le principe de l'enseignement de la géographie, éditions Beopmunsa, 316 p.

Yim Deok-Sun, 1999, « L'organisation de géographie scolaire du secondaire sous l'occupation militaire américaine », *Revue de géographie de Chung-Buk*, No. 16, pp. 1-16.

Yim Jong-Myeong, 2008, « L'enseignement de la géographie et la représentation du territoire national pendant la période postcoloniale », *Revue d'histoire de la Corée,* No. 30, p. 191-242.

Young-sin Academy, 1974, *La modernisation et le mouvement du salut de la patrie*, 446 p.

Yugiljun-jeonseo-pyonchan-uwonhue, 1982, *Seo-yu-gyeon-mun*, Éditions Iljogak, 576 p.

Yu Bong-Ho, 1992, *Recherche sur l'histoire des programmes scolaires de Corée,* Editions Kyohak-yeonkusa, 538 p.

Yu, Gil-Jun (traduit par Heo, Kyeong-Jin en 2004), Seoyukyeonmun, 1895, Éditions

Seohaemunjip, 609 p.

Yu, Yeong-Dal, 1974, Kim Kyo-Shin en tant que patriote, *Revue de Narasarang* (l'amour du pays), No. 17, pp. 20-32.

Yu Yeong-Ik, 2008, Yi Seung-Man : le président de la fondation d'Etat, Cours du citoyen pour l'histoire de Corée, No. 43, pp. 1-24.

Yun, Keon-Cha (traduit par Sim, Seong-Bo), 1987, *La pensée et le mouvement de l'éducation moderne coréenne*, Éditions Cheong-sa, 428 p.

Yun, Jong-Hyeok, 1999, Enquête sur la modernisation des systèmes éducatifs en Corée et au Japon au cours du 19ème siècle, *The Journal of Korean Education,* Vol. 26, N°. 1, pp. 21-68.

Yun Se-Cheol, 1991, « La nature de l'unification de l'étude sociale », *Revue de l'enseignement d'histoire*, Vol. 50, p. 115-124.

Manuels scolaires

Association de recherche d'étude sociale du collège, 1977, L*a société 1,* Editions Manuels du secondaire de Corée du Sud, 271 p.

Bak, Hong-Jun, 2005, *Géographie pour la 1ère année de collège,* Editions des livres scolaires, 72 p.

Bak, Hong-Jun, 2005, *Géographie pour la 2ème année de collège*, Editions des livres scolaires, 96 p.

Bak, Yeong-Han et al, 1989, *La géographie de Corée,* Editions Donga, 301 p.

Bak, Yeong-Han et al., 1995, *Société commune, (2) : Géographie de la Corée*, Editions Seongji-munhwasa, 354 p.

Centre de la recherche de la géographie nationale,1980, *Généralités de la géographie de la Corée*, 668 p.

Choe Heung-Jun, 1968, *La géographie II*, éditions Dong-A, 332 p.

Choe, Seongkil et al., 2010, *Société 1*, collège, Editions Bisangkyoyuk, 296 p.

Choe, Seongkil et al., 2012, *Société 3*, collège, Editions Bisangkyoyuk, 264 p.

Jo Dong-Kyu et al., 1983, *La géographie I*, Editions Koryo-Seojeok, 296 p.

Jo Hwa-Lyong et al., 2002, *La géographie de Corée,* Editions Keumseong, 272 p.

Jo, Hwa-Lyeong et al., 2009, *Géographie de la Corée pour le lycée,* Editions Keumseong, 272 p.

Jo Kwang-Jun et Yun Hyeok-Oh, 1967, *La nouvelle géographie 1*, éditions Yangmunsa, 300 p.

Heo Wou-Geung et al., 2001, *La société,* Editions Kyohaksa, 311 p.

Heo, Wougeung et al., 2003, *La société au lycée,* Editions Kyokaksa, 311 p.

Hwang, Man-Ik, et al, 2009, L*a société au lycée,* Editions Jihaksa, 327.

Hyeong, Ki-Ju et al, 1995, *La géographie du monde,* Editions Bojinjae, 388 p.

Kang Jae-Ho, 1957, La géographie de notre pays, éditions Munhwadang, 222 p.

Kim, Do-Seong, 2005, *Géographie pour la quatrième année de collège, Editions des manuels scolaires*, 108 p.

Kim In, et al., 1989, *La géographie de la Corée,* Editions Dong-A, 301 p.

Ki, Keun-Do et al, 2012, *Géographie de la Corée,* Editions Kyohakdoseo, 270 p.

Ki, Keun-Do et al., 2013, *Géographie de la Corée pour le lycée,* Editions Kyohaksa, 269 p (à paraître courant 2013).

Jo, Hwa-Lyeong et al., 2009, *Géographie de la Corée pour le lycée,* Editions Keumseong, 272 p.

Ki, Keun-Do et al., 2013, *Géographie de la Corée pour le lycée,* Editions Kyohakdoseo (à paraître), 270 p.

Kwon, Dong-Hee et al., 2012, *La géographie du monde au lycée*, Editions Cheonjaekyoyuk, 195 p.

Lee, Yeongmin et al., 2011, *La société au lycée,* Editions Bisangkyoyuk, 352 p.

Lee, Woopyeong et al., 2012, *Géographie de la Corée pour le lycée,* Editions Bisangkyoyuk, 320 p.

Mun, Yeong-Bin et Bae, In-Yeong, 2005, *Géographie pour la cinquième année de collège,* Editions des manuels scolaires, 111 p.

Myeong, Eung-Bum, 2005, *Géographie pour la 3ème année de collège*, « Editions des manuels scolaires », 132 p.

Oda Shoko, 1917, *Manuel scolaire abrégé,* Gouverneur général du Japon, Séoul, 23 p.

Oh, Hong-Seok et al., 1983, *La géographie II,* Editions Jangwang-Kyojae, 256 p.

Yi Bu-Seong, 1952, *La géographie des pays lointains*, Editions Baekyeongsa, 162 p.

Yi Ji-Ho et al., 1950, *La toute nouvelle géographie des pays lointains,* Editions Kwa-hak-Munhwasa, 145 p.

Yi, Yeong-Min et al, 2011, *Société, lycées,* Editions Bisangkyoyuk, 352 p.

Textes institutionnels relatifs à l'enseignement et à l'éducation

École Normale de Filles de Gongju, 1942, *L'essentiel de l'enseignement de chaque discipline pour l'école primaire*, Gongju, 170 p.

Ecoles secondaires de Baejae, 1955, *L'histoire de Baejae,* Presses scolaires de Baejae, 355 p.

Journal officiel de Corée, 16 avril 1895, 19 juillet 1895, 23 juillet 1895, 27 août 1906.
European Commission, 2010, *Organization of the education system in Sweden 2009-2010*, 272 p.

European Commission, 2010, *Structures of Education and Training Systems in Europe : weden,* 2009-2010, 40 p.

Gouverneur général du Japon en Corée, 1911, *Matériel pédagogique pour la lecture du japonais à l'École primaire,* Séoul, 23 p.

Gouverneur général du Japon en Corée, 1932, *Géographie pour l'École primaire vol.* 1, Séoul, 132 p.

Gouverneur général du Japon en Corée, 1932, *La géographie au niveau primaire,* Vol. 1, 134 p.

Gouverneur général du Japon en Corée, 1933, *Géographie pour l'École primaire vol.* 2, Séoul, 190 p.

Gouverneur général du Japon en Corée, 1932, *Les perspectives présidant à la rédaction des manuels de géographie à l'école primaire,* Séoul, 9 p.

Gouverneur général du Japon en Corée, 1942, *Le bulletin d'édition du manuel,* (=guide de rédaction) vol. 11, Séoul, 51 p.

Gouverneur général du Japon en Corée, 1942, *Observation de l'environnement : guide pédagogique,* Séoul, 33 p.

Gouverneur général du Japon en Corée, 1940, *Le bulletin d'édition du manuel,* N° spécial pour la géographie, Séoul, 17 p.

Gouverneur général du Japon en Corée, 1944, *Géographie pour le primaire, 5ème année,* 159 p.

Gouverneur général du Japon en Corée, 1944, *Géographie pour le primaire, 6ème année,*

159 p.

Ministère sud-coréen de l'Education, 1954 et 1961, Le programme d'étude sociale du collège, pp. 215-265 et 266-280.

Ministère coréen de l'Éducation, 1961, Le programme du lycée, pp. 403-425.

Ministère sud-coréen de l'Éducation, 1963, Le programme du collège, pp. 266-280.

Ministère sud-coréen de l'Education, *Programmes du collège de 1981 et de 1987*, p. 296-331.

Ministère sud-coréen de l'Éducation, 1979, *La géographie de Corée,* Association de rédaction des manuels à l'université de Séoul, 261 p.

Ministère sud-coréen de l'Éducation, 1979, *La géographie humaine,* Association de rédaction des manuels à l'université de Séoul, 299 p.

Ministère sud-coréen de l'Éducation, 1981, Le programme de l'école primaire.

Ministère sud-coréen de l'Éducation, 1981, Le programme du collège.

Ministère sud-coréen de l'Éducation, 1984, *La société 1,* Institut du développement éducatif en Corée du Sud, 360 p.

Ministère sud-coréen de l'Éducation, 1985, La société 2, Institut du développement éducatif en Corée du Sud, 377 p.

Ministère sud-coréen de l'Education, 1992, *Programme des lycées,* p.487-544.

Ministère sud-coréen de l'Education, 1994, Les généralités et l'activité extrascolaire, Le commentaire du programme du collège, 214 p.

Ministère sud-coréen de l'Education, 1995, *La société 1 au collège,* Institut du développement éducatif en Corée du Sud, 298 p.

Ministère sud-coréen de l'Education, 1996, *La société 2 au collège,* Institut du développement éducatif en Corée du Sud, 215 p.

Ministère sud-coréen de l'Education, 1997, *La société 3 au collège,* Institut du développement éducatif en Corée du Sud, 214 p.

Ministère sud-coréen de l'Education, 1997, *Programme des lycées,* 206 p.

Ministère sud-coréen de l'Education, 2007, *Le programme d'étude sociale du primaire,* 385 p.

Ministère sud-coréen de l'Education, 2007, *Programme des lycées,* 406 p.

Ministère sud-coréen de l'Education, 2007, *Commentaire du programme des lycées,*

392 p.

Ministère sud-coréen de l'Education, 2007, *Commentaire du programme du collège,* 218 p.

Ministère sud-coréen de l'Education, 2007, *Les généralités du programme réformé pour le collège,* 218 p.

Ministère sud-coréen de l'Education, 2009, *Programme des lycées,* 212 p.

Ministère sud-coréen de l'éducation, 2009, *Commentaires du programme du collège,* 388 p.

Ministère sud-coréen de l'Education, 2009, *La gestion des programmes scolaires dans différents pays du monde : 2, le Japon,* 494 p.

Ministère japonais de l'Éducation, 1943, *Géographie pour l'École primaire,* Vol. 1, 156 p.

Ministère japonais de l'Éducation, 1943, *Géographie pour l'École primaire,* Vol. 2, 144 p.

Ministère japonais de l'Éducation, 1972, *100 ans d'histoire du système éducatif au Japon,* Tokyo, 708 p.

Règlement de l'école des langues étrangères, 27 juin 1900, *Arrêté de la licence,* No2, 1er article.

Règlement de l'étude des classiques chinois de Seong-kyun-gwan, 9 août 1900, *Arrêté de la licence*, No2, 2ème et 3ème articles.

Règlement de l'Université pédagogique de Séoul, 1895, *Arrêté de la licence*, No1, 1895, 7ème, 11ème, 12ème et 16ème articles.

Règlement de l'enseignement secondaire, 3 septembre 1900, *Arrêté de la licence*, No. 12, 1er, 2ème et 3ème articles.

Swedish National Agency for Education, 2009, *Syllabuses for the compulsory school,* Editions Skolverket and Fritzes, 100 p.

Cartes

Bellin J. N., *La Chine avec la Corée et les Parties de la Tartarie les Plus Voisines*, 1720, Paris.

Famille royale de Joseon, *Carte de l'île Ulleungdo,* fin du XVIII ème, en dépôt à l'Université de Kyeonghee.

Famille royale de Joseon,« Carte de l'île d'Ulleungdo vers 1750 », *in Atlas de Joseon,* en dépôt au centre de recherche de Kyujangkak de l'Université de Séoul.
Famille royale de Joseon, *Paldo-jido*, vers la fin du XVIII ème siècle, déposé au centre de la recherche de Kyujangkak Université de Séoul.

Famille royale de Joseon, *Joseonjido,* vers 1750, déposé au centre de la recherche de Kyujangkak Université de Séoul.

Famille royale de Joseon, Haedongjido, *Dynastie des Qing et Royaume de Joseon,* fin du XVIII ème siècle, en dépôt au centre de la recherche des études coréennes à l'Université de Séoul.

Famille royale de Joseon, 1750, *Haedong-jido* (Carte de Haedong), en dépôt du centre de recherche sur les études coréennes, Université de Séoul.

Famille royale de Joseon, 1750, *Carte de la frontière séparant le Royaume de Joseon du peuple mandchou « Yeojin »,* en dépôt au centre de recherche sur les études coréennes, Université de Séoul.

Kim, Jeong-Ho, 1861, *Daedong-Yeojido* (carte de Daedong-Yeojido), en dépôt du centre de la recherche sur les études coréennes, Université de Séoul.

Kirchner, 1890, *Uebersichtskartevon* China und Japon, www.findcorea.com/

Le Vatican, 1924, « Carte du diocèse de Corée », in *Catholicisme en Corée,* Société des Missions Étrangères, Paris.

Mairie d'Ulleung, 2012, L'île Ulleungdo, http://www.ulleung.go.kr/

Navire de guerre français Le Constantine, 1856, *Vue de la roche Liancourt,* Renseignements nautiques, vol. 10.

QG des forces alliées, 1946, *Gouvernemental and Administrative Separation of Certain Outlying Areas from Japan,* http://en.wikisource.org/wiki/SCAPIN677.

Service hydrographique et océanographique du Ministère japonais de la Marine, 1876, *Carte de la côte Est de la Corée* (朝鮮東海岸圖), http://www.dokdohistory.com/

Autres sources historiques

Agence de presse de Joseon, 1948, *L'annuaire de Joseon,* 497 p.

Bak-mun-kuk (office national pour la publication), 1883, Hanseongsunbo (Journal), No. 1-14, Korean History On-line, http://www.koreanhistory.or.kr/.

Famille royale de Joseon : Chronique du 6 août 1417 ; du 8 août 1425 ; du 20 octobre 1425 ; du 19 juin 1436 ; du 24 février 1884 ; du 11 août 1903, déposé au centre de la recherche de Kyujangkak Université de Séoul ; voir le site d'internet des Chroniques des Rois de Joseon : http://sillok.history.go.kr/main/main.jsp

JoseonIlbo (quotidien sud-coréen), 8 février 1964.

Mae-il-sin-bo (journal quotidien), 30 janvier 1912.

Ordre de Saint Benoît, L'abbaye d'Ouekwan en Corée du Sud (성 베네딕도회 왜관수도원), http://www.osb.or.kr/

Sources médiatiques

ASAHI (chaîne de télévision japonaise) : Documentaire relatif aux tunnels creusés sous la Corée du Sud par la Corée du Nord, diffusé le 22 mai 2003.

BBC : documentaire consacré aux tunnels creusés sous la Corée du Sud par le régime nordcoréen, diffusé au Royaume-Uni le 22 avril 2003.

Dailian (quotidien coréen), édition du 16 avril 2012, reportage consacré au discours de Kim Jeong-Il.

Dong-A Ilbo (quotidien coréen), 2 avril 1929, 30 décembre 1945, 25 avril 1960.

Foreign Policy (magazine américain), numéro du 11 mai 2012 sur le « National Defense Authorization Act 2013 », http://www.foreignpolicy.com/.

Korean Times (quotidien coréen publié en langue anglaise), édition du 25 janvier 2012 : la politique extérieure du gouvernement Kim Dae-Jung concernant la Corée du Nord.

Maeil-Shinmun (quotidien sud-coréen), édition du 9 mai 2012 : article relatif au brouillage des communications par des ondes perturbatrices.

Mainichi (quotidien japonais),édition du 16 avril 2012 : article consacré à un discours de Kim Jeong-Eun.

RFA (Radio Free Asia), émission d'actualité diffusée le 11 mai 2012 et consacrée au brouillage des communications par ondes perturbatrices, http://www.rfa.org/korean/.

Yeonhap (chaîne télévisée sud-coréenne spécialisée dans l'information en continu), Photos d'une audition publique, 20 août 2010.

YTN (chaîne télévisée sud-coréenne d'information en continu) : éditions du 27 juin 2009 et du 20 février 2012

Outils

Bureau sud-coréen des statistiques, http://kostat.go.kr
Communauté des Chinois d'origine coréenne, http://cafe.daum.net/cnyanbianliu

Commission pour la réintégration de la région de Kando, http://cafe.naver.com/coreagando

Institut d'Histoire de l'Asie du Nord-Est, http://www.historyfoundation.or.kr/

Institut coréen du curriculum et de l'évaluation : http://www.kice.re.kr/

Journal de l'éducation en Corée du Sud : http://www.koreaedu.co.kr/news/aa1087.htm.

Ministère des Affaires étrangères de Corée du Sud, Statistiques démographiques, http://www.mofat.go.kr/.

Ministère sud-coréen de l'éducation : http://www.mest.go.kr/

Namkulsa, association de civils qui s'est donné pour objectif la détection des tunnels creusés sous le sol sud-coréen par les Nord-Coréens : http://www.ddanggul.com/

Statistiques éducatives sud-coréennes : http://cesi.kedi.re.kr/index.jsp

INDEX

www.ingramcontent.com/pod-product-compliance
Lightning Source LLC
Chambersburg PA
CBHW021023210326
41598CB00016B/899
9783841620835